Springer-Lehrbuch

A. L. Bouma

Mechanik schlanker Tragwerke

Ausgewählte Beispiele der Praxis

Mit 292 Abbildungen

Springer-Verlag
Berlin Heidelberg New York
London Paris Tokyo
Hong Kong Barcelona Budapest

Professor i. R. Adolf Lubbertus Bouma

Delftweg 24, 2289 AK Rijswijk, Niederlande

ISBN 3-540-56182-X Springer-Verlag Berlin Heidelberg New York

Die Deutsche Bibliothek - CIP Einheitsaufnahme
Buoma, Adolf Lubbertus:
Mechanik schlanker Tragwerke: ausgewählte Beispiele der Praxis / A. L. Bouma
Berlin; Heidelberg; New York; London; Paris; Tokyo; Hong Kong; Barcelona;
Budapest: Springer, 1993
(Springer-Lehrbuch)
ISBN 3 - 540 - 56182 - X (Berlin ...)

Satz: Reproduktionsfertige Vorlage vom Autor;
Druck: Mercedes-Druck, Berlin; Bindearbeiten: Lüderitz & Bauer, Berlin
61/3020 5 4 3 2 1 0   Gedruckt auf säurefreiem Papier

Vorwort

Dieses Buch enstand aus Vorlesungen für Studenten des dritten Lehrjahres an der Fakultät für "Civiele Techniek" (Bauingenieurwesen) der Technischen Universität Delft. Es ist daher auch in erster Linie als Lehrbuch für Studenten dieser Studienrichtung gedacht. Darüberhinaus soll es Ingenieuren und Konstrukteuren dienen, die mit Mechanikproblemen konfrontiert werden und die eine methodische Analyse des Tragverhaltens verschiedener Konstruktionen kennenlernen wollen.

Der Leser soll durch dieses Buch
- das Tragverhalten von Systemen verstehen und formulieren können,
- Zusammenhänge und Ähnlichkeiten von Problemen erkennen.
- ein Verständnis für charakteristische Phänomene erhalten.

Ich will hiermit meinen herzlichsten Dank an Prof.Dr.Ir. J. Blaauwendraad, Ing. H. van Koten, Ir. B. Kuiper und Prof.Ir. H.W. Loof aussprechen, die den Text durchgelesen haben. Ihre Anmerkungen und Vorschläge bedeuteten eine große Ermutigung für mich.

Meinem Kollegen Johan Blaauwendraad bin ich darüber hinaus für die gewährte Unterstützung bei der Herstellung des Manuskripts sehr dankbar, und es ehrt mich, daß das Buch als Grundlage für seine Vorlesungen dienen wird.
Bas Kuiper danke ich besonders für sein Engagement und für den Entwurf der Abbildung auf dem Umschlag der niederländischen Originalausgabe, einem Vorbild für konstruktive Zusammenarbeit. Die Grafik wurde im wesentlichen für das deutschsprachige Buch übernommen.
Meinem Kollegen Henk Loof bin ich besonderen Dank schuldig. Durch gewissenhaftes Durchlesen des Textes hat er mich vor mancher Nachlässigkeit bewahrt und dabei als mein wissenschaftliches Gewissen fungiert. Sein intensives Mitdenken über die Materie hat zu Ideen und Vorschlägen geführt, die an vielen Stellen ihre Spuren hinterlassen haben. Die Gespräche mit ihm waren anregend und inspirierend, und ich habe sie sehr geschätzt.
Frau J.J. Verhoeks-Bok danke ich sehr für den Einsatz beim Schreiben des schwierigen Manuskripts. Herrn W.H.F. Ritter bin ich für seine große Sorgfalt bei der Erstellung der Zeichnungen zu Dank verpflichtet.

Für die deutsche Ausgabe möchte ich zuerst Herrn Holger Netzel von der Universität Stuttgart meinen großen Dank für die Übersetzung aussprechen. Die vielen intensiven Gespräche während seines Aufenthalts in Delft bewahre ich in lebhafter und angenehmer Erinnerung.

Herrn Jacques Schievink und Marco de Groot von der VSSD möchte ich für ihre unentbehrliche Hilfe bei der Herstellung des deutschsprachigen Manuskripts herzlich danken.

Schließlich bin ich dem Springer-Verlag für die Veröffentlichung des Buches in der deutschen Sprache und für die wohlbekannt gute Ausführung zu Dank verpflichtet.

Delft, Oktober 1992   A.L. Bouma

Inhalt

Einleitung   11

TEIL 1, ELEMENTARE BELASTUNGSFÄLLE   15

1   Auf Dehnung beanspruchte Stäbe   16
    1.1 Einleitung   16
    1.2 Differentialgleichungen und ihre Lösungen   16
        Einige Grundfälle   19
        Beispiele   21
    1.3 Rand- und Übergangsbedingungen   25
        Einige konkrete Fälle   28
    1.4 Temperatureinflüsse, Schwind- und Quellerscheinungen   34

2   Auf Schub beanspruchte Träger   38
    2.1 Einleitung   38
    2.2 Herleitung der Gleichungen   39
    2.3 Rahmentragwerke (Skelette)   41
    2.4 Beispiele   45

3   Auf Torsion beanspruchte Stäbe   52
    3.1 Einleitung und Herleitung der Gleichungen   52
    3.2 Dünnwandige Hohlträger   55
        Zulässige Wölbung   59

4   Auf Biegung und Schub beanspruchte Träger   66
    4.1 Einleitung und Herleitung der Gleichungen   66
        Schubträger   69
        Biegeträger   70
        Biegung mit Schub, Reduktion der Anzahl der Gleichungen   72
    4.2 Übergangs- und Randbedingungen   72
    4.3 Anwendungen   75
    4.4 Temperatureinflüsse, sowie Kriech- und Quellerscheinungen   84

5   Das ursprünglich gerade Seil   92
    5.1 Einleitung   92
    5.2 Differentialgleichung und Lösungen für das Tragseil   92
    5.3 Die Horizontalkomponente H der Seilkraft   98

6   Zusammenfassung   100

TEIL 2, KONTINUIERLICH VERTEILTE REAKTIONEN   103

7   Verteilte Reaktionen, die von einer Verformungskomponente abhängig
     sind   104

8   Auf Dehnung beanspruchte Stäbe mit verteilter Reaktionskraft   106
     8.1 Ausziehversuch und andere Beispiele   106
     8.2 Ausdehnung einer Eisenbahnschiene   110

9   Elastisch gebettete Schubträger   112

10   Elastisch unterstützte Seile   117

11   Elastisch gebettete Biegeträger   120
     11.1 Einleitung   120
     11.2 Die Differentialgleichung und die Bettungskonstante   121
     11.3 Partikuläre Lösungen der Differentialgleichungen, Fourieranalyse 124
     11.4 Die Lösung der reduzierten Differentialgleichung   128
     11.5 Eine Einzellast auf einem unendlich langen Träger   130
          Mehrere Lasten   138
          Verteilte Belastung   139
     11.6 Die vier Grundfälle   140
     11.7 Natürliche Wellenlänge   144
     11.8 Verteilte Belastung   146
     11.9 Endlich lange Träger   153

TEIL 3, KOMBINIERTE TRAGWIRKUNG   155

12   Einleitung, einige Federmodelle   156

13   Die Kombination von Seilwirkung und Biegung, ein Parallelsystem   161
     13.1 Die Differentialgleichung   161
     13.2 Die partikuläre Lösung bei sinusförmiger Belastung   163
     13.3 Biegeträger, die mit einer Zugkraft belastet werden   166
     13.4 Die allgemeine Lösung der Differentialgleichung   168
     13.5 Seile mit Biegesteifigkeit, schlanke Zugstäbe   171
     13.6 Zwei Beispiele aus der Offshore-Technik   178

14   Die Kombination eines Schubträgers mit einem Biegeträger, ein
     Parallelsystem   184
     14.1 Einleitung   184
     14.2 Die Differentialgleichung und ihre Lösung   186
     14.3 Zusätzliche Aussteifungen und federnde Unterstützungen   190

TEIL 4, KOMBINIERTE TRAGWIRKUNG MIT GEKRÜMMTEN ELEMENTEN 195

15 Das ursprünglich gekrümmte Seil 196
  15.1 Der Zusammenhang zwischen der Länge des Seiles und der Größe
      der horizontalen Kraft H 196
  15.2 Die Flexibilität des Seiles und Veränderung der Kraft H 200
  15.3 Horizontale Verschiebungen 203
  15.4 Fourieranalyse zur Bestimmung von H 208
  15.5 Die Verschiebungen infolge einer zusätzlichen Belastung 213

16 Hängedächer und Hängebrücken 218
  16.1 Einleitung 218
  16.2 Hängedächer 219
  16.3 Hängebrücken, Näherung mit der Differentialgleichung für das Seil 225
  16.4 Die vollständige Differentialgleichung bei einem mitwirkenden
      Aussteifungsträger, Fourieranalyse 231
  16.5 Konzentrierte Lasten, Randstörungen und die Anwendung von
      Einflußlinien 236
  16.6 Einige sekundäre Effekte 242
      a. Die Verlängerung des Seiles 242
      b. Horizontale Verschiebungen der Pylonspitzen 243
      c. Die Wirkung des Aussteifungsträgers 246
      d. Schlußfolgerungen 248

17 Bögen 250
  17.1 Einleitung 250
  17.2 Berechnung mit Hilfe von Formänderungsgleichungen 251
  17.3 Verformungen 257
  17.4 Die Differentialgleichung des Bogens 260
  17.5 Die vollständige Differentialgleichung 263
  17.6 Verschiedene Bogentypen 267

18 Kreisförmige Ringe und ähnliche zylindrische Konstruktionen (Rohre,
   Tunnels, Tanks, Reservoire etc.) 272
  18.1 Einleitung 272
      Grundfall 272
  18.2 Gleichgewichtsgleichungen für die Schnittkräfte bei radialer Belastung 275
  18.3 Berechnung der Schnittkräfte mit Hilfe von Fourierreihen 277
  18.4 Kinematische und konstitutive Gleichungen, mögliche
      Verformungszustände 285
      Kinematische Gleichungen 285
      Konstitutive Gleichungen 287
      Extension ohne Biegung, $\beta = 0$ 287

Biegung ohne Extension, $\varepsilon(0) = 0$ 288

Kombination aus einer Formänderungsgleichung und einer Gleichgewichtsgleichung   288

Kombination einer konstitutiven Gleichung mit den kinematischen
Gleichungen   290

18.5 Berechnung der Verschiebungen mit Hilfe von Fourierreihen   291

18.6 Exakte Lösungen   293

18.7 Tangential gerichtete Belastung   300

Belastung durch Eigengewicht   301

Tangentiale Reaktionskräfte   306

TEIL 5, INTERAKTION BEI VERBINDUNGEN UND KOPPELUNGEN   309

19 Verbindung von Stäben, die auf Dehnung beansprucht werden   310

20 Koppelung von Trägern, die auf Biegung beansprucht werden   321

20.1 Einleitung   321

20.2 Wände bei Vernachlässigung der mittleren Dehnung   323

20.3 Wände unter Berücksichtigung der mittleren Dehnung   328

TEIL 6, STÖRUNGSPROBLEME   335

21 Randstörungen bei zylindrischen Schalen und Membranen   336

21.1 Das Randstörungsproblem bei zylindrischen Schalen, Einleitung   336

21.2 Differentialgleichung und Federkonstante   336

21.3 Anwendungen   339

21.4 Das Randstörungsproblem bei einer zylindrischen Membran   343

22 Torsion bei Trägern mit verformbaren Querschnitten   347

22.1 Verformung eines Querschnittes, Herleitung der Differentialgleichung   347

22.2 Die Einleitung einer konzentrierten Belastung   355

22.3 Gleitung und Verwölbung der Querschnitte und Schub in den
Wänden   362

ANHANG

Anhang A, Die Anwendung von Fourierreihen   370

Anhang B, Einige partikuläre Lösungen und Integrale bei der Behandlung von
Ringen (Kapitel 18)   380

Anhang C, Die konstitutiven Gleichungen bei Ringen   381

Anhang D, Symbole   384

Stichwortverzeichnis   387

Einleitung

Infolge immer größerer Anforderungen an Tragwerke und des Strebens nach Wirtschaftlichkeit findet eine fortschreitende Entwicklung statt, die zu neuen Konstruktionsformen und größeren Abmessungen führt. Dies alles wird ermöglicht, indem neue, immer hochwertigere Materialien zur Verfügung stehen.

Wo früher für eine Flußüberbrückung eine Fachwerkbrücke auf Pfeilern entworfen wurde, später der Fluß mit einem Bogen überspannt wurde, sieht man heutzutage die straffgespannte Linie von schlanken Hohlträgern aus Stahl oder Beton.

Bei hohen Gebäuden findet eine Entwicklung von massiven Steinmassen über dünne Skelette aus Stahl oder Beton hin zu Türmen, die als dünnwandige Hohlträger betrachtet werden können, statt. Oft liegen darin interessante Strukturen verborgen, mit denen man Kombinationen von Tragwirkungen erhält.

Außerdem gibt es Entwicklungen auf völlig neuen Gebieten, wie z.B. der Offshore-Technik, wo Plattformen in großen Wassertiefen gebaut werden und zunehmend Seile und Schrägseile eingesetzt werden ("tension-structures").

Die Entwicklung hin zu Tragwerken mit großer Spannweite oder großer Höhe führt oft zu schlanken Konstruktionen, bei denen die Querabmessungen als relativ klein gegenüber der Länge angesehen werden können. Natürlich beeinflussen Form und Abmessungen des Querschnittes das Tragverhalten einer solchen Konstruktion.

Die schlanken Elemente und die daraus abgeleiteten Konstruktionen, die wir in diesem Buch behandeln, werden in Längsrichtung als kontinuierlich betrachtet, wodurch bei der Untersuchung des elastisch-statischen Verhaltens ein analytischer Ansatz ermöglicht wird. Diskrete Systeme, die aus vielen identischen Untersystemen bestehen, können oft als ein kontinuierliches System behandelt werden.

Die Untersuchung ist auf den fundamentalen Gleichungen für das Gleichgewicht, die Geometrie und das Materialverhalten aufgebaut, welche die "Bausteine" darstellen, durch die Kenntnis und Verständnis vom Grunde her aufgebaut werden. Dem Leser, d.h. sowohl dem Studenten als auch dem Ingenieur bzw. dem Konstrukteur in der Praxis, werden hiermit Hilfsmittel zur Lösung von Problemen zur Verfügung gestellt.

Der analytische Ansatz führt zu gewöhnlichen Differentialgleichungen. Die Lösung umfaßt im allgemeinen die Verformungen und die Kräfteverteilung (die Schnittkräfte) als Funktion der Längenkoordinate, wodurch die Tragwirkung der Konstruktion unter Belastung beschrieben wird. Besonders bei zusammengesetzten Konstruktionen kann diese Tragwirkung interessante Aspekte aufzeigen.

Außerdem können Erscheinungen auftreten, die als eine Störung des allgemeinen Bildes charakterisiert werden können und die u.a. durch eine Diskontinuität in der Belastung oder in den Eigenschaften der Konstruktion bzw. durch eine Randbedingung, von der eine Behinderung oder ein Zwang ausgeht, verursacht werden können. Diese Störungserscheinungen können lokalen Charakter haben. Sie können jedoch auch die gesamte Tragwirkung stark beeinflussen.

Die Lösungen werden soweit wie möglich in mathematischen Ausdrücken formuliert – manchmal sehr einfachen –, anhand derer das Tragverhalten der untersuchten Konstruktion gut nachzuvollziehen ist.

Ein Verständnis für dieses Tragverhalten kann man durch genaues Betrachten von Lösungen, und durch das Entdecken von Zusammenhängen zwischen verschiedenen Lösungen und von Ähnlichkeiten zwischen anscheinend unterschiedlichen Problemen erhalten. Beim Entwurf einer Konstruktion ist dieses Verständnis unentbehrlich.

Auch zur Berechnung einer Konstruktion mit Hilfe eines Computerprogrammes ist ein Einblick in das Tragverhalten der Konstruktion erforderlich. Dies gilt sowohl für den Anwender eines Programmes als auch für denjenigen, der selbst ein Programm entwickelt. Beide müssen die Ergebnisse der Berechnung auf der Grundlage ihres Verständnisses für die Tragwirkung kontrollieren und beurteilen. Einfache Formeln, deren Hintergrund man kennt, können dabei eine wichtige Hilfe sein. Bei der Entwicklung eines Programmes spielen darüber hinaus die erwähnten "Bausteine" und der analytische Ansatz eine wichtige Rolle.

Der Stoff dieses Buches ist in sechs Teile (22 Kapitel) eingeteilt. In Teil 1 werden die Grundlagen behandelt, wobei ein gerader Stab oder Träger nacheinander auf Dehnung, Schub, Torsion und Biegung beansprucht wird. Querschnitte erfahren in diesen Fällen entweder eine Translation oder eine Rotation .

Aspekte wie Randbedingungen und Übergangsbedingungen werden behandelt und Konstruktionstypen, wie z.B. ein hohes Rahmentragwerk und ein Hohlträger, werden vorgestellt. Besondere Aufmerksamkeit gilt der Kombination aus Schub und Biegung sowie den Temperatureffekten. Auch dem Seil, das in zunehmendem Maße als Konstruktionselement verwendet wird, ist Platz eingeräumt worden.

In Teil 2 werden kontinuierlich verteilte Reaktionen eingeführt, die durch ein umgebendes oder unterstützendes Medium auf den Stab oder Träger ausgeübt werden, was zu einer neuen Problemgruppe führt. Der wichtigste Fall ist der elastisch gebettete Biegeträger, der ausführlich behandelt wird. Sowohl die Lösung mit Hilfe von Fourierreihen als auch mit exponentiellen Funktionen wird behandelt. Das Tragverhalten des Trägers bei Belastung mit einer Einzellast wird gründlich analysiert. Themen wie die natürliche Wellenlänge und die Anwendung von Einflußlinien kommen zur Sprache. Zur Lösung von Problemen können die Ergebnisse für vier Grundfälle, die in einer Tabelle zusammengefaßt sind, dienen.

In Teil 3 beginnen wir mit der Behandlung von Kombinationen von Tragwirkungen. Nach einer Einleitung über Federmodelle die zur Verdeutlichung der Begriffe Parallelsystem und Reihensystem, die im folgenden eine wichtige Rolle spielen, dienen soll, wird das anschauliche Parallelsystem eines Biegeträgers mit einem geraden Seil

behandelt. Dies führt einerseits zur Behandlung von Biegeträgern, die durch eine Zugkraft belastet werden, andererseits zu Seilen und schlanken Zugstäben mit einer gewissen Biegesteifigkeit, denen man auf verschiedenen Gebieten begegnet.
Im darauffolgenden Kapitel wird die Zusammenwirkung eines Schubträgers (ein Rahmentragwerk) und eines Biegeträgers (eine Wand, ein Kern) behandelt. Dies ist eine haüfige Kombination bei Bauwerken.

In Teil 4 beginnen wir mit der Behandlung des ursprünglich gekrümmten Seiles. Die ursprüngliche Krümmung führt bei Seilkonstruktionen zu nicht-linearem Verhalten bei Belastung, und das wichtigste Problem ist die Bestimmung der Seilkraft bei zusätzlicher Belastung. Hierbei bietet die Fourierentwicklung eine attraktive Lösungsmöglichkeit. Seilkonstruktionen sind flexible Konstruktionen, so daß bei Veränderung der Belastung große Verschiebungen (sowohl vertikal als auch horizontal) auftreten können. Nach kurzer Besprechung von Hängedächern werden Hängebrücken ausführlich behandelt. Bei großen Spannweiten dominiert sehr stark die tragende Wirkung des Seiles. Verschiedene Näherungsverfahren für das Tragkraftproblem werden untersucht, wobei noch einige spezifische Aspekte, u.a. das Tragverhalten von Schrägseilen, angesprochen werden.
Anschließend werden Bögen besprochen. Dies sind ebenfalls flexible Konstruktionen, die Verhältnisse liegen jedoch anders. Es droht hier die Gefahr der Instabilität. Die Behandlung mit Differentialgleichungen macht diverse Probleme besser zugänglich und verständlich.
Bei den anschließend behandelten Ringen führt die ursprüngliche Krümmung zu einem System gekoppelter Gleichungen, womit ein Problem sechster Ordnung beschrieben wird. Die Behandlung kann auch als ein erster Schritt zur Schalentheorie angesehen werden. Auf die beiden Kernaussagen dieser Theorie trifft man bereits an dieser Stelle. Für viele Probleme wird der Lösungsweg wesentlich einfacher wenn man für die Belastung eine Fourierentwicklung benützt.

In Teil 5 konzentrieren wir uns auf eine andere Gruppe von Problemen, nämlich die Verbindungen und Koppelungen von Stäben und Trägern. Bei der Verbindung mittels Seitenlaschen von auf Dehnung beanspruchten Stäben führt die Analyse zu einem System simultaner Differentialgleichungen, das auf ein Reihensystem hindeutet. Biegeträger, die in Längsrichtung gekoppelt sind, z.B. hohe Wände, zeigen, wenn man die Verformung durch Normalkraft in den Wänden vernachlässigen kann, ein Tragverhalten, das mit dem der zuvor behandelten Kombination eines Schubträgers und eines Biegeträgers übereinstimmt. Kann man die Normalkraftverformung nicht vernachlässigen, dann ist das Tragverhalten komplizierter. Die elementaren Tragwirkungen bleiben jedoch erkennbar.

In Teil 6 werden schließlich Probleme behandelt, die als Störungsprobleme charakterisiert werden können. Zuerst die Randstörungen, die bei den gebogenen Rändern von zylindrischen Schalen und Membranen auftreten können. Beispiele hierfür trifft man z.B. bei Rohren, Reservoirs, Tanks etc. an. Die Störung beschränkt sich in diesen Fällen auf eine schmale Zone nahe des Randes. Im letzten Kapitel wird die Gleitung des rechteckigen Querschnittes bei einem auf Torsion belasteten Hohlträger untersucht. In erster Linie zeigt es sich, daß diese Erscheinung mit einer Gleichung beschrieben werden kann, die analog der Gleichung des elastisch gebetteten Biegeträgers ist. Der Bereich der Störung kann jedoch sehr groß sein. Im letzten Abschnitt werden die drei Erscheinungen Torsion, Gleitung und Verwölbung zusammen mit Hilfe von drei simultanen Gleichungen beschrieben. Die Störungs-erscheinungen, die man hieraus ableiten kann, können von verschiedenartigem Charakter sein.

Teil 1
Elementare Belastungsfälle

1
Auf Dehnung beanspruchte Stäbe

1.1 Einleitung

Wir beginnen die Reihe der Belastungsfälle mit dem prismatischen Stab, der durch axiale Belastung auf Dehnung beansprucht wird. Die Behandlung dieses sehr einfachen Falles erfolgt relativ ausführlich, auch im Hinblick auf die Vorbereitung der später zu besprechenden Fälle, bei denen analoge Situationen auftreten und bei denen demselben Gedankengang gefolgt wird. Die Beschreibung des Verhaltens mit Hilfe von Gleichungen teilt sich in drei Teile auf. An erster Stelle stehen Gleichgewichtsbetrachtungen, die zu Bedingungen für die inneren Kräfte führen. An zweiter Stelle stehen geometrische Betrachtungen, wodurch die Beziehungen zwischen den auftretenden Verformungen und den in den betrachtenden Fällen relevanten Formänderungsgrößen definiert werden. Schließlich gibt es noch die konstitutiven Gleichungen, die den Zusammenhang zwischen den inneren Kräften – auch Schnittkräfte genannt – und den dadurch verursachten Formänderungen aufzeigen. Ausgangspunkt ist dabei das Hookesche Gesetz; wir beschränken uns damit auf das linear-elastische Verhalten von Tragwerken. Die erhaltenen Gleichungen werden im allgemeinen auf eine einzige Gleichung zurückgeführt, durch die der Zusammenhang zwischen der Belastung und den dadurch verursachten Verformungen gegeben ist.

1.2 Differentialgleichungen und ihre Lösungen

Der auf Dehnung beanspruchte Stab ist in Bild 1.1 dargestellt. Die x-Achse des Koordinatensystems fällt mit der Stabachse, dem geometrischen Ort der Querschnittsschwerpunkte, zusammen. Der Stab wird durch eine axiale, längs der Stabachse verteilt angreifende Kraft F_x belastet. Infolge dieser Belastung entsteht im Stab eine Normalkraft $N(x)$, die als Zugkraft positiv definiert ist. Um die Beziehung zwischen dieser Schnittkraft und der Belastung zu finden, wird ein kleines Element aus dem Stab herausgeschnitten, das ebenfalls in Bild 1.1 dargestellt ist.

Am linken Schnittufer des Elementes wirkt eine Normalkraft N_1, am rechten Schnittufer eine Normalkraft N_2. Die Differenz der beiden Kräfte ist $N_2 - N_1 = \Delta N$ und stellt eine geringe Zunahme der Normalkraft dar. Der Anteil der Belastung, der am Element angreift, wird mit ΔF_x bezeichnet.

Die Gleichgewichtsbedingung lautet jetzt:

$$\Delta N + \Delta F_x = 0 \quad \text{oder durch } \Delta x \text{ geteilt: } \frac{\Delta N}{\Delta x} + \frac{\Delta F_x}{\Delta x} = 0$$

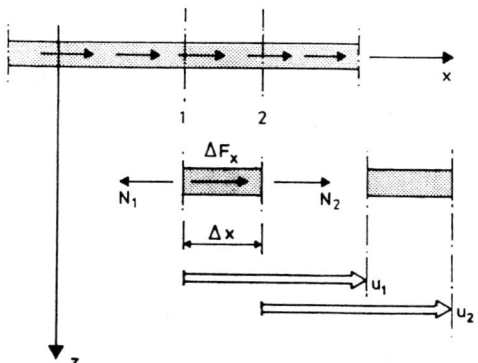

Bild 1.1.

Wir nehmen an, daß für beide Terme der Grenzwert für $\Delta x \to 0$ existiert, so daß gilt:

$$\lim_{\Delta x \to 0} \frac{\Delta N}{\Delta x} + \lim_{\Delta x \to 0} \frac{\Delta F_x}{\Delta x} = 0$$

Der erste Ausdruck ist, wie bekannt, der Differentialquotient dN/dx. Der zweite Term wird als verteilte Belastung $q(x)$ bezeichnet und besitzt die Einheit N/m. Die Gleichgewichtsgleichung lautet dann:

$$\frac{dN}{dx} + q = 0 \quad \text{oder auch:} \quad q = -\frac{dN}{dx} \tag{1.1}$$

Die Größen, die hier betrachtet wurden, sind im allgemeinen Funktionen von x und können daher mit $N(x)$, $q(x)$ usw. bezeichnet werden. Zur Abkürzung wird im folgenden der Zusatz (x) meistens weggelassen.
Manchmal wird jedoch durch diesen Zusatz noch einmal betont, daß es sich immer um Funktionen handelt.
Wie bereits erwähnt, verursacht die Belastung Verformungen. Wir nehmen an, daß ebene Querschnitte eben bleiben und daß sie im Falle des auf Dehnung beanspruchten Stabes eine Translation in x-Richtung erfahren. Das linke Schnittufer verschiebt sich dabei um einen Weg u_1, das rechte Schnittufer um einen Weg u_2 (Bild 1.1). Die Differenz der beiden Verschiebungen $u_2 - u_1 = \Delta u$ ist die Verlängerung des Elementes. Wir betrachten jetzt den Quotienten aus dieser Verlängerung und der ursprünglichen Länge des Elementes Δx: $\Delta u/\Delta x$. Der Zusammenhang des Materials fordert, daß wenn Δx gegen Null geht, Δu gegen Null strebt. Im allgemeinen existiert dann auch der Grenzwert des Quotienten. Als Formänderungsgröße wird jetzt die Dehnung ε definiert als:

$$\varepsilon(x) = \lim_{\Delta x \to 0} \frac{\Delta u}{\Delta x} = \frac{du}{dx} \tag{1.2}$$

Diese Beziehung wird auch kinematische Gleichung genannt, weil der Stab zu zwei Zeitpunkten – nämlich vor und nach dem Belasten – betrachtet wird.

Es fehlt jetzt noch der Zusammenhang zwischen der Normalkraft N und der dadurch verursachten Dehnung ε. Für den linearen Spannungszustand im Element kann vom Hookeschen Gesetz in seiner einfachsten Form ausgegangen werden: $\sigma = E\varepsilon$. Die Dehnung ist über den Stabquerschnitt konstant; der Elastizitätsmodul E wird bei inhomogenen Querschnitten über den Querschnitt veränderlich sein. In diesem Fall ist dann auch die Normalspannung σ nicht über den Querschnitt konstant. Die Normalkraft im Stab erhält man durch Integration über die Stabquerschnittsfläche A:

$$N = \iint_A \sigma \, dA = \varepsilon \iint_A E \, dA$$

Für einen Querschnitt mit konstantem E folgt:

$$N = EA\varepsilon \tag{1.3}$$

Das Produkt EA wird Steifigkeitsfaktor für Dehnung oder Dehnsteifigkeit genannt, und die Schnittkraft N ist dann gleich der Dehnung ε multipliziert mit diesem Steifigkeitsfaktor. Im allgemeinen Fall für inhomogene Querschnitte kann EA als Zweibuchstabensymbol für die Dehnsteifigkeit aufgefaßt werden und ist dann wie folgt definiert:

$$EA = \iint_A E \, dA \tag{1.4}$$

oder – bei einer endlichen Anzahl zusammengesetzter Teile – als Summe der Dehnsteifigkeiten der zusammengesetzten Querschnittsteile.

Die Annahme, daß die Querschnitte ausschließlich eine Translation in x-Richtung erhalten, setzt voraus, daß die Normalkraft N durch den Schwerpunkt oder – moderner ausgedrückt – durch das Normalkraftzentrum der Querschnitte geht.

Die drei Gleichungen (1.1), (1.2) und (1.3) beschreiben das Verhalten des auf Dehnung belasteten Stabes vollständig. Sie können als Feldgleichungen betrachtet werden, die in einem Intervall von $0 < x < l$ gelten. Die Gleichungen (1.1) und (1.2) sind Differentialgleichungen erster Ordnung; Gleichung (1.3) ist eine algebraische Gleichung.

Im allgemeinen ist die Belastung q gegeben, und die Normalkraft N und die Verschiebung u müssen bestimmt werden. Dies bezeichnet man als ein sogenanntes Problem zweiter Ordnung. Die drei Gleichungen können durch eine einzige Differentialgleichung ersetzt werden. Dazu wird Gleichung (1.2) in Gleichung (1.3) eingesetzt, und es ergibt sich die folgende Beziehung zwischen der Verschiebung u und der Schnittkraft N:

$$N = EA \frac{du}{dx} \tag{1.5}$$

Durch Differenzieren dieser Gleichung erhält man für einen prismatischen Stab mit konstantem E:

$$\frac{dN}{dx} = EA \frac{d^2u}{dx^2}$$

Setzt man diese Gleichung in (1.1) ein, so erhält man die Differentialgleichung zweiter Ordnung, die den Zusammenhang zwischen der Belastung q und der dadurch verursachten Verschiebung u aufzeigt:

$$q = -EA \frac{d^2u}{dx^2} \tag{1.6}$$

In konkreten Fällen muß diese Gleichung mit Hilfe von Randbedingungen und eventuell vorhandenen Übergangsbedingungen gelöst werden. Zur Lösungsfindung kann jedoch auch von System (1.1) bis (1.3) oder – als Zwischenweg – von den Gleichungen (1.1) und (1.5) ausgegangen werden.

Einige Grundfälle

Wir wollen nun für einige Grundfälle die Lösungen bestimmen. Es handelt sich um eine Anzahl einfacher Fälle, die auch auf elementarem Weg gelöst werden können. Unser Ziel hier ist es jedoch, im Hinblick auf später auftretende Probleme, das Lösungsverfahren mit Hilfe von Randbedingungen zu zeigen. Wir beginnen mit dem Fall, daß die Belastung gleichmäßig verteilt ist, d.h. die Funktion q(x) ist konstant, was mit einem gegebenen Wert q_0 angedeutet wird. Aus Gleichung (1.1) folgt dann:

$$N = -q_0 x + C_1 \tag{1.7}$$

und aus Gleichung (1.5) folgt:

$$EAu = -\frac{1}{2} q_0 x^2 + C_1 x + C_2 \tag{1.8}$$

wobei C_1 und C_2 Integrationskonstanten sind, die sich aus den Randbedingungen ergeben. Es gibt dabei verschiedene Möglichkeiten.

Fall A. Wir betrachten zuerst den Stab mit der Länge l, der an der linken Seite festgehalten wird und an der rechten Seite frei ist. Der Stab wird mit einer Gleichlast belastet (Bild 1.2). Die Randbedingungen lauten in diesem Fall:

$$x = 0: \quad u = 0$$
$$x = l: \quad N = 0$$

Einsetzen der letzten Randbedingung in Gleichung (1.7) führt zu: $0 = -q_0 l + C_1$, woraus für die Integrationskonstante C_1 folgt: $C_1 = q_0 l$.

Für die Schnittkraft N ergibt sich dann:

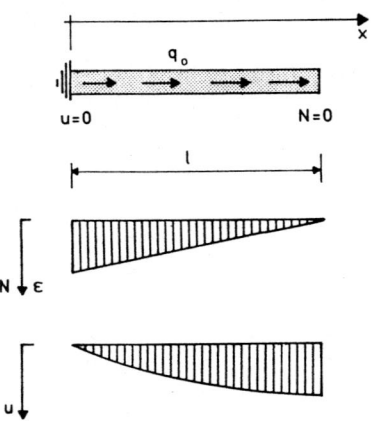

Bild 1.2.

$$N = q_0(l - x) \tag{1.9}$$

Die Normalkraft N und die Dehnung ε nehmen vom rechten zum linken Ende hin linear zu (Bild 1.2).

Setzt man die erste Randbedingung in Gleichung (1.8) ein, so erhält man: $0 = 0 + 0 + C_2$, woraus $C_2 = 0$ folgt.

Für die Verschiebung u ergibt sich dann der parabolische Verlauf (siehe auch Bild 1.2) zu:

$$EAu = -\frac{1}{2}q_0x^2 + q_0lx = \frac{1}{2}q_0x(2l - x) \tag{1.10}$$

Die Extremwerte sind:

$$N_{(x = 0)} = q_0l \qquad \text{(Randextrem)}$$

$$EAu_{(x = l)} = \frac{1}{2}q_0l^2 \qquad \text{(Randextrem und gleichzeitig absolutes Extrem)}$$

Man beachte, daß u maximal wird, wenn N gleich Null ist.

Fall B. Bei diesem Fall handelt es sich um einen Stab der Länge l, der an beiden Seiten festgehalten und wiederum durch eine Gleichlast belastet wird (Bild 1.3). Die Randbedingungen lauten in diesem Fall:

$$x = 0: \qquad u = 0$$
$$x = l: \qquad u = 0.$$

Setzt man die erste Randbedingung in Gleichung (1.8) ein, so erhält man: $C_2 = 0$.

Setzt man die zweite Randbedingung in Gleichung (1.8) ein, so erhält man: $C_1 = \frac{1}{2}q_0l$.

Die Normalkraft und die Verschiebung ergeben sich dann zu:

$$N = -q_0 x + \frac{1}{2} q_0 l = q_0 (\frac{1}{2} l - x) \tag{1.11}$$

$$EAu = -\frac{1}{2} q_0 x^2 + \frac{1}{2} q_0 l x = \frac{1}{2} q_0 x (l - x) \tag{1.12}$$

Der Verlauf von N und u ist in Bild 1.3 dargestellt.

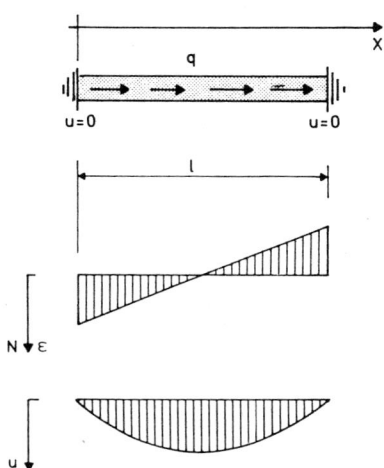

Bild 1.3 .

Die Extremwerte sind:

$$N_{(x=0)} = \frac{1}{2} q_0 l, \quad N_{(x=l)} = -\frac{1}{2} q_0 l \quad \text{(Randextrem)}$$

$$EAu_{(x=l/2)} = \frac{1}{8} q_0 l^2 \quad \text{(absolutes Extrem, wo N = 0 ist)}$$

Beispiele

Ein sich anbietendes Beispiel für Fall A ist der vertikale, prismatische, homogene Pfeiler, der durch sein Eigengewicht belastet wird (Bild 1.4). Die konstante Belastung q_0 entspricht $-\gamma A$, mit γ = spezifisches Gewicht des Materiales ($\gamma = \rho g$), A = Querschnittsfläche.

Ein etwas unerwartetes Beispiel finden wir bei den *Randstäben einer Hyparschale* (eine Schale in der Form eines hyperbolischen Paraboloids), wie in Bild 1.5 dargestellt. Entlang der geraden Begrenzungen AC, AD, BC und BD der Fläche befinden sich Stäbe geringen Querschnittes. Diese werden, wie für Stab AC dargestellt, durch die Schale mit einer axialen, verteilten Belastung belastet. Die Belastung auf die Oberfläche der Schale wird so in die Stützpunkte A und B abgetragen. Im Falle einer konstanten vertikalen Belastung auf die Schalenoberfläche, die als Kraft auf ein Flächenelement geteilt durch dessen Horizontalprojektion angegeben

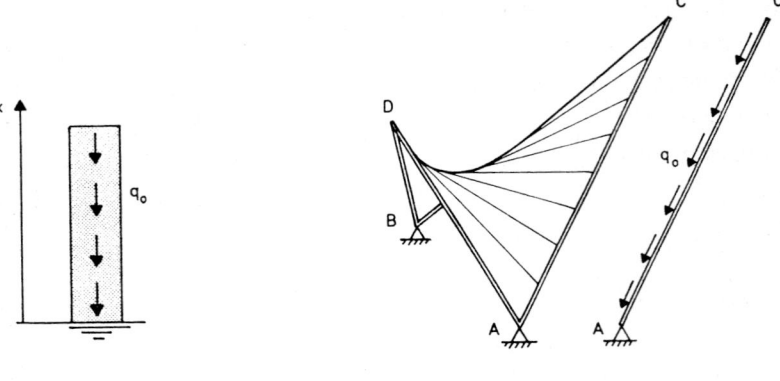

Bild 1.4.   Bild 1.5.

wird, ist die verteilte Belastung auf den Randbalken ebenfalls konstant.

Ein anderes Beispiel zeigt eine Tonnenschale. Dabei handelt es sich um eine *zylindrische Schale mit Randstäben* an den geraden Rändern (Bild 1.6), die oft zur Überdachung von Industriehallen eingesetzt wird.

Diese Randstäbe werden durch die Schale mit einer verteilten axialen Belastung belastet, die sich in Längsrichtung näherungsweise linear verändert und deren Nullpunkt in der Mitte der Spannweite des Balkens liegt (siehe Bild 1.6).

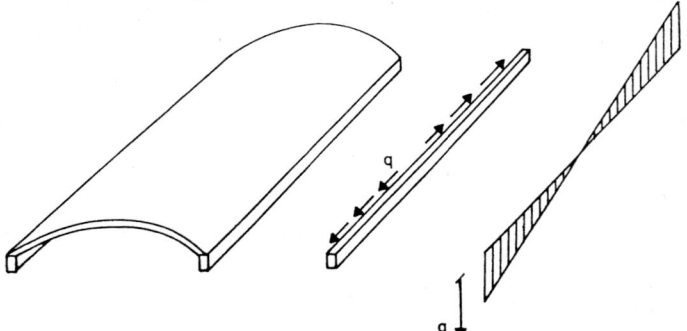

Bild 1.6.

Der Stab wird dadurch auf Zug belastet. Dem Leser wird es selbst überlassen, die Verläufe der Normalkraft N und der Verschiebung u in diesem Randstab zu bestimmen, wenn z.B. an einem Ende u = 0 und am anderen Ende N = 0 gilt.

Beim folgenden Beispiel handelt es sich um *eine auf einem Untergrund aufliegende Platte* von unbestimmter Länge (Bild 1.7). Man kann sich dabei eine Straßendecke vorstellen. Die Platte wird am linken Ende vorgespannt, indem eine Kraft F = P auf sie ausgeübt wird. Die darauffolgenden Plattenquerschnitte werden sich dadurch nach rechts verschieben, wodurch Reibungskräfte zwischen der Platte und dem Untergrund entstehen. Nimmt man an, daß es sich hier um Coulombsche Reibung handelt, so sind diese Reibungskräfte ausschließlich vom Kontaktdruck zwischen Platte und

Untergrund abhängig. Ist dieser Druck konstant, dann sind auch die Reibungskräfte konstant, und die Platte wird durch eine nach links wirkende Gleichlast q_0 belastet. Daher nimmt die Plattennormalkraft N, die am linken Ende gleich −P ist, vom Betrag her linear ab und ist in einem Abstand $l = P/q_0$ gleich Null. Rechts von diesem Punkt ist von Vorspannung nichts mehr zu spüren.

Eine ähnliche Erscheinung zeigt sich beim Vorspannen von Betonbalken oder Trägern mit gekrümmten Vorspanngliedern.

Beim *Rammpfahl* handelt es sich um einen Stab, der in ein Medium eingedrückt wird. Die oben aufgebrachte Belastung beansprucht den Pfahl auf Druck. Der Boden übt auf den Pfahl die sogenannte Mantelreibung oder Haftung aus, wodurch die Pfahlnormalkraft nach unten hin abnimmt und die Spitzendruckkraft kleiner als die oben aufgebrachte Belastung ist. Es würde zu weit führen, darauf näher einzugehen.

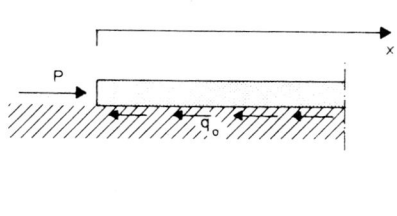 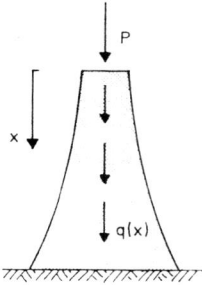

Bild 1.7.   *Bild 1.8.*

Eine *andere Problemstellung* bringt die folgende Frage. Ein Pfeiler mit variabler Querschnittsfläche A(x) wird von oben mit einer Kraft F = P belastet, so daß an dieser Stelle N = −P gilt.

Außerdem wirkt noch das Eigengewicht: $q(x) = \gamma A(x)$, mit γ als spezifischem Gewicht des Materials.

In jedem Querschnitt soll die gleiche Spannung entsprechend einer ermittelten zulässigen Spannung $-\sigma_0$ vorhanden sein, so daß optimale Materialausnützung erreicht wird. Gesucht wird die Form des Pfeilers, der diese Anforderung erfüllt oder, anders ausgedrückt, der Querschnittsverlauf in Abhängigkeit von der Höhe.

Mit der gestellten Forderung ist die Normalkraft $N = -A\sigma_0$, und somit ist

$$\frac{dN}{dx} = -\sigma_0 \frac{dA}{dx}$$

Mit der zusätzlich gegebenen Belastung q geht Gleichung (1.1) über in:

$$\gamma A = \sigma_0 \frac{dA}{dx} \quad \text{oder:} \quad \frac{dA}{dx} - \frac{\gamma}{\sigma_0} A = 0$$

Die Lösung dieser Gleichung lautet: $A = C\, e^{(\gamma/\sigma_0)x}$. Die Integrationskonstante C erhält man aus der Randbedingung für x = 0, wofür gilt: $A = A_0 = P/\sigma_0$.

Setzt man dies in die obige Gleichung ein, so ergibt sich: $C = A_0$. Für den Querschnittsverlauf erhält man somit:

$$A = A_0\, e^{(\gamma/\sigma_0)x}$$

Dieser nimmt nach unten hin exponentiell zu.

Die Formänderung ε ist konstant $\varepsilon = -\sigma_0/E$, und die Verschiebung u ist eine lineare Funktion:

$$u = \frac{\sigma_0}{E}(l - x)\ \text{ mit } u = 0 \text{ für } x = l$$

Aufgabe

Bestimmen sie für die drei dargestellten Belastungsfälle die Verläufe der Normalkraft N und der Verschiebung u sowie die Extremwerte.

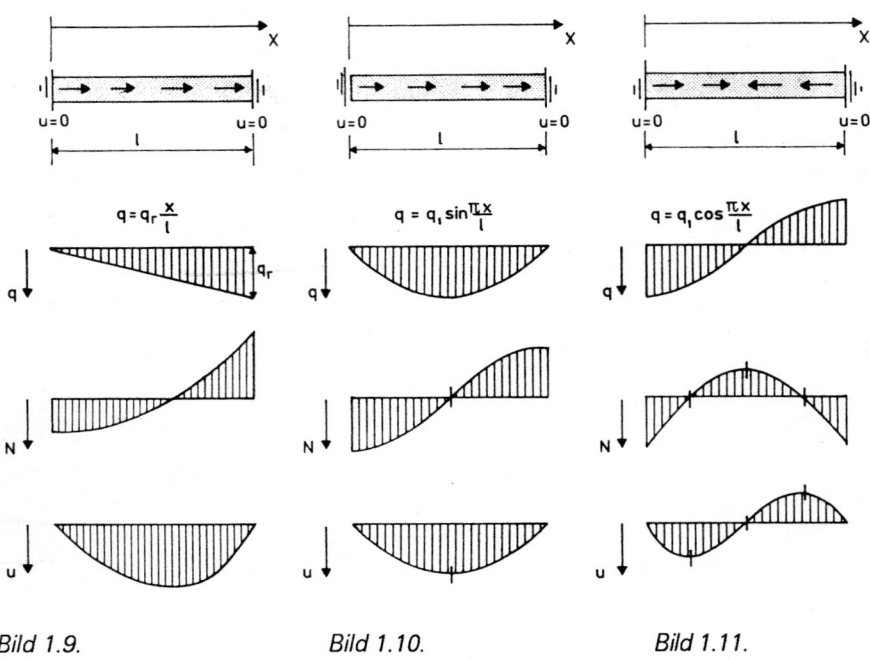

Bild 1.9.   *Bild 1.10.*   *Bild 1.11.*

1.3 Rand- und Übergangsbedingungen

Wir kommen zur *Theorie* zurück und wollen näher auf Rand- und Übergangsbedingungen eingehen.

Bis jetzt handelte es sich nur um prismatische Stäbe und kontinuierliche Belastungsfunktionen. Die Differentialgleichung konnte einfach gelöst, und die Integrationskonstanten konnten mit Hilfe von Randbedingungen bestimmt werden. An jedem der
beiden Stabenden wurde entweder die Normalkraft N oder die Verschiebung u vorgeschrieben.

Wenn im Stab mehrere Teile unterschieden werden müssen, wie in Bild 1.12 mit
römischen Zahlen angegeben, wird es komplizierter.

Beim Übergang von einem zum nächsten Teil gelten dann Übergangsbedingungen.

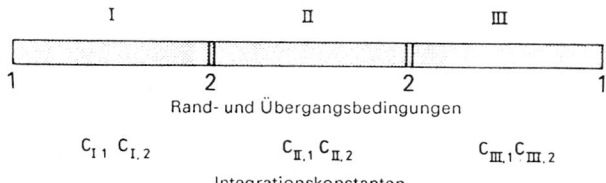

Bild 1.12.

Übergänge treten auf bei:
- einer Diskontinuität in der Belastungsfunktion, wie z.B. in Bild 1.13 dargestellt;

Bild 1.13.   *Bild 1.14.*

- einer Diskontinuität in der Steifigkeitsfunktion, wie z.B. in Bild 1.14 dargestellt;
- einer konzentriert angreifenden Kraft, wie in Bild 1.15 dargestellt. Die verteilte
  Belastung q zeigt dann Singularität, d.h. im Angriffspunkt der Kraft ist der Wert
  der Funktion q(x) unendlich groß;

Bild 1.15.   *Bild 1.16.*

- einem Festhaltepunkt (Auflager), dargestellt in Bild 1.16. Hier tritt im allgemeinen
  eine konzentrierte Reaktionskraft auf.

Für jeden der zu unterscheidenden Stababschnitte können "Feldgleichungen" aufgestellt werden, deren allgemeine Lösung zwei Integrationskonstanten besitzt. An jedem
Übergang gelten zwei Übergangsbedingungen. In dem Beispiel aus Bild 1.12 gibt es
also vier Übergangsbedingungen. Zusammen mit den Randbedingungen des linken

und rechten Stabendes sind sie gerade ausreichend für die Bestimmung der sechs Integrationskonstanten. Die Übergangsbedingungen beziehen sich auf die Verschiebung u bzw. die Normalkraft N. Wir versehen diese Größen mit einem Index, der angibt, auf welchen Stababschnitt sie sich beziehen. Am Übergang von einem Abschnitt I zu einem Abschnitt II gelten im allgemeinen folgende Bedingungen:

$$u_I = u_{II} \tag{1.13}$$

$$N_I = N_{II} \tag{1.14}$$

Die erste Gleichung folgt aus der Kontinuität oder dem Zusammenhang des Materials. Sie wird auch gerne Kompatibilitätsbedingung genannt. Die zweite Gleichung folgt direkt aus dem Grundsatz Aktion = Reaktion (drittes Gesetz von Newton).
Im Falle einer Diskontinuität in der Belastung, wie beim Sprung in Bild 1.13, und einer Diskontinuität in der Steifigkeitsfunktion , wie beim Sprung in Bild 1.14, entsprechen die beiden Übergangsbedingungen den in (1.13) und (1.14) formulierten Bedingungen. Im Falle einer konzentrierten Kraft (Bild 1.15) muß Gleichung (1.14) ersetzt werden durch:

$$N_I = N_{II} + F \tag{1.15}$$

was direkt aus dem Gleichgewicht an einem zwischen den beiden Stabteilen gelegenen kleinen Element dx, an dem die Kraft F angreifen soll, folgt (Bild 1.17). In dem Normalkraftverlauf tritt daher ein Sprung auf.

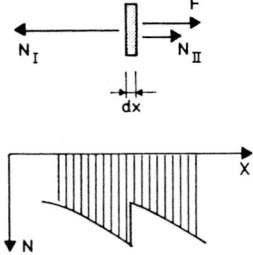

Bild 1.17.

An einem Festhaltepunkt müssen beide Verschiebungen gleich Null sein. Dort gilt dann:

$$u_I = u_{II} = 0 \tag{1.16}$$

In diesem Fall kann auch von einer Randbedingung für den linken Stababschnitt und einer Randbedingung für den rechten Stababschnitt gesprochen werden. Die beiden Stababschnitte beeinflussen sich gegenseitig nicht.

Randbedingungen können als ein besonderer Fall von Übergangsbedingungen betrachtet werden, bei denen Normalkräfte und Verschiebungen an einem Stabteilende direkt vorgeschrieben sind. Kräfte F, die an einem Ende angreifen (Bild 1.18), sind positiv, wenn sie in positiver x-Richtung wirken. Normalkräfte sind als Zugkräfte positiv. Man achte daher auf das Vorzeichen von N.

Schwieriger wird es, wenn ein Stab an einem Ende mit einer Feder verbunden ist. Eine Feder ist ein Element, für das eine algebraische Beziehung zwischen der aufgebrachten Kraft F und der Verschiebung u des Angriffspunktes dieser Kraft (Bild 1.19) gilt. Für eine linear-elastische Feder lautet diese Beziehung F = ku, wobei der Proportionalitätsfaktor k als Federkonstante bezeichnet wird. Für die Normalkräfte in den beiden Federn aus Bild 1.19 gilt dann: N = ku und N = –ku. Für den mit II gekennzeichneten Stab aus Bild 1.20, der an beiden Enden mit Federn verbunden ist, können nun die Randbedingungen abgeleitet werden.

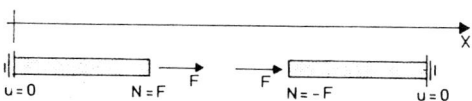

Bild 1.18.

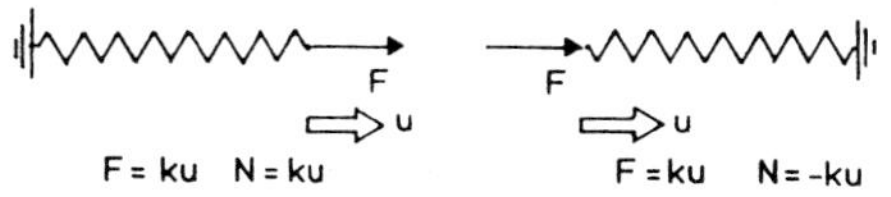

Bild 1.19.

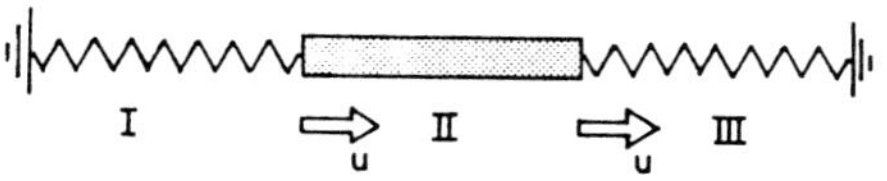

Bild 1.20.

Am Übergang I – II gilt:

$$u_{II} = u_I$$

$$\left.\begin{array}{l} N_{II} = N_I \\[2mm] \text{und } N_I = ku_I \end{array}\right\} \Rightarrow N_{II} = ku_I \Bigg\} \Rightarrow N_{II} = ku_{II} \qquad (1.17)$$

Am Übergang II – III gilt:

$$u_{III} = u_{II}$$

$$\left.\begin{array}{l} N_{II} = N_{III} \\[2ex] \text{und } N_{III} = -ku_{III} \end{array}\right\} \Rightarrow N_{II} = -ku_{III} \quad \left.\right\} \Rightarrow N_{II} = -ku_{II} \qquad (1.18)$$

Anstelle von zwei Übergangsbedingungen an jedem der beiden Enden von Stab II, gibt es bei einer sogenannten federnden Unterstützung an jedem Ende nur eine Randbedingung, die eine Beziehung zwischen der Normalkraft N und der Verschiebung u am betrachteten Ende darstellt. Hieraus können als besondere Fälle abgeleitet werden:

– die Randbedingung für ein freies Ende:
   Mit k = 0 erhält man: N = 0.
– die Randbedingung für ein festgehaltenes Ende:
   Mit k = ∞ erhält man: u = 0.

Die vorangegangenen einfachen Betrachtungen sind für den weiteren Verlauf wesentlich. Entsprechende Situationen ergeben sich bei der Belastung eines Stabes auf Schub, Torsion oder Biegung.

Einige konkrete Fälle

Wir behandeln einige Fälle, bei denen die Auswirkungen von unterschiedlichen Diskontinuitäten und der Effekt einer federnden Unterstützung auf den Normalkraft– bzw. Verschiebungsverlauf sichtbar werden.

Fall C. Bei diesem Fall handelt es sich um einen Stab der Länge *l*, der an beiden Seiten festgehalten und nur über der linken Hälfte mit einer Gleichlast q_0 belastet wird (Bild 1.21).Für den linken Stabteil gelten folgende Lösungen (siehe Gleichungen (1.7) und (1.8), jetzt mit dem Index I versehen):

$$N_I = - q_0 x + C_1$$

$$EAu_1 = -\frac{1}{2} q_0 x^2 + C_1 x + C_2.$$

Die Lösungen für den rechten Stabteil (mit dem Index II bezeichnet) lauten:

$$N_{II} = C_3$$

$$EAu_{II} = C_3 x + C_4$$

Die Randbedingungen lauten:

für x = 0: $u_I = 0$ und für x = *l*: $u_{II} = 0$

Die Übergangsbedingungen lauten:

für $x = \frac{1}{2}l$: $u_I = u_{II}$ und $N_I = N_{II}$

Aus der ersten Randbedingung folgt: $C_2 = 0$.

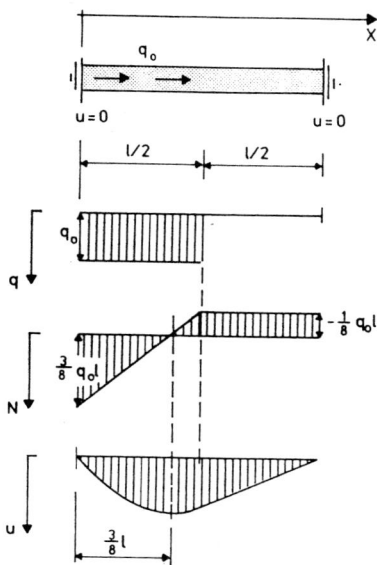

Bild 1.21.

Aus der zweiten Randbedingung folgt: $C_3 l + C_4 = 0$.

Die erste Übergangsbedingung führt zu: $-\frac{1}{8} q_0 l^2 + \frac{1}{2} C_1 l = \frac{1}{2} C_3 l + C_4$.

Die zweite Übergangsbedingung führt zu: $-\frac{1}{2} q_0 l + C_1 = C_3$.

Aus den letzten drei Gleichungen ergibt sich:

$$C_1 = \frac{3}{8} q_0 l, \quad C_3 = -\frac{1}{8} q_0 l, \quad C_4 = \frac{1}{8} q_0 l^2.$$

Damit ist:

$$N_I = q_0(\tfrac{3}{8} l - x), \quad N_{II} = -\frac{1}{8} q_0 l$$

$$EAu_I = \frac{1}{8} q_0 x(3l - 4x), \quad EAu_{II} = \frac{1}{8} q_0 l(l - x)$$

Diese Ergebnisse sind in Bild 1.21 dargestellt. Die Reaktionskraft des linken Festhaltepunktes ist $\frac{3}{8} q_0 l$, die des rechten Festhaltepunktes $\frac{1}{8} q_0 l$. Der Extremwert der Verschiebungen tritt in einem Abstand $\frac{3}{8} l$ vom linken Festhaltepunkt auf.

Fall D. In diesem Fall besteht der Stab aus zwei gleichlangen prismatischen Teilen. Der linke Stabteil hat eine Steifigkeit von EA_I, der rechte Stabteil eine Steifigkeit von EA_{II}. Der Stab wird über seine gesamte Länge mit einer Gleichlast q_0 belastet (Bild 1.22). Für den linken Stabteil gelten die folgenden Lösungen:

$$N_I = -q_0 x + C_1$$

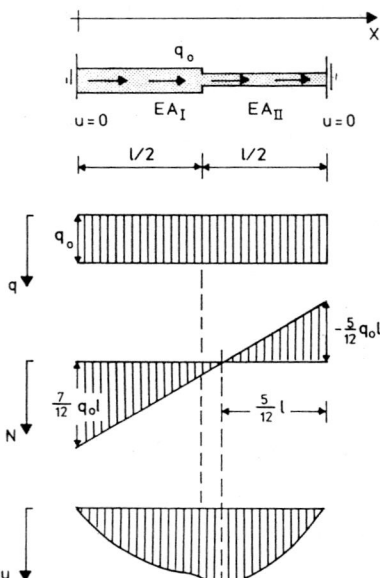

Bild 1.22.

$$EA_I \, u_I = -\frac{1}{2} q_0 x^2 + C_1 x + C_2$$

Für den rechten Stabteil gelten die Lösungen:

$$N_{II} = -q_0 x + C_3$$

$$EA_{II} \, u_{II} = -\frac{1}{2} q_0 x^2 + C_3 x + C_4$$

Die Rand- bzw Übergangsbedingungen sind dieselben wie im vorigen Fall:

für $x = 0$: $u_I = 0$ und für $x = l$: $u_{II} = 0$

für $x = \frac{1}{2}l$: $u_I = u_{II}$ und $N_I = N_{II}$

Bei der Auswertung dieser Bedingungen weichen wir von der bisherigen Reihenfolge ab und behandeln zuerst die letzte Bedingung.

Dies führt auf die Gleichung: $-\frac{1}{2} q_0 l + C_1 = -\frac{1}{2} q_0 l + C_3$.

Hieraus folgt: $C_1 = C_3$ und somit $N_I = -q_0 x + C_1$ und auch $N_{II} = -q_0 x + C_1$. Für N_I und N_{II} gilt also der gleiche Ausdruck.

Allgemein gilt: Ist die Belastung $q(x)$ durch eine einzige Funktion gegeben, dann gibt es auch für die Normalkraft N nur einen Ausdruck, da diese sich nach der Gleichgewichtsgleichung (1.1) aus der direkten Integration von q ergibt.

Aus der ersten Randbedingung folgt: $C_2 = 0$.

Aus der zweiten Randbedingung folgt: $C_4 = \frac{1}{2} q_0 l^2 - C_1 l$.

Aus der ersten Übergangsbedingung folgt:

$$\frac{1}{EA_I}(-\frac{1}{8}q_0l^2 + \frac{1}{2}C_1l) = \frac{1}{EA_{II}}(-\frac{1}{8}q_0l^2 + \frac{1}{2}C_1l + C_4)$$

Als Beispiel wählen wir $EA_I = 2EA_{II}$. Für die noch unbekannten Konstanten folgt dann: $C_1 = C_3 = \frac{7}{12}q_0l$, $C_4 = -\frac{1}{12}q_0l^2$.
Es ergibt sich:

$$N_I = -q_0x + \frac{7}{12}q_0l = q_0(\frac{7}{12}l - x), \quad N_{II} = q_0(\frac{7}{12}l - x)$$

$$EA_Iu_I = -\frac{1}{2}q_0x^2 + \frac{7}{12}q_0lx, \quad EA_{II}u_{II} = -\frac{1}{2}q_0x^2 + \frac{7}{12}q_0lx - \frac{1}{12}q_0l^2.$$

Diese Ergebnisse sind in Bild 1.22 dargestellt.

Die Reaktionskraft des linken Festhaltepunktes ergibt sich zu $\frac{7}{12}q_0l$, die des rechten Festhaltepunktes zu $\frac{5}{12}q_0l$. Im Verlauf der Verschiebung u tritt bei $x = \frac{1}{2}l$ ein Knick auf. Im Abstand von $\frac{5}{12}l$ vom rechten Festhaltepunkt befindet sich ein Extremwert. Manchmal können kleine Variationen im Lösungsverfahren zu Vereinfachungen führen. Aus diesem Grund kann es empfehlenswert sein, für den Stababschnitt II ein neues Koordinatensystem zu wählen, dessen Ursprung entweder am Übergang von Stab I zu Stab II oder am rechten Ende liegt. Es wird dem Leser selbst überlassen, solche Varianten im Lösungsverfahren zu finden.

Fall E. In diesem Fall ist der prismatische Stab an der rechten Seite federnd gestützt (Bild 1.23). Die Belastung ist wieder über die gesamte Länge gleichmäßig verteilt. Die allgemeinen Lösungen sind bereits durch die Gleichungen (1.7) und (1.8) gegeben. Die Randbedingungen lauten jetzt:

für $x = 0$: $u = 0$

für $x = l$: $N = -ku$.

Aus der ersten Randbedingung folgt:

$C_2 = 0$

Aus der zweiten Randbedingung folgt:

$$-q_0l + C_1 = -\frac{k}{EA}(-\frac{1}{2}q_0l^2 + C_1l).$$

Als Beispiel wählen wir $\frac{kl}{EA} = 4^*$, woraus sich $C_1 = \frac{3}{5}q_0l$.ergibt. Damit ist:

$$N = -q_0x + \frac{3}{5}q_0l$$

$$EAu = -\frac{1}{2}q_0x^2 + \frac{3}{5}q_0lx$$

Diese Ergebnisse sind in Bild 1.23 dargestellt.

---

* Wird der prismatische Stab auch als Feder betrachtet, dann ist seine Steifigkeit EA/l. Die Steifigkeit der Stützfeder ist also 4x so groß; man spricht dann von einer steifen Feder.

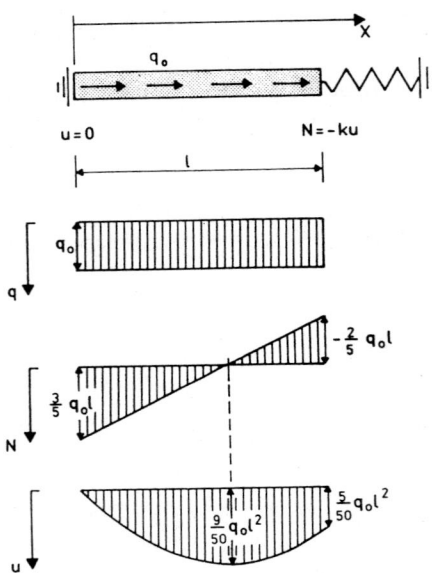

Bild 1.23.

Wir wollen nun noch zwei Fälle behandeln, bei denen es nur um eine konzentrierte Kraft geht, die an einem beliebigen Punkt des Stabes angreift. Mit q = 0 folgt aus den Gleichungen (1.1) und (1.5):

$$N = C_1 \tag{1.19}$$

$$EA\, u = C_1 x + C_2 \tag{1.20}$$

Allgemein gilt: Wenn keine verteilte Belastung angreift, ist die Normalkraft konstant und die Verschiebung verläuft linear.

Die zu behandelnden Fälle sind sehr einfach und können leicht mit elementaren Methoden berechnet werden. Es geht uns hier jedoch darum, Lösungen über den Weg der Differentialgleichungen zu bekommen. Aufgrund der besonderen Schwierigkeit, die bei der Diskontinuität durch eine konzentriert angreifende Kraft entsteht, soll hierauf auch in Hinsicht auf später zu behandelnde, analoge Fälle nochmals eingegangen werden.

Fall F. Der Stab in Bild 1.24, der am linken Ende festgehalten wird und am rechten Ende frei ist, wird in einem beliebigen Punkt A mit einer Einzellast P belastet.
Für den Stababschnitt links von A gilt:

$$N_I = C_1$$

und $EA\, u_I = C_1 x + C_2$.

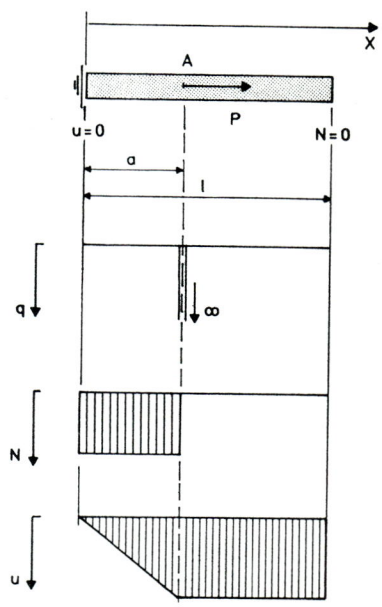

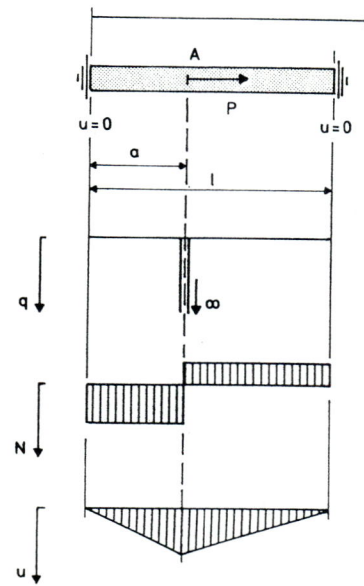

Bild 1.24.   *Bild 1.25.*

Für den Stababschnitt rechts von A gilt:

$$N_{II} = C_3$$

und $EA\, u_{II} = C_3 x + C_4$.

Die Randbedingungen lauten:
  für $x = 0$: $u_I = 0$
  für $x = l$: $N_{II} = 0$.

Die Übergangsbedingungen in A lauten:
  für $x = a$: $u_I = u_{II}$ und $N_I = N_{II} + P$

Aus der ersten Randbedingung folgt: $C_2 = 0$.
Aus der zweiten Randbedingung folgt: $C_3 = 0$.
Aus der ersten Übergangsbedingung folgt: $C_1 a = C_4$.
Aus der zweiten Übergangsbedingung folgt: $C_1 = P$.
Hieraus folgt: $C_4 = aP$.
Die Lösungen sind somit:

$$N_I = P \quad \text{und} \quad N_{II} = 0$$

$$EA\, u_I = Px \quad \text{und} \quad EA\, u_{II} = aP.$$

Diese Ergebnisse sind in Bild 1.24 dargestellt. Im Punkt A tritt in N ein Sprung und in u ein Knick auf.

Fall G. Der Belastungsfall entspricht dem vorigen, aber der Stab wird jetzt auch am rechten Ende festgehalten (Bild 1.25). Man kann von der allgemeinen Lösung des vorigen Falles ausgehen. Die Randbedingungen lauten jetzt:

$$\text{für } x = 0: \; u_I = 0$$

$$\text{für } x = l: \; u_{II} = 0.$$

Die Übergangsbedingungen in A lauten wieder:

$$\text{für } x = a : u_I = u_{II} \text{ und: } N_I = N_{II} + P$$

Aus der ersten Randbedingung folgt: $C_2 = 0$.

Aus der zweiten Randbedingung folgt: $C_3 l + C_4 = 0$.

Aus der ersten Übergangsbedingung folgt: $C_1 a = C_3 a + C_4$

Aus der zweiten Übergangsbedingung folgt: $C_1 = C_3 + P$.

Hieraus ergeben sich die Konstanten zu:

$$C_1 = \frac{l-a}{l} \, P, \;\; C_3 = -\frac{a}{l} \, P, \;\; C_4 = aP.$$

Die Lösungen lauten somit:

$$N_I = \frac{l-a}{l} P, \;\; N_{II} = -\frac{a}{l} \, P$$

$$EA \, u_I = \frac{l-a}{l} \, Px, \;\; EA \, u_{II} = \frac{a}{l} \, P(l-x)$$

Diese Ergebnisse sind in Bild 1.25 dargestellt. Wieder tritt im Punkt A ein Sprung in N und ein Knick in u auf.

1.4 Temperatureinflüsse, Schwind- und Quellerscheinungen

Wie bereits bekannt, verursacht eine Temperaturänderung bei einem Stab eine Längenänderung. Wird diese Längenänderung behindert, dann entstehen Spannungen. Temperaturänderungen sind daher auch wichtige Ursachen von Spannungen und deren Folgen wie Rißbildung in Betonplatten, Ausknicken von Eisenbahnschienen bei warmem und Bruch bei kaltem Klima, usw.

Bei nicht zu großen Temperaturänderungen ist die Längenänderung proportional zur Temperaturänderung T, so daß für die Dehnung gilt:

$$\varepsilon = \alpha T \tag{1.21}$$

wobei α der lineare Temperaturdehnungskoeffizient des Materiales ist. Mit $[T] = \,°C$, ist $[\alpha] = (°C)^{-1}$.

Im allgemeinen kann die Dehnung eines Stabes also sowohl eine Folge einer Normalkraft N (Gleichung 1.3) als auch einer Temperaturänderung T sein (Gleichung 1.21) und man muß für diese Dehnung daher schreiben:

$$\varepsilon = \frac{N}{EA} + \alpha T \tag{1.3'}$$

Dies ist die konstitutive Gleichung, die an die Stelle von Gleichung (1.3) tritt, wenn man Temperaturänderungen berücksichtigt. Die Gleichung kann auch in folgender Form geschrieben werden:

$$N = EA(\varepsilon - \alpha T) \tag{1.3''}$$

Die kinematische Gleichung bleibt unverändert. Es gilt also auch jetzt noch:

$$\varepsilon = \frac{du}{dx}$$

Setzt man diesen Ausdruck in (1.3'') ein, so erhält man:

$$N = EA(\frac{du}{dx} - \alpha T) \tag{1.5'}$$

Mit dieser Gleichung und der unveränderten Gleichgewichtsbedingung

$$q = -\frac{dN}{dx} \tag{1.1}$$

ist das Problem von Temperaturänderungen im wesentlichen beschrieben.

Auch bei Schwind- und Quellerscheinungen können von der Belastung unabhängige Längenänderungen auftreten. Die Untersuchung der Auswirkungen dieser Erscheinungen verläuft gleich wie die Untersuchung der Temperaturänderungseffekte. Dazu muß in der konstitutiven Gleichung nur der Term αT durch ε_k ersetzt werden, mit ε_k als der Dehnung, die auftritt infolge dieser Erscheinung.

Bei inhomogenen Querschnitten steht das Symbol EA in den Gleichungen (3'') und (5') für die resultierende Steifigkeit, der lineare Temperaturdehnungskoeffizient des Stabes muß jedoch noch bestimmt werden.

Wir erläutern dies anhand eines aus zwei Materialien zusammengesetzten Querschnittes, wie z.B in Bild 1.26 dargestellt ist. Auch wenn dieser Stab bei einer Temperaturänderung nicht behindert wird, entstehen in diesem Querschnitt trotzdem Normalkräfte, die miteinander im Gleichgewicht stehen. Es gilt:

$$N_I + N_{II} = 0.$$

Aus der Bedingung, daß ebene Querschnitte eben bleiben, folgt, daß die Dehnungen beider Materialien gleich sind.

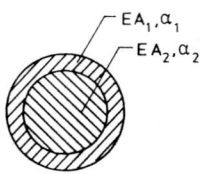

Bild 1.26.

$$\varepsilon_1 = \varepsilon_2 = \varepsilon$$

so daß gilt:

$$\frac{N_1}{EA_1} + \alpha_1 T = \frac{N_2}{EA_2} + \alpha_2 T$$

Aus diesen Gleichungen ergibt sich mit $EA = EA_1 + EA_2$:

$$N_1 = -N_2 = \frac{EA_1\,EA_2}{EA}\,(\alpha_2 - \alpha_1)T$$

$$\varepsilon = \frac{EA_1\alpha_1 + EA_2\alpha_2}{EA}\,T$$

Der resultierende Temperaturdehnungskoeffizient α ist somit gleich:

$$\alpha = \frac{EA_1\alpha_1 + EA_2\alpha_2}{EA} \tag{1.22}$$

Die einzelnen Temperaturdehnungskoeffizienten werden also anteilig ihrer zugehörigen Steifigkeiten "gewichtet".

Als Beispiel betrachten wir einen an beiden Seiten festgehaltenen prismatischen Stab (Bild 1.27). Bei einer längs des Stabes gleichmäßig verteilten Temperatursteigerung T_0 ist das Problem sehr einfach.

Es können keine Verschiebungen auftreten und daher sind auch die Dehnungen überall gleich Null. Aus Gleichung (3') bzw. (3") folgt dann, daß in dem Stab eine konstante Druckkraft der Größe

$$N = -EA\,\alpha T_0$$

vorhanden ist. Bei einem linearen Temperaturverlauf (siehe Bild 1.27) der Form

$$T = T_0\frac{x}{l}$$

gehen wir von Gleichung (5') aus, die durch Einsetzten dieser Temperaturfunktion übergeht in:

$$N = EA(\frac{du}{dx} - \alpha T_0 \frac{x}{l}).$$

Da am Stab keine Belastung angreift, ist die Normalkraft N im Stab konstant N_0. Die obige Gleichung läßt sich dann einfach integrieren, woraus sich ergibt:

$$u = \frac{N_0}{EA}x + \frac{1}{2}\alpha T_0 \frac{x^2}{l} + C.$$

Aus der Randbedingung $u = 0$ für $x = 0$ folgt $C = 0$ und aus der Randbedingung $u = 0$ für $x = l$ folgt $N_0 = -\frac{1}{2}EA\,\alpha T_0$.
Für die Verschiebung u erhält man daher:

$$u = -\frac{1}{2}\alpha T_0 x(1 - \frac{x}{l})$$

Die Ergebnisse sind in Bild 1.27 dargestellt. In dem Stab ist eine konstante Druckkraft vorhanden, die derjenigen Druckkraft entspricht, welche sich bei einer konstanten, mit dem Wert der über den Stab gemittelten Temperatur, einstellen würde. Es ist leicht einzusehen, das sich dieses Ergebnis auch bei einem beliebigen Temperaturverlauf ergibt. Die Verschiebungen verlaufen parabolisch mit einem Extremwert in der Feldmitte.

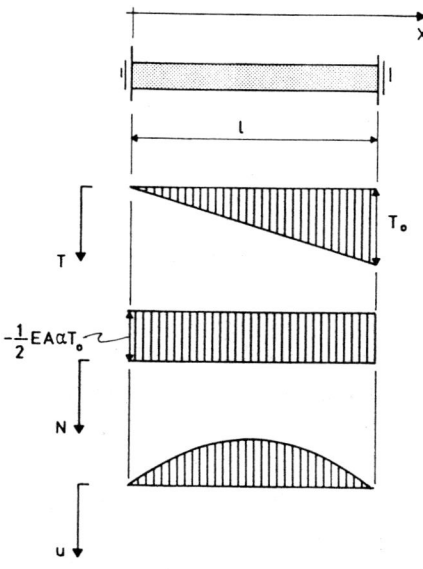

Bild 1.27.

2
Auf Schub beanspruchte Träger

2.1 Einleitung

Träger oder Balken sind Konstruktionselemente, die dazu dienen, eine senkrecht zur Balken- bzw. Trägerachse wirkende Belastung zu tragen. Unter einer solchen Belastung biegen sie sich durch, d.h. die Belastung verursacht Verschiebungen, wie man dies bei Böden, Dächern, Brücken, Eisenbahnschienen usw. erkennen kann. Die Belastung verursacht im Träger Biegemomente, durch die der Träger gebogen oder gekrümmt wird (Bild 2.1). Die Biegung oder Krümmung ist gleichzeitig mit Verschiebungen senkrecht zur Trägerachse verbunden, die darum Durchbiegungen genannt werden.

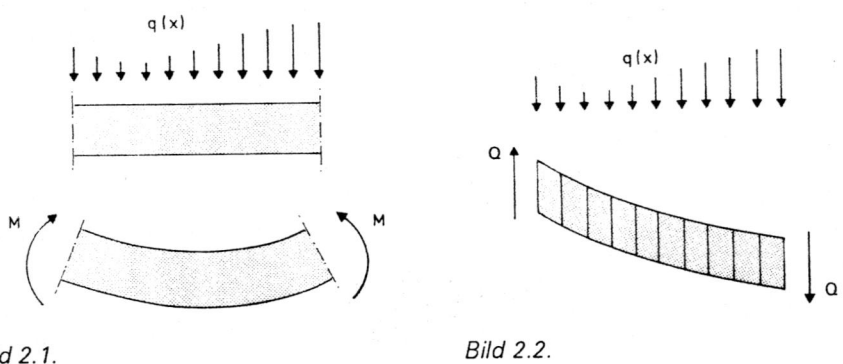

Bild 2.1.   Bild 2.2.

Außer Biegemomenten verursacht eine Belastung jedoch auch Querkräfte im Träger. Die durch die Querkraft verursachte Formänderung ist in erster Linie ein Abscheren. Senkrecht zur Trägerachse stehende Querschnitte werden dabei parallel gegeneinander verschoben, wie in Bild 2.2 dargestellt ist. Diese Erscheinung wird im allgemeinen Schub genannt.

Eine Vorstellung von dieser Formänderung kann man auch durch einen Fachwerkträger mit parallelen Rändern, der eine Belastung senkrecht zur Trägerachse trägt, bekommen (Bild 2.3). Wie bereits bekannt, wird das Biegemoment durch die Randstäbe, die Querkraft dagegen durch die Füllstäbe (Diagonalen und Vertikalen) aufgenommen. Wird die Dehnsteifigkeit der Randstäbe als unendlich groß angenommen, so daß diese keine Verlängerungen oder Verkürzungen erfahren, dann sind die Verschiebungen der Knotenpunkte ausschließlich eine Folge der Verlängerungen und Verkürzungen der Füllstäbe und somit der im Träger vorhandenen Querkraft. Die

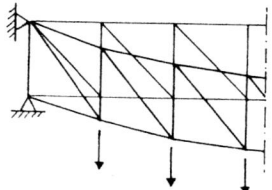

Bild 2.3.

Verschiebungen beim Fachwerkträger können mit Hilfe einer Williotfigur auf einfache Weise bestimmt werden.

Die Verschiebungen infolge Schub können von unterschiedlicher Größenordnung sein. Oft sind sie klein gegenüber den Verschiebungen infolge Biegung und können daher vernachlässigt werden. Das trifft besonders bei schlanken Trägern mit massiven Querschnitten zu, ist aber im allgemeinen nicht immer der Fall. Im Kapitel 4 werden deshalb die Formänderungen aus Biegung und Schub zusammen betrachtet. Es gibt jedoch auch Konstruktionssysteme, bei denen überwiegend oder sogar ausschließlich von Schub die Rede ist. Dies ist vorwiegend bei skelettartigen Strukturen, die hier besonders untersucht werden, der Fall. Zuerst werden jedoch die Gleichungen, die das Problem beschreiben, dargestellt.

2.2 Herleitung der Gleichungen

In Bild 2.4 ist ein Element der Länge dx eines prismatischen Trägers mit einer in der xz-Ebene verteilt angreifenden Belastung q(x) dargestellt. Diese Belastung verursacht im Stab eine Querkraft Q(x). Der Zusammenhang zwischen dieser Schnittkraft und der Belastung folgt aus einer Gleichgewichtsbetrachtung am Element, die hier sehr verkürzt angegeben wird. Wirkt am linken Schnittufer eine Querkraft Q, dann wird die Querkraft am rechten Schnittufer im allgemeinen einen anderen Wert haben, den wir mit Q + dQ bezeichnen.

Die Gleichgewichtsbedingung senkrecht zur Trägerachse lautet dann:

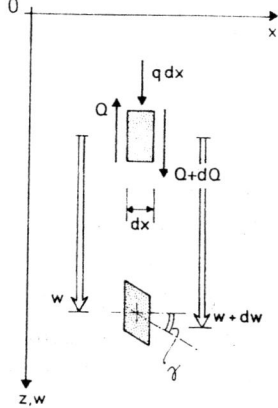

Bild 2.4.

$$-Q + q\,dx + Q + dQ = 0 \quad \text{oder}$$

$$q = -\frac{dQ}{dx} \qquad (2.1)$$

Es wird angenommen, daß die Querschnitte nur eine Translation in z-Richtung in Form einer Verschiebungsfunktion w(x) erfahren. Sie können also nicht rotieren. Bei den Beispielen für Schubträger wird dies gewährleistet, indem immer eines der beiden Enden von zwei Auflagern festgehalten wird.

Die entstehende Formänderunggröße ist die Veränderung γ des ursprünglich rechten Winkels zwischen der Trägerachse und einem Querschnitt. Wir nehmen dabei vorläufig an, daß die Querschnitte eben bleiben. In den zu behandelnden Anwendungen wird dieser Bedingung entsprochen.

Die kinematische Gleichung, die den Zusammenhang zwischen der Formänderung γ und der dadurch verursachten Verschiebung w beschreibt, kann direkt aus Bild 2.4 abgelesen werden. Für kleine Werte von γ gilt:

$$\gamma = \frac{dw}{dx} \qquad (2.2)$$

Bei einem linear-elastischen Material wird eine lineare Beziehung zwischen der Querkraft und der dadurch verursachten Formänderung bestehen. Die Proportionalitätskonstante, die in den jeweiligen Fällen näher bestimmt werden muß, wird Schubsteifigkeit genannt und hier mit dem Zweibuchstabensymbol GA bezeichnet. Die konstitutive Gleichung lautet dann:

$$Q = GA\,\gamma \qquad (2.3)$$

Das Symbol GA ist der Theorie für schlanke Träger mit massiven Querschnitten entnommen. Für die Schubspannung in einem Querschnitt gilt das Hookesche Gesetz in der Form: $\tau = G\gamma$ mit G als Schubmodul des Materiales. Wenn die Schubspannung über dem Querschnitt konstant ist, gilt: $Q = A\tau = GA\,\gamma$ mit A als der Querschnittsfläche. Wie bereits bekannt, ist τ im allgemeinen nicht konstant und es muß diesem Ausdruck ein Korrekturfaktor zugefügt werden. Man kann auch die Fläche A durch eine effektive Fläche ersetzen. Am Beispiel des Fachwerkträgers zeigt sich jedoch, daß das Abscheren auch ohne Schubspannungen auftreten kann und die Größen G und A dann irrelevant sind.

Zur Vereinheitlichung in der Behandlung deuten wir bei inhomogenen Querschnitten Steifigkeiten mit einem Zweibuchstabensymbol an. Das Symbol GA eignet sich hierfür, weil es unmittelbar mit Schub in Verbindung gebracht wird. Im allgemeinen haben die einzelnen Buchstaben also keine Bedeutung.

Die drei Gleichungen (2.1), (2.2) und (2.3) beschreiben das Verhalten des auf Schub beanspruchten Trägers vollständig. Sie können durch eine einzige Differentialgleichung zweiter Ordnung ersetzt werden. Dazu setzen wir Gleichung (2.2) in (2.3) ein und erhalten dann die folgende Beziehung zwischen der Verschiebung w und der Schnittkraft Q:

$$Q = GA \frac{dw}{dx} \tag{2.4}$$

Differenzieren dieser Gleichung führt auf:

$$\frac{dQ}{dx} = GA \frac{d^2w}{dx^2}$$

Einsetzen hiervon in (2.1) führt auf die Differentialgleichung zweiter Ordnung, die den Zusammenhang zwischen der Belastung q(x) und der dadurch verursachten Verschiebung w(x), auschließlich infolge Schub, wiedergibt:

$$q = -GA \frac{d^2w}{dx^2} \tag{2.5}$$

Die Gleichungen (2.1) bis (2.5) sind vom Aufbau her den entsprechenden Gleichungen des auf Dehnung beanspruchten Stabes völlig analog.
An die Stelle der Dehnsteifigkeit EA tritt nun die Schubsteifigkeit GA. Bei übereinstimmenden Randbedingungen können dann auch analoge Lösungen erwartet werden.

2.3 Rahmentragwerke (Skelette)

Wir wollen hier besonders auf die Verformung von skelettartigen Konstruktionen, wie das in Bild 2.5 dargestellte Rahmentragwerk, eingehen. In diesem Rahmentragwerk haben die Stützen eine Biegesteifigkeit EI und die Träger oder Riegel eine unendlich große Biegesteifigkeit. Die Dehnsteifigkeit der Stützen und Träger wurde ebenfalls als unendlich groß angenommen, so daß keine Verformungen infolge Normalkräften auftreten. Eine horizontale Kraft H, die am oberen Ende des Rahmentragwerkes angreift, verursacht horizontale Verschiebungen der Knotenpunkte, die aus der Biegung der Stützen entstehen.
Um diese Verschiebung zu bestimmen, betrachten wir, wie in Bild 2.6 dargestellt, ein einzelnes Geschoß aus dem Rahmentragwerk getrennt für sich. Dieses Portal wird mit einer horizontalen Kraft H belastet. Die unendlich große Biegesteifigkeit der Riegel führt dazu, daß die Stützen an ihren unteren und oberen Enden keine Rotation erfahren.
In der Mitte der Stützen entstehen Wendepunkte in der elastischen Linie. Aus einer elementaren Berechnung ergibt sich die Querkraft Q_i in einer einzelnen Stütze (Bild 2.7) zu:

$$Q_i = \frac{12EI}{h^3} \Delta w \tag{2.6}$$

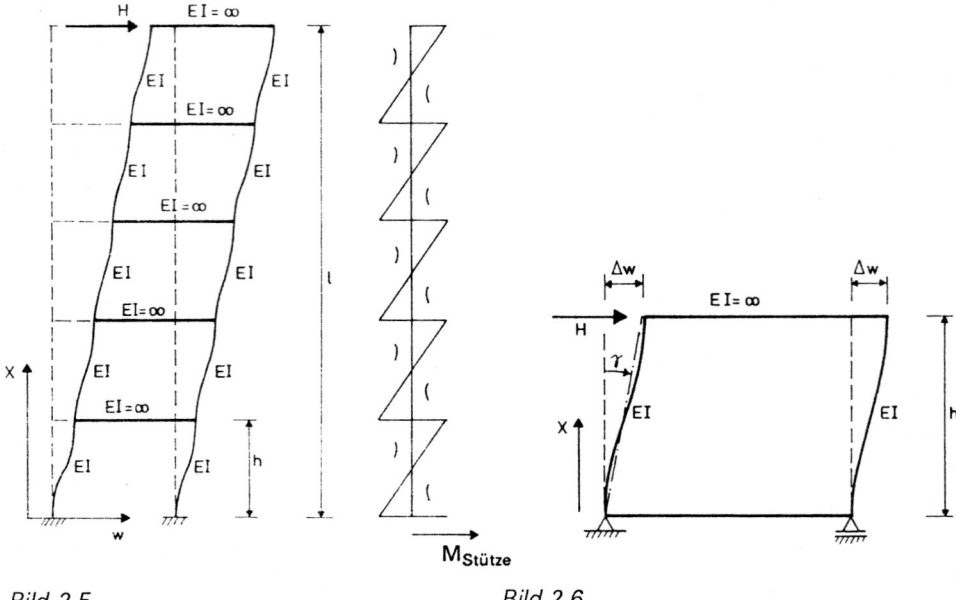

Bild 2.5.   Bild 2.6.

Da die beiden Stützen im Portal von Bild 2.6 identisch sind, ist die horizontale Kraft, die zu einer Verschiebung Δw des oberen Riegels führt, gleich der doppelten Querkraft einer Stütze. Es gilt dann:

$$H = \frac{24EI}{h^3} \Delta w \tag{2.7}$$

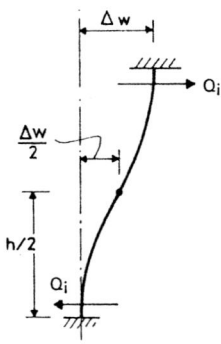

Bild 2.7

Jedes Geschoß muß dieselbe horizontale Kraft H übertragen und daher entsteht für jedes Geschoß dieselbe Verschiebungsdifferenz Δw zwischen oberem und unterem Riegel. Übereinanderliegende Knotenpunkte bleiben daher bei der Verformung auf einer geraden Linie liegen und die Verformungsfigur, welche die aufeinanderfolgenden Riegel bilden, entspricht dem bei Schub bekannten Bild. Das Rahmentragwerk kann daher als ein Schubträger mit einem wie folgt lautendem Gleitwinkel betrachtet werden:

$$\gamma = \frac{\Delta w}{h} \tag{2.8}$$

Für die Beziehung zwischen der insgesamt über einen Querschnitt zu übertragenden Querkraft Q, die in diesem Fall gleich der Horizontalkraft H ist, und dem Gleitwinkel γ gilt dann:

$$Q = \frac{24EI}{h^2}\gamma \tag{2.9}$$

Dieses Bild des Schubträgers gilt ausschließlich für die diskreten Querschnitte der Riegel. Genauer betrachtet stellt sich heraus, daß die Stützen gebogen werden und die Schubsteifigkeit dann auch von der Biegesteifigkeit der Stützen abhängt.

Im folgenden betrachten wir das Rahmentragwerk, daß aus einzelnen Elementen, den Geschossen, besteht, als einen kontinuierlichen Schubträger, für den die Gleichungen (2.1) bis (2.5) gelten. Für den Gleitwinkel gilt dann anstelle des Ausdruckes (2.8) Gleichung (2.2):

$$\gamma = \frac{dw}{dx} \tag{2.2}$$

Die Schubsteifigkeit GA aus der konstitutiven Gleichung (2.3) ergibt sich durch Vergleich mit Formel (2.9) zu:

$$GA = \frac{24EI}{h^2} \tag{2.10}$$

Ist von einem solchen Rahmentragwerk der Verschiebungsverlauf w(x) bekannt, dann können auch die Biegemomente in den Stützen leicht berechnet werden. Die Kopf- und Fußmomente in den Stützen ergeben sich zu:

$$M_{oben} = +\frac{1}{2}Q\frac{1}{2}h; \quad M_{unten} = -\frac{1}{2}Q\frac{1}{2}h \quad (\pm\frac{1}{4}GA\,h\frac{dw}{dx}) \tag{2.11}$$

Der Verlauf der Biegemomente in den Stützen zwischen diesen beiden Werten ist linear (siehe Bild 2.5).

Wenn die Riegel eine endliche Biegesteifigkeit besitzen, die außer für den obersten und den untersten Riegel gleich groß ist (Bild 2.8), dann verändert sich grundsätzlich wenig. Wird von jedem Riegel die Hälfte der Biegesteifigkeit dem darüberliegenden Geschoß, die andere Hälfte dem darunterliegenden Geschoß zugewiesen, dann kann jedes Geschoß als Rahmentragwerk entsprechend Bild 2.9 betrachtet werden.

Für dieses Rahmentragwerk ist wieder mit elementaren Methoden der Zusammenhang zwischen der am oberen Riegel angreifenden, horizontalen Kraft H und der dazugehörigen Verschiebung Δw zu bestimmen, woraus sich der Steifigkeitsfaktor GA

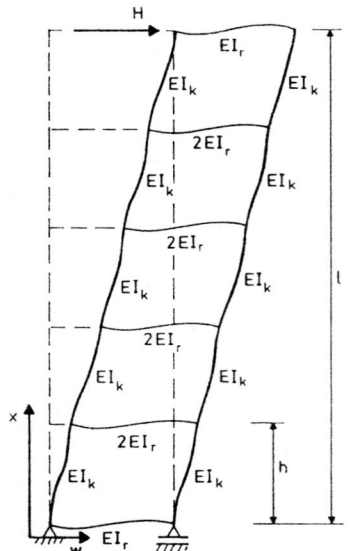

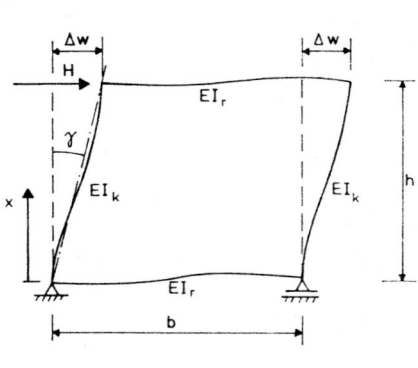

Bild 2.8.   *Bild 2.9.*

ergibt. Für GA erhält man dann:

$$GA = \frac{24}{h} \frac{1}{h/EI_{Stütze} + b/EI_{Riegel}}$$
(2.12)

Die Konstruktion ist jetzt weicher. Die Knoten verdrehen sich, bleiben aber dennoch auf einer geraden Linie liegen. Das vom Schub bekannte Bild bleibt erhalten. Die vorangegangene Betrachtung ist natürlich nur richtig, wenn die Biegesteifigkeit des untersten bzw. obersten Riegels gleich der Hälfte der Biegesteifigkeit der dazwischenliegenden Riegel ist. Ist dies nicht der Fall, dann tritt eine kleine Störung auf.

Auch bei Rahmentragwerken mit mehr als zwei Stützen pro Geschoß verändert sich grundsätzlich wenig (Bild 2.10). Man betrachte eine elementare Zelle, wie in Bild 2.11 dargestellt. Die gesamte durch ein Geschoß zu übertragende Querkraft Q ist gleich der Summe der durch die einzelnen Stützen zu übertragenden Querkräfte.

Die Stützen wirken gemeinsam. Später nennen wir dies eine Parallelschaltung. Besitzen die Riegel eine unendlich große Biegesteifigkeit, dann gilt:

$$Q = \Sigma \, Q_i = \Sigma \, \frac{12EI}{h^3} \, \Delta w$$

was bei Betrachtung der Konstruktion als Kontinuum übergeht in:

$$Q = \frac{12}{h^2} \, (\Sigma \, EI) \, \frac{dw}{dx}$$
(2.13)

woraus folgt:

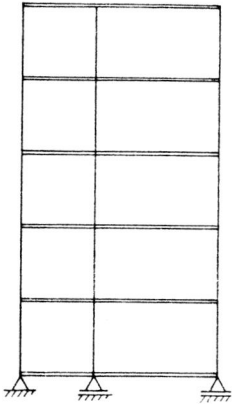

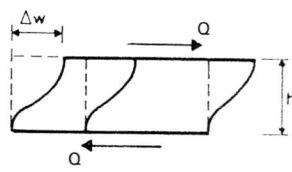

Bild 2.10.   Bild 2.11.

$$GA = \frac{12}{h^2} \Sigma\, EI \qquad\qquad (2.14)$$

Bei flexiblen Riegeln ist die Berechnung von GA naturgemäß komplizierter. Man könnte diese Berechnung mit Hilfe von Formänderungsmethoden durchführen, wobei für die Biegesteifigkeit der Riegel einer elementaren Zelle die Hälfte der Biegesteifigkeit der Riegel im Rahmentragwerk genommen werden muß.

Die hier beschriebenen Rahmentragwerke kommen oft vor, besonders bei hohen Gebäuden. Meistens sind zwei oder mehr Traveen vorhanden. Wir wollen daher näher auf die Verformungsfigur solcher Rahmentragwerke unter Belastungen eingehen und betrachten dazu die Lösungen der Differentialgleichung (2.5) und der Gleichungen (2.1) und (2.4).

2.4 Beispiele

Wir beginnen mit dem Rahmentragwerk aus Bild 2.12, auf das eine Gleichlast q_0 wirkt. Aus Gleichung (2.1) folgt dann:

$$Q = -q_0 x + C_1 \qquad\qquad (2.15)$$

und aus Gleichung (2.4) folgt:

$$GA\, w = -\tfrac{1}{2} q_0 x^2 + C_1 x + C_2 \qquad\qquad (2.16)$$

wobei C_1 und C_2 Integrationskonstanten sind, die sich aus den Randbedingungen ergeben. Für den Fußquerschnitt, der mit dem untersten Riegel zusammenfällt, gilt:

$$x = 0: w = 0 \qquad\qquad (2.17)$$

Einsetzen hiervon in Gleichung (2.16) ergibt: $C_2 = 0$.
Am obersten Riegel gilt die Randbedingung, daß dort keine Querkraft vorhanden ist:

$$x = l: \quad Q = GA \frac{dw}{dx} = 0 \tag{2.18}$$

Setzt man dies in Gleichung (2.15) ein, so erhält man: $C_1 = q_0 l$.
Für die Querkraft ergibt sich dann:

$$Q = q_0(l - x) \tag{2.19}$$

Die Querkraft nimmt von oben nach unten linear zu. Dasselbe gilt für den Gleitwinkel $\gamma = \frac{dw}{dx}$.

Für die Verschiebung w erhält man den parabolischen Verlauf zu:

$$GA\, w = -\frac{1}{2} q_0 x^2 + q_0 l x = \frac{1}{2} q_0 x(2l - x) \tag{2.20}$$

Die Extremwerte sind:

$$Q_{(x=0)} = q_0 l \qquad GA\, w_{(x=l)} = \frac{1}{2} q_0 l^2$$

Die erhaltenen Ergebnisse sind denen des Falles A beim auf Dehnung beanspruchten Stab völlig analog (Abschnitt 1.2) und sind in Bild 2.12 dargestellt.
Diejenigen, welche mit dem Bild eines an der Unterseite eingespannten, horizontal belasteten Biegeträgers vertraut sind, werden im ersten Moment von diesem Bild überrascht sein. Es ist genau das Gegenteil davon.
Trotzdem ist es sehr plausibel. Die Querkraft nimmt nach oben hin ab und damit ist dies auch mit dem Gleitwinkel γ der Fall.
Es wird, vielleicht überflüssigerweise, darauf hingewiesen, daß in den Querschnitten auch ein Biegemoment M auftritt, daß zu Normalkräften in den Stützen führt. Da die Dehnsteifigkeit der Stützen unendlich groß angenommen wurde, führen diese Biegemomente nicht zu Verformungen.
Außer einer horizontalen Reaktionskraft, die gleich $q_0 l$ ist, müssen die Auflagerpunkte auch vertikale Reaktionen V liefern. Das Biegemoment am Fußpunkt beträgt $\frac{1}{2} q_0 l^2$ und muß gleich dem Kräftepaar Vb aus den Reaktionen sein. Daraus folgt für die vertikalen Reaktionen $V = \pm\frac{1}{2} q_0 l^2/b$.
Vielleicht noch überraschender erscheint einem die Verformungsfigur des Rahmentragwerkes, das durch eine einzige, in einer beliebigen Höhe a angreifenden Horizontalkraft H belastet wird (Bild 2.13). Auch diese Figur wird bei näherer Betrachtung deutlich. Im oberen Abschnitt tritt keine Querkraft auf und aus diesem Grund ist dort der Gleitwinkel γ gleich Null. Im unteren Abschnitt ist die Querkraft konstant und die Verschiebung verläuft dann linear. Dieser Belastungsfall stimmt mit dem Fall des auf Dehnung beanspruchten Stabes, an dem eine einzelne Kraft angreift

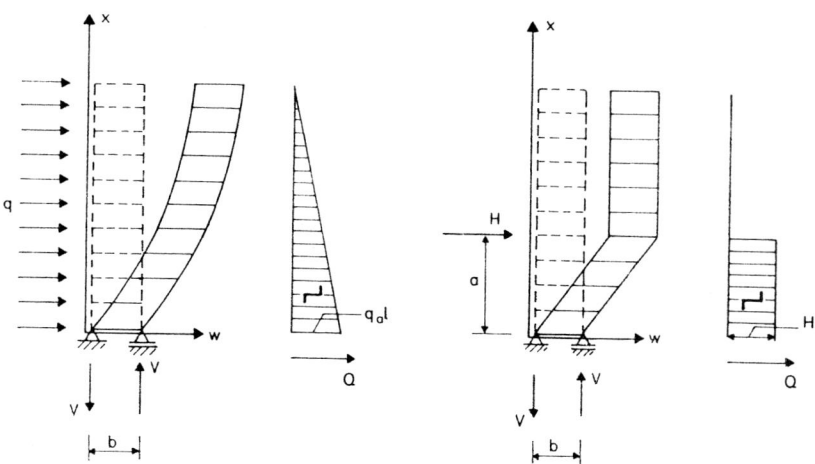

Bild 2.12.   *Bild 2.13.*

(Fall F) und für den das Problem auf strikt formelle Weise gelöst wurde, überein. Es erscheint überflüssig, dies hier noch einmal vorzuführen. In Formeln lauten die Ergebnisse:

$$\text{für den unteren Abschnitt: } Q = H \text{ und } GA\,w = Hx \qquad (2.21)$$

$$\text{für den oberen Abschnitt: } Q = 0 \text{ und } GA\,w = Ha \qquad (2.22)$$

Ein anderes Beispiel ist der an beiden Seiten frei aufliegende Schubträger aus Bild 2.14, der nach dem belgischen Ingenieur Vierendeel auch Vierendeelträger genannt wird (Patent 1897). Die Belastung besteht wieder aus einer Gleichlast. Die Randbedingungen lauten in diesem Fall:

$$\text{für } x = 0\text{: } w = 0 \qquad (2.23)$$

$$\text{für } x = l\text{: } w = 0 \qquad (2.24)$$

Setzt man die erste Randbedingung in Gleichung (2.16) ein, so erhält man: $C_2 = 0$. Durch Einsetzen der zweiten Randbedingung in Gleichung (2.16) erhält man: $C_1 = \frac{1}{2}\,q_0 l$.

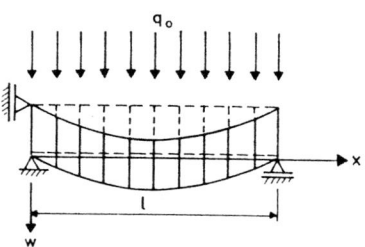

Bild 2.14

Für die Querkraft und die Verschiebung ergibt sich somit:

$$Q = -q_0 x + \frac{1}{2} q_0 l = q_0 (\frac{1}{2} l - x) \tag{2.25}$$

$$GA\,w = -\frac{1}{2} q_0 x^2 + \frac{1}{2} q_0 l x = \frac{1}{2} q_0 x (l - x) \tag{2.26}$$

Die Extremwerte sind:

$$Q_{(x=0)} = \frac{1}{2} q_0 l, \quad Q_{(x=l)} = -\frac{1}{2} q_0 l$$

$$GA\,w_{(x=l/2)} = \frac{1}{8} q_0 l^2$$

Dieser Fall entspricht vollständig dem Fall B des auf Dehnung beanspruchten Stabes (Abschnitt 1.2), so daß für die Verläufe von Q und w auf die Verläufe von N und u aus Bild 1.3 verwiesen werden kann.[*]

Für Belastungsfälle, wie sie z.B. in Bild 2.15 dargestellt sind, kann der Querkraft- und Verschiebungsverlauf jetzt leicht bestimmt werden. Die Belastungsfälle stimmen mit denen der Bilder 1.9, 1.10 und 1.11 für den auf Dehnung beanspruchten Stab überein. Da analoge Randbedingungen gelten, können auch analoge Lösungen erwartet werden.

Für die in den Bildern 2.16 bis 2.19 dargestellten Fälle, bei denen die Übergangs-bedingungen und die Randbedingung für eine federnde Unterstützung aufgestellt werden müssen, wird die Berechnung etwas komplizierter. Diese Fälle stimmen mit

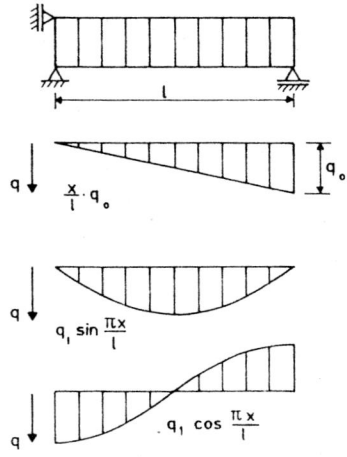

Bild 2.15.

---

[*] Es wird dem Leser aufgefallen sein, daß der Verlauf der Verschiebungen von gleicher Form wie der Momentenverlauf eines frei aufliegenden Trägers ist. Auf diese Übereinstimmung wird in Kapitel 4 näher eingegangen.

den in den Bildern 1.21, 1.25, 1.23 und 1.22 dargestellten Fällen des auf Dehnung beanspruchten Stabes überein, so daß die Berechnung keine Probleme bereiten dürfte. Die Verläufe der Querkraft Q und der Verschiebung w sind von der Form her gleich den Verläufen der Normalkraft N und der Verschiebung u in den übereinstimmenden Bildern. Der Leser sollte jedoch auch auf die Reaktionen achten. Bei der Momentengleichgewichtskontrolle am Träger stellt sich dann heraus, daß in den Fällen der Bilder 2.18 und 2.19 auch horizontale Reaktionen erforderlich sind, welche die vertikale Stellung der Querschnitte gewährleisten. In den übrigen Fällen ist dies nicht nötig.

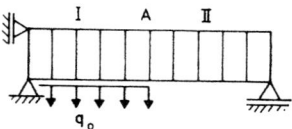

Bild 2.16. Übergangsbedingungen in A: $w_I = w_{II}$, $Q_I = Q_{II}$.

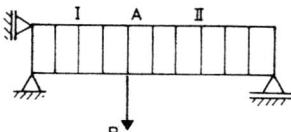

Bild 2.17. Übergangsbedingungen in A: $w_I = w_{II}$, $Q_I = Q_{II} + P$.

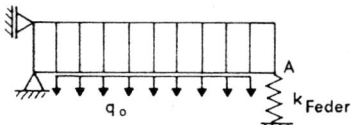

Bild 2.18. Randbedingungen in A: $Q = -k_{Feder}w$, *z.B.* $k_{Feder} = 4GA/l$.

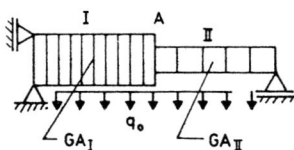

Bild 2.19. Übergangsbedingungen in A: $w_I = w_{II}$, $Q_I = Q_{II}$.

Fehlen in den beiden genannten Fällen diese horizontalen Reaktionen, dann rotieren die Querschnitte und die Verläufe für die Querkräfte und die Verschiebungen verändern sich. Die Kräfteverteilung wird dann statisch bestimmt. Für die Querkraft gilt dann:

$$Q = \frac{1}{2} q_0 l - q_0 x \tag{2.27}$$

Wenn man z.B. für den Fall aus Bild 2.19 für diesen Querkraftverlauf mit Hilfe der Gleichung 2.4 die Verschiebungsfunktion w unter Benutzung der Randbedingung für x = 0 und der Übergangsbedingung für $x = \frac{1}{2}l$ berechnet, dann scheint an der rechten Seite (x = *l*) eine Verschiebung w_B aufzutreten (Bild 2.20). Die Verschiebung ist hier dann nicht gleich Null, wie erforderlich. Bei einem Verhältnis von $GA_1 = 2GA_2$ erhält man z.B.:

$$w_B = -\frac{q_0 l^2}{16\,GA_2}$$

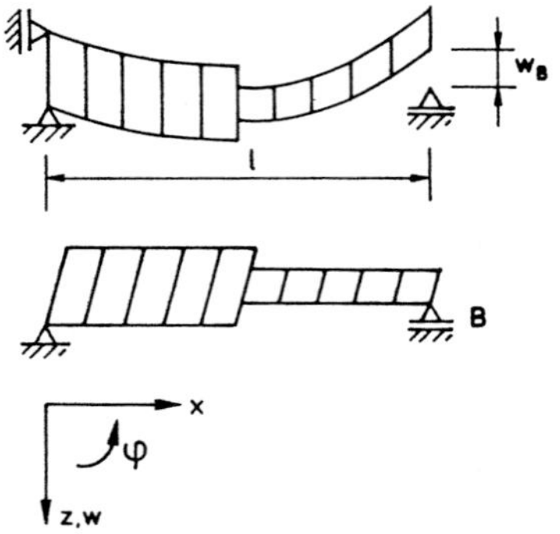

Bild 2.20. 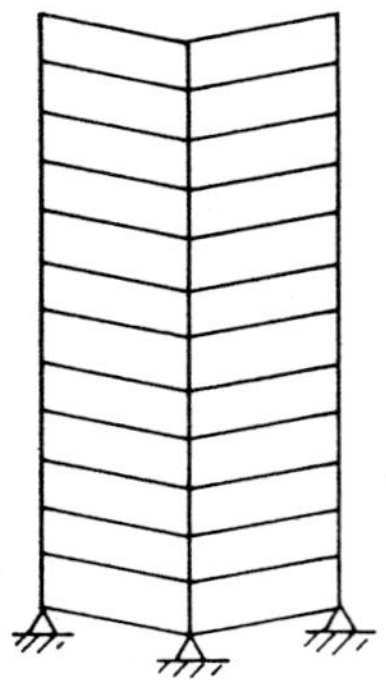   Bild 2.21.

Um dieses Auflager wieder an seinen Platz zu bekommen, muß der Träger als starrer Körper um das linke Auflager rotieren, was bedeutet, daß alle Querschnitte, die bisher vertikal waren, um einen Winkel φ rotieren:

$$\varphi = \frac{w_B}{l} = -\frac{q_0 l}{16\,GA_2}$$

Der Effekt dieser Rotation ist in der untersten der beiden Figuren aus Bild 2.20 dargestellt.

Wir erkennen dadurch, daß Schub sich bei einem Träger auch als Verschieben der Längsränder (Ober- und Untergurt) gegeneinander, darstellen kann. Ein interessantes Beispiel hiervon liefert auch das in Bild 2.21 dargestellte ebene Rahmentragwerk. Wenn der mittlere Stützpunkt infolge stärkerer Belastung eine größere Setzung als die beiden äußeren Stützpunkte erfährt, wird das Rahmentragwerk wie dargestellt auf Schub beansprucht. In Abschnitt 4 wird näher auf die Deformation eines Schubträgers eingegangen (siehe z.B. die Gleichungen 4.12 und 4.13 und das Beispiel aus Bild 4.23).

Eine *andere Problemstellung* stellt das folgende Beispiel dar. Zum Dichten von Öffnungen in Estuarien werden oft Durchlaßcaissons, die schnell geschlossen werden können, eingesetzt. Der Boden, auf dem diese Caissons aufgebracht werden, ist meistens uneben und man möchte eine flexible Konstruktion anbringen, die in der Lage ist, sich diesen Unebenheiten anzupassen. Mit einem Vierendeelträger kann eine derartige weiche Konstruktion erreicht werden (Bild 2.22).

Der Bodenverlauf kann durch ein Polynom oder eine Fourrierreihe angenähert werden und dadurch ist dann der Verlauf der Verschiebung w des Trägers bekannt. Daraus können die Querkraft Q und die Biegemomente in den Riegeln und den Pfosten abgeleitet werden.

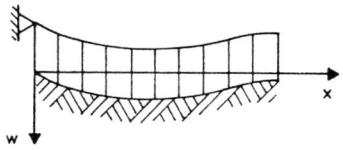

Bild 2.22

Werden z.B. die vertikalen Pfosten als unendlich steif angenommen, so ergeben sich die Extremwerte für die Biegemomente in den unteren und oberen Riegeln aus Formel (2.11), wobei die Steigung $\dfrac{dw}{dx}$ in den Feldmitten berechnet werden muß.

Abbildung 2.1 zeigt ein Modell einer experimentellen Untersuchung.

Abbildung 2.1. Modell eines Durchlaßcaissons für das " Veerse gat " (T.N.O.-IBBC).

3
Auf Torsion beanspruchte Stäbe

3.1 Einleitung und Herleitung der Gleichungen

Wir führen die Reihe der zu untersuchenden Fälle mit dem auf Torsion beanspruchten Stab fort. Anstelle des Wortes Stab kann man auch Balken, Träger oder Stütze schreiben. Torsion ist eine häufig vorkommende Formänderung; sie tritt z.B. auf bei Schraubenfedern, bei rotierenden Achsen, die ein Kräftepaar übertragen, bei Randbalken von Platten (Bild 3.1), bei einseitig belasteten Hohlkastenbrücken (Bild 3.2) usw.

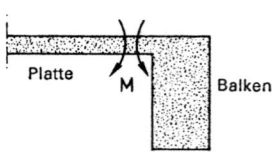

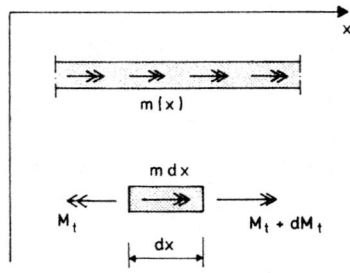

Bild 3.1. Das Einspannmoment der Platte wird durch den Balken, der seinerseits wiederum auf Torsion beansprucht wird, geliefert.

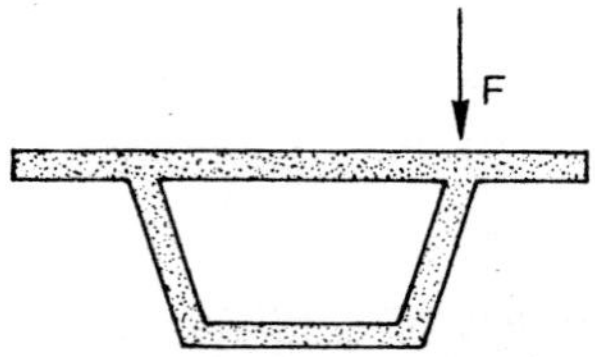

Bild 3.2. Die als Träger aufgefaßte Hohlkastenbrücke wird durch die gegebene Belastung auf Biegung und Torsion beansprucht.

Wir betrachten jetzt einen prismatischen Stab, der durch ein über die Länge verteiltes Moment m(x), das in der Einheit Nm/m ausgedrückt wird, belastet wird (Bild 3.3). Hierdurch entstehen in dem Stab Torsionsmomente und die Querschnitte rotieren um einen Winkel ψ. Man nennt diese Erscheinung Torsion.

Bild 3.3.

Wir beginnen wieder mit dem Aufstellen der Gleichgewichtsbedingung und betrachten dazu das Element der Länge dx aus Bild 3.3. Wirkt am linken Schnittufer das Torsionsmoment M_t, dann wird das Torsionsmoment am rechten Schnittufer im allgemeinen einen Wert von $M_t + dM_t$ haben.

Die Gleichgewichtsbedingung (Momentengleichgewicht um die x-Achse) lautet dann:

$$-M_t + m \, dx + M_t + dM_t = 0$$

oder:

$$m = -\frac{dM_t}{dx} \tag{3.1}$$

Die durch die Torsionsmomente verursachte Formänderung ist die Verwindung χ, die als Ableitung der Rotation ψ der Querschnitte definiert ist. Die kinematische Beziehung lautet dann:

$$\chi = \frac{d\psi}{dx} \tag{3.2}$$

Bei einem linear-elastischen Material wird es wieder eine lineare Beziehung zwischen der Schnittkraft, d.h. dem Torsionsmoment und der dadurch verursachten Formänderung, hier der Verwindung χ.geben.

Aus der Festigkeitslehre ist bekannt, daß für Stäbe mit kreisförmigen Querschnitten, bei denen das Ebenbleiben der Querschnitte gilt, die konstitutive Gleichung wie folgt lautet:

$$M_t = GI_p\chi \tag{3.3}$$

wobei G= Schubmodul des Materiales
I_p = polares Trägheitsmoment des Querschnittes = $\frac{\pi}{2} r^4$
mit r = Radius des Querschnittes

Für Stäbe mit nicht-kreisförmigen Querschnitten ergibt sich analog zu Gleichung (3.3):

$$M_t = GI_t\chi \tag{3.4}$$

wobei I_t eine näher zu bestimmende Größe ist, die dieselbe Dimension wie ein Flächenträgheitsmoment hat (Längeneinheit mit dem Exponent 4) und von der Querschnittsform abhängt. Die Bestimmung von I_t für nicht-kreisförmige Querschnitte ist im allgemeinen keine einfache Sache, so daß man dazu auf die Elastizitätstheorie zurückgreifen muß. Dafür wird auf die bekannten Lehrbücher verwiesen.[*] Das Produkt GI_t nennt man Steifigkeitsfaktor gegen Torsion oder kurz Torsionssteifigkeit und wir werden es mehr allgemein als ein Zweibuchstabensymbol auffassen.

Die Gleichungen (3.1), (3.2), (3.3) und (3.4) beschreiben das Verhalten des auf Torsion beanspruchten Stabes vollständig. Sie können ebenfalls wieder durch eine Differentialgleichung zweiter Ordnung ersetzt werden. Dazu setzen wir Gleichung

---

[*] unter anderem S.P. Timoshenko: "Strength of materials II"
J.P. den Hartog: "Advanced Strength of Materials"
S.P. Timoshenko and J.W. Goodier: "Theory of Elasticity"

(3.2) in (3.4) ein und erhalten dann die folgende Beziehung zwischen der Rotation und dem Torsionsmoment:

$$M_t = GI_t \frac{d\psi}{dx} \qquad (3.5)$$

Differenziert man diese Gleichung, so erhält man:

$$\frac{dM_t}{dx} = GI_t \frac{d^2\psi}{dx^2}$$

Einsetzen hiervon in (3.1) führt auf die Differentialgleichung zweiter Ordnung, die den Zusammenhang zwischen der Belastung, in diesem Fall dem verteilten Moment m(x), und der dadurch verursachten Rotation ψ(x) der Querschnitte, beschreibt:

$$m = -GI_t \frac{d^2\psi}{dx^2} \qquad (3.6)$$

Die Gleichungen (3.1) bis (3.6) entsprechen vom Aufbau her den jeweiligen Gleichungen der vorangegangenen Fälle des auf Dehnung beanspruchten Stabes und des auf Schub beanspruchten Trägers. Bei übereinstimmenden Randbedingungen können dann auch analoge Lösungen erwartet werden. Wir führen zwei Beispiele vor.

Zuerst den an beiden Seiten eingespannten Stab, der durch ein gleichmäßig verteiltes Moment m_0 belastet wird (Bild 3.4). Für das Torsionsmoment M_t im Stab gilt:

$$M_t = m_0(\tfrac{1}{2}l - x) \qquad (3.7)$$

und für die Rotation:

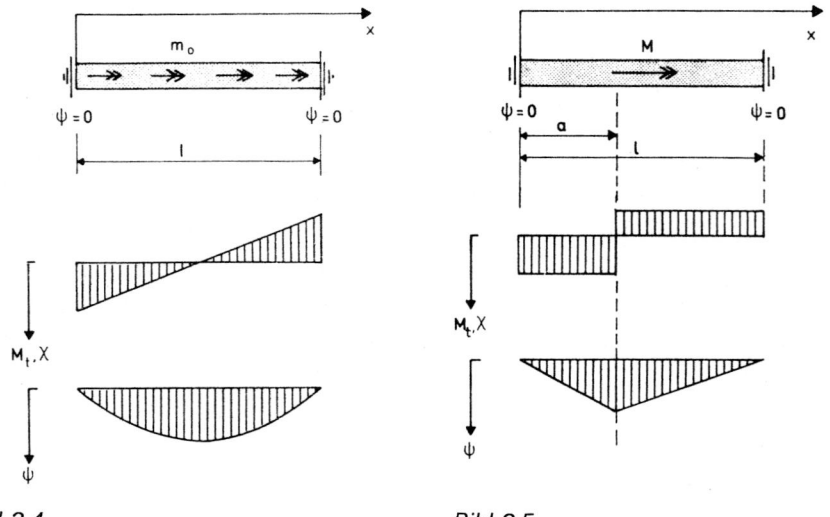

Bild 3.4.   Bild 3.5.

$$GI_t\psi = \frac{1}{2} m_0 x(l - x) \qquad (3.8)$$

Die Verläufe von M_t, χ und ψ sind in Bild 3.4 dargestellt.
Die Extremwerte sind:

$$M_{t(x=0)} = \frac{1}{2} m_0 l, \ M_{t(x=l)} = -\frac{1}{2} m_0 l$$

$$GI_t\psi_{(x=l/2)} = \frac{1}{8} m_0 l^2$$

Weiterhin geben wir die Lösungen für den an beiden Seiten eingespannten Stab an, der an einer Stelle $x = a$ mit einem konzentrierten Moment M belastet wird (Bild 3.5). Für das Torsionsmoment im Stab gilt:

$$\text{für } 0 < x < a: M_t = \frac{l-a}{l}M \qquad (3.9a)$$

$$\text{für } a < x < l: M_t = -\frac{a}{l}M \qquad (3.9b)$$

Für die Rotation ψ gilt:

$$\text{für } 0 < x < a: GI_t\psi = \frac{l-a}{l}Mx \qquad (3.10a)$$

$$\text{für } a < x < l: GI_t\psi = \frac{a}{l}M(l-x) \qquad (3.10b)$$

Die Verläufe von M_t, χ und ψ sind in Bild 3.5 dargestellt. Der Maximalwert von ψ (für $x = a$) ergibt sich aus:

$$GI_t\psi_{max} = \frac{a(l-a)}{l}$$

3.2 Dünnwandige Hohlträger

Bei großen Trägerabmessungen (Brücke, hohes Gebäude) bieten sich dünnwandige Hohlträger, d.h. Träger mit hohlen Querschnitten, an. Diese Träger sind besonders günstig für Torsionsbelastung. Die schmalen Flächen oder Streifen, aus denen sich der Träger zusammensetzt (Bild 3.6), werden in erster Linie auf Schub beansprucht. Wir betrachten daher zuerst einen rechteckigen Hohlträger, dessen Wände aus Rahmentragwerken bestehen, die dieses Schubverhalten besonders klar aufzeigen. Der Querschnitt hat zwei Symmetrieachsen, wodurch sich die Behandlung erheblich vereinfacht.

Wenn es sich um ein hohes Gebäude handelt, kann angenommen werden, daß die Querschnitte sich *nicht verformen,* da die Geschoßdecken in ihren Ebenen sehr steif sind.

Bei einer Rotation $\psi(x)$ der Querschnitte um den Mittelpunkt (Bild 3.7), ergeben sich

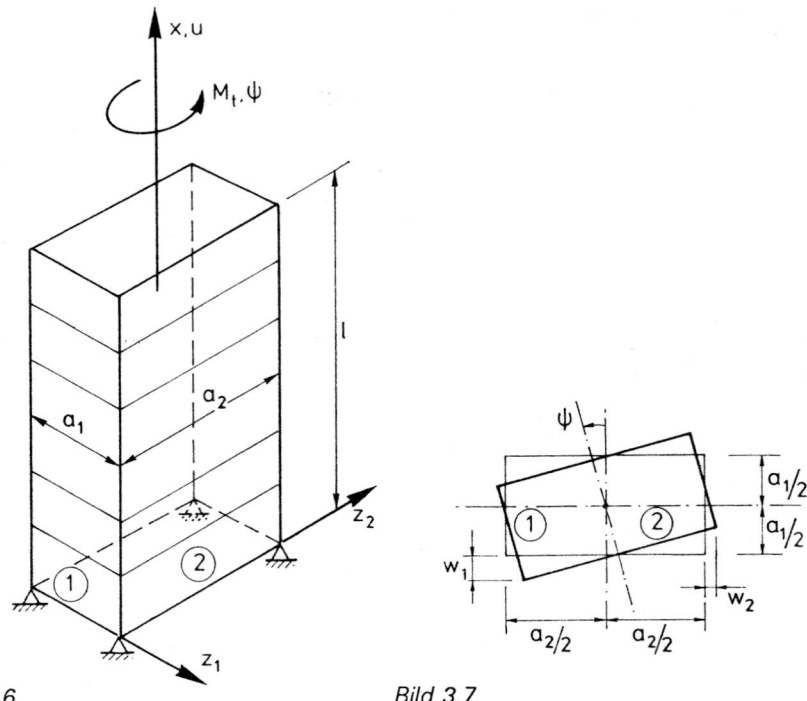

Bild 3.6.   *Bild 3.7.*

folgende Verschiebungen der Wände in ihren Ebenen:

linke vordere Ebene (1): $w_1 = \frac{1}{2} a_2 \psi$ (3.11)

rechte vordere Ebene (2): $w_2 = \frac{1}{2} a_1 \psi$ (3.12)

Es wird angenommen, daß die Eckstützen eine unendlich große Dehnsteifigkeit besitzen und unverschieblich am Boden befestigt sind. Die Querschnitte bleiben dann eben und senkrecht zur x-Achse (Trägerachse). In den beiden Wänden entstehen die folgenden Gleitwinkel:

$$\gamma_1 = \frac{dw_1}{dx} = \frac{1}{2} a_2 \frac{d\psi}{dx}$$ (3.13)

$$\gamma_2 = \frac{dw_2}{dx} = \frac{1}{2} a_1 \frac{d\psi}{dx}$$ (3.14)

Wenn die Schubsteifigkeiten der beiden Wände mit GA_1 bzw. GA_2 bezeichnet werden, kann man für die horizontale Querkraft in diesen beiden Wänden (Bild 3.8) schreiben:

$$Q_1 = \frac{1}{2} GA_1 a_2 \frac{d\psi}{dx}$$ (3.15)

$$Q_2 = \frac{1}{2} GA_2 a_1 \frac{d\psi}{dx}$$ (3.16)

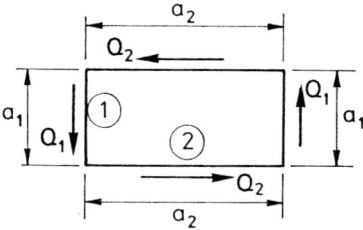

Bild 3.8. Querschnitte mit Querkräften

Ihre Anteile am Torsionsmoment sind dann:

$$M_{t,1} = Q_1 a_2 = \frac{1}{2} GA_1 a_2^2 \frac{d\psi}{dx} \qquad (3.17)$$

und

$$M_{t,2} = Q_2 a_1 = \frac{1}{2} GA_2 a_1^2 \frac{d\psi}{dx} \qquad (3.18)$$

Für das gesamte Torsionsmoment in einem Querschnitt gilt dann:

$$M_t = M_{t,1} + M_{t,2} = \frac{1}{2} (GA_1 a_2^2 + GA_2 a_1^2) \frac{d\psi}{dx} \qquad (3.19)$$

Für die Torsionssteifigkeit GI_t erhält man damit den folgenden Ausdruck:

$$GI_t = \frac{1}{2} (GA_1 a_2^2 + GA_2 a_1^2) \qquad (3.20)$$

Ist das Torsionsmoment M_t in einem Querschnitt gegeben, so kann also die Verwindung $\chi = \dfrac{d\psi}{dx}$ mit Hilfe der Formel (3.5) berechnet werden:

$$\frac{d\psi}{dx} = \frac{M_t}{GI_t}$$

Für die Anteile am Torsionsmoment M_t erhält man:

$$M_{t,1} = Q_1 a_2 = \frac{GA_1 a_2^2}{GA_1 a_2^2 + GA_2 a_1^2} M_t \qquad (3.21)$$

$$M_{t,2} = Q_2 a_1 = \frac{GA_2 a_1^2}{GA_1 a_2^2 + GA_2 a_1^2} M_t \qquad (3.22)$$

Das Torsionsmoment M_t wird proportional zu den Steifigkeitsfaktoren $\frac{1}{2} GA_1 a_2^2$ und $\frac{1}{2} GA_2 a_1^2$ auf die Wände verteilt. Bei einem solchen Verteilungsschlüssel spricht man von einem Parallelsystem, worauf später näher eingegangen wird. Man kann noch anmerken, daß die beiden Steifigkeitsfaktoren die quadratischen Momente der Schubsteifigkeiten zweier einander gegenüberliegenden Wände bezüglich des Mittelpunktes (Rotationszentrum) darstellen.

Aus den beiden Formeln für $M_{t,1}$ und $M_{t,2}$ folgen direkt die Ausdrücke für die Querkräfte in den Wänden:

$$Q_1 = \frac{GA_1a_2}{GA_1a_2{}^2 + GA_2a_1{}^2} M_t \qquad (3.23)$$

$$Q_2 = \frac{GA_2a_1}{GA_1a_2{}^2 + GA_2a_1{}^2} M_t \qquad (3.24)$$

Außer auf Schub werden die Wände auch auf Biegung beansprucht. Das in einer Wand wirkende Biegemoment verursacht Normalkräfte in den beiden Eckstützen. Da die Dehnsteifigkeit dieser Stützen als unendlich groß angenommen wurde, verursacht dieses Biegemoment jedoch keine Formänderungen.

Am Fuße einer Wand entstehen neben horizontalen Reaktionen, die im Gleichgewicht mit den Querkräften stehen (Bild 3.9a), auch vertikale Reaktionen. Bezeichnet man die Fußmomente an den Wänden 1 und 2 mit M_1 bzw M_2, dann lauten diese Reaktionen $R_1 = M_1/a_1$ und $R_2 = M_2/a_2$. Die acht Reaktionen, die daraus entstehen, sind in Bild 3.9b dargestellt. Sie gleichen sich teilweise aus, so daß Bild 3.9c übrig bleibt. Diese Reaktionen bilden selbstverständlich ein Gleichgewichtssystem.

Die vier Normalkräfte in den Eckstützen eines beliebigen Querschnittes stellen das gleiche Bild dar. Wären die Dehnsteifigkeiten der Stützen endlich groß, dann würden Verlängerungen und Verkürzungen auftreten und die Querschnitte würden sich entsprechend Bild 3.9d verwölben. Die Wände würden dann auch Biegung erhalten. Darauf wird später eingegangen.

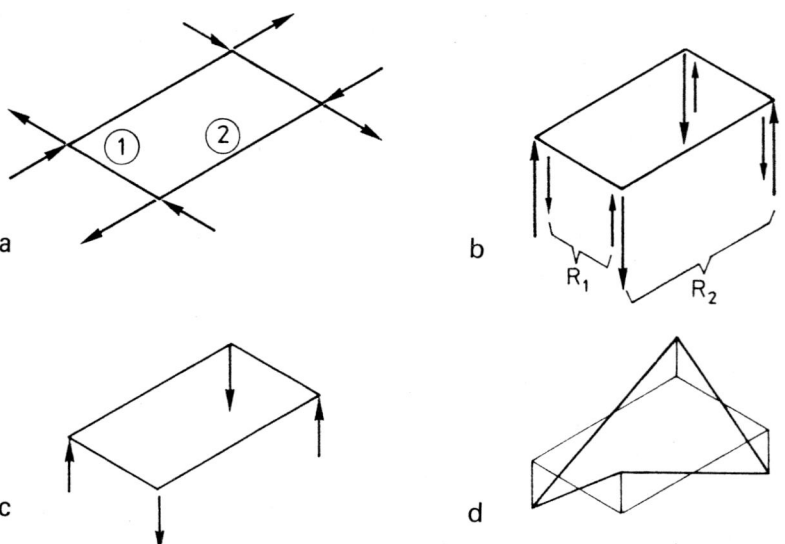

Bild 3.9. a. Horizontale Reaktionen. b. Vertikale Reaktionen c. Resultierende vertikale Reaktionen. d. Verwölbung des Querschnittes.

Zulässige Wölbung

Wir betrachten nun den Fall, bei dem an der Unterseite des Hohlträgers keine vertikalen Reaktionen auftreten, so daß in den Eckstützen keine Normalkräfte vorhanden sind. Die Wände werden dann ausschließlich auf Schub beansprucht. Diese Wände brauchen auch keine Rahmentragwerke zu sein, sondern können homogene Flächen sein, die direkt aneinander anschließen. Die Querschnitte des Hohlträgers werden in ihren Ebenen immer noch als unendlich steif angenommen, so daß sie sich in ihren Ebenen nicht verformen können. In Bild 3.10a sind die Wände 1 und 2 getrennt voneinander dargestellt. Zur Erfüllung des Momentengleichgewichtes sind, wie im Bild dargestellt, längs der vertikalen Seiten verteilt angreifende Schubkräfte s_1 und s_2 (Kraft geteilt durch Länge) erforderlich.

Aus dem Momentengleichgewicht für Elemente dx aus beiden Wänden folgt:

$$s_1\, dx\, a_1 = Q_1\, dx, \text{ woraus folgt: } s_1 = \frac{Q_1}{a_1} \tag{3.25}$$

und $\quad s_2\, dx\, a_2 = Q_2\, dx, \text{ woraus folgt: } s_2 = \frac{Q_2}{a_2}$ (3.26)

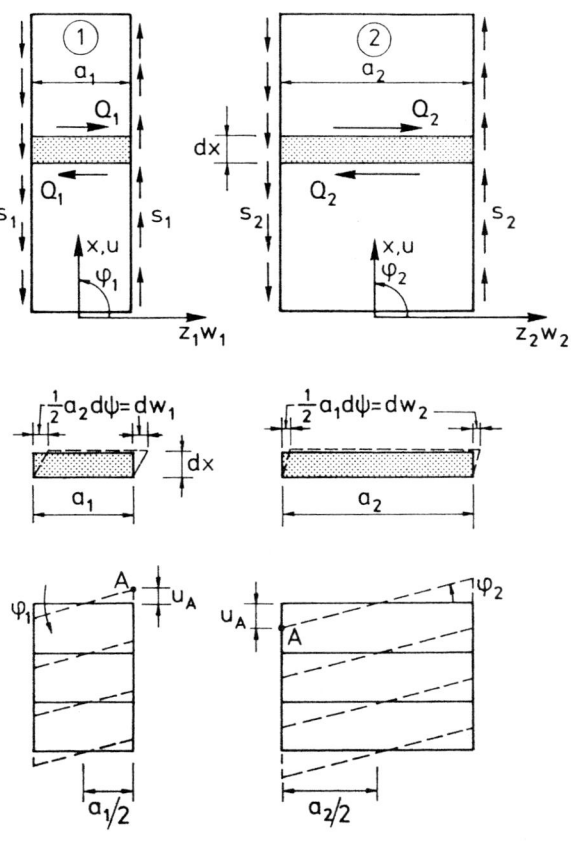

Bild 3.10.

Da in der Ecke – dem Anschluß der Wände 1 und 2 – keine Normalkraft resultiert, lautet die Übergangsbedingung zwischen den beiden Wänden:

$$s_1 = s_2 \tag{3.27}$$

Mit (3.25) und (3.26) ergibt sich dann:

$$\frac{Q_1}{a_1} = \frac{Q_2}{a_2} \tag{3.28}$$

Der Quotient Querkraft geteilt durch Wandbreite wird auch Schubfluß genannt und ist entlang des Hohlquerschnittumfanges konstant. Bei einer dünnen, homogenen Wand kann der Schubfluß gleich dem Produkt aus der Schubspannung τ und der vorhandenen Wanddicke t gesetzt werden, so daß gilt:

$$\frac{Q_1}{a_1} = \tau_1 t_1 \quad \text{und} \quad \frac{Q_2}{a_2} = \tau_2 t_2 \tag{3.29}$$

Bei Rahmentragwerken, Fachwerken und anderen diskreten Strukturen verliert der Begriff Schubfluß seine Bedeutung.

Die Anteile, die einander gegenüberliegende Wände am Torsionsmoment liefern, sind jetzt gleich:

$$M_{t,1} = Q_1 a_2 = M_{t,2} = Q_2 a_1 = \tfrac{1}{2} M_t \tag{3.30}$$

Hieraus folgt:

$$Q_1 = \frac{M_t}{2a_2} \tag{3.31}$$

$$Q_2 = \frac{M_t}{2a_1} \tag{3.32}$$

Die Schnittkräfte Q_1 und Q_2 ergeben sich also aus Gleichgewichtsbetrachtungen. Das Problem ist statisch bestimmt.

Im nächsten Schritt können wir jetzt Formänderungen und Verschiebungen bestimmen. Die Querkräfte Q_1 und Q_2 in den Wänden 1 und 2 verursachen die folgenden Gleitwinkel:

$$\gamma_1 = \frac{1}{GA_1} \frac{M_t}{2a_2} \tag{3.33}$$

$$\gamma_2 = \frac{1}{GA_2} \frac{M_t}{2a_1} \tag{3.34}$$

Diese Gleitwinkel stimmen nicht mit den Gleitwinkeln überein, die sich mit den Rotationen der Querschnitte aus den Formeln (3.13) und (3.14) ergeben. In den

Wänden bleiben daher die folgenden Winkelverdrehungen übrig:

$$\varphi_1 = \gamma_1 - \frac{1}{2} a_2 \frac{d\psi}{dx} \tag{3.35}$$

$$\varphi_2 = \gamma_2 - \frac{1}{2} a_1 \frac{d\psi}{dx} \tag{3.36}$$

Diese Winkelverdrehungen beziehen sich auf die Querschnitte der Wände 1 und 2. Sie werden mit φ bezeichnet (siehe Bild 3.10c). Infolge dieser Rotationen werden die Hohlquerschnitte verwölbt, d.h. sie erhalten Verschiebungen in x-Richtung.

Als zweite Übergangsbedingung zwischen den beiden Wänden ergibt sich jetzt, daß im gemeinsamen Eckpunkt A eines Querschnittes die Verschiebung u infolge einer Rotation φ_1 in Wand 1 gleich der Verschiebung u infolge einer Rotation φ_2 in Wand 2 ist. Die Übergangsbedingung lautet also:

$$u_A = \frac{1}{2} a_1 \varphi_1 = -\frac{1}{2} a_2 \varphi_2 \tag{3.37}$$

oder, mit (3.35) und (3.36):

$$\frac{1}{2} a_1 (\gamma_1 - \frac{1}{2} a_2 \frac{d\psi}{dx}) = -\frac{1}{2} a_2 (\gamma_2 - \frac{1}{2} a_1 \frac{d\psi}{dx}) \tag{3.38}$$

woraus folgt:

$$a_1 a_2 \frac{d\psi}{dx} = a_1 \gamma_1 + a_2 \gamma_2 = (\frac{a_1}{a_2} \frac{1}{GA_1} + \frac{a_2}{a_1} \frac{1}{GA_2}) \frac{1}{2} M_t$$

und somit:

$$\frac{d\psi}{dx} = (\frac{1}{GA_1 a_2{}^2} + \frac{1}{GA_2 a_1{}^2}) \frac{1}{2} M_t = \frac{\frac{1}{2} GA_1 a_2{}^2 + \frac{1}{2} GA_2 a_1{}^2}{GA_1 a_2{}^2 \, GA_2 a_1{}^2} M_t \tag{3.39}$$

so daß sich die Torsionssteifigkeit jetzt ergibt zu:

$$GI_t = \frac{GA_1 a_2{}^2 \, GA_2 a_1{}^2}{\frac{1}{2} GA_1 a_2{}^2 + \frac{1}{2} GA_2 a_1{}^2} \tag{3.40}$$

Für homogene Wände mit $GA_1 = Ga_1 t_1$ und $GA_2 = Ga_2 t_2$ wird daraus:

$$GI_t = \frac{2Gt_1 t_2 a_1{}^2 a_2{}^2}{t_1 a_2 + t_2 a_1} = \frac{2Gt_1 t_2 a_1 a_2}{t_1/a_1 + t_2/a_2} \tag{3.41}$$

Für die Verschiebung u_A des Eckpunktes A erhält man mit (3.37), (3.38) und (3.33) oder (3.34) nach Ausarbeitung:

$$u_A = \frac{\frac{1}{2}GA_1a_2{}^2 - \frac{1}{2}GA_2a_1{}^2}{GA_1a_2{}^2 GA_2a_1{}^2} \frac{1}{4} a_1 a_2 M_t \tag{3.42}$$

Die Verschiebungen der anderen Eckpunkte sind, wenn man entlang des Umfanges geht, der Reihe nach abwechselnd gleich $-u_A$, $+u_A$ und $-u_A$. Die Verwölbungsfunktion u, die in Bild 3.11 dargestellt ist, ist für diesen speziellen Fall mit zwei Querschnitts-symmetrieachsen durch eine einzige Größe u_A festgelegt. Für homogene Wände erhält man:

$$u_A = -\frac{t_1 a_2 - t_2 a_1}{t_1 a_1 t_2 a_2} \frac{M_t}{8G} = -\frac{t_1/a_1 - t_2/a_2}{t_1 t_2} \frac{M_t}{8G} \tag{3.43}$$

Man erkennt in diesem Fall unmittelbar, daß keine Verwölbung auftritt, wenn

$$\frac{t_1}{t_2} = \frac{a_1}{a_2}.$$

Im allgemeinen ist dies der Fall, wenn $GA_1a_2{}^2 = GA_2a_1{}^2$ ist.

Letztendlich geben wir noch die Beziehung zwischen der Verwindung $d\psi/dx$ und der Verwölbung an. Aus (3.39) und (3.42) ergibt sich:

$$\frac{d\psi}{dx} = -\frac{\frac{1}{2}GA_1a_2{}^2 + \frac{1}{2}GA_2a_1{}^2}{\frac{1}{2}GA_1a_2{}^2 - \frac{1}{2}GA_2a_1{}^2} \frac{4}{a_1 a_2} u_A \tag{3.44}$$

Bisher haben wir die Fälle bertachtet, bei denen
– die Verwölbung der Querschnitte behindert wurde
– die Verwölbung der Querschnitte ungehindert auftreten konnte.
Dabei wurden zwei Formeln für die Torsionssteifigkeit GI_t abgeleitet. Die Größe von GI_t hängt also nicht allein von der Form, den Abmessungen des Querschnitte, sowie vom Material ab, sondern wird auch dadurch bestimmt, ob der Querschnitt sich frei verwölben kann oder nicht.
Können sich die Querschnitte frei verwölben, dann werden die Wände ausschließlich auf Schub beansprucht. DieTorsionsmomente in den Hohlquerschnitten verursachen jedoch außer einer Rotation der Querschnitte auch eine Verwölbung der Querschnitte. Das System besitzt gewissermaßen einen zusätzlichen Freiheitsgrad. Zum besseren Verständnis der Formeln wird in diesem Zusammenhang auf das analoge Federmodell verwiesen, daß in Abschnitt 12 beschrieben wird und dort in Bild 12.3 dargestellt ist. Dieser zusätzliche Freiheitsgrad macht das System weniger steif. Wenn Wölbung auftritt, ist die Torsionssteifigkeit nach Formel (3.40) kleiner als die nach Formel (3.20). Dies zeigt sich bei dem erwähnten analogen Federmodell.

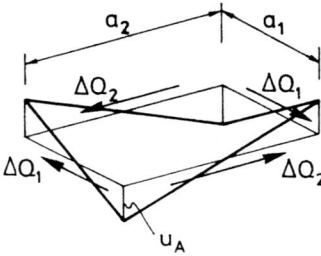

Bild 3.11. Die Wölbungsfunktion u, wenn $GA_1a_2{}^2 > GA_2a_1{}^2$ ist und die "Differenzkräfte" ΔQ_1 und ΔQ_2, eingezeichnet in den Richtungen, in denen sie wirken. Das Momentengleichgewicht ist erfüllt: $\Delta Q_1 a_2 + \Delta Q_2 a_1 = 0$.

Die Differenzkräfte ΔQ_1 und ΔQ_2 zwischen beiden Fällen bilden ein Gleichgewichtssystem (siehe Bild 3.11). Diese Differenzkräfte sind gleich:

$$\Delta Q_1 = \frac{M_t}{2a_2} - \frac{GA_1a_2}{GA_1a_2{}^2 + GA_2a_1{}^2} M_t = -\frac{GA_1a_2{}^2 - GA_2a_1{}^2}{GA_1a_2{}^2 + GA_2a_1{}^2} \frac{M_t}{2a_2} \qquad (3.45)$$

$$\Delta Q_2 = \frac{M_t}{2a_1} - \frac{GA_2a_1}{GA_1a_2{}^2 + GA_2a_1{}^2} M_t = \frac{GA_1a_2{}^2 - GA_2a_1{}^2}{GA_1a_2{}^2 + GA_2a_1{}^2} \frac{M_t}{2a_1} \qquad (3.46)$$

Diese Differenzkräfte verursachen die Verwölbung und die Rotationen φ_1 und φ_2.

Im ersten betrachteten Fall wurde die Dehnsteifigkeit der Eckstützen als unendlich groß angenommen. Dies bedeutet, daß die Biegesteifigkeit der Wände unendlich groß ist. Im zweiten Fall ist die Größe der Biegesteifigkeit der Wände nicht relevant. Die Wände werden ausschließlich auf Schub beansprucht. Wird in diesem Fall für einen bestimmten Querschnitt die Verwölbung behindert, dann wird auch die Biegesteifigkeit eine Rolle spielen. Ist diese unendlich groß, dann haben wir den ersten Fall. Ist sie endlich, dann geht vom betreffenden Querschnitt eine Störung aus, deren Einfluß mit zunehmendem Abstand abnimmt.(hierzu wird auf Kapitel 22 verwiesen).

Zum Schluß betrachten wir noch eine andere Querschnittsform, nämlich das Dreieck, das in Bild 3.12 dargestellt ist und als Nabla-Träger bei den Spülschleusen im Haringvliet vorkommt. Ein Dreieck ist in sich formtreu, so daß keine Querschotten oder andere Versteifungen nötig sind um die Querschnittsform zu erhalten.

Eine Gleichgewichtsanalyse der drei Flächen, wie zuvor bereits beim rechteckigen Querschnitt, führt bei einem gleichseitigen Dreieck zu folgendem Ergebnis:

$$Q_1 = Q_2 = Q_3 \qquad (3.47)$$

Aus dem Momentengleichgewicht um den untersten Eckpunkt folgt:

$$M_t = Q_1 \frac{1}{2} a \sqrt{3} \quad \text{und somit} \quad Q_1 = \frac{2M_t\sqrt{3}}{3a} \qquad (3.48)$$

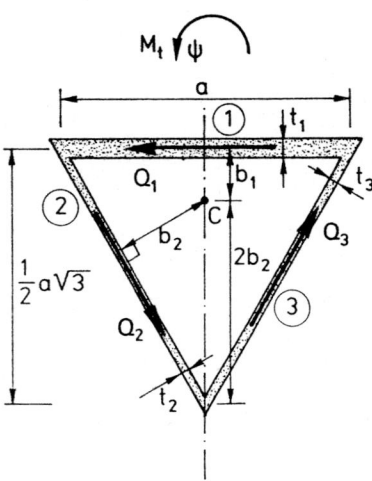

Bild 3.12.

Untersucht man die möglichen Verformungen, so erkennt man, daß keine axialen Verschiebungen auftreten können. Die Querschnitte rotieren in ihrer Ebene um ein Rotationszentrum C, das zwar auf der vertikalen Symmetrieachse liegt, dessen genaue Lage aber noch bestimmt werden muß. Für die Gleitwinkel der Flächen gilt:

$$\gamma_1 = b_1 \frac{d\psi}{dx} = \frac{Q_1}{GA_1} \tag{3.49}$$

und

$$\gamma_2 = b_2 \frac{d\psi}{dx} = \frac{Q_2}{GA_2} \tag{3.50}$$

woraus folgt:

$$\frac{b_2}{b_1} = \frac{Q_2}{GA_2} \frac{GA_1}{Q_1}$$

Mit $Q_2 = Q_1$ und z.B. $GA_1 = 2GA_2$ ergibt sich: $b_2 = 2b_1$.
Andererseits kann man aus dem Bild ablesen:

$$b_1 + 2b_2 = \frac{1}{2} a \sqrt{3}$$

Aus beiden Gleichungen folgt: $b_1 = \frac{1}{10} a \sqrt{3}$, $b_2 = \frac{1}{5} a \sqrt{3}$, wodurch die Lage des Rotationszentrums festliegt. Mit (3.49) ergibt sich für die Rotation:

$$\frac{d\psi}{dx} = \frac{Q_1}{b_1 GA_1} = \frac{2M_t \sqrt{3}}{3a \frac{1}{10} a \sqrt{3} GA_1} = \frac{20}{3} \frac{M_t}{GA_1 a^2}$$

Damit erhält man für die Torsionssteifigkeit:

$$GI_t = \frac{3}{20} GA_1 a^2$$

Für einen homogenen Querschnitt ergibt sich dann:

$$GI_t = \frac{3}{20} Ga^3 t_1.$$

4
Auf Biegung und Schub beanspruchte Träger

4.1 Einleitung und Herleitung der Gleichungen

Biegung ist für den entwerfenden Ingenieur die wichtigste Formänderung. Sie tritt insbesondere bei Balken oder Trägern auf, die dazu dienen, senkrecht zu ihrer Achse wirkende Belastungen zu tragen. Aber auch in den Stäben eines Fachwerkes, die primär auf Zug oder Druck beansprucht werden, in Achsen die auf Torsion beansprucht werden oder in Stützen, die dazu dienen, eine axiale Belastung zu tragen, kann Biegung auftreten und dies ist in Wirklichkeit oft der Fall. Daher wird in der Festigkeitslehre den Biegungserscheinungen bereits von Anfang an viel Aufmerksamkeit geschenkt und wir setzen deshalb die elementare Biegetheorie als bekannt voraus.

In Abschnitt 2 wurde bereits darauf hingewiesen, daß die Biegung im allgemeinen in Verbindung mit Schub auftritt. Wir wollen jetzt etwas näher auf diese Kombination eingehen und betrachten dazu einen prismatischen Träger, der außer einer senkrecht zur Trägerachse verteilt angreifenden Belastung q(x) auch noch durch ein verteiltes Moment m(x) belastet wird (Bild 4.1).

Beide Belastungen wirken in der xz-Ebene. Es wird angenommen, daß die Verschiebungen auch in dieser Ebene stattfinden. In Bild 4.2 sind aus dem Träger herausgeschnittene Elemente der Länge dx dargestellt.

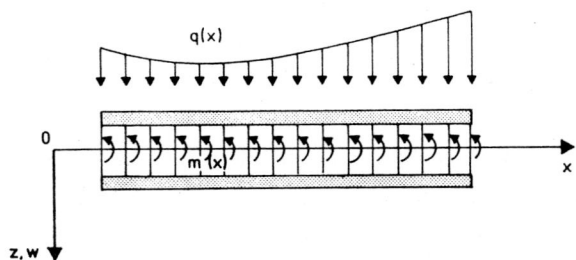

Bild 4.1.

Es ist bekannt, daß es jetzt zwei Schnittkräfte gibt, nämlich eine Querkraft Q und ein Biegemoment M.

Aus der vertikalen Gleichgewichtsbedingung am Element (Bild 4.2a), ergibt sich die bereits zuvor hergeleitete Gleichung:

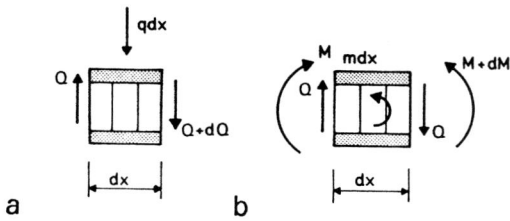

Bild 4.2.

$$q = -\frac{dQ}{dx} \tag{4.1}$$

Das Momentengleichgewicht (Bild 4.2b) führt zu folgender Gleichung:

$$-M - Q\,dx + M + dM + m\,dx = 0$$

Daraus ergibt sich die Gleichgewichtsgleichung:

$$m = Q - \frac{dM}{dx} \tag{4.2}$$

Die elementare Biegetheorie basiert auf der Bernoulli-Hypothese, die besagt, daß ebene Querschnitte eben und bei den auftretenden Rotationen senkrecht zur Trägerachse bleiben. Der erste Teil dieser Hypothese bedeutet, daß die Dehnung des Materiales über der Trägerhöhe linear verläuft. Falls sich das Material entsprechend dem Hookeschen Gesetz verhält, verlaufen auch die Normalspannungen über der Trägerhöhe linear und man spricht in dieser Form dann von der Navier-Hypothese. Mit dem zweiten Teil der Bernoulli-Hypothese wird die Formänderung infolge Querkraft – der Schub – vernachlässigt.

Da wir die Kombination Biegung und Schub untersuchen wollen, entfällt dieser zweite Teil der Hypothese. Die Annahme, daß ebene Querschnitte eben bleiben, gilt jedoch weiterhin. Es handelt sich nun um zwei Verformungskomponenten – ebensoviel wie Belastungskomponenten – nämlich eine Translation w und eine Rotation φ der Querschnitte.

Die beiden Formänderungsgrößen können in diesen Verformungskomponenten ausgedrückt werden. Wir betrachten zuerst das in Bild 4.4a dargestellte Element der Länge dx. Die Trägerachse schließt mit der x-Achse einen Winkel α ein und die Querschnitte rotieren um einen Winkel φ.

Für die Formänderungsgröße γ, welche die Veränderung des rechten Winkels zwischen der Trägerachse und einem Querschnitt darstellt, gilt jetzt:

$$\gamma = \alpha + \varphi$$

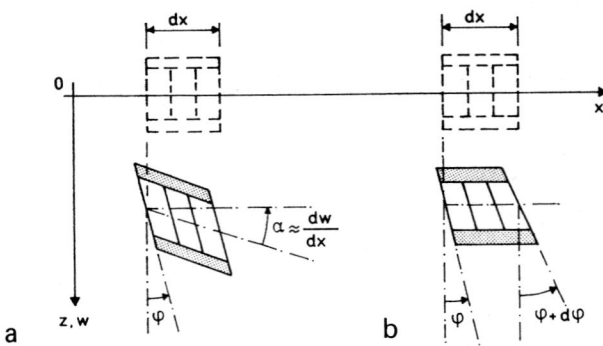

Bild 4.3.

Für kleine Werte von α kann man α = dw/dx schreiben, so daß man für γ folgende kinematische Beziehung erhält:

$$\gamma = \frac{dw}{dx} + \varphi \tag{4.3}$$

In Bild 4.3b ist für dasselbe Element die Veränderung der Rotation φ dargestellt. Die durch das Biegemoment verursachte Formänderung ist die Biegung β und wird als die Ableitung der Rotation φ der Querschnitte definiert. Die kinematische Beziehung lautet somit:

$$\beta = \frac{d\varphi}{dx} \tag{4.4}$$

Durch eine Zunahme der Rotation von $d\varphi$ über eine Länge dx, werden Fasern in einem Abstand z von der Rotationsachse um z $d\varphi$ verlängert. Die Dehnung dieser Faser ergibt sich dann zu:

$$\varepsilon = \frac{z d\varphi}{dx} = z \frac{d\varphi}{dx} = z\beta \tag{4.5}$$

Für den Gradient hiervon gilt:

$$\frac{d\varepsilon}{dz} = \beta \tag{4.6}$$

Der für die Biegungserscheinung charakteristische Dehnungsgradient entspricht daher dem oben definierten Begriff der Biegung.

Die Gleichungen (4.3) und (4.4) stellen die kinematischen Gleichungen dar, in denen die beiden für Biegung und Schub charakteristischen Formänderungsgrößen durch die Verformungskomponenten ausgedrückt werden.

Die konstitutive Gleichung für Schub kennen wir bereits. Sie lautet:

$$Q = GA\,\gamma \tag{4.7}$$

Setzt man darin Gleichung (4.3) ein, dann wird die Querkraft direkt durch die beiden Verformungskomponenten ausgedrückt.

$$Q = GA(\frac{dw}{dx} + \varphi) \tag{4.8}$$

Für die Biegung verfügen wir noch nicht über eine konstitutive Gleichung. Für die Fasern gilt das Hookesche Gesetz in seiner einfachsten Form: $\sigma = E\varepsilon$. Das Biegemoment in einem Querschnitt erhält man aus dem Integral über die Fläche:

$$M = \iint_A \sigma\, z\, dA = \iint_A E\varepsilon\, z\, dA = \beta \iint_A E\, z^2\, dA$$

Dazu wurde selbstverständlich angenommen, daß das Normalkraftzentrum d.h. der Schwerpunkt eines Querschnittes auf der x-Achse liegt und daß die Rotationsachse d.h. die neutrale Linie in einem Querschnitt parallel zur y-Achse ist.
Für einen homogenen Querschnitt mit konstantem E gilt:

$$M = EI\, \beta \tag{4.9}$$

mit I als Flächenträgheitsmoment des Querschnittes. Das Produkt EI wird, wie bereits bekannt, Biegesteifigkeit genannt.

Im allgemeinen Fall von inhomogenen Querschnitten muß EI als ein Zweibuchstabensymbol für die Biegesteifigkeit aufgefaßt werden, das wie folgt definiert ist:

$$EI = \iint_A E\, z^2\, dA \tag{4.10}$$

Setzt man Gleichung (4.4) in Gleichung (4.9) ein, dann erhält man das Biegemoment in Abhängigkeit von der Rotation φ:

$$M = EI\frac{d\varphi}{dx} \tag{4.11}$$

Die Gleichungen (4.1), (4.2), (4.8), und (4.11) bilden ein System aus vier Differentialgleichungen erster Ordnung, wodurch das Problem der Biegung mit Schub vollständig beschrieben wird. Dieser Fall ist bedeutend komplizierter als die vorherigen Fälle. Es gibt jetzt zwei Belastungskomponenten, zwei Schnittkräfte, zwei Formänderungsgrößen und zwei Verformungskomponenten.

Aus diesen vier Gleichungen können die beiden Grenzfälle – Schubträger und Biegeträger – abgeleitet werden. Selbstverständlich beziehen sich die Gleichgewichtsbedingungen (4.1) und (4.2) auf die beiden Grenzfälle.

Schubträger

Ist die Biegesteifigkeit unendlich groß, dann ist nur eine Formänderung infolge Schub möglich und man kann von einem Schubträger sprechen. Aus Gleichung (4.11) folgt dann:

$$\frac{d\varphi}{dx} = 0, \quad \text{d.h. also } \varphi = \text{konstant} \tag{4.12}$$

Bei der Behandlung des Schubträgers wurde immer nachdrücklich $\varphi = 0$ vorausgesetzt. Diese Einschränkung kann jetzt weggelassen werden. Aus den Gleichungen (4.1) und (4.8) ergibt sich unter Berücksichtigung von (4.12):

$$q = -\frac{dQ}{dx} = -GA \left(\frac{d^2w}{dx^2} + \frac{d\varphi}{dx}\right) = -GA\frac{d^2w}{dx^2}, \tag{4.13}$$

ein Ergebnis, das wir bereits im Abschnitt über den Schubträger erhalten haben. Besteht die Möglichkeit der Rotation der Querschnitte, so könnte dies auf eine andere Kräfteverteilung führen, wie in Abschnitt 2 bereits angegeben wurde.

Biegeträger

Ist andererseits die Schubsteifigkeit GA unendlich groß – und dies darf sehr oft angenommen werden, vorwiegend bei schlanken Stäben mit massiven Querschnitten – dann ist nur eine Formänderung infolge Biegung möglich und es kann vom Biegeträger gesprochen werden.

Aus Gleichung (4.8) oder bereits aus (4.3) ergibt sich dann:

$$\varphi = -\frac{dw}{dx} \tag{4.14}$$

Dies bedeutet, daß die Rotation der Querschnitte vom Betrag her gleich der Ableitung der Verschiebungsfunktion ist, aber ein entgegengesetztes Vorzeichen besitzt. Durch Differentation erhält man:

$$\frac{d\varphi}{dx} = -\frac{d^2w}{dx^2}$$

wodurch Ausdruck (4.11) für das Biegemoment übergeht in:

$$M = -EI\frac{d^2w}{dx^2} \tag{4.15}$$

Dieser Ausdruck gilt mit guter Näherung, solange $\left|\frac{dw}{dx}\right| \ll 1$ ist.

Wie bereits bekannt, gilt in diesem Fall für die Krümmung der Trägerachse:

$$\kappa = -\frac{d^2w}{dx^2} \tag{4.16}$$

so daß man für das Biegemoment auch schreiben kann:

$$M = EI\,\kappa \tag{4.17}$$

Es wird noch einmal darauf hingewiesen, daß die Formeln (4.15) und (4.17) nur gelten, wenn Schub außer Betrachtung gelassen werden darf.

Außer der konstitutiv-kinematischen Beziehung (4.15) kann man für die Schnittkraft M durch Elimination der Querkraft aus den Gleichungen (4.1) und (4.2) eine einzige Gleichgewichtsgleichung aufstellen. Läßt man das bei einfachen Trägern selten auftretende verteilte Moment m weg, dann erhält man für M die Differentialgleichung zweiter Ordnung:

$$q = -\frac{d^2M}{dx^2} \qquad\qquad (4.18)$$

Eliminiert man das Biegemoment aus den beiden Gleichungen (4.15) und (4.18), so erhält man die bekannte Differentialgleichung vierter Ordnung in der Verschiebungs-funktion w, die das Tragverhalten eines Biegeträgers beschreibt:

$$q = EI\,\frac{d^4w}{dx^4} \qquad\qquad (4.19)$$

Für die Querkraft gilt in diesem Fall:

$$Q = \frac{dM}{dx} = -EI\,\frac{d^3w}{dx^3} \qquad\qquad (4.20)$$

Bei nicht konstanter Biegesteifigkeit müssen die Ausdrücke (4.19) und (4.20) ersetzt werden durch:

$$q = \frac{d^2}{dx^2}\left\{EI(x)\,\frac{d^2w}{dx^2}\right\} \quad \text{und} \quad Q = \frac{d}{dx}\left\{-EI(x)\,\frac{d^2w}{dx^2}\right\} \qquad (4.21)$$

Wir wollen in diesem Zusammenhang noch einmal auf die Analogie zwischen der Gleichgewichtsgleichung (4.18) und den Gleichungen zweiter Ordnung, die in den zuvor behandelten Fällen der Dehnung, des Schubes und der Torsion hergeleitet wurden, eingehen. Bei übereinstimmenden Randbedingungen können analoge Lösungen erwartet werden. Der Leser wird in vorangegangenen Lösungen mehrmals die Querkraft-bzw. Momentenlinie eines an beiden Enden frei aufliegenden Biegeträgers erkannt haben.

Mehr als curiosum betrachten wir noch einmal den Fall der reinen Biegung, bei dem die Querkraft gleich Null ist. Setzt man Gleichung (4.11) in Gleichung (4.2) ein, so erhält man:

$$m = -EI\,\frac{d^2\varphi}{dx^2}$$

Mit dieser Differentialgleichung zweiter Ordnung erhält man dann die Beziehung zwischen dem verteilten Moment m als Belastungskomponente und der Rotation φ als der dazugehörigen Verformungskomponente.

Biegung mit Schub, Reduktion der Anzahl der Gleichungen

Obwohl die vier Gleichungen (4.1), (4.2), (4.8) und (4.11) das Problem für Biegung mit Schub vollständig beschreiben, kann es sinnvoll sein, diese Gleichungen zusammenzufassen. Dies erreicht man, wie bei der Verschiebungsmethode, indem man z.B. die kinematisch-konstitutiven Gleichungen (4.8) und (4.11) in die Gleichgewichtsgleichungen (4.1) und (4.2) einsetzt. Man erhält dann:

$$q = - GA \frac{d}{dx} \left(\frac{dw}{dx} + \varphi\right) \tag{4.22}$$

$$m = GA \left(\frac{dw}{dx} + \varphi\right) - EI \frac{d^2\varphi}{dx^2} \tag{4.23}$$

Mit diesem gleichwertigen Differentialgleichungssystem, das die beiden Verformungskomponenten w und φ beinhaltet, wird das Problem Biegung mit Schub ebenso vollständig beschrieben.

Die Gleichungen können bei der Untersuchung von dynamischen Erscheinungen, bei denen dann die beiden Beschleunigungsterme (für Translation und Rotation) bzw. die sogenannten Trägheitskräfte nach d'Alembert (bei Translation und Rotation) hinzugefügt werden müssen, gut als Ausgangspunkt dienen. Dieses System zu einer einzigen Differentialgleichung zusammenzufassen, ist wenig sinnvoll.

Zur Lösung der erhaltenen Differentialgleichungen muß man die Rand- und Übergangsbedingungen betrachten.

4.2 Übergangs- und Randbedingungen

Da das Problem der Biegung mit Schub in einem Träger ein Problem vierter Ordnung darstellt, gibt es an einem Übergang, wie in Bild 4.4 dargestellt, auch vier Übergangsbedingungen.

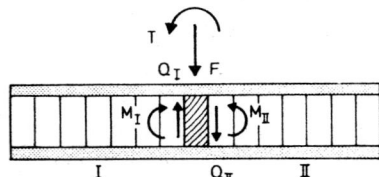

Bild 4.4.

Diese Übergangsbedingungen kann man in zwei Gruppen einteilen:

– die kinematischen Bedingungen, die sich auf die Verformungskomponenten w und φ beziehen.

– die dynamischen Beziehungen, die sich auf die Schnittkräfte Q und M beziehen. Bei statischen Problemen kann auch von statischen Bedingungen gesprochen werden.

Am Übergang von Teil I nach Teil II (Bild 4.4), an dem eine Veränderung der Belastungen und/oder Steifigkeiten auftreten kann und an dem darüberhinaus eine Kraft F und ein Moment T angreifen, gelten die folgenden Bedingungen:

$$w_I = w_{II}$$
$$\varphi_I = \varphi_{II}$$
$$M_I = M_{II} + T$$
$$Q_I = Q_{II} + F$$

$$(4.24)$$

Am Ende eines Trägers gelten zwei Randbedingungen, die sich auf die Verformungskomponenten und/oder die Schnittkräfte beziehen. In der einfachsten Form haben die betreffenden Größen einen vorgeschriebenen Wert, der gleich Null ist.

In Bild 4.5 sind die vier möglichen Kombinationen dieser Randbedingungen dargestellt. Da es nicht möglich ist, an einem Ende sowohl eine Verschiebung w als auch eine vertikale Reaktionskraft vorzuschreiben, schließt eine Randbedingung für w eine Randbedingung für die Querkraft Q aus und umgekehrt.

Ebenso kann eine Rotation φ nicht gleichzeitig mit einem Einspannmoment vorgeschrieben werden, so daß eine Randbedingung für φ eine Randbedingung für M ausschließt und umgekehrt.

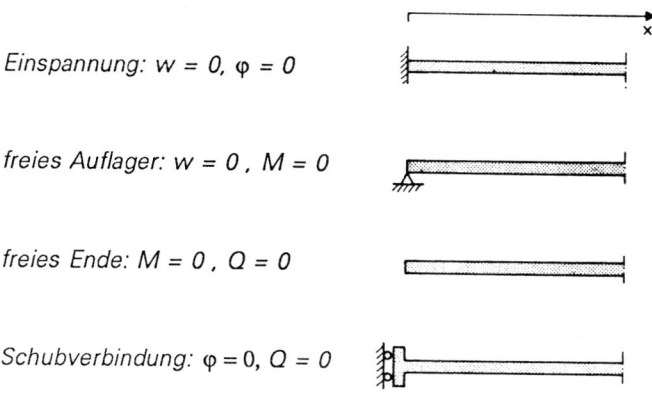

Einspannung: w = 0, φ = 0

freies Auflager: w = 0 , M = 0

freies Ende: M = 0 , Q = 0

Schubverbindung: φ = 0, Q = 0

Bild 4.5.: Randbedingungen für x = 0 bei Biegung mit Schub.

An einem Ende kann einer Größe auch ein von Null verschiedener Wert zugeordnet werden. Durch eine Belastung am Rand wird dort der Wert einer Schnittkraft (Q oder M) vorgeschrieben; die Setzung eines Auflagers bestimmt dort den Wert für die Verschiebung w.

Die Randbedingungen, die sich auf die Schnittkräfte beziehen, können auch mit Hilfe der Formeln (4.8) und (4.11) in den Verformungskomponenten ausgedrückt werden. Die Randbedingungen beziehem sich dann alle auf die Verformungskomponenten und/oder ihre ersten Ableitungen.

Bei einem Biegeträger können die Randbedingungen alle mit Hilfe der Gleichungen (4.14), (4.16) und (4.20) in der Verschiebungsfunktion w und deren Ableitungen ausgedrückt werden.

Neben Randbedingungen mit vorgeschriebenen Werten für die Schnittkräfte und die Verformungskomponenten gibt es auch Randbedingungen, bei denen eine Beziehung zwischen einer Schnittkraft (Q oder M) und der zugehörigen Verformungskomponente (w oder φ) gilt. Hierbei handelt es sich um sogenannte federnde Unterstützungen. Somit gilt für die federnde Unterstützung am linken Trägerende aus Bild 4.6:

$$Q = k_{Feder}w; \quad [k_{Feder}] = N/m$$

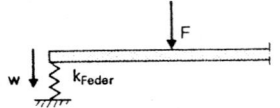
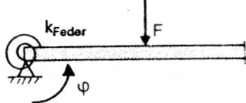

Bild 4.6.   *Bild 4.7.*

Für die federnde Einspannung am linken Trägerende aus Bild 4.7 gilt:

$$M = k_{Feder}\varphi; \quad [k_{Feder}] = Nm$$

Ein Beispiel für eine solche federnde Einspannung ist in Bild 4.8 dargestellt.

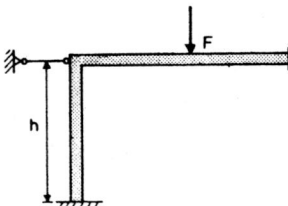

Bild 4.8.

Bei einer Rotation des Eckpunktes übt die Stütze ein Moment auf den Träger aus:

$$M = \frac{4EI_{Stütze}}{h} \varphi$$

so daß die Federkonstante in diesem Fall lautet

$$k_{Feder} = \frac{4EI_{Stütze}}{h} .$$

Die Randbedingungen an den beiden Trägerenden können sowohl zu einer verschieblichen als auch einer unverschieblichen Unterstützung führen. Im ersten Fall kann ein Träger Starrkörperverformungen (Translationen und Rotationen) erfahren. Es liegt in diesem Fall nur Gleichgewicht vor, wenn die Belastungen ein Gleichgewichtssystem darstellen. Ein Beispiel hierfür ist ein treibender Träger, wie z.B. ein Ponton oder ein Schiff.

Bei den unverschieblich unterstützten Trägern kann man zwischen statisch bestimmten und statisch unbestimmten Trägern unterscheiden. Bei den statisch bestimmten Trägern beziehen sich zwei Randbedingungen auf eine Schnittkraft (Q oder M) und die innere Kräfteverteilung kann mit Hilfe der Gleichgewichtsbedingungen bestimmt werden.

$$\text{Aus (4.1) folgt:} \quad Q = -\int q \, dx + C_1 \tag{4.25}$$

$$\text{Aus (4.2) folgt:} \quad M = -\iint q \, dx \, dx' - \int m \, dx + C_1 x + C_2 \tag{4.26}$$

Mit Hilfe der beiden Randbedingungen können die Integrationskonstanten C_1 und C_2 bestimmt werden, womit dann Q und M bekannt sind.
Die Verformungskomponenten können aus den Gleichungen (4.8) und (4.11) bestimmt werden.

$$\text{Aus (4.11) folgt:} \quad EI\varphi = \int M \, dx + C_3 \tag{4.27}$$

$$\text{Aus (4.8) folgt:} \quad w = \int Q \, dx - \int \varphi \, dx + C_4 \tag{4.28}$$

Die beiden Integrationskonstanten C_3 und C_4 können mit den beiden noch ausstehenden Randbedingungen für die Verformungskomponenten bestimmt werden.

Bei statisch unbestimmten Trägern beziehen sich drei oder vier Randbedingungen auf eine Verformungskomponente und das Lösungsverfahren ist komplizierter. Für den Biegeträger wurden daher auch viele Methoden entwickelt um auf schnellerem Wege die Verformungen zu bestimmen. Dazu wird auf die betreffenden Lehrbücher verwiesen.

4.3 Anwendungen

Das Tragverhalten von Biegeträgern und dessen Berechnung wird als hinlänglich bekannt vorausgesetzt. Der Schubträger wurde in Abschnitt 2 behandelt. Hier soll besonders darauf eingegangen werden, wie und in welchem Maße Biegung und Schub an den Verschiebungen w Anteil haben. Darüberhinaus wird noch besonders auf die Belastung durch ein verteiltes Moment m eingegangen.

Zur Übersichtlichkeit stellen wir die vier Differentialgleichungen, die als Ausgangspunkt für die Betrachtungen dienen, hier noch einmal dar.

$$q = -\frac{dQ}{dx} \tag{4.1}$$

$$m = Q - \frac{dM}{dx} \tag{4.2}$$

$$Q = GA(\frac{dw}{dx} + \varphi) \tag{4.8}$$

$$M = EI\frac{d\varphi}{dx} \tag{4.11}$$

Als erstes betrachten wir einen frei aufliegenden prismatischen Träger (Bild 4.9), der sinusförmig belastet wird:

$$q(x) = q_n \sin\frac{n\pi x}{l} \tag{4.29}$$

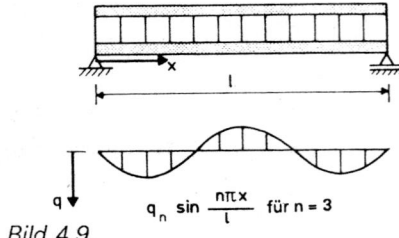

q $q_n \sin\frac{n\pi x}{l}$ für n = 3

Bild 4.9.

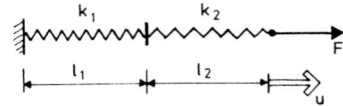

Bild 4.10.

Diese Belastung kann als der allgemeine Term einer Fourierreihe betrachtet werden:

$$q(x) = \sum_{n=1,2,\dots} q_n \sin\frac{n\pi x}{l}$$

wodurch eine beliebig verteilte Belastung beschrieben werden kann (siehe Beilage A). Da der Träger statisch bestimmt ist, können die beiden Gleichgewichtsgleichungen (4.1) und (4.2) aufgelöst werden. Dementsprechend erhält man dann:

$$Q = \frac{q_n l}{n\pi}\cos\frac{n\pi x}{l} + C_1 \quad \text{und} \quad M = \frac{q_n l^2}{n^2\pi^2}\sin\frac{n\pi x}{l} + C_1 x + C_2$$

Aus den Randbedingungen M = 0 für x = 0 und x = *l* folgt $C_1 = 0$ und $C_2 = 0$.

Aus Gleichung (4.11) ergibt sich jetzt: $EI\varphi = -\frac{q_n l^3}{n^3\pi^3}\cos\frac{n\pi x}{l} + C_3$

und mit Gleichung (4.8) ergibt sich:

$$w = \frac{1}{GA}\frac{q_n l^2}{n^2\pi^2}\sin\frac{n\pi x}{l} + \frac{1}{EI}\frac{q_n l^4}{n^4\pi^4}\sin\frac{n\pi x}{l} + C_3 x + C_4$$

Mit den Randbedingungen w = 0 für x = 0 und x= *l* folgt $C_3 = 0$ und $C_4 = 0$, so daß die Verschiebungsfunktion lautet:

$$w = (\frac{l^2}{n^2\pi^2 GA} + \frac{l^4}{n^4\pi^4 EI})\, q_n \sin\frac{n\pi x}{l} \tag{4.30}$$

In diesem Ausdruck sind die Anteile von Schub und Biegung an der Verschiebung deutlich zu erkennen.

Vergleichbare Ergebnisse erhält man aus einem System zweier in Reihe geschalteter Federn mit den entsprechenden Steifigkeiten k_1 und k_2 (Bild 4.10), bei dem die Belastung F von jeder dieser Federn aufgenommen werden muß und die Verschiebung u des Angriffspunktes von F sich aus der Summe der Einzelverlängerungen beider Federn ergibt (siehe Abschnitt 12).

Auch bei dem hier betrachteten Träger mit kontinuierlich verteilter Belastung stellt sich heraus, daß die Flexibilitätskoeffizienten – das sind die Terme zwischen den Klammern aus Gleichung (4.30) – aufsummiert werden, d.h. die Verschiebung infolge Schub und die Verschiebung infolge Biegung dürfen superponiert werden. Dies wird eigentlich bereits in Gleichung (4.28) ausgedrückt.

Diese Erkenntnis bezieht sich jedoch nur auf einen statisch bestimmten Träger. Bei statisch unbestimmten Trägern führen die Randbedingungen im allgemeinen dazu, daß die beiden Verschiebungsanteile nicht zu trennen sind.

Wir geben noch einige Beispiele an. Die Bilder sprechen für sich selbst.

Für $x = \frac{1}{2}l$ gilt (siehe Bild 4.11):

$$w = \frac{q_0 l^2}{8GA} + \frac{5}{384}\frac{q_0 l^4}{EI} \qquad (4.31)$$

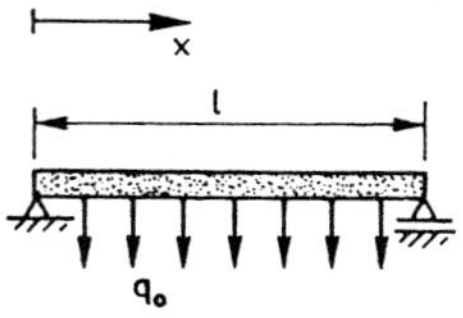

Bild 4.11.

Für $x = l$ gilt (siehe Bild 4.12):

$$w = \frac{Pl}{GA} + \frac{Pl^3}{3EI} \qquad (4.32)$$

Bild 4.12.

Für $x = l$ gilt (siehe Bild 4.13):

$$w = \frac{q_0 l^2}{2GA} + \frac{q_0 l^4}{8EI} \qquad (4.33)$$

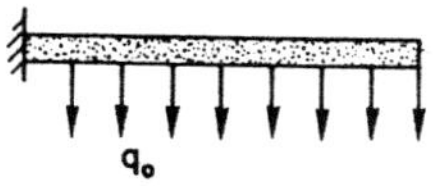

Bild 4.13.

Bei den folgenden Beispielen handelt es sich um statisch unbestimmte Träger.

Für $x = l$ gilt (siehe Bild 4.14):

$$w = \frac{Pl}{GA} + \frac{Pl^3}{12EI} \qquad (4.34)$$

In diesem Fall sind die Anteile von Schub und Biegung noch getrennt. Im folgenden

Beispiel ist dies nicht mehr der Fall.

Die Reaktion R kann in diesem Fall (siehe Bild 4.15) mit Hilfe der Verschiebungs-bedingung bestimmt werden:

$$w_B = \frac{q_0 l^2}{2GA} + \frac{q_0 l^4}{8EI} - \frac{Rl}{GA} - \frac{Rl^3}{3EI} = 0 \qquad (4.35)$$

Bereits hier erkennt man, daß R auf komplizierterer Weise von GA und EI abhängt und dies gilt somit auch für die Verschiebung w.

Bild 4.14.   *Bild 4.15.*

Die Ergebnisse für statisch bestimmte Träger geben die Möglichkeit zum Vergleich der Verschiebungsanteile aus Biegung und Schub. Nennen wir den Schubanteil an der Verschiebung w_s und den Biegungsanteil w_b, dann erhält man bei der sinusförmigen Belastung:

$$\frac{w_s}{w_b} = \frac{n^2 \pi^2}{l^2} \frac{EI}{GA} \qquad (4.36)$$

Das Verhältnis der beiden Anteile ist abhängig von der Biegesteifigkeit EI, der Schubsteifigkeit GA und von der Wellenlänge der sinusförmigen Belastung und Verschiebung (*l*/n ist die halbe Wellenlänge).Der Einfluß des Schubanteils nimmt mit abnehmender Wellenlänge zu.

Biegesteifigkeit und Schubsteifigkeit hängen von der Art des Querschnittes ab: Form, Abmessungen und Material. Wir wollen daher für einige Querschnittsformen diese Größen angeben und dabei auf das Verhältnis w_s zu w_b eingehen.

Zum einfacheren Wortgebrauch in den folgenden Betrachtungen, wird der Träger horizontal genommen und die Belastung, die Querschnitte, die Querkräfte und die Verschiebung w sind alle vertikal.

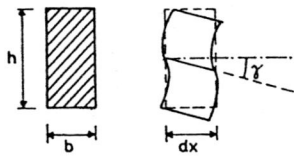

Bild 4.16. Rechteckiger Querschnitt.

Bei einem homogenen, rechteckigen Querschnitt sind, wie bereits bekannt, die Schubspannungen parabolisch über die Höhe verteilt, wodurch sich die Querschnitte wie für das Element dx in Bild 4.16 dargestellt, etwas verwölben werden. Die vertikale Translation des rechten Querschnittes gegenüber dem linken Querschnitt wird mit einer Art mittleren Schubverzerrung bzw. Gleitwinkel, die gleich* $\gamma = 1{,}2\ Q/Gbh$ ist, beschrieben, so daß für die Schubsteifigkeit gilt:

$$GA = \frac{5}{6}\, Gbh$$

Der Quotient aus dem Verschiebungsanteil infolge Schub und dem Verschiebungsanteil infolge Biegung variiert zwischen den Größenordnungen von einem Promille für schlanke Träger (großes l/h) bis hin zu einigen Prozenten für gedrungene Träger (kleines l/h). Bei der Wölbung handelt es sich um eine kleine Zusatzerscheinung des Schubes, so daß es wenig Anlaß gibt, diesem Phänomen hier Aufmerksamkeit zu widmen.

Bei einem I-förmigen Träger wird der Schub vorwiegend durch die vertikalen Schubspannungen im Steg bestimmt, die näherungsweise als konstant mit dem Wert Q/A_{Steg} angenommen werden dürfen. Es gilt somit: $GA = GA_{Steg}$. Der Einfluß des Schubes ist daher größer als beim rechteckigen Querschnitt und wenn der Steg durch Öffnungen geschwächt ist, wie dies bei Stahlträgern öfters vorkommt, ist der Einfluß des Schubes schließlich noch größer.

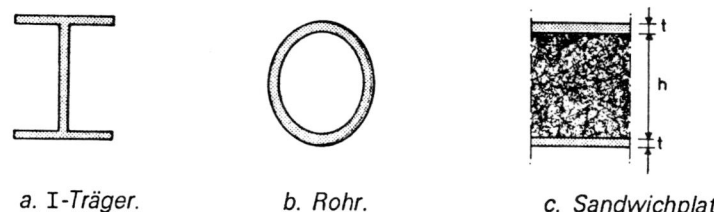

Bild 4.17.   *a. I-Träger.*   *b. Rohr.*   *c. Sandwichplatte*

Für dünnwandige Rohre mit kreisförmigem Querschnitt kann man nachweisen, daß die Querschnitte sich nicht verwölben und daß die Schubsteifigkeit GA gleich $\frac{1}{2}\, G\, 2\pi rt$ ist, wenn r der Radius und t die Wanddicke ist.

Ein Beispiel für einen inhomogenen Querschnitt stellt der Sandwichträger (oder Platte) dar, der sich zusammensetzt aus zwei dünnen Platten relativ steifen Materiales (Elastizitätsmodul E), die das Biegemoment aufnehmen und aus einem Kern von weicherem Material (Schubmodul G), der die Querkraft aufnimmt. Es kann näherungsweise angenommen werden, daß die Schubspannungen im Kern konstant über die Höhe sind. Für die Schubsteifigkeit gilt dann: $GA = Gbh$ mit b als Plattenbreite. Ist die Dicke t der oberen und unteren Platte klein gegenüber ihrem gegenseitigen Abstand h, dann gilt bei Vernachlässigung der Biegespannungen im Kern für die Biegesteifigkeit $EI \approx E\frac{1}{2}bth^2$. Der Einfluß des Schubes auf die

---

* Hierfür wird auf die bekannten Lehrbücher verwiesen.

Verschiebung kann bei Sandwichplatten beträchtlich sein.

Bei Trägern, die als Fachwerke oder Rahmentragwerke ausgeführt werden, kann man in materiellem Sinne nicht von Querschnitten reden. Für Fachwerkträger läßt sich die Schubsteifigkeit auf einfache Weise mit Hilfe einer Verformungsfigur (Verschiebungsplan von Williot) für ein Feld der Länge λ bestimmen, wobei ausschließlich die Längenänderungen der Füllstäbe – in diesem Fall die Diagonalen – betrachtet werden. Der Anteil des Schubes an den Verschiebungen ist im allgemeinen nicht unbeträchtlich (bis zu mehreren zehn Prozenten). Bei Brücken sieht man manchmal, daß anstatt eines Hohlkastenträgers mit massiven Wänden, die obere und untere Platte durch Fachwerke verbunden sind, was wiederum eine bestimmte Auswirkung auf die Schubsteifigkeit des Trägers hat.

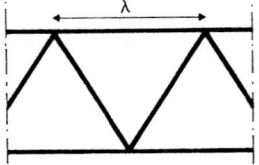 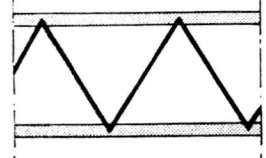 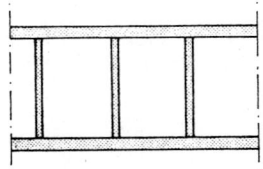

Bild 4.18. a. Fachwerkträger   b. obere und untere Platte   c. Rahmenträger
durch ein Fachwerk verbunden

Das Rahmentragwerk wurde bereits zuvor als Schubträger (Abschnitt 2) behandelt. Dabei wurden die Dehnsteifigkeiten der Stäbe als unendlich groß angenommen. Im Ober- und Untergurt des Trägers können jedoch große Normalkräfte auftreten, die Verlängerungen und Verkürzungen verursachen und welche zu einer Biegung des Trägers oder Rahmentragwerks führen.

Wir wollen dies für das hohe Rahmentragwerk, von dem der unterste Teil noch einmal in Bild 4.19 dargestellt ist, etwas näher betrachten. Für die Verschiebung am oberen Ende kann man Formel (4.33) benützen, so daß gilt:

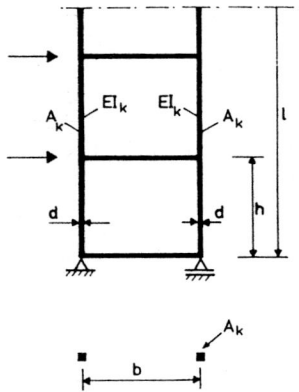

Bild 4.19.

$$\frac{w_s}{w_b} = 4\frac{EI}{GA l^2}$$

Einfachkeitshalber nehmen wir an, daß die Biegesteifigkeit der horizontalen Stäbe unendlich groß ist, so daß die Schubsteifigkeit mit der folgenden Formel berechnet werden kann.

$$GA = \frac{24EI_k}{h^2}$$

Im allgemeinen wird GA also einen kleineren Wert haben.
Für die Biegesteifigkeit des Rahmentragwerkes gilt (siehe Sandwichplatte):

$$EI = E\frac{1}{2}A_k b^2$$

Mit diesen Formeln erhält man: $\frac{w_s}{w_b} = \frac{1}{12}\frac{b^2 h^2}{l^2}\frac{A_k}{I_k}$ und mit $I_k = \frac{1}{12}d^2 A_k$ ergibt sich:

$$\frac{w_s}{w_b} = \frac{(h/d)^2}{(l/b)^2} \tag{4.37}$$

Den Quotient h/d kann man als Schlankheit einer Stütze bezeichnen und den Quotient *l*/b als Schlankheit des Rahmentragwerkes. Bei nicht allzu schlanken (hohen) Rahmentragwerken wird im allgemeinen die Verschiebung infolge Schub dominieren. Aufgrunddessen wurde im Abschnitt 2 der Schubträger gesondert betrachtet. Auf die soeben beschriebene Weise kann die Größe der zusätzlichen Verschiebung infolge Biegung schnell abgeschätzt werden.

Oft werden hohe Rahmentragwerke durch einzelne Aussteifungswände gestützt. Ähnliche, kombinierte Konstruktionen werden später behandelt. Die Rahmentragwerke können in solchen Fällen sehr weich sein, so daß die Verschiebung infolge Schub dann stark dominiert.

Das verteilte Moment als Belastung
Wir wollen jetzt noch besonders auf die Belastungskomponente m, d.h. das entlang der Trägerachse verteilte Moment ([m] =Nm/m), eingehen und hierfür einige Beispiele anführen.

In Bild 4.20 ist nochmals der Randbalken der zylindrischen Schale aus Bild 1.6 dargestellt, an dem an der Oberseite eine verteilte axiale Belastung q(x) angreift. Der Balken wird dadurch nicht nur auf Dehnung, sondern auch auf Biegung durch ein verteiltes Moment $m(x) = -q(x)\frac{h}{2}$, beansprucht. Es gilt dann bei einer Belastung $q(x) = q_1 \cos\frac{\pi x}{l}$:

$$\frac{dN}{dx} = -q_1 \cos \frac{\pi x}{l} \quad \text{und } N = -\frac{l}{\pi} q_1 \sin \frac{\pi x}{l} + C_1$$

$$\frac{dQ}{dx} = 0, \quad \text{also ist } Q = \text{konstant} = C_2$$

$$\frac{dM}{dx} = +\frac{h}{2} q_1 \cos \frac{\pi x}{l} + C_2$$

und

$$M = \frac{h}{2} \frac{l}{\pi} q_1 \sin \frac{\pi x}{l} + C_2 x + C_3$$

Mit den Randbedingungen:

$$x = 0: \ M = 0 \quad \text{folgt: } C_3 = 0$$
$$x = l: \ M = 0 \quad \text{folgt: } C_2 = 0$$
$$x = l: \ N = 0 \quad \text{folgt: } C_1 = 0$$

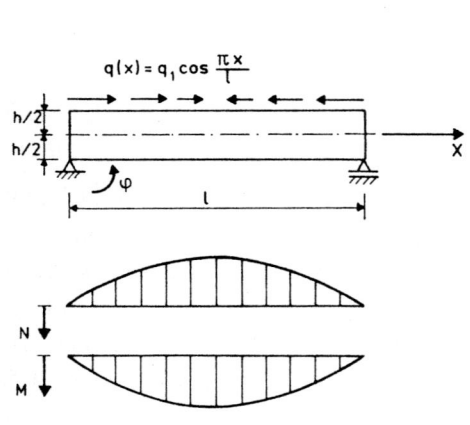

Bild 4.20.

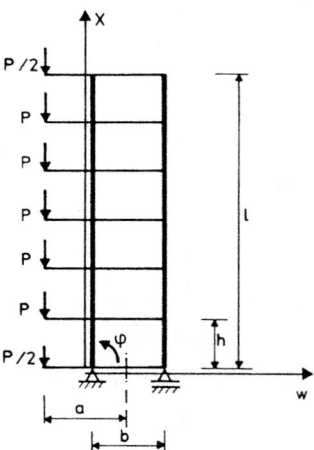

Bild 4.21.

Beim folgenden Beispiel handelt es sich um ein Skelettbau, bei dem, wie in Bild 4.21 dargestellt, die Träger z.B. zur Stützung von Balkonen auskragen. Werden diese Balkone mit einer vertikalen Kraft P belastet, so erfährt das Skelett eine verteilte Belastung $q(x) = -P/h$ und ein verteiltes Moment $m(x) = \frac{a}{h} P$. Ist die Kraft P für alle Balkone gleich groß (mit Ausnahme des obersten und untersten Balkones, für welche die Kraft nur halb so groß ist), dann gilt:

$$m(x) = m_0 = \frac{a}{h} P$$

Es gilt dann:

$$\frac{dQ}{dx} = 0, \quad \text{also } Q = \text{konstant} = C_1.$$

Für $x = l$ ist $Q = 0$, d.h. $C_1 = 0$ und somit $Q = 0$ für alle x. Dann ist auch $\gamma = 0$, d.h. es tritt kein Schub auf.

Die Belastung verursacht nur Biegung (Dehnung in den Stützen). Ferner gilt:

$$\frac{dM}{dx} = Q - m = -m_0, \text{ also } M = -m_0 x + C_2$$

Für $x = l$ ist $M = 0$, d.h. $C_2 = -m_0 l$ und man erhält damit:

$$M = m_0(l - x)$$

Die Rotation ergibt sich aus:

$$EI\frac{d\varphi}{dx} = M, \text{ also } EI\varphi = m_0 l x - \frac{1}{2}m_0 x^2 + C_3$$

Für $x = 0$ ist $\varphi = 0$, also $C_3 = 0$.
Mit $\gamma = 0$ gilt $\frac{dw}{dx} = -\varphi$, so daß sich für w ergibt:

$$EI\,w = -\frac{1}{2}m_0 l x^2 + \frac{1}{6}m_0 x^3 + C_4$$

Für $x = 0$ ist $w = 0$ und somit $C_4 = 0$.
Für die Verschiebung an der Oberseite erhält man $w = \frac{m_0 l^3}{3EI}$.
Dieses Ergebnis erinnert an die bekannte Formel für die Verschiebung der Oberseite im Falle einer dort angreifenden Kraft m_0 und es erscheint möglich, dieses Ergebnis auf schnellerem Wege zu erhalten. Würde man die in jedem Geschoß wirkenden Momente $m_0 h$ durch Kräftepaare ersetzen, die aus je zwei gleich großen, aber entgegengesetzt gerichteten Horizontalkräften m_0 im Abstand h bestehen (Bild 4.22), so würden sich diese in jedem Geschoß, mit Ausnahme des untersten und obersten Geschosses, bei denen Kräfte m_0 übrigbleiben, gegenseitig aufheben.
Die Kraft an der Unterseite wird vom Auflager aufgenommen, die Kraft an der Oberseite verursacht, wie bereits bekannt, die erwähnte Verschiebung. Diese Kraft würde jedoch auch eine Querkraft und somit Schub verursachen, was aber nicht richtig ist. Die beiden Belastungssysteme liefern also nicht den gleichen Effekt und das Ersetzen einer Belastung durch eine anscheinend äquivalente Belastung kann bei elastischen Konstruktionen zu falschen Ergebnissen führen.
Durch den letzten Gedankengang wurde insbesondere die Randbedingung für die Querkraft an der Oberseite verändert.

In Bild 4.23 ist noch ein Beispiel dargestellt: Ein an beiden Seiten frei aufliegender Träger, der durch ein verteiltes Moment m_0 belastet wird. Nacheinander erhält man:

$$Q = m_0, \quad M = 0, \quad \varphi = \frac{m_0}{GA} \text{ und } w = 0.$$

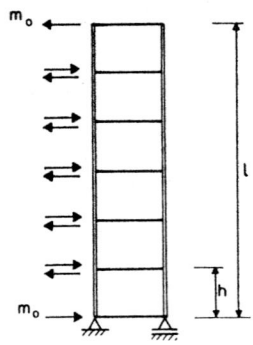

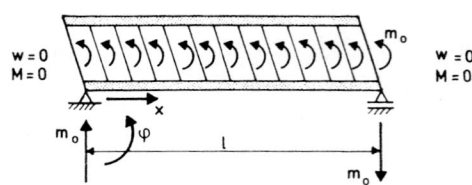

Bild 4.22.   *Bild 4.23.*

Der Träger bleibt gerade, die Querschnitte rotieren jedoch um den angegebenen Winkel φ. Ist der Leser mit der Theorie für biegesteife Platten vertraut, wird er durch diesen Belastungsfall an das Randwertproblem für die sogenannte Nadaiplatte* erinnert. Bei dieser Platte gibt es schmale Randzonen (= Träger), die auf gleiche Weise belastet werden und eine konstante Querkraft aufweisen, die gleich der Hälfte der auf die Eckpunkte ausgeübten Kräfte ist.

4.4 Temperatureinflüsse, sowie Kriech- und Quellerscheinungen

Der entwerfende Ingenieur wird immer öfter mit Temperaturproblemen konfrontiert, bei denen die der Konstruktion ausgesetzten Temperaturveränderungen beträchtlich sein können und es muß mit den daraus resultierenden Folgen gerechnet werden. Es geht dabei nicht allein um tiefe Temperaturen infolge Frost oder hohe Temperaturen durch Sonneneinstrahlung sondern z.B. auch um Reservoirs zur Flüssigkeitsspeicherung, bei denen sowohl sehr tiefe (L.N.G.) als auch hohe Temperaturen (frisch gewonnenes Öl) auftreten können. Ein anderes Beispiel ist der Effekt der Hydratationswärme bei erhärtendem Beton für massive Konstruktionen.

Bei dem auf Dehnung beanspruchten Stab wurde bereits in Abschnitt 1.4 der Effekt der Temperaturveränderungen auf die Spannungen in einem Stab ausführlich behandelt. Dabei war die Temperatur über dem Stabquerschnitt konstant. Es ging besonders darum, den Effekt einer längs der Stabachse variierenden Temperaturverteilung zu untersuchen. Verändert sich die Temperatur über einem Querschnitt – und dies wird in den genannten Beispielen fast immer der Fall sein – dann wird sich der Stab nicht nur ausdehnen, sondern auch biegen wollen. Wird diese Biegung behindert, dann führt die Temperaturveränderung zu Spannungen. Dasselbe gilt für Kriech- und Quellerscheinungen, die unabhängig von der Belastung sind. Die

---

*   Siehe z.B.. S.P. Timoshenko und S. Woinowsky-Krieger, "Theory of plates and shells", 2nd ed. 1959. Auch: HERON 13, 2, Delft 1965.

Berechnung der dadurch verursachten Spannungen läuft nach dem gleichen Muster wie für Temperaturspannungen ab.

Es gibt darum genügend Anlaß, den Effekt von Temperaturveränderungen auf die Biegung eines Stabes oder Trägers zu untersuchen.

Ein einfaches Beispiel stellt die auf einem Untergrund aufliegende Platte, z.B. eine Straßendecke, dar, bei der durch Sonnenbestrahlung ein nicht konstanter Temperaturverlauf vorliegt (Bild 4.24). Die Ausdehnung der Platte wird durch die Reibung zwischen der Platte und dem Untergrund behindert; das Eigengewicht der Platte verhindert das Auftreten von Biegung (Aufwölbung) der Platte. Infolgedessen treten in den Fasern der Platte Spannungen auf, die proportional zur Temperatur sind:

$$\sigma = E\alpha T$$

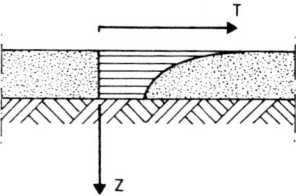

Bild 4.24.

Bei einer homogenen Platte (E und α konstant) hat dann der Spannungsverlauf über dem Querschnitt $\sigma(z)$ die gleiche Form wie der Temperaturverlauf $T(z)$.

Für die weitere Behandlung ist der Ausgangspunkt die fundamentale Formel für jede der Fasern:

$$\varepsilon = \frac{\sigma}{E} + \alpha T \qquad (4.38)$$

oder auch:

$$\sigma = E\varepsilon - E\alpha T \qquad (4.39)$$

Mit der Annahme, daß ebene Querschnitte eben bleiben und sowohl eine Translation in Stabrichtung als auch eine Rotation um die Biegeachse durch das Normalkraftzentrum des Querschnittes erfahren können, kann man für die Dehnung schreiben:

$$\varepsilon(z) = \varepsilon(0) + z \frac{d\varepsilon}{dz} \qquad (4.40)$$

wobei: z = Abstand von der Biegeachse

$\varepsilon(0)$ = Dehnung im Normalkraftzentrum ($z = 0$)

$\dfrac{d\varepsilon}{dz}$ = konstanter Dehnungsgradient

Die Dehnung $\varepsilon(0)$ entspricht der mittleren Dehnung ε_m, für die gilt:

$$\varepsilon_m = \frac{1}{A} \int\int_A \varepsilon(z) \, dA \tag{4.41}$$

Für die Spannung erhält man:

$$\sigma(z) = E\varepsilon(0) + Ez \frac{d\varepsilon}{dz} - E\alpha T(z) \tag{4.42}$$

Wir gehen jetzt von der Faser auf den Querschnitt über und bestimmen die Normalkraft und das Biegemoment in einem Querschnitt.
Für die Normalkraft $N = \int\int_A \sigma(z) \, dA$ erhält man mit (4.42):

$$N = \varepsilon(0) \int\int_A E \, dA + \frac{d\varepsilon}{dz} \int\int_A Ez \, dA - \int\int E\alpha T \, dA \tag{4.43}$$

Aufgrund der Definition des Normalkraftzentrums ist der zweite Term gleich Null. Mit $EA = \int\int_A E \, dA$ geht diese Gleichung über in:

$$N = EA \, \varepsilon(0) - \int\int_A E\alpha T \, dA \tag{4.44}$$

Für das Biegemoment erhält man mit (4.42):

$$M = \varepsilon(0) \int\int_A Ez \, dA + \frac{d\varepsilon}{dz} \int\int_A Ez^2 \, dA - \int\int_A E\alpha Tz \, dA \tag{4.45}$$

Der erste Term ist jetzt gleich Null. Mit $EI = \int\int_A Ez^2 \, dA$ geht diese Gleichung über in:

$$M = EI \frac{d\varepsilon}{dz} - \int\int_A E\alpha Tz \, dA \tag{4.46}$$

Für homogene Querschnitte können E und α als Konstante vor das Integral gezogen werden.

Ist der *Temperaturverlauf* in z-Richtung *linear* (Bild 4.25), dann kann man dafür schreiben:

$$T(z) = T(0) + z \frac{dT}{dz} \tag{4.47}$$

wobei: $T(0)$ = Temperatur im Normalkraftzentrum

$\frac{dT}{dz}$ = konstanter Temperaturgradient

Mit diesem Ausdruck und konstantem α lautet Gleichung (4.44):

$$N = EA \, \varepsilon(0) - EA \, \alpha \, T(0) \tag{4.48}$$

und Gleichung (4.46):

$$M = EI \frac{d\varepsilon}{dz} - EI \, \alpha \, \frac{dT}{dz} \tag{4.49}$$

Man vergleiche die Struktur dieser Gleichungen mit einander und mit der Struktur von Gleichung (4.39). Wir betrachten jetzt verschiedene Möglichkeiten.

Wenn der Stab sich frei ausdehnen kann, ist N = 0 und es tritt dann die folgende mittlere Dehnung auf:

$$\varepsilon(0) = \alpha T(0) \tag{4.50}$$

Wird die Ausdehnung in x-Richtung behindert, d.h. $\varepsilon(0) = 0$, dann tritt die folgende Normalkraft auf:

$$N = -EA\ \alpha T(0) \tag{4.51}$$

Kann der Stab sich frei biegen, dann ist M = 0 und es ergibt sich ein Dehnungsgradient von:

$$\frac{d\varepsilon}{dz} = \alpha\,\frac{dT}{dz} \tag{4.52}$$

Der Dehnungsgradient entspricht der Biegung β. Wird die Biegung behindert, d.h. $\frac{d\varepsilon}{dz} = 0$, dann tritt folgendes Biegemoment auf:

$$M = -EI\ \alpha\,\frac{dT}{dz} \tag{4.53}$$

Dies führt zu Temperaturspannungen:

$$\sigma = \frac{Mz}{I} = -E\alpha z\,\frac{dT}{dz} \tag{4.54}$$

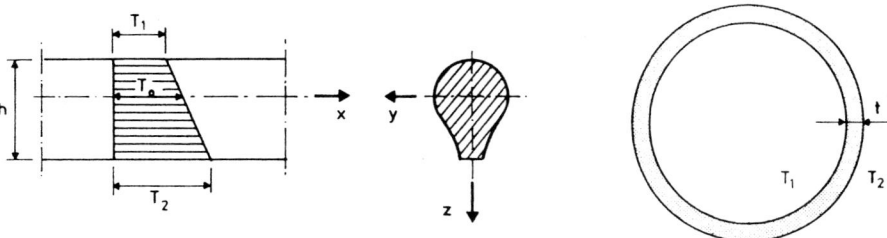

Bild 4.25. Linearer Temperaturverlauf.
Gradient $\frac{d}{dz}T = \frac{T_2 - T_1}{h}$.

Bild 4.26.

Als Beispiel hierfür dient die Wand eines Reservoirs, wie in Bild 4.26 dargestellt. Die Innentemperatur kann sowohl höher, als auch tiefer wie die Außentemperatur sein. Im stationären Zustand ist der Temperaturverlauf über der Wand linear. Die Wand kann sich frei ausdehnen aber nicht biegen, d.h. es treten Biegespannungen auf, die mit Hilfe der Formel (4.53) leicht berechnet werden können.

Ist der *Temperaturverlauf nicht-linear*, so treten bei einem Stab, der sich frei ausdehnen und biegen kann und daher keine Normalkräfte oder Biegemomente erhält, trotzdem Spannungen in einem Querschnitt auf. Wir zeigen dies anhand des folgenden Beispieles, bei dem angenommen wird, daß die Oberseite eines T-förmigen Trägers (Bild 4.27) infolge Sonneneinstrahlung eine Temperatursteigerung erhält. Die Unterseite des Flansches sowie der Steg des Querschnittes behalten die Umgebungstemperatur bei. Im Flansch wird ein linearer Temperaturverlauf angenommen. Für den Querschnitt ergibt sich dann der dargestellte gebrochen-lineare Temperaturverlauf. Der Querschnitt ist homogen. Zur Berechnung der Spannungen muß jetzt von den Formeln (4.44) und (4.46) ausgegangen werden.

Mit $N = 0$ folgt aus (4.44):

$$EA \, \varepsilon(0) = E\alpha \iint_A T \, dA$$

Mit der Definition für die mittlere Temperatur $T_m = \frac{1}{A} \iint_A T \, dA$ ergibt sich für diese Gleichung:

$$EA \, \varepsilon(0) = EA \, \alpha T_m \text{ und somit: } \varepsilon(0) = \alpha T_m$$

Bei diesem Beispiel ist leicht nachzuweisen, daß $T_m = \frac{1}{4} T_b = 10 \, °C$, so daß man mit $\alpha = 10^{-5} \, (°C)^{-1}$ erhält:

$$\varepsilon(0) = \alpha T_m = 0,1 \times 10^{-3}$$

Mit $M = 0$ folgt aus (4.46):

$$EI \frac{d\varepsilon}{dz} = E\alpha \iint_A T(z) \, z \, dA$$

Zur Berechnung des Integrals greifen wir auf Ausdruck (4.47) zurück: $T(z) = T(0) + z \, dT/dz$. Jetzt stellt $T(0)$ die fiktive Temperatur im Normalkraftzentrum Z dar. In diesem Fall ist $T(0) = -40 \, °C$. Ferner ist dT/dz der Gradient des linearen Temperaturverlaufes im Flansch; in unserem Beispiel ist $dT/dz = -200 \, °C/m$.

Das Integral lautet dann:

$$T(0) \iint z \, dA + \frac{2}{3} \iint_A z^2 \, dA$$

wobei naturgemäß nur über der Fläche, in der eine Temperaturerhöhung auftritt, integriert wird; in diesem Beispiel also nur über den Flansch.

In diesem einfachen Beispiel ist das Integral gleich dem Produkt von Flanschfläche und dem "Moment" der Resultierenden des linearen Temperaturverlaufes bezüglich des Normalkraftzentrums. Mit den Angaben aus der Darstellung ergibt sich dafür:

$$-0,2 \text{ m}^2 \tfrac{1}{2} 40 \text{ °C} (0,2 + \tfrac{2}{3} 0,2) \text{ m} = -\tfrac{4}{3} \text{ °Cm}^3$$

(negativer Wert, da die Fläche auf der negativen Seite bezüglich des Normalkraftzentrums liegt).
Es ergibt sich dann:

$$EI \frac{d\varepsilon}{dz} = -E\alpha \tfrac{4}{3} \text{ °Cm}^3$$

Mit $I = \tfrac{160}{3} 10^{-3} \text{ m}^4$ erhält man für den Dehnungsgradienten:

$$\frac{d\varepsilon}{dz} = -\tfrac{1}{4} 10^{-3} \text{ m}^{-1}.$$

Die Anteile an der Normalspannung $\sigma(z)$ nach Formel (4.42) ergeben sich mit $E = 3 \times 10^{10} \text{ N/m}^2$ zu:

$$E\varepsilon(0) = 3 \times 10^6 \text{ N/m}^2$$

$$Ez \frac{d\varepsilon}{dz} = -7,5 \times 10^6 \text{ z N/m}^2$$

$$-E\alpha \, T(z) = -3 \times 10^5 \, T(z) \text{ N/(°Cm}^2)$$

Die ersten beiden Anteile sind in Bild 4.27 getrennt dargestellt. Daneben ist dann noch der resultierende Spannungsverlauf $\sigma(z)$ im Querschnitt dargestellt.

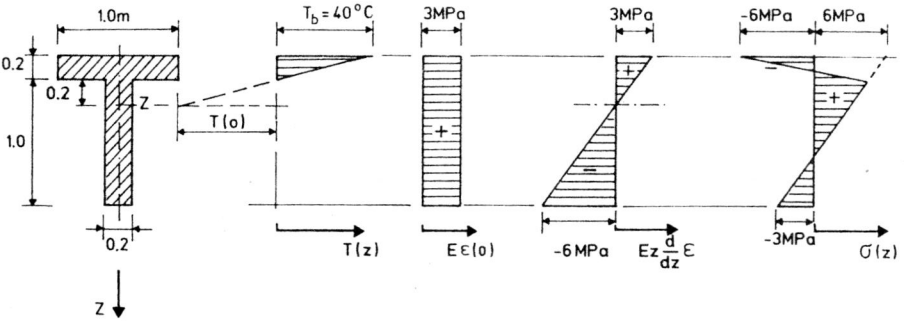

Bild 4.27. Nicht-linearer Temperaturverlauf

Es handelt sich hier also um ein sogenanntes Gleichgewichtssystem (M = 0, N = 0). Man könnte bei diesem einfach gewählten Beispiel die Spannungsverteilung schneller über den Weg der Schnittmethode bestimmen. Die dargestellte Analyse eröffnet einem jedoch die Vorgehensweise zur Berechnung – vorwiegend zur numerischen Berechnung – von komplizierteren Fällen hinsichtlich Querschnitt und Temperaturverlauf. Es handelt sich dabei auch um inhomogene Querschnitte mit nicht konstantem α, bei denen von den Gleichungen (4.44) und (4.46) ausgegangen werden muß.
Im vorigen Beispiel wurde angenommen, daß der Stab sich frei ausdehnen und biegen

kann. Entfällt einer dieser "Freiheitsgrade", dann verändert sich der Spannungszustand.

Behinderte Dehnung und Biegung

Zur Bestimmung des Spannungszustandes betrachten wir zuerst den einfachen Fall, daß die *Temperaturverteilung* über einem Querschnitt in *x-Richtung konstant* ist. Wird durch unverschiebliche Auflager an beiden Stabenden eine Ausdehnung in Längsrichtung verhindert, so tritt eine Normalkraft auf. Mit $\varepsilon(0) = 0$ folgt aus Gleichung (4.44) für homogene Querschnitte:

$$N = -E\alpha \iint_A T \, dA = -EA \, \alpha T_m \tag{4.55}$$

Bei der Bestimmung des resultierenden Spannungsverlaufes $\sigma(z)$ entsprechend dem Beispiel aus Bild 4.27, fällt hier der erste Anteil weg.

Wird durch eine Einspannung der Stabenden, Biegung verhindert, dann tritt ein Biegemoment auf.

Mit $\dfrac{d\varepsilon}{dz} = 0$ ergibt sich aus Gleichung (4.46) für homogene Querschnitte:

$$M = -E\alpha \iint_A Tz \, dA \tag{4.56}$$

Im Beispiel aus Bild 4.27 entfällt jetzt der zweite Anteil.

Ist der Temperaturverlauf über einen Querschnitt eine *Funktion der Längskoordinate x*, dann wird $\varepsilon(0)$ aus Gleichung (4.44) durch $\dfrac{du}{dx}$ und $\dfrac{d\varepsilon}{dz}$ aus Gleichung (4.46) durch $\dfrac{d\varphi}{dx}$ ersetzt.

Wir zeigen ein Beispiel, bei dem die Temperaturfunktion in folgender Form geschrieben werden kann: $T(z) \, f(x/l)$ und beschränken uns auf einen homogenen Querschnitt, bei dem ein linearer Temperaturverlauf $T(z)$ vorhanden ist, so daß von den Gleichungen (4.48) und (4.49) in folgender Gestalt ausgegangen werden kann:

$$N = EA\frac{du}{dx} - EA \, \alpha T(0) \, f(x/l) \tag{4.57}$$

$$M = EI\frac{d\varphi}{dx} - EI \, \alpha \, \frac{dT}{dz} \, f(x/l) \tag{4.58}$$

Wir betrachten den Fall, daß die Temperaturfunktion in x-Richtung mit $f(x/l) = x/l$ linear verläuft und daß der Stab an beiden Enden bei $x = 0$ und $x = l$ voll eigespannt ist, so daß dort weder Verschiebungen u noch Rotationen φ auftreten.

Die Lösungen für N und u aus Gleichung (4.57) wurden für diesen Fall bereits bei der Behandlung des auf Dehnung beanspruchten Stabes (§ 1.4) hergeleitet. Die Lösungen für M, φ und w aus Gleichung (4.8) und (4.58) erhält man am einfachsten, indem man den Stab z.B. an der rechten Seite frei macht.

Das Biegemoment im Stab ist jetzt gleich Null und die Verschiebungsfunktion erhält man aus (4.58). Bringt man dann an diesem Ende ein Biegemoment und eine senkrecht zur Stabachse wirkende Kraft an, um die dort entstandene Rotation und Verschiebung rückgängig zu machen, so wird im Stab ein linear verlaufendes Biegemoment auftreten:

$$M = -EI \, \alpha \frac{dT}{dz} \frac{\frac{1}{2} + \frac{x}{l} \frac{GAl^2}{12EI}}{1 + \frac{GAl^2}{12EI}}$$

Die Querkraft erhält man durch Differentation: $Q = \frac{dM}{dx}$.

Die Verschiebungsfunktion ist eine Parabel dritten Grades mit Nulldurchgängen bei $x = 0$, $x = \frac{1}{2}l$ und $x = l$.

Wenn $GA = \infty$ ist, gilt:

$$M = -EI \, \alpha \frac{dT}{dz} \frac{x}{l}$$

Die Biegung ist dann Null, d.h. der Stab bleibt gerade. Die konstante Querkraft ist in diesem Fall gleich dem Randwert des Momentes $M_{(x = l)}$ geteilt durch die Länge *l*: $\frac{M_{(x = l)}}{l}$.

5
Das ursprünglich gerade Seil

5.1. Einleitung

Zur Reihe der linienförmigen Konstruktionselemente, deren Verhalten mit einer Differentialgleichung zweiter Ordnung beschrieben werden kann, gehört gewiß auch das Seil. Seile werden in zunehmendem Maße eingesetzt:

– zum Transport von Menschen, wie z.B. bei Skiliften und Gondelbahnen im Gebirge und zum Materialtransport, wie z.B. bei den Seilbahnen, die zum Abschluß von Flußmündungen eingesetzt werden.

– zur Überbrückung von großen Abständen durch Hängebrücken und zur Gewinnung von großen Räumen durch Hängedächer.

– zum "Festhalten" schlanker Konstruktionen wie Maste, Türme, Schornsteine, Offshoreplattformen usw. durch Verankerungskabel, auch Schrägseile genannt.

Die Problemstellung ist jedoch anders. Während man sich bei den zuvor behandelten Fällen in erster Linie für die Festigkeit des Elementes interessiert, steht beim Seil die Steifigkeit im Vordergrund. Da große Verformungen möglich sind, ist das Seil ein flexibles Element und bei veränderlichen Belastungen möchte man daher Einblick in die daraus entstehenden, veränderlichen Konfigurationen bekommen. Die Festigkeitsforderung kann im allgemeinen einfach erfüllt werden, wenn man die Spannkraft T mit ausreichender Sicherheit gegenüber der maximal aufnehmbaren Zugkraft wählt.

Bei der Behandlung des Tragseiles ist die Anschaulichkeit vorteilhaft, da man die Verformungen sieht bzw. sich davon leicht eine Vorstellung machen kann. Andererseits können jedoch auch nicht-lineare Erscheinungen auftreten, welche die Behandlung erschweren.

5.2. Differentialgleichung und Lösungen für das Tragseil

Zur Herleitung der Gleichung betrachten wir ein undehnbares Seil, das durch eine Kraft T horizontal gespannt wird. Belastet man das Seil mit einer verteilten vertikalen Belastung q(x), dann senkt sich das Seil durch, d.h. es entstehen Verschiebungen w(x), die nicht wie bisher, klein zu sein brauchen (Bild 5.1).

Das Seil paßt seine Tragkraft genau diesen Verschiebungen an und wenn man die Gleichgewichtsbedingungen für ein kleines Element ds aufstellt, dann muß man – im Gegensatz zu den bisherigen Gleichgewichtsbetrachtungen – vom verformten Zustand ausgehen. In Bild 5.2 ist ein solches Element mit den darauf wirkenden Kräften

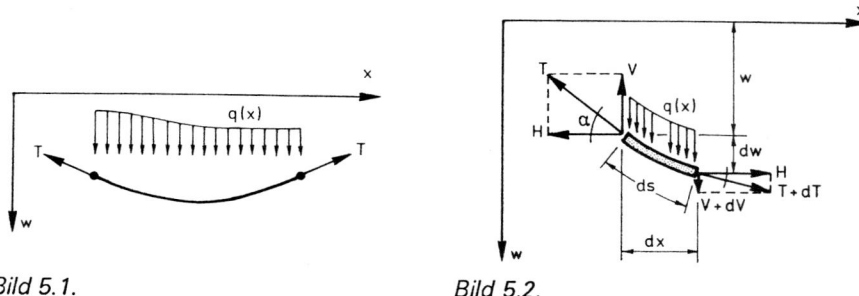

Bild 5.1.   *Bild 5.2.*

dargestellt.

Die Normalkraft im Seil hat eine horizontale Komponente H und eine vertikale Komponente V.

Aus dem horizontalen Gleichgewicht am Element ergibt sich, daß die Kraft H in x-Richtung konstant ist.

Aus dem vertikalen Gleichgewicht folgt::

$$-V + q\,dx + V + dV = 0$$

oder $$q = -\frac{dV}{dx} \qquad (5.1)$$

Zwischen den Kräften H und V besteht folgende Beziehung:

$$V = H\,\mathrm{tg}\,\alpha \qquad (5.2)$$

Diese Gleichung ist ein Pendant zu vorhergehenden konstitutiven Gleichungen, wobei jedoch anstelle eines Steifigkeitsfaktors die Kraftgröße H steht.

Aus dem Bild läßt sich auch die geometrische Beziehung zwischen dem Neigungswinkel α und der vertikalen Verschiebung w ablesen:

$$\mathrm{tg}\,\alpha = \frac{dw}{dx} \qquad (5.3)$$

Setzt man diesen Ausdruck für $\mathrm{tg}\,\alpha$ in die vorige Gleichung (5.2) ein, so erhält man die folgende Beziehung zwischen der Kraft V und der Verschiebung w:

$$V = H\frac{dw}{dx} \qquad (5.4)$$

Durch die beiden Differentialgleichungen erster Ordnung (5.1) und (5.4) ist das Tragverhalten des Seiles auch vollständig beschrieben. Eliminiert man V so erhält man die Differentialgleichung zweiter Ordnung, welche den Zusammenhang zwischen der Belastung q(x) und der dadurch verursachten Verschiebung w(x) beschreibt:

$$q = -H\frac{d^2w}{dx^2} \qquad (5.5)$$

Die Übereinstimmung der hergeleiteten Gleichungen mit den entsprechenden Gleichungen der bereits zuvor behandelten Fälle des auf Dehnung, Schub und Torsion beanspruchten Stabes, zeigt sich hier wieder deutlich. Bei analogen Randbedingungen können also auch wieder analoge Lösungen erwartet werden.

Beispiele

Als erstes Beispiel betrachten wir das Seil mit zwei gleich hohen Aufhängepunkten, welches durch eine Gleichlast q_0 belastet wird (Bild 5.3). Integration von Gleichung (5.1) führt zu:

$$V = -q_0 x + C_1 \tag{5.6}$$

Integration von Gleichung (5.4) führt dann zu:

$$Hw = -\frac{1}{2} q_0 x^2 + C_1 x + C_2 \tag{5.7}$$

wobei C_1 und C_2 Integrationskonstanten sind.

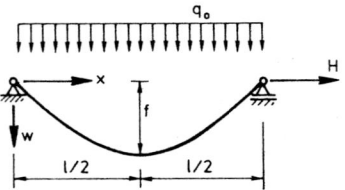

Bild 5.3.

Aus den Randbedingungen $w = 0$ für $x = 0$ und $x = l$ folgt $C_2 = 0$ und $C_1 = \frac{1}{2} q_0 l$.
Die Lösungen lauten somit:

$$V = H \frac{dw}{dx} = q_0(\tfrac{1}{2}l - x) \tag{5.8}$$

$$\text{und } Hw = \frac{1}{2} q_0 x(l - x) \tag{5.9}$$

Die Verschiebungsfunktion ist eine Parabel.

Diese Ergebnisse sind den zuvor erhaltenen Ergebnissen analog und hätten aufgrund der übereinstimmenden Randbedingungen auch gleich hingeschrieben werden können. Es kann noch erwähnt werden, daß der rechte Teil in Formel (5.8) die Querkraft und der rechte Teil in Formel (5.9) das Moment an einer Stelle x, infolge der Belastung (inklusive der vertikalen Reaktionskräfte), darstellt. Dieses Moment wird durch das Moment der Kraft H ausgeglichen. Die erhaltenen Ergebnisse kann man also auch aus Gleichgewichtsbetrachtungen bekommen. Die Extremwerte lauten:

$$V_{(x=0)} = \frac{1}{2} q_0 l, \quad V_{(x=l)} = -\frac{1}{2} q_0 l, \quad Hw_{(x=l/2)} = \frac{1}{8} q_0 l^2.$$

Bei einer gegebenen Kraft ergibt sich der Parabelstich f zu::

$$f = \frac{q_0 l^2}{8H} \qquad (5.10a)$$

Umgekehrt ist bei gegebenem Stich f die Kraft H:

$$H = \frac{q_0 l^2}{8f} \qquad (5.10b)$$

Wird ein Seil ausschließlich durch sein Eigengewicht, d.h. eine entlang des Seiles konstante Belastung, belastet, führt die Lösung der Gleichung (5.5) auf die sogenannte Kettenlinie (Bild 5.4). Im Koordinatensystem von Bild 5.4 erhält man dafür die Gleichung:

$$y = a \cosh \frac{x}{a} \qquad (5.11)$$

mit $a = \frac{H}{\gamma A}$ wobei γ das spezifische Gewicht (ρg) des Materiales ist und A die Querschnittsfläche des Seiles ist.

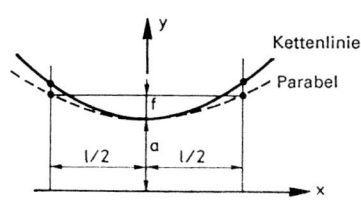

Bild 5.4.

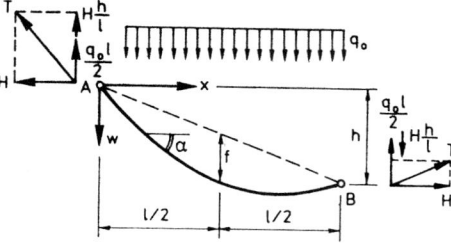

Biild 5.5.

Bei nicht zu großem Durchhang ist der Unterschied zwischen Kettenlinie und Parabel gering, so daß in diesem Fall auch bei Eigengewicht eine parabolische Durchsenkungslinie nach Formel (5.9) mit $q_0 = \gamma A$ angenommen werden darf.
Für eine Parabel mit einem Stich von z.B. $f = 0{,}125 l$ erhält man mit Hilfe von (5.10b): $H = q_0 l$. Für die Konstante a der Kettenlinie folgt dann $a = l$. Die Ordinate der Kettenlinie in den Aufhängepunkten $x = \pm \frac{1}{2} l$ ergibt sich aus (5.11): $y = 1{,}1267a$. Der Stich der Kettenlinie ist daher $0{,}1267a = 0{,}1267 l$, was nur 2% mehr als der Parabelstich ist.
Beide Belastungen, sowohl die Belastung, die entlang der x-Koordinate konstant ist, als auch die Belastung, die entlang des Seiles konstant ist, kommen vor.

Liegen die Aufhängepunkte des Seiles nicht auf gleicher Höhe (Bild 5.5), dann wird das Seil im unbelasteten Zustand gemäß der geraden Linie $\overline{AB}$ mit der Gleichung $z = \frac{h}{l} x$, gespannt sein. Bei einer gegebenen horizontalen Kraft H entstehen in den Aufhängepunkten vertikale Reaktionskräfte: Links $\frac{h}{l} H$ und rechts $- \frac{h}{l} H$.

Infolge einer verteilten Belastung q_0 ergeben sich Verschiebungen w nach Gleichung (5.9) mit den dazugehörigen vertikalen Schnittkräften V nach Gleichung (5.8). Die Reaktionskräfte in den Auflagern lauten dann (Bild 5.5):

$$\text{Links } \frac{1}{2} q_0 l + \frac{h}{l} H \quad \text{und rechts } \frac{1}{2} q_0 l - \frac{h}{l} H.$$

Mit diesen Ergebnissen läßt sich das Gleichgewicht für die gesamte Konstruktion und z.B. für die linke Hälfte leicht nachprüfen.

Andere Belastungsfälle können auf dieselbe Weise analysiert werden. Die Lösungen können auch von den zuvor behandelten Fällen der auf Dehnung, Schub oder Torsion beanspruchten Stäbe abgeleitet werden.

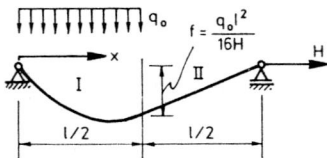

Bild 5.6.

Wir führen noch einige *Beispiele* an.

Für das nur auf der linken Hälfte mit einer Gleichlast q_0 belastete Seil (Bild 5.6) gilt:

Für den linken Teil:

$$Hw_I = -\frac{1}{2}q_0 x^2 + C_1 x + C_2 \tag{5.12}$$

für den rechten Teil:

$$Hw_{II} = C_3 x + C_4 \tag{5.13}$$

Die Randbedingungen lauten:

$$\text{für: } x = 0: \quad w_I = 0$$

$$\text{für: } x = l: \quad w_{II} = 0$$

Die Übergangsbedingungen lauten:

$$\text{für: } x = \frac{1}{2}l: \quad w_I = w_{II}$$

$$\text{und } V_I = V_{II}$$

Mit $V = H \frac{dw}{dx}$ folgt aus der letzten Bedingung: $\left(\frac{dw}{dx}\right)_I = \left(\frac{dw}{dx}\right)_{II}$.

Setzt man die Gleichungen (5.12) und (5.13) in diese Bedingungen ein, so erhält man folgende Lösungen:

$$Hw_I = \frac{1}{8} q_0 x(3l - 4x), \qquad Hw_{II} = \frac{1}{8} q_0 l(l - x)$$

und

$$V_I = H(\frac{dw}{dx})_I = \frac{1}{8} q_0(3l - 8x), \quad V_{II} = H(\frac{dw}{dx})_{II} = -\frac{1}{8} q_0 l$$

Die Durchsenkung in der Mitte beträgt $\frac{1}{16} \frac{q_0 l^2}{H}$; das ist die Hälfte der Durchsenkung, die sich bei Vollbelastung über das gesamte Seil einstellt. Dieses Ergebnis erhält man auch aus einer Symmetriebetrachtung.

Im folgenden Beispiel wird das Seil mit einer konzentrierten Kraft P an der Stelle x = a belastet (Bild 5.7). Für den linken Teil des Seiles gilt jetzt:

$$Hw_I = C_I x + C_2 \qquad (5.14)$$

und für den rechten Teil:

$$Hw_{II} = C_3 x + C_4 \qquad (5.15)$$

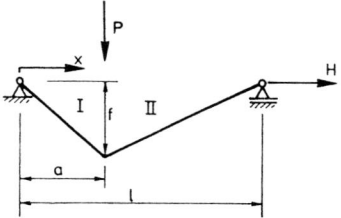

Bild 5.7.

Die Randbedingungen entsprechen denen des vorigen Falles. Die Übergangsbedingungen für x = a lauten:

$$w_I = w_{II}$$

$$V_I = V_{II} + P$$

Die Lösungen sind:

$$Hw_I = \frac{l - a}{l} P x, \qquad Hw_{II} = \frac{a}{l} P(l - x)$$

$$V_I = H(\frac{dw}{dx})_I = \frac{l - a}{l} P, \quad V_{II} = H(\frac{dw}{dx})_{II} = -\frac{a}{l} P$$

Die Durchsenkung unter der Kraft P ist gleich:

$$f = a \frac{l-a}{l} \frac{P}{H}$$

Als letztes Beispiel geben wir die Lösungen für den Belastungsfall $q(x) = q_1 \sin \frac{\pi x}{l}$ an:

$$V = \frac{q_1 l}{\pi} \cos \frac{\pi x}{l} \quad \text{und } Hw = \frac{q_1 l^2}{\pi^2} \sin \frac{\pi x}{l}$$

5.3 Die Horizontalkomponente H der Seilkraft

Bisher wurde stillschweigend angenommen, daß die Horizontalkomponente H der Seilkraft bekannt ist und bei Belastung des Seiles konstant bleibt.

In manchen Fällen wird dieser Bedingung entsprochen und es wird auf das Seil tatsächlich eine konstante horizontale Kraft ausgeübt. In Abschnitt 13, in dem die Kombination aus Biegung und Seilwirkung behandelt wird, werden dafür verschiedene Beispiele aufgeführt.

Bei anderen Fällen wird jedoch die genannte Bedingung nur mehr oder weniger genau erfüllt. So sieht man bei Seilbahnen, die zum Transport von Menschen und Material dienen, oft, daß das Seil an einer Seite über eine Rolle oder ein Rad geführt wird (Bild 5.8) und am Ende ein Gewicht G angehängt wird. Am anderen Ende wird das Seil dann befestigt.

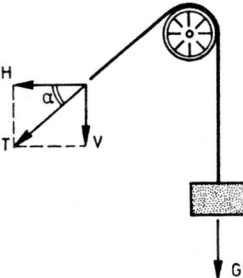

Bild 5.8.

Die Reibung im Rad ist im allgemeinen gering, so daß die Kraft T an der Stelle, an der das Seil das Rad verläßt, gleich G gesetzt werden darf. Die dort vorhandene vertikale Komponente V der Seilkraft kann direkt in der Belastung ausgedrückt werden. Die horizontale Komponente H der Seilkraft ergibt sich dann zu:

$$H^2 = T^2 - V^2 \tag{5.16}$$

Diese Kraft ist also jetzt keine von vornherein gegebene Konstante, sondern abhängig von der Belastung. Dies bedeutet, daß der Zusammenhang zwischen Verformung und Belastung nicht linear ist und daß die Ergebnisse zweier Belastungsfälle nicht superponiert werden dürfen um das Ergebnis für den kombinierten Belastungsfall zu erhalten.

Wir arbeiten dies für den Belastungsfall aus Bild 5.3 aus und setzen für die Belastung $q_0 = \lambda T/l$ ein, mit λ als Belastungsfaktor.

Nacheinander erhält man:

$$V = \frac{1}{2}q_0 l = \frac{1}{2}\lambda T \qquad (5.17a)$$

$$H = T\sqrt{1 - \frac{1}{4}\lambda^2} \qquad (5.17b)$$

$$f = \frac{q_0 l^2}{8H} = \frac{1}{8}\frac{\lambda}{\sqrt{1 - \frac{1}{4}\lambda^2}} l \qquad (5.17c)$$

Ähnliche Ergebnisse ergeben sich für die anderen Belastungsfälle. Aus Formel (5.17b) kann man erkennen, daß bei zunehmender Belastung q_0 die Abnahme von H anfänglich gering ist. In Bild 5.9 ist der Verlauf von H und f als Funktion von λ dargestellt. Daraus kann man folgern, daß bei straff gespannten Seilen mit relativ großer Spannkraft T, die bei Belastung nur eine geringe Durchsenkung (Stich f) erhalten, H als konstant und gleich T angenommen werden darf. In diesem Fall entfällt die oben erwähnte Schwierigkeit.

Eine völlig andere Situation ergibt sich, wenn man ein Seil der Länge L an zwei gleich hohen festen Punkten in einem Abstand l mit L > l aufhängt. Es handelt sich dann nicht mehr um das ursprünglich gerade Seil.

Der Durchhang des Seiles hängt vom Längenunterschied ab und bestimmt seinerseits die Größe der Kraft H. Auf dieses Problem wird in Abschnitt 15 näher eingegangen, wobei dann auch die Flexibilität eines solchen Seiles untersucht wird.

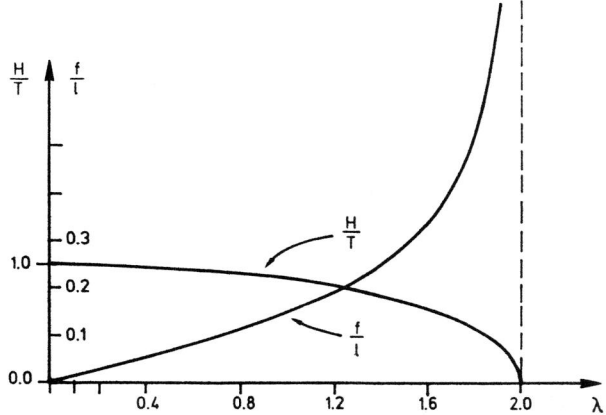

Bild 5.9.

6
Zusammenfassung

In den ersten vier Abschnitten wurden nacheinander der auf Dehnung (Extension) beanspruchte Stab, der auf Schub beanspruchte Träger, der auf Torsion beanspruchte Stab und der auf Biegung und Schub beanspruchte Träger, behandelt.

Für die ersten drei Fälle zeigte sich, daß eine analoge Differentialgleichung zweiter Ordnung gilt, so daß man bei übereinstimmenden Randbedingungen auch analoge Lösungen erhielt. In der Tabelle auf der nächsten Seite ist noch einmal eine Übersicht dargestellt, aus der die genannten Analogien deutlich erkennbar sind. Der auf Biegung und Schub beanspruchte Träger stellte sich als erheblich schwieriger heraus. Das System von Differentialgleichungen ist in diesem Fall von vierter Ordnung. In Abschnitt 5 wurde das Seil behandelt. Für die Beziehung zwischen der Belastung und der dadurch verursachten Verformung ergab sich wiederum eine Differentialgleichung zweiter Ordnung, wobei die Konstante jedoch von der Belastung abhängt.

Die Dreiergruppe bestehend aus statischen Gleichungen, konstitutiven Gleichungen und kinematischen Gleichungen wird man bei weiteren Studien in der Mechanik immer wieder begegnen, insbesondere auch bei der Behandlung mehrdimensionaler Konstruktionen, wie z.B. Platten und Schalen.

Bezüglich den konstitutiven Gleichungen kann noch angemerkt werden, daß durch diese Gleichungen neben den Eigenschaften, die sich aus der Geometrie der Querschnitte, d.h. der Querschnittsfläche A, dem Flächenträgheitsmoment I usw. ergeben, auch die Materialeigenschaften – wie der Elastizitätsmodul E und der Schubmodul G – einbezogen werden.

Verhält sich das Material bei einer bestimmten Belastung nicht mehr nach dem Hookeschen Gesetz, so ändern sich diese konstitutiven Gleichungen. Bei plastischer Deformation geht die konstitutive Gleichung z.B. in eine Fließbedingung über. Die Gleichgewichtsgleichungen und die kinematischen Beziehungen bleiben jedoch unverändert.

Darauf wird nicht näher eingegangen. Auch im folgenden beschränken wir uns auf die Elastostatik.

Statische Gleichungen, konstitutive Gleichungen, kinematische Gleichungen und resultierende Differentialgleichungen für verschiedene Formänderungen linienförmiger Konstruktionselemente unter statischen Belastungen.

Bezeichnung	Koordinatensystem, Belastungen und Verformungen	Belastung	Schnittkraft	Beziehung: Belastung-Schnittkraft (Gleichgewichtsgleichung)	Beziehung: Schnittkraft-Formänderung (konstitutive Gleichung)	Beziehung: Formänderung-Verformung (kinematische Gleichung)	Beziehung: Belastung-Verformung (vollständige Differentialgleichung)
Auf Dehnung beanspruchter Stab		verteilte axiale Kraft	Normalkraft	$q = -\dfrac{dN}{dx}$	$N = EA\varepsilon$ (ε = Dehnung)	$\varepsilon = \dfrac{du}{dx}$	$q = -EA\dfrac{d^2u}{dx^2}$
Auf Schub beanspruchter Träger		verteilte Kraft senkrecht zur Stabachse	Querkraft	$q = -\dfrac{dQ}{dx}$	$Q = GA\gamma$ (γ = Gleitwinkel)	$\gamma = \dfrac{dw}{dx}$	$q = -GA\dfrac{d^2w}{dx^2}$
Auf Torsion beanspruchter Stab		verteiltes axiales Moment	Torsionsmoment	$m = -\dfrac{dM_t}{dx}$	$M_t = GI_t\,\chi$ (χ = Verwindung)	$\chi = \dfrac{d\psi}{dx}$	$m = -GI_t\dfrac{d^2\psi}{dx^2}$
Auf Biegung und Schub beanspruchte Träger		verteilte Kraft und verteiltes Moment	Querkraft und Biegemoment	$q = -\dfrac{dQ}{dx}$ $m = Q - \dfrac{dM}{dx}$	$Q = GA\,\gamma$ $M = EI\,\beta$ (β = Biegung)	$\gamma = \dfrac{dw}{dx} + \varphi$ $\beta = \dfrac{d\varphi}{dx}$	wenn $\gamma = 0$ und $m = 0$: $q = EI\dfrac{d^4w}{dx^4}$ *
Seil		verteilte vertikale Belastung	vertikale Komponente der Seilkraft	$q = -\dfrac{dV}{dx}$	$V = H\,\mathrm{tg}\,\alpha$ (α = Neigungswinkel)	$\mathrm{tg}\,\alpha = \dfrac{dw}{dx}$	$q = -H\dfrac{d^2w}{dx^2}$

*Im allgemeinen Fall mit $\gamma \neq 0$ und $m \neq 0$ gilt: $q = -GA\dfrac{d}{dx}\left(\dfrac{dw}{dx} + \varphi\right)$

$$m = GA\left(\dfrac{dw}{dx} + \varphi\right) - EI\dfrac{d^2\varphi}{dx^2}$$

Teil 2
Kontinuierlich verteilte Reaktionen

7
Verteilte Reaktionen, die von einer Verformungskomponente abhängig sind

Bei den bisher behandelten Problemen war die verteilte Belastung q(x) eine gegebene Funktion der Koordinate x. Die jeweilige Differentialgleichung zweiter oder vierter Ordnung kann in solchen Fällen einfach durch Integrieren gelöst werden. Im folgenden betrachten wir kompliziertere Belastungsfälle, bei denen die Belastung oder ein Teil davon von der auftretenden Verformung abhängig ist. Diese Situation kommt oft vor. Ein bekanntes Beispiel ist der Biegeträger, welcher auf einem elastischen Medium aufliegt und eine Belastung q(x) trägt (Bild 7.1). Diese Belastung verursacht ein Durchbiegen des Trägers, wodurch das Medium zusammengedrückt wird und eine kontinuierlich verteilte Reaktionskraft p(x) hervorgerufen wird, die im allgemeinen um so größer ist, je größer die Zusammendrückung. Die verteilte Belastung auf den Träger besteht in diesem Fall also aus der gegebenen, nach unten wirkenden Belastung q(x) und der nach oben wirkenden Reaktion p(x), die von der vertikalen Verschiebung w abhängt.

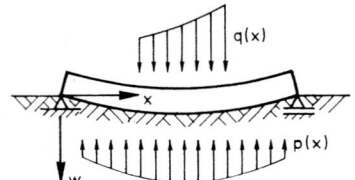

Bild 7.1.

Zur Beschreibung dieses Problems kann daher direkt die folgende Differentialgleichung geschrieben werden:

$$EI \frac{d^4w}{dx^4} = q - p \tag{7.1}$$

In dieser Gleichung gibt es zwei Unbekannte, nämlich die Verschiebung w und die verteilte Reaktion p, und man benötigt noch eine Beziehung zwischen diesen beiden Größen. Den denkbar einfachsten Zusammenhang zwischen den beiden Unbekannten erhält man mit der Annahme, daß die Reaktion in einem Punkt ausschließlich von der Verschiebung in diesem Punkt abhängt und dazu proportional ist. Wir schreiben:

$$p = kw \tag{7.2}$$

In dieser linearen Beziehung ist k eine näher zu bestimmende Konstante.
Gleichung (7.1) geht damit in die bekannte Differentialgleichung des elastisch gebetteten Biegeträgers über:

$$EI \frac{d^4w}{dx^4} + kw = q \qquad (7.3)$$

Diese Gleichung besitzt völlig andere Lösungen als die bisher behandelten Differentialgleichungen.

Auch bei auf Dehnung, Schub oder Torsion beanspruchten Stäben und bei Seilen können Reaktionen, die von den Verformungen abhängig sind, vorkommen. Die betreffenden Differentialgleichungen sind in diesen Fällen von zweiter Ordnung, so daß die Lösungen einfacher sind als für den elastisch gebetteten Biegeträger. Daher werden diese Systeme zuerst behandelt, wobei von einer Betrachtung des elastisch gestützten Torsionsstabes mit verteiltem Reaktionsmoment abgesehen wird. Danach wird der elastisch gebettete Biegeträger ausführlich besprochen.

8
Auf Dehnung beanspruchte Stäbe mit verteilter Reaktionskraft

8.1 Ausziehversuch und andere Beispiele

Wir wenden uns gleich einem Beispiel zu, nämlich einem Stab, der sich in einem Medium befindet und an dem am Ende eine Kraft F = –P angreift (Bild 8.1), wie z.B. beim sogenannten "pull-out test", bei dem ein Bewehrungsstab aus einem Betonblock gezogen wird. Anstelle einer verteilten Belastung q(x) handelt es sich jetzt um eine verteilte Reaktion p(x) (Kraft/Länge), die vom Beton auf den Stab ausgeübt wird und die den Verschiebungen u(x) der Stabquerschnitte entgegenwirkt. Die Reaktion hat daher positives Vorzeichen, wenn sie entgegen einer positiven Verformung, d.h. in negativer x-Richtung wirkt.

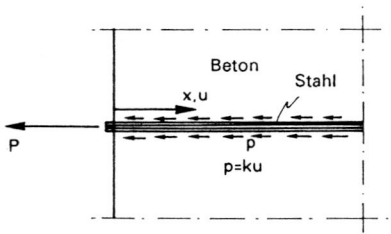

Bild 8.1.

Die Gleichgewichtsgleichung lautet jetzt:

$$\frac{dN}{dx} = p \tag{8.1}$$

Die Beziehungen N = EAε und ε = $\frac{du}{dx}$ bleiben unverändert, und die resultierende Differentialgleichung lautet:

$$EA\frac{d^2u}{dx^2} = p \tag{8.2}$$

Das vom Wesen her komplizierte Problem wird hier in eine Form gebracht, mit der eine einfache Lösung möglich ist und woraus sich der Charakter des Spannungsbildes deutlich zeigt. Dazu wird angenommen, daß die Reaktion p proportional zur Verformung u ist, d.h.:

$$p = ku, \tag{8.3}$$

wobei k eine näher zu bestimmende Konstante mit der Einheit N/m^2 ist.

Einsetzen von (8.3) in (8.2) führt auf die folgende Differentialgleichung:

$$EA \frac{d^2u}{dx^2} - ku = 0 \qquad (8.4)$$

Führt man den Parameter α ein, definiert als $\alpha^2 = k/EA$, dann geht die Gleichung über in:

$$\frac{d^2u}{dx^2} - \alpha^2 u = 0, \qquad (8.5)$$

wofür die Lösung lautet:

$$u = C_1 e^{\alpha x} + C_2 e^{-\alpha x}, \qquad (8.6)$$

woraus folgt:

$$N = C_1 EA \, \alpha \, e^{\alpha x} - C_2 EA \, \alpha \, e^{-\alpha x} \qquad (8.7)$$

Der erste Term in diesen Lösungen ist eine e-Potenz, die für positive x-Werte einen positiven Exponenten besitzt und daher in positiver x-Richtung anwächst. Der zweite Term ist bei beiden Lösungen eine e-Potenz, die für positive x-Werte einen negativen Exponenten besitzt und somit in positiver x-Richtung abnimmt.

Die Integrationskonstanten C_1 und C_2 müssen mit Hilfe der Randbedingungen an den beiden Stabenden bestimmt werden.

Am linken Ende (x = 0) gilt:

$$N = P, \quad \text{d.h.} \quad C_1 EA \, \alpha - C_2 EA \, \alpha = P$$

Wenn am rechten Ende (x = l) keine Kraft am Stab angreift, gilt hier:

$$N = 0, \quad \text{d.h.} \quad C_1 EA \, \alpha \, e^{\alpha l} - C_2 EA \, \alpha \, e^{-\alpha l} = 0$$

Aus der letzten Gleichung erhält man:

$$C_1 = C_2 \, e^{-2\alpha l},$$

womit dann aus der ersten Gleichung folgt:

$$C_2 EA \, \alpha (e^{-2\alpha l} - 1) = P$$

Bei zunehmender Stablänge strebt die e-Potenz mit negativem Exponenten gegen Null, so daß man bei unbeschränkt zunehmender Länge für die Konstanten erhält:

$$C_2 = -\frac{P}{EA\alpha}$$

und

$$C_1 = 0$$

In der Lösung bleibt nur die e-Potenz mit negativem Exponenten übrig.

Erscheinungen, die in einem Stab, der sich unbegrenzt weit ausstreckt, abklingen, werden wir noch öfters begegnen und dann können wir sofort folgern, daß in den Lösungen keine e-Potenzen mit positivem Exponenten vorkommen können.

Die Lösungen lauten jetzt:

$$u = -\frac{P}{EA\alpha} e^{-\alpha x} = -\frac{P}{\sqrt{kEA}} e^{-\alpha x} \tag{8.8}$$

$$N = EA \frac{du}{dx} = P e^{-\alpha x} \tag{8.9}$$

und

$$p = \frac{dN}{dx} = -\alpha P e^{-\alpha x} \tag{8.10}$$

Die nach links auftretenden Verschiebungen der Querschnitte, die Normalkraft N und die nach rechts wirkende Reaktion p nehmen in x-Richtung vom Betrag her exponentiell ab (Bild 8.2). Der bestimmende Faktor hierfür ist der Parameter α. Dieser Parameter, der unter anderem von der Art des umgebenden Mediums und vom Durchmesser des Stabes abhängt, muß experimentell bestimmt werden. Der Parameter α hat die Dimension (Länge)$^{-1}$. Der Kehrwert $l = 1/\alpha$ wird auch Störungslänge genannt. Man kann dabei an eine Rißzone im Beton denken (siehe auch Bild 8.2).

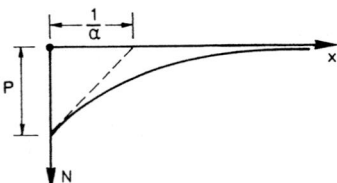

Bild 8.2.

Bei diesem "Ausziehversuch" ist die Beziehung zwischen der aufgebrachten Kraft $F = -P$ und der Verschiebung $u_{(x=0)}$ des Angriffspunktes nach (8.8) gleich:

$$F = \sqrt{kEA} \; u_{(x=0)}$$

Der Faktor $\sqrt{kEA}$ kann in diesem Zusammenhang als eine Federkonstante betrachtet werden. Hat man die Federkonstante mit Hilfe eines Experiments bestimmt, dan erhält man den Parameter α mit der Formel:

$$\alpha = \frac{\sqrt{kEA}}{EA}$$

Aus der ersten Formel (8.8) folgt für die Verformung $u_{(x=0)}$ am linken Ende:

$$u_{(x=0)} = \frac{F}{EA}l$$

Aus der experimentell bestimmten Beziehung zwischen F und $u_{(x=0)}$ folgt sofort die Störungslänge l $(= \frac{1}{\alpha})$.

Bei zunehmender Belastung P wird der Verbund zwischen Beton und Stahl zuerst am linken Ende (x = 0) versagen. Der Stab gleitet dann gewissermaßen aus dem Beton heraus. Wird die Belastung über einige dünnere Stäbe mit derselben Gesamtfläche verteilt, dann kann die Verbundfestigkeit erheblich zunehmen.

Die zuvor beschriebene Situation zeigt sich bei einem Stab aus bewehrtem Beton, der auf Zug beansprucht wird und plötzlich reißt, wie es z.B. bei einem Rammpfahl vorkommen kann (Bild 8.3). Die durch den Beton übertragene Zugkraft wird nach dem Reißen im Rißquerschnitt durch die Bewehrung übernommen. Diese Kraft wird dann auf die oben beschriebene Weise an beiden Seiten des Risses durch die Bewehrung an den Beton abgegeben.

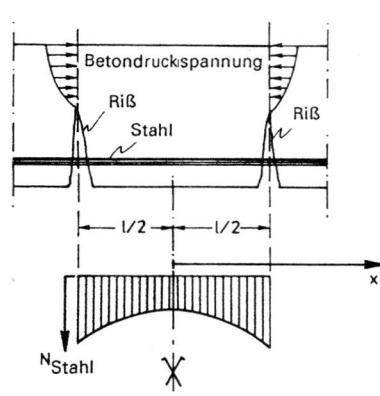

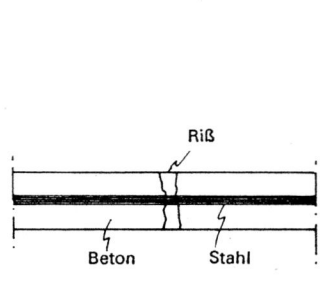

Bild 8.3.   *Bild 8.4.*

In einem auf Biegung belasteten Betonbalken werden bei Belastung in der Zugzone sehr schnell Risse entstehen (Bild 8.4). Bei der Bemessung des Balkens mit der sogenannten n-Methode wird davon auch ausgegangen, und die in einem Querschnitt zu übertragende Zugkraft wird vollständig dem Stahl zugeteilt. Im Rißquerschnitt stimmt diese Vorgehensweise mit der Wirklichkeit überein. An beiden Seiten eines Risses nimmt die Kraft im Stahl jedoch ab, und ein Teil der Kraft geht auf den Beton über, der dadurch auf Zug belastet wird, und somit entsteht eine versteifende Wirkung: Der Balken biegt sich weniger durch, als die Berechnung ergibt. In der englischsprachigen Literatur spricht man in diesem Zusammenhang von "tension-stiffening".

Zur analytischen Beschreibung gehen wir einfachheitshalber von einer symmetrischen Anordnung (Bild 8.4) aus. Die Lösung der Differentialgleichung (8.5) lautet jetzt:

$$u = C \sinh \alpha x \qquad \qquad (8.11)$$

und

$$N = EA \, \alpha C \cosh \alpha x, \qquad \qquad (8.12)$$

wobei C die noch zu bestimmende Integrationskonstante ist.

Mit der Randbedingung $N = P$ für $x = \pm\frac{1}{2}l$ (wobei P die berechnete Kraft im Stahl ist) folgt:

$$C = \frac{P}{EA\,\alpha\,\cosh(\alpha l/2)}$$

Für den Kräfteverlauf im Stahl zwischen den beiden Rissen erhält man somit:

$$N_{Stahl} = \frac{\cosh(\alpha x)}{\cosh(\alpha l/2)}\,P,$$

mit folgendem Minimum:

$$N_{min} = \frac{P}{\cosh(\alpha l/2)}$$

Für die Kraft im Beton ergibt sich: $N_{Beton} = P - N_{Stahl}$. Bei zunehmender Belastung wird durch Gleiten der Bewehrung und zunehmender Rißbildung die Wirksamkeit von dem in der Zugzone liegenden Beton und damit auch die versteifende Wirkung abnehmen. Der Balken wird nach und nach weicher.

8.2 Ausdehnung einer Eisenbahnschiene

Wir behandeln noch ein Beispiel aus einem ganz anderen Gebiet, nämlich eine Eisenbahnschiene, die sich infolge Temperaturerhöhung ausdehnen will, daran aber durch die federnde Unterstützung behindert wird. Es wird dabei angenommen, daß die Temperaturerhöhung entlang der Schiene konstant ist ($T = T_0$) und daß die Reaktionskraft p in axialer Richtung, welche durch die Unterstützung ausgeübt wird, proportional zur Verschiebung u ist (Bild 8.5). Die konstitutive Gleichung lautet jetzt:

$$\varepsilon = \frac{N}{EA} + \alpha_t T \tag{8.13}$$

Zur Unterscheidung von dem Parameter $\alpha = \sqrt{k/EA}$ wird der lineare Ausdehnungskoeffizient α mit einem Index t versehen.

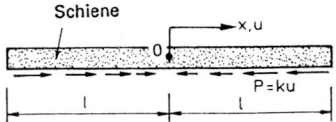

Bild 8.5.

Die Differentialgleichung (8.4) ändert sich jedoch nicht, und die Lösung

$$u = C_1\,e^{\alpha x} + C_2\,e^{-\alpha x}$$

kann daher übernommen werden. Die Randbedingungen lauten:

für x = 0:   u = 0

für x = l: N = 0

Aus der ersten Randbedingung folgt: $C_1 + C_2 = 0$ und somit $C_2 = -C_1$.

Aus der zweiten Randbedingung folgt mit $N = EA(\varepsilon - \alpha_t T_0) = EA\left(\frac{du}{dx} - \alpha_t T_0\right)$:

$$EA(\alpha C_1 e^{\alpha l} - \alpha C_2 e^{-\alpha l} - \alpha_t T_0) = 0$$

Für die Integrationskonstanten erhält man dann:

$$C_1 = -C_2 = \frac{\alpha_t T_0}{2\alpha \cosh \alpha l}$$

so daß sich die folgende Lösung ergibt:

$$u = \frac{\alpha_t T_0}{2\alpha \cosh \alpha l}(e^{\alpha x} - e^{-\alpha x}) = \frac{\alpha_t T_0}{\alpha}\frac{\sinh \alpha x}{\cosh \alpha l} \tag{8.14}$$

Die Verschiebung u wächst mit zunehmendem Abstand von der Mitte immer mehr an. Die Verschiebung am Ende (x = l) ist $\frac{\alpha_t T_0}{\alpha}\frac{\sinh \alpha x}{\cosh \alpha l}$, was bei zunehmender Länge gegen $\frac{\alpha_t T_0}{\alpha}$ strebt.

Für die Normalkraft ergibt sich:

$$N = EA\, \alpha_t T_0 \frac{\cosh \alpha x}{\cosh \alpha l} - EA\, \alpha_t T_0 = EA\, \alpha_t T_0\left(-1 + \frac{\cosh \alpha x}{\cosh \alpha l}\right) \tag{8.15}$$

Der Extremwert in der Mitte (x = 0) ist:

$$N = EA\, \alpha_t T_0 \frac{1 - \cosh \alpha l}{\cosh \alpha l} \tag{8.16}$$

Für große Werte von l erhält man dafür:

$$N \approx -EA\, \alpha_t T_0 \tag{8.17}$$

Die Reaktionskraft p nimmt mit zunehmendem Abstand von der Mitte proportional mit u zu. Dabei kann natürlich von einem bestimmten Punkt ab ein Grenzwert überschritten werden. Ist dies der Fall, dann sind die erhaltenen Ergebnisse nur bis zu diesem Punkt gültig.

9
Elastisch gebettete Schubträger

Wir betrachten einen Schubträger, wie in Bild 9.1 dargestellt, der an der Unterseite an den Stellen der Knotenpunkte elastisch unterstützt ist. Wird dieser Träger mit einer verteilten Belastung q(x) belastet, so werden vertikale Verschiebungen auftreten, die Reaktionskräfte in den Federn hervorrufen.

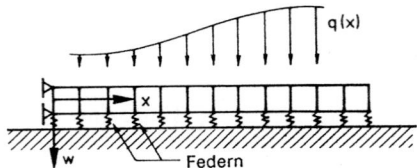

Bild 9.1.

Bisher wurde zur Beschreibung des Verhaltens eines Schubträgers ein kontinuierliches Modell benützt. Daher wird hier jetzt auch die federnde Unterstützung als kontinuierlich betrachtet, und wir nehmen an, daß diese eine verteilte Reaktion p (Kraft/Länge) liefert, welche positiv ist, wenn sie entgegengesetzt zur Richtung der Verschiebung wirkt.
Die Gleichgewichtsgleichung lautet jetzt:

$$\frac{dQ}{dx} = -(q - p) \tag{9.1}$$

Die Beziehungen $Q = GA\,\gamma$ und $\gamma = \frac{dw}{dx}$ bleiben unverändert, und die resultiernde Differentialgleichung ergibt sich zu:

$$GA\frac{d^2w}{dx^2} = -q + p \tag{9.2}$$

Mit der bereits in der Einleitung angeführten Annahme von Winkler, daß p = kw, mit k als noch zu bestimmender Proportionalitätskonstante, lautet die Differentialgleichung dann:

$$GA\frac{d^2w}{dx^2} - kw = -q \tag{9.3}$$

Die Lösung dieser Differentialgleichung besteht im allgemeinen aus der Lösung der reduzierten Gleichung und einer partikulären Lösung.
Einige einfache partikuläre Lösungen sind:

$w = q_0/k$ bei einer Gleichlast q_0,

$w = \dfrac{1}{k} a_1 x$ bei einer linear verlaufenden Belastung $q(x) = a_1 x$,

wie sich durch Substitution in die Differentialgleichung zeigt.
Die konstante Belastung verursacht eine konstante Verschiebung, die linear verlaufende Belastung verursacht einen linearen Verschiebungsverlauf.

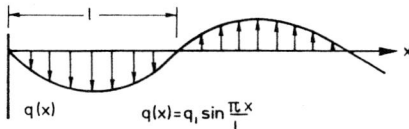

Bild 9.2.

Die partikuläre Lösung bei einer sinusförmigen Belastung der Form

$$q(x) = q_1 \sin\frac{\pi x}{l}$$

(Bild 9.2) ist ebenfalls leicht anzugeben:

$$w(x) = w_1 \sin\frac{\pi x}{l}$$

Setzt man diese Ausdrücke in die Differentialgleichung ein, so erhält man:

$$\left(-GA\,\frac{\pi^2}{l^2} - k\right)w_1 \sin\frac{\pi x}{l} = -q_1 \sin\frac{\pi x}{l},$$

woraus folgt:

$$w_1 = \frac{q_1}{GA(\pi^2/l^2) + k}\,,$$

so daß die Verschiebungsfunktion wie folgt lautet;

$$w(x) = \frac{q_1}{GA(1 + kl^2/\pi^2\,GA)}\,\frac{l^2}{\pi^2}\sin\frac{\pi x}{l}$$

Diese ist also von der gleichen Form wie die Belastungsfunktion.

Vergleicht man den oben angeführten Ausdruck mit dem eines Schubträgers ohne elastische Unterstützung ($k = 0$), so zeigt sich die reduzierende Wirkung der elastischen Unterstützung durch den zweiten Term im Nenner. Beim elastisch gebetteten Biegeträger gehen wir auf diesen Effekt näher ein.

Die reduzierte Gleichung $GA\,\dfrac{d^2w}{dx^2} - kw = 0$ geht bei Einführung eines Parameters α, der definiert ist durch $\alpha^2 = k/GA$, über in:

$$\frac{d^2w}{dx^2} - \alpha^2 w = 0, \tag{9.4}$$

wofür die Lösung wie folgt lautet (siehe auch Kapitel 8):

$$w = C_1 e^{\alpha x} + C_2 e^{-\alpha x} \tag{9.5}$$

Wir bearbeiten diese Lösung weiter für den Fall des unbegrenzt langen, elastisch gebetteten Schubträger, der an einer beliebigen Stelle durch eine konzentrierte Belastung 2P (eine Einzellast, siehe Bild 9.3) belastet wird.

Der Ursprung des Koordinatensystems wird an die Stelle des Angriffspunkts der Einzellast gelegt, und aufgrund der Symmetrie in Konstruktion und Belastung genügt es, nur eine Hälfte des Trägers, z.B. die rechte Seite, zu betrachten.

Da keine verteilte Belastung vorhanden ist, entfällt die partikuläre Lösung. Die Integrationskonstanten werden mit Hilfe der Übergangsbedingung am linken Ende ($x = 0$) und der Randbedingung am rechten Ende ($x = \infty$) bestimmt.

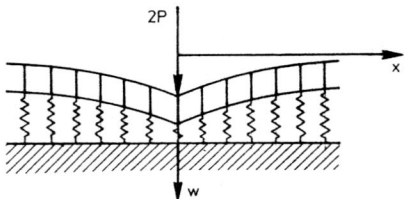

Bild 9.3.

Wir haben es hier wieder (siehe Abschnitt 8.1) mit einer Erscheinung zu tun, die in positiver Richtung abklingt, so daß der Term mit positivem Exponenten aus der Lösung verschwinden muß, was erreicht wird, wenn die Konstante C_1 gleich Null ist.

Die Übergangsbedingung am linken Ende erhält man aus der Symmetriebetrachtung, daß die Querkraft Q hier gleich –P ist. Für die Querkraft in einem Schubträger gilt:

$$Q = GA \frac{dw}{dx},$$

so daß die Übergangsbedingung am linken Ende lautet:

$$GA \frac{dw}{dx} = -P$$

Mit

$$\frac{dw}{dx} = -\alpha C_2 e^{-\alpha x}$$

geht diese Gleichung für $x = 0$ über in:

$$- GA \, \alpha C_2 = -P,$$

woraus folgt:

$$C_2 = \frac{P}{GA\alpha}$$

Die Verschiebungsfunktion lautet also:

$$w = \frac{P}{GA\alpha} e^{-\alpha x} = \frac{P}{\sqrt{kGA}} e^{-\alpha x} \qquad (9.6)$$

und für die Querkraft erhält man:

$$Q = -P e^{-\alpha x} \qquad (9.7)$$

Die Verschiebung w und die Querkraft Q nehmen mit zunehmendem Abstand von der Belastung exponentiell ab und dies um so stärker, je größer die Konstante k ist, d.h. je steifer die elastische Unterstützung ist.

Zum Abschluß dieses Kapitels wollen wir zwei Konstruktionen erwähnen, bei denen sich die Erscheinung Schub zeigt und eine federnde Unterstützung vorhanden ist.
Das erste Beispiel ist eine Eisenbahn, die aus zwei Schienen mit Querschwellen besteht, d.h. von oben betrachtet einen Schubträger darstellt (Bild 9.4). Die seitlichen Verschiebungen in der horizontalen Ebene sind teilweise eine Folge des Schubes. Die Aufschüttungen an den Kopfenden der Querschwellen liefern die Reaktionen.

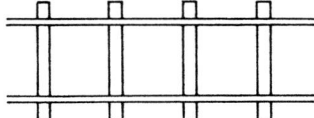

Bild 9.4.

Bei dem anderen Beispiel handelt es sich um eine an zwei Seiten aufliegende Hohlkastenplatte, die in Längsrichtung aus mehreren nebeneinanderliegenden I-Profilen besteht, welche als biegesteife Träger betrachtet werden können (Bild 9.5).

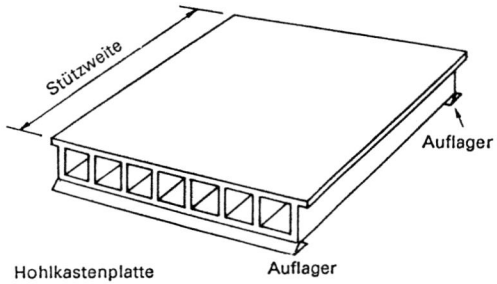

Bild 9.5.

Schneidet man senkrecht zur Längsrichtung einen Streifen aus der Platte heraus, dann liegt ein Schubträger vor, der eine tragende Wirkung in Querrichtung hat und dabei durch die I-Profile elastisch unterstützt wird. Eine konzentrierte Belastung wird dadurch auf die I-Profile verteilt, welche die Belastung in die Auflager abtragen.

Bei Hohlkastenplatten aus Beton sind die Profile meist von gedrungener Form, und die Schubträger weisen neben Schub auch Biegung auf.

Beide Probleme sind zu komplex, um zu diesem Zeitpunkt behandelt werden zu können. Die dargestellte Theorie kann jedoch auch als Einstieg für die folgenden Kapitel angesehen werden.

10
Elastisch unterstützte Seile

Wir betrachten ein horizontal gespanntes Seil, wie in Bild 10.1 dargestellt, das elastisch unterstützt wird. Unter einer verteilten Belastung q(x) werden vertikale Verschiebungen w(x) auftreten, die wiederum eine verteilte Reaktion p(x) hervorrufen. Wir werden später ein Beispiel mit ähnlichem Tragverhalten behandeln, hier beschränken wir uns auf die Analyse.

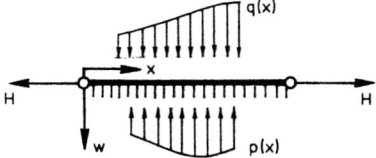

Bild 10.1.

Die Gleichgewichtsgleichung lautet jetzt:

$$\frac{dV}{dx} = -(q-p) \tag{10.1}$$

Die kinematisch-konstitutive Gleichung $V = H\frac{dw}{dx}$ bleibt unverändert, und die resultierende Differentialgleichung lautet:

$$H\frac{d^2w}{dx^2} = -q+p \tag{10.2}$$

Mit der Annahme p = kw, mit k als Proportionlitätskonstante, geht die Differentialgleichung über in:

$$H\frac{d^2w}{dx^2} - kw = -q \tag{10.3}$$

Diese Gleichung ist den Gleichungen der vorangegangenen Kapitel analog, so daß die Lösung auf entsprechende Weise verläuft. Hinsichtlich des zu besprechenden Belastungsfalles beschränken wir uns auf die reduzierte Gleichung. Führt man einen Parameter α ein, der diesmal durch $\alpha^2 = k/H$ definiert ist, erhält man die bekannte Form:

$$\frac{d^2w}{dx^2} - \alpha^2 w = 0 \tag{10.4}$$

Dafür lautet die Lösung, wie bereits bekannt:

$$w = C_1 e^{\alpha x} + C_2 e^{-\alpha x} \qquad (10.5)$$

Beim zu betrachtenden Belastungsfall handelt es sich um ein unendlich langes Seil, das an einer beliebigen Stelle durch eine konzentrierte Belastung 2P belastet wird (Bild 10.2). Die Ausarbeitung dieses Problems verläuft völlig analog dem Beispiel für den Schubträger. Es gibt dennoch Anlaß, einige Aspekte näher zu betrachten.

Der Ursprung des Koordinatensystems wird wiederum in den Angriffspunkt der Kraft gelegt, und infolge Symmetrie genügt es, nur die rechte Hälfte der Figur zu betrachten.

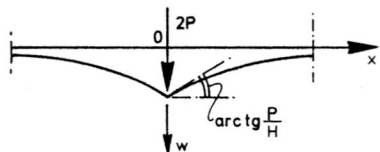

Bild 10.2.

Da keine verteilte Belastung vorhanden ist, entfällt die partikuläre Lösung. Es ist klar, daß der Einfluß der Belastung mit zunehmendem Abstand von ihr abnimmt und die Verschiebung w gegen Null strebt. Dies bedeutet, daß die e-Potenz mit positivem Exponenten wegfallen muß, d.h. die Integrationskonstante C_1 wird gleich Null sein. Die Konstante C_2 erhält man aus der Übergangsbedingung für x = 0.

Hier gilt, daß die vertikale Komponente V der Seilkraft gleich –P ist, d.h.:

$$H \frac{dw}{dx} = -P$$

Mit

$$\frac{dw}{dx} = -\alpha C_2 e^{-\alpha x}$$

erhält man für x = 0 :

$$-H\alpha C_2 = -P,$$

woraus folgt:

$$C_2 = \frac{P}{H\alpha}$$

Die Verschiebungsfunktion lautet also:

$$w = \frac{P}{H\alpha} e^{-\alpha x} = \frac{P}{\sqrt{kH}} e^{-\alpha x}, \qquad (10.6)$$

und für die vertikale Komponente V der Seilkraft ergibt sich:

$$V = -P e^{-\alpha x} \qquad (10.7)$$

Die Verschiebung w und damit auch die Reaktion p = kw sowie die Kraft V nehmen exponentiell ab und dies um so schneller, je größer die Konstante k ist, d.h. je steifer die federnde Unterstützung ist.

Unter der Einzellast erhält das Seil einen Knick. Der Steigungswinkel des Seiles an dieser Stelle ist gleich arctg (P/H).

In Bild 10.3 ist noch einmal das Gleichgewicht am Angriffspunkt der Belastung dargestellt, woraus sich nochmals zeigt, daß an der rechten Seite V = –P gilt. Die verteilte Reaktion p trägt nicht zum Gleichgewicht in diesem Punkt bei. Die verteilte Reaktion sorgt für das Gleichgewicht am gesamten Seil, so daß gelten muß: $\int\limits_0^\infty p\,dx = P$.

Bei Substitution von p = kw wird diese Gleichung erfüllt.

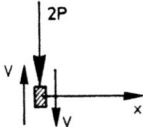

Bild 10.3.

11
Elastisch gebettete Biegeträger

11.1 Einleitung

Der Eisenbahnbau in der zweiten Hälfte des 19.Jahrhunderts führte zu einer großen Entwicklung der Technik; besonders auf dem Gebiet des Brückenbaus und des Eisenbahnoberbaus. Viele Methoden in der Baumechanik verdanken ihre Herkunft dieser Entwicklung. Auch die Berechnung von Eisenbahnschienen begann in dieser Zeit. Das klassische Buch von Zimmermann ist bekannt auf diesem Gebiet.*

Das Problem war, daß eine Schiene, d.h. ein Stab mit geringer Biegesteifigkeit, im Stande sein mußte, die großen konzentrierten Belastungen zu tragen, welche durch die Räder insbesondere der Lokomotiven ausgeübt werden. Dazu wurde die Schiene in regelmäßigen Abständen durch Querträger unterstützt, die ihrerseits auf eine Bettung gelegt wurden. Bei der Entwicklung der Theorie wurde die Unterstützung der Schiene mit Querträgern durch eine kontinuierliche elastische Unterstützung ersetzt, und man bezog sich auf die Annahme von Winkler†, daß die nach oben gerichtete Reaktion der elastischen Unterstützung an einer Stelle proportional zur Durchbiegung der Schiene, d.h. der Eindrückung des unterstützenden Mediums an dieser Stelle ist. Auch die Querträger sind elastisch unterstützte Träger, wobei die Unterstützung tatsächlich kontinuierlich ist. Es gibt noch viele andere Beispiele für solche elastisch gebetteten Träger. Auch Dammwände und Pfähle, bei denen der Boden bei seitlichen Verschiebungen eine horizontale Reaktion liefert, können als elastisch gebettete Träger betrachtet werden.

Für den Boden ist die Annahme von Winkler eine Näherung. Es sind jedoch viele wichtige Anwendungsgebiete für die Theorie entstanden, bei denen der Annahme von Winkler entsprochen wird, so daß die Theorie in diesen Fällen als einwandfrei angesehen werden kann.

Wir erwähnen z.B.:

- Schiffe, treibende Docke, Transportkähne, Rohrleitungen und Tunnelabschnitte während des Transports im Wasser, die als treibende Träger schematisiert werden können.
- Trägerroste, wie sie z.B. in Brückendecken und Gebäudedecken vorkommen.
- Schalenkonstruktionen, besonders Rotationsschalen, wie z.B. Tanks, Druck-

---

*   H. Zimmermann, *Die Berechnung des Eisenbahn-Oberbaues*, 1888.
†   E. Winkler, *Die Lehre von der Elastizität und Festigkeit*, 1867.

behälter, Reservoirs, Silos, Rohre und Kuppeldächer.

Scheinbar haben diese letztgenannten Anwendungen nichts mit einem auf dem Boden liegenden Träger zu tun, wofür die Theorie ursprünglich entwickelt wurde. Der Zusammenhang wird später aufgezeigt. Die vielen Anwendungsmöglichkeiten haben dazu geführt, daß die Theorie eine große Bedeutung hat.

11.2 Die Differentialgleichung und die Bettungskonstante

In der Einführung wurde die Differentialgleichung für den elastisch gebetteten Biegeträger mühelos hergeleitet. Wir wollen hier jedoch noch einmal die Gleichungen, die dem zugrundeliegen, anführen und erweitern. Wir nehmen an, daß außer der vertikal verteilten Belastung $q(x)$ auch ein verteiltes Moment $m(x)$ auf den Träger wirkt und daß nicht nur den vertikalen Verschiebungen, sondern auch den Rotationen der Querschnitte entgegengewirkt wird. Die vertikalen Verschiebungen verursachen, wie bereits besprochen, eine verteilte vertikale Reaktion $p = kw$, die Rotationen der Querschnitte verursachen als Reaktion ein verteiltes Moment

$$r(x) = k_r \varphi,$$

wobei k_r eine Konstante ist, $[k_r] = N$.

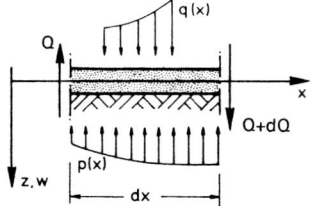
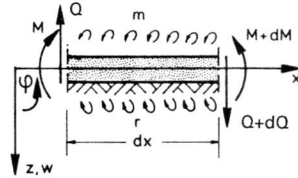

Bild 11.1. Vertikales Gleichgewicht. *Bild 11.2. Momentengleichgewicht.*

Für das vertikale Gleichgewicht (Bild 11.1) gilt jetzt:

$$\frac{dQ}{dx} = -(q - p)$$

und somit

$$\frac{dQ}{dx} - kw = -q \tag{11.1}$$

Für das Momentengleichgewicht (Bild 11.2) gilt:

$$\frac{dM}{dx} = Q - (m - r)$$

und somit

$$\frac{dM}{dx} - k_r\varphi = Q - m \tag{11.2}$$

Aus diesen beiden Gleichungen folgt:

$$\frac{d^2M}{dx^2} - k_r \frac{d\phi}{dx} - kw = -q - \frac{dm}{dx} \tag{11.3}$$

Die für den Biegeträger abgeleiteten Beziehungen:

$$M = EI \frac{d\phi}{dx} \tag{11.4}$$

und

$$\phi = -\frac{dw}{dx} \tag{11.5}$$

bleiben unverändert.

Eliminiert man M und ϕ aus diesen Gleichungen, so erhält man die folgende Differentialgleichung vierter Ordnung:

$$EI \frac{d^4w}{dx^4} - k_r \frac{d^2w}{dx^2} + kw = q + \frac{dm}{dx} \tag{11.6}$$

Wir werden Gleichungen von analoger Form in den Abschnitten 20.2 und 22.3 begegnen.

In den folgenden Abschnitten beschränken wir uns auf den Fall, bei dem es ausschließlich um vertikale Belastungen und vertikale Reaktionen geht und somit die folgende Differentialgleichung gilt:

$$EI \frac{d^4w}{dx^4} + kw = q \tag{11.7}$$

Die Konstante k wird auch Bettungskonstante genannt, da die Theorie für den Eisenbahnbau entwickelt wurde. Liegt der Träger auf dem Boden auf, dann ist der Zusammenhang zwischen der Reaktion p und der Eindrückung w eigentlich nicht linear. Bei zunehmender Eindrückung wird der Boden steifer, und die Reaktion nimmt überproportional zu. Eine Linearisierung dieses Zusammenhanges stellt dann eine Näherung dar, durch die man bei nicht allzu großen Verschiebungen im allgemeinen zuverlässige Ergebnisse bekommt. Komplizierte Berechnungen – z.B. bei der Behandlung des Bodens als mehrdimensionales Medium – führen darüber hinaus nicht notwendigerweise zu besseren Ergebnissen.

Bei einem Träger der Breite b (Bild 11.3) ist der Gegendruck des Bodens (Kraft/Fläche):

$$\sigma = \frac{p}{b} = \frac{k}{b} w, \quad \text{was mit } \frac{k}{b} = c \text{ übergeht in } \sigma = cw$$

Hinsichtlich der Benennung der beiden Konstanten k und c gibt es manchmal Verwirrung. Beide werden als Bettungskonstante bezeichnet. Man achte in jedem Fall auf die Einheiten:

$$[q] = [p] = N/m, \quad [k] = N/m^2, \quad [c] = N/m^3$$

Einzelne experimentell bestimmte Werte für die Konstante c für Böden sind (der Größe nach geordnet):

Bild 11.3.   *Bild 11.4.*

Kies: $c = 10^8 \, N/m^3$;

Sand: $c = 10^7 \, N/m^3$;

Ton: bedeutend geringer.

Ein Aspekt, der bei der Bestimmung von c noch eine Rolle spielt, ist in Bild 11.3 dargestellt. Wird auf einen auf dem Boden aufliegenden Balken eine Belastung ausgeübt, dann wird auch der Boden neben dem Balken eingedrückt. Die Reaktion des Bodens ist dadurch von einem Gebiet abhängig, das breiter als die Balkenbreite ist, und die Reaktion wird dann nicht proportional zur Balkenbreite sein. Dies bedeutet, daß die Konstante c grundsätzlich nicht konstant ist, sondern daß es sich hier um einen Schaleneffekt handelt. Diese Erschwernis ist jedoch kleiner, als sie im ersten Augenblick zu sein scheint, und man kann sich helfen, indem man einen Versuch an einem Balken durchführt, der dieselbe Breite hat wie der Balken, den man in der Konstruktion verwenden will.

Es wurde bereits auf die vielen Anwendungsmöglichkeiten der Theorie hingewiesen, bei denen der Annahme einer linear-elastischen Unterstützung korrekt entsprochen wird. Bei den Beispielen, die später behandelt werden, wird auch die Bestimmung der Bettungskonstante an die Reihe kommen.

Einen nennenswerten Fall stellen im Wasser treibende Träger dar, wie z.B. Schiffe, Docks, Rohrleitungen usw., bei denen man von einer ideal-elastischen Unterstützung sprechen kann. Bei einem rechteckigen Querschnitt des Trägers (Bild 11.4) ist z.B. die nach oben wirkende Reaktion (Kraft/Länge) bei einer Absenkung w gleich γ bw mit γ als dem spezifischen Gewicht von Wasser ($\gamma = 10^4 \, N/m^3$). Für die Bettungskonstante gilt also: $k = \gamma \, b$ mit $[k] = N/m^2$.

Bevor wir die Lösungen der Differentialgleichung (11.7) besprechen, erwähnen wir noch als besonderen Fall den unendlich steifen Träger (EI = ∞) mit freien Enden. Der Absenkungsverlauf ist in diesem Fall eine Gerade mit der Gleichung w = ax + b. Die Reaktion verläuft also auch linear.

Es gilt p = kw = k(ax + b). Die Konstanten a und b können in diesem Fall mit Hilfe der Gleichgewichtsbedingungen für das vertikale und das Momentengleichgewicht bestimmt werden. (Die Resultierenden der Belastung und der Reaktion sind gleich groß und haben die gleiche Wirkungslinie).

In den Bildern 11.5, 11.6 und 11.7 werden einige Beispiele aufgezeigt. Wenn die Reaktion bekannt ist, kann man die Verläufe der Querkraft und des Biegemomentes bestimmen.

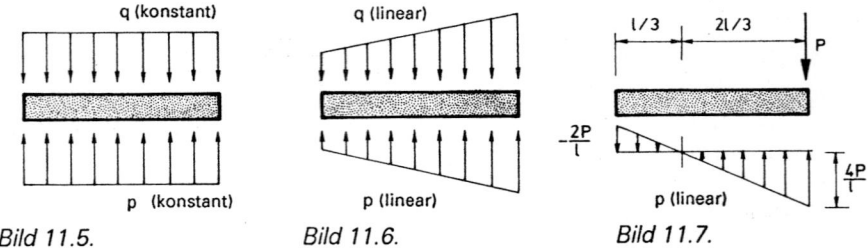

Bild 11.5.   *Bild 11.6.*   *Bild 11.7.*

11.3 Partikuläre Lösungen der Differentialgleichungen, Fourieranalyse

Für einige einfache Belastungsfälle kann die partikuläre Lösung leicht angegeben werden. Hierbei spielen die Randbedingungen keine Rolle.

Bei einer Gleichlast q_0 lautet die partikuläre Lösung ebenso wie beim Schubträger:

$$w = \frac{q_0}{k} \tag{11.8}$$

Die konstante Belastung verursacht eine konstante Verschiebung w, und der Träger wird nicht gebogen.

Allgemeiner kann gesagt werden daß, wenn die Belastung q(x) ein Polynom dritten Grades ist, d.h.

$$q(x) = a_0 + a_1 x + a_2 x^2 + a_3 x^3,$$

die partikuläre Lösung der Differentialgleichung (11.7) wie folgt lautet:

$$w(x) = q(x)/k, \tag{11.9}$$

wie man durch Substitution direkt erkennt. Der Verschiebungsverlauf des Trägers ist dann von gleicher Form wie die Belastung.

Die Ausdrücke für die Neigung bzw. Steigung $\frac{dw}{dx}$, das Biegemoment $M = -EI\frac{d^2w}{dx^2}$ und die Querkraft $Q = -EI\frac{d^3w}{dx^3}$ erhält man durch darauffolgende Differentiation der Gleichung (11.9).

Die partikuläre Lösung bei einer sinusförmigen Belastung der Form

$$q(x) = q_1 \sin\frac{\pi x}{l}$$

ist, ebenso wie beim Schubträger, leicht anzugeben:

$$w(x) = w_1 \sin \frac{\pi x}{l}$$

Die Amplitude w_1 erhält man durch Substitution beider Ausdrücke in die Differential-gleichung (11.7):

$$\left(EI \frac{\pi^4}{l^4} + k\right) w_1 \sin \frac{\pi x}{l} = q_1 \sin \frac{\pi x}{l},$$

so daß:

$$w_1 = \frac{q_1}{\pi^4\, EI/l^4 + k},$$

und die Verschiebungsfunktion lautet:

$$w = \frac{q_1}{\pi^4\, EI/l^4 + k} \sin \frac{\pi x}{l} \qquad (11.10)$$

Für das Biegemoment ergibt sich damit:

$$M = \frac{\pi^2 EI}{l^2} \frac{q_1}{\pi^4\, EI/l^4 + k} \sin \frac{\pi x}{l} \qquad (11.11)$$

Entfällt die elastische Bettung ($k = 0$), so erhält man daraus für den Biegeträger:

$$w = \frac{q_1 l^4}{\pi^4 EI} \sin \frac{\pi x}{l} \quad \text{und} \quad M = \frac{q_1 l^2}{\pi^2} \sin \frac{\pi x}{l}$$

Für einen unendlich weichen Träger ($EI = 0$) folgt:

$$w = \frac{q_1}{k} \sin \frac{\pi x}{l} \quad \text{und} \quad M = 0$$

Das Biegemoment ist in diesem Fall gleich Null. Die Reaktion p(x) bildet für jedes Element Gleichgewicht mit der Belastung q(x).
Die Ergebnisse ergeben sich natürlich auch aus Differentialgleichung (11.7), wenn k oder EI zu Null gesetzt werden.
Auch den Fall des unendlich steifen Biegeträgers beinhalten die Lösungen (11.10) und (11.11).

Mit $EI = \infty$ folgt $w = 0$ und $M = \frac{q_1 l^2}{\pi^2} \sin \frac{\pi x}{l}$

Führt man einen Parameter γ ein, definiert als $\gamma = \dfrac{k l^4}{\pi^4 EI}$, das ist also der Quotient der Steifigkeitsfaktoren k und $\dfrac{\pi^4 EI}{l^4}$, dann können die Formeln (11.10) und (11.11) wie folgt geschrieben werden:

$$w = \frac{1}{1+\gamma} \frac{q_1 l^4}{\pi^4 EI} \sin \frac{\pi x}{l} \qquad (11.12)$$

$$M = \frac{1}{1+\gamma} \frac{q_1 l^2}{\pi^2} \sin \frac{\pi x}{l} \qquad (11.13)$$

Der Effekt der elastischen Bettung auf den Biegeträger ist eine Verminderung der Durchbiegung und der daraus abgeleiteten Größen, wie z.B. das Biegemoment. Diese Verminderung geschieht für alle Größen in gleichem Maße und kann durch einen Reduktionsfaktor berücksichtigt werden:

$$f = \frac{1}{1+\gamma}, \qquad (11.14)$$

mit dem die Ausdrücke für den Biegeträger multipliziert werden müssen, um die Ausdrücke für den elastisch gebetteten Biegeträger zu erhalten.

Der Reduktionsfaktor ist in Bild 11.8 als Funktion von γ dargestellt, und man erkennt, daß bei zunehmendem γ, d.h. bei steifer werdender elastischer Bettung, eine beträchtliche Reduktion der Durchbiegung und somit auch des Biegemomentes auftritt.

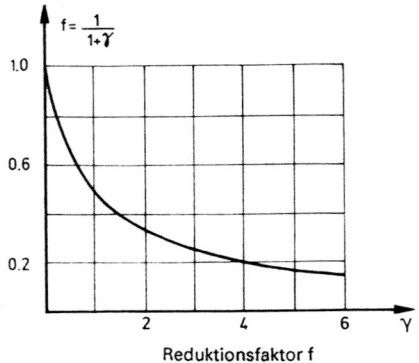

Bild 11.8.

Man kann annehmen, daß die Belastung im allgemeinen teilweise durch den Biegeträger und teilweise durch die elastische Unterstützung getragen wird.

Der Biegungsanteil ist q – p, der Anteil der elastischen Unterstützung ist p. Es gilt dann:

$$q - p = EI \frac{d^4 w}{dx^4} = \frac{1}{1+\gamma} q_1 \sin \frac{\pi x}{l}$$

und

$$p = kw = \frac{\gamma}{1+\gamma} q_1 \sin \frac{\pi x}{l}$$

Für das Verhältnis der beiden Belastungsanteile ergibt sich:

$$\frac{p}{q-p} = \gamma$$

Die Belastung verteilt sich also entsprechend den jeweiligen Steifigkeiten k und $\frac{\pi^4 EI}{l^4}$.
Für den betrachteten Träger gilt, daß an den Stellen $x = 0$, $x = l$, $x = 2l$ usw. die Verschiebung und das Biegemoment gleich Null sind. Der Träger kann also in diesen Punkten gelenkig unterstützt werden, ohne daß die Verformungsfigur oder die Biegemomente verändert werden.

Als nächstes kann ein Trägerabschnitt der Länge *l* mit den beiden angrenzenden Unterstützungen herausgelöst werden, und man erhält dann einen an beiden Seiten frei aufliegenden Biegeträger, der kontinuierlich elastisch unterstützt ist und mit einer sinusförmigen Belastung belastet wird (Bild 11.9).
Die vorangegangenen Ergebnisse und Betrachtungen sind ebenso auf diesen Träger anzuwenden.

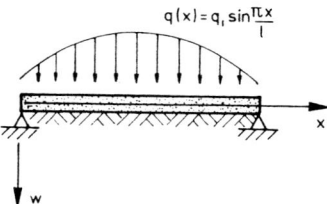

Bild 11.9.

Für eine beliebige Belastung auf einen an den Enden frei aufliegenden und auch noch kontinuierlich unterstützten Biegeträger kann von *Fourierentwicklungen* Gebrauch gemacht werden (siehe Beilage A). Die Belastung wird in der Form der folgenden unendlichen Reihen dargestellt:

$$q(x) = \sum_{n=1}^{\infty} q_n \sin \frac{n\pi x}{l} \qquad (11.15)$$

Zu dem allgemeinen Belastungsterm $q_n \sin(n\pi x/l)$ gehört die partikuläre Lösung für die Verschiebung: $w_n \sin(n\pi x/l)$. Werden diese beiden Ausdrücke in die Differentialgleichung (11.7) eingesetzt, dann erhält man für die Amplitude w_n:

$$w_n = \frac{q_n}{\frac{n^4 \pi^4}{l^4} EI + k}$$

und die Lösung der Differentialgleichung erhält man in Reihenform:

$$w(x) = \sum_{n=1}^{\infty} \frac{q_n}{\frac{n^4 \pi^4}{l^4} EI + k} \sin \frac{n\pi x}{l} \qquad (11.16a)$$

Ist die Reihenentwicklung (11.15) der Belastung bekannt, dann ist mit (11.16a) auch die Lösung bekannt.

Für Ausdruck (11.16a) kann man auch schreiben:

$$w(x) = \sum_{n=1}^{\infty} \frac{1}{n^4 + \gamma} \frac{q_n l^4}{\pi^4 EI} \sin \frac{n\pi x}{l} \tag{11.16b}$$

Für das Biegemoment ergibt sich daraus:

$$M(x) = -EI \frac{d^2 w}{dx^2} = \sum_{n=1}^{\infty} \frac{n^2}{n^4 + \gamma} \frac{q_n l^2}{\pi^2} \sin \frac{n\pi x}{l} \tag{11.17}$$

Als Beispiel wird eine konstante Belastung q_0 gewählt, für die gilt:

$$q(x) = \sum_{n=1,3,\ldots}^{\infty} \frac{4}{n\pi} q_0 \sin \frac{n\pi x}{l}$$

$$= \frac{4}{\pi} q_0 \left(\sin \frac{\pi x}{l} + \frac{1}{3} \sin \frac{3\pi x}{l} + \frac{1}{5} \sin \frac{5\pi x}{l} + \ldots \right)$$

Substitution von $q_n = \frac{4}{n\pi} q_0$ in (11.16b) und (11.17) führt auf die folgenden Resultate:

$$w(x) = \sum_{n=1,3,\ldots}^{\infty} \frac{1}{n(n^4 + \gamma)} \frac{4}{\pi} \frac{q_0 l^4}{\pi^4 EI} \sin \frac{n\pi x}{l} \tag{11.18}$$

$$M(x) = \sum_{n=1,3,\ldots}^{\infty} \frac{n}{n^4 + \gamma} \frac{4}{\pi} \frac{q_0 l^2}{\pi^2} \sin \frac{n\pi x}{l} \tag{11.19}$$

Mit Hilfe dieser Ausdrücke können die Durchbiegung und das Biegemoment für verschiedene Werte des Parameters γ leicht berechnet werden. Die Reihen konvergieren sehr schnell.

11.4 Die Lösung der reduzierten Differentialgleichung

Die reduzierte Differentialgleichung für den elastisch gebetteten Träger lautet:

$$EI \frac{d^4 w}{dx^4} + kw = 0 \tag{11.20}$$

Zur besseren Übersichtlichkeit führen wir den Parameter β ein, der definiert ist durch:

$$4\beta^4 = \frac{k}{EI} \quad \text{mit} [\beta] = m^{-1}$$

Die Differentialgleichung geht nun über in:

$$\frac{d^4 w}{dx^4} + 4\beta^4 w = 0$$

Substitution der allgemeinen Lösung w = e^{rx} in diese Differentialgleichung führt zur algebraischen Gleichung vierten Grades:

$$r^4 + 4\beta^4 = 0,$$

wovon die vier Wurzeln lauten: $r = \beta\sqrt{2}\ \sqrt[4]{-1} = \beta(\pm 1 \pm i).$

Die allgemeine Lösung der reduzierten Differentialgleichung ergibt sich damit zu:

$$w = A\ e^{\beta(1+i)x} + B\ e^{\beta(1-i)x} + C\ e^{-\beta(1-i)x} + D\ e^{-\beta(1+i)x} =$$

$$= e^{\beta x}(A\ e^{\beta ix} + B\ e^{-\beta ix}) + e^{-\beta x}(C\ e^{\beta ix} + D\ e^{-\beta ix}),$$

worin A und B, bzw. C und D adjungiert komplexe Konstanten sind. Mit Hilfe der Eulerformeln:

$$e^{\beta ix} = \cos \beta x + i \sin \beta x \quad \text{und} \quad e^{-\beta ix} = \cos \beta x - i \sin \beta x$$

wird aus der Lösung für w:

$$w = e^{\beta x}[(A + B) \cos \beta x + i(A - B) \sin \beta x] +$$
$$e^{-\beta x}[(C + D) \cos \beta x + i(C - D) \sin \beta x].$$

Mit neuen (reellen) Konstanten

$$C_1 = (A + B); \quad C_2 = i(A - B); \quad C_3 = (C + D) \quad \text{und} \quad C_4 = i(C - D)$$

lautet die Lösung schließlich:

$$w = e^{\beta x}(C_1 \cos \beta x + C_2 \sin \beta x) + e^{-\beta x}(C_3 \cos \beta x + C_4 \sin \beta x). \tag{11.21}$$

Diese Lösung besitzt den Charakter zweier gedämpfter Wellen.

Der zweite Klammerausdruck wird mit einer e-Potenz, die für positive x-Werte einen negativen Exponent hat, multipliziert. Dieser Teil der Lösung klingt also mit zunehmenden Werten der x-Koordinate ab.

Der erste Klammerausdruck wird mit einer e-Potenz multipliziert, die für positive x-Werte einen positiven Exponenten besitzt. Somit wächst dieser Teil der Lösung in positiver x-Richtung an und klingt in negativer x-Richtung ab.

Wenn keine verteilte Belastung q vorhanden ist, ist die Lösung (11.21) für die reduzierte Differentialgleichung auch gleichzeitig die vollständige Lösung. Hierzu gehören einige wichtige Belastungsfälle, die wir zuerst behandeln wollen. Dabei wird auch noch näher auf den Charakter der Lösungen eingegangen. Danach behandeln wir einige Belastungsfälle mit einer verteilten Belastung q. In diesen Fällen muß der Lösung der reduzierten Differentialgleichung noch eine partikuläre Lösung zugefügt werden, um die vollständige Lösung zu erhalten. Die vier Integrationskonstanten C_1 bis C_4 werden immer mit Hilfe der Rand- oder Übergangsbedingungen bestimmt.

11.5 Eine Einzellast auf einem unendlich langen Träger

Wir betrachten einen Träger, der sich nach beiden Seiten hin unendlich lang ausstreckt und mit einer konzentrierten Belastung (Einzellast) 2P belastet wird (Bild 11.10a). Wir legen den Ursprung des Koordinatensystems unter diese Last. Infolge Symmetrie genügt es, nur eine Hälfte, z.B. die rechte Hälfte mit $x \geq 0$, zu betrachten.

Diese rechte Hälfte ist identisch mit einem zu einer Seite hin unendlich langen Träger (Bild 11.10b), der am linken Ende durch eine Einzellast P belastet wird und an dieser Stelle so eingespannt ist, daß Verschiebungen, aber keine Verdrehungen stattfinden können.

Die Trägerhälfte, die wir jetzt betrachten, besitzt keine verteilte Belastung q(x), und daher gilt hierfür die Lösung (11.21).

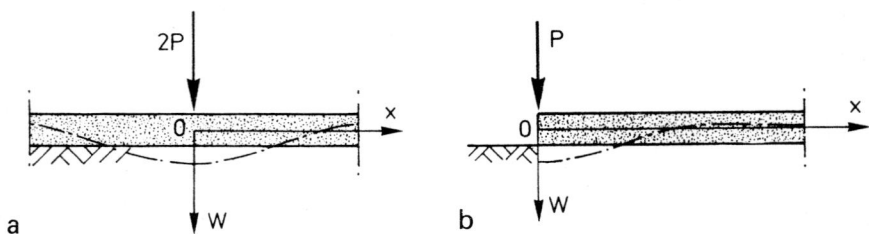

Bild 11.10. Durchbiegungslinien.

Zur Bestimmung der vier Integrationskonstanten beginnen wir mit der Situation an der rechten Seite für $x \to \infty$. Der erste Teil der Lösung (11.21) hat in positiver x-Richtung einen anwachsenden Charakter, was bedeutet, daß der Effekt der Belastung für $x \to \infty$ zunehmen würde. Da dies unmöglich ist, kann man direkt daraus schließen, daß dieser Teil der Lösung verschwinden muß, woraus $C_1 = 0$ und $C_2 = 0$ folgt. Lösung (11.21) reduziert sich dann auf:

$$w = e^{-\beta x}(C_3 \cos \beta x + C_4 \sin \beta x) \qquad (11.22)$$

Wir betrachten jetzt die Übergangsbedingungen an der linken Seite der rechten Hälfte für x = 0. Für den Träger in Bild 11.10b handelt es sich hierbei um Randbedingungen. Hier gilt, daß die Tangente an die Durchbiegungslinie horizontal ist, also:

$$\frac{dw}{dx} = 0 \qquad (11.23)$$

und daß die Querkraft in der rechten Hälfte unmittelbar neben der Einzellast gleich –P ist, d.h.:

$$Q = -EI\frac{d^3w}{dx^3} = -P \qquad (11.24)$$

Wir bestimmen jetzt zuerst die Ableitungen der Funktion w(x):

$$\frac{dw}{dx} = \beta \, e^{-\beta x}((-C_3 + C_4) \cos \beta x + (-C_3 - C_4) \sin \beta x) \tag{11.25}$$

$$\frac{d^2w}{dx^2} = \beta^2 \, e^{-\beta x}(-2C_4 \cos \beta x + 2C_3 \sin \beta x) \tag{11.26}$$

$$\frac{d^3w}{dx^3} = \beta^3 \, e^{-\beta x}((2C_3 + 2C_4) \cos \beta x + (-2C_3 + 2C_4) \sin \beta x) \tag{11.27}$$

$$\frac{d^4w}{dx^4} = \beta^4 \, e^{-\beta x}(-4C_3 \cos \beta x - 4C_4 \sin \beta x) = -4\beta^4 w \tag{11.28}$$

Mit der letzten Differentiation erhalten wir wieder die Differentialgleichung.
Übergangsbedingung (11.23) liefert jetzt: $-C_3 + C_4 = 0$.
Übergangsbedingung (11.24) führt auf: $EI \, \beta^3 (2C_3 + 2C_4) = P$.
Hieraus folgt:

$$C_3 = C_4 = \frac{P}{4\beta^3 EI} = \frac{P\beta}{k} \quad (\text{da } 4\beta^4 = \frac{k}{EI})$$

Die Lösung für die Verschiebung lautet also:

$$w = \frac{P\beta}{k} \, e^{-\beta x}(\cos \beta x + \sin \beta x) \tag{11.29}$$

Hieraus folgt:

$$\frac{dw}{dx} = -2 \frac{P\beta^2}{k} \, e^{-\beta x} \sin \beta x \tag{11.30}$$

$$M = -EI \frac{d^2w}{dx^2} = \frac{P}{2\beta} \, e^{-\beta x}(\cos \beta x - \sin \beta x) \tag{11.31}$$

$$Q = -EI \frac{d^3w}{dx^3} = -P \, e^{-\beta x} \cos \beta x \tag{11.32}$$

Wir wollen den Verlauf dieser Funktionen verdeutlichen, indem wir die Lösung
(11.22) umformen. Wir setzen dazu:

$$C_3 = A \sin \omega \quad \text{und} \quad C_4 = A \cos \omega$$

Für die Konstanten C_3 und C_4 werden also neue Konstanten A und ω eingeführt.
Umgekehrt gilt:

$$A^2 = C_3{}^2 + C_4{}^2 \quad \text{und} \quad \text{tg } \omega = \frac{C_3}{C_4}$$

Setzt man die Ausdrücke für C_3 und C_4 in (11.22) ein, so erhält man:

$$w = e^{-\beta x}(A \sin \omega \cos \beta x + A \cos \omega \sin \beta x)$$

oder:

$$w = A\,e^{-\beta x}\sin(\beta x + \omega) \qquad (11.33)$$

Aus dieser Lösung ist der Charakter einer gedämpften Welle mit dem Phasenwinkel ω deutlich zu erkennen (Bild 11.11).

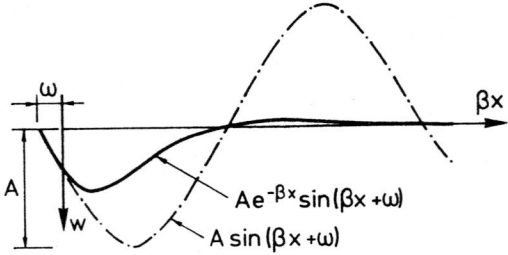

Bild 11.11.

Wir wollen jetzt noch einmal die Ableitung bestimmen und erhalten:

$$\frac{dw}{dx} = -\beta A\,e^{-\beta x}\sin(\beta x + \omega) + \beta A\,e^{-\beta x}\cos(\beta x + \omega)$$

Multipliziert man jetzt den ersten Term mit $\sqrt{2}\cos\frac{\pi}{4}$ ($=1$) und den zweiten Term mit $\sqrt{2}\sin\frac{\pi}{4}$ ($=1$), so erhält man:

$$\frac{dw}{dx} = \beta\sqrt{2}\,Ae^{-\beta x}[\sin(\beta x + \omega)\cos\frac{\pi}{4} - \cos(\beta x + \omega)\sin\frac{\pi}{4}] =$$

$$= \beta\sqrt{2}\,Ae^{-\beta x}\sin(\beta x + \omega - \frac{\pi}{4}). \qquad (11.34)$$

Dieser Ausdruck ist analog der Lösung (11.33) für die Durchbiegung w, und ein Vergleich beider Ausdrücke läßt erkennen, daß Differenzieren folgendes beinhaltet:

– Multiplikation der Amplitude mit $-\beta\sqrt{2}$, und
– Verminderung des Phasenwinkels um $\frac{\pi}{4}$.

Mit dieser Erkenntnis können wir direkt die Ausdrücke für das Biegemoment M und die Querkraft Q anschreiben:

$$M = -EI\,\frac{d^2w}{dx^2} = -2\beta^2\,EI\,A\,e^{-\beta x}\sin(\beta x + \omega - \frac{\pi}{2}) \qquad (11.35)$$

$$Q = -EI\,\frac{d^3w}{dx^3} = +2\beta^3\sqrt{2}\,EI\,A\,e^{-\beta x}\sin(\beta x + \omega - \frac{3\pi}{4}) \qquad (11.36)$$

Die Größen w, $\frac{dw}{dx}$, M und Q sind also affin verwandt, wobei jede Größe eine Phasenverschiebung von $\frac{\pi}{4}$ gegenüber der vorherigen aufweist.

Die Ausdrücke (11.33) bis (11.36) gelten allgemein für einen unbelasteten Träger (q = 0), der in positiver x-Richtung unendlich lang ist.

Mit Hilfe der Übergangsbedingungen am linken Ende (Bild 11.10a), wo x = 0 ist, wollen wir jetzt die Konstanten A und ω bestimmen. Hier gelten die Bedingungen (11.23) und (11.24). Setzt man hier die gefundenen Ausdrücke für die Neigung bzw. Steigung dw/dx und die Querkraft Q ein, so erhält man:

$$\frac{dw}{dx} = 0 \qquad -\beta\sqrt{2}\, A \sin\left(\omega - \frac{\pi}{4}\right) = 0 \qquad \rightarrow \quad \omega = \frac{\pi}{4};$$

$$Q = -P \qquad 2\beta^3\sqrt{2}\, EI\, A \sin\left(\omega - \frac{3\pi}{4}\right) = -P \qquad \rightarrow \quad A = \frac{P\sqrt{2}}{4\beta^3 EI} = \frac{P\beta\sqrt{2}}{k}$$

Setzt man die für A und ω erhaltenen Ergebnisse in die Ausdrücke (11.33) bis (11.36) ein, so ergibt sich das folgende Ergebnis für $x \geq 0$:

$$w = \frac{P\beta\sqrt{2}}{k}\, e^{-\beta x} \sin\left(\beta x + \frac{\pi}{4}\right) \qquad (11.37)$$

$$\frac{dw}{dx} = -\frac{2P\beta^2}{k}\, e^{-\beta x} \sin \beta x \qquad (11.38)$$

$$M = -\frac{P}{\beta\sqrt{2}}\, e^{-\beta x} \sin\left(\beta x - \frac{\pi}{4}\right) \qquad (11.39)$$

$$Q = P\, e^{-\beta x} \sin\left(\beta x - \frac{\pi}{2}\right) \qquad (11.40)$$

Der Verlauf dieser Größen ist in Bild 11.12 dargestellt. Aufgrund von Symmetriebetrachtungen ist der Verlauf der Durchbiegung, der Neigung, des Biegemomentes und der Querkraft in der linken Hälfte des Trägers ($x \leq 0$) auch bekannt. Bild 11.12 stellt somit das vollständige Bild des nach zwei Seiten hin unendlich weit ausgestreckten Trägers dar, welcher durch eine Einzellast belastet wird.

In der jetzt folgenden Betrachtung beschränken wir uns auf die rechte Hälfte der Figuren. Es ist deutlich zu erkennen, daß die Kurven alle affin verwandt sind und, von oben nach unten gesehen, immer um den Weg $\pi/4\beta$ nach rechts verschoben sind. Der Abstand zwischen zwei Nullpunkten beträgt π/β. Die Extremwerte einer Welle treten nicht in der Mitte zwischen zwei Nullpunkten auf, sondern in einem Abstand von $\pi/4\beta$ vom linken Nullpunkt. Dies ist dann genau wieder derjenige Punkt, an dem die darauffolgende Größe gleich Null ist:

$$w_{Extr} \text{ tritt für } \frac{dw}{dx} = 0 \text{ auf, d.h. bei } x = 0, \quad x = \frac{\pi}{\beta}, \quad x = 2\frac{\pi}{\beta}, \text{ usw.}$$

$$\left(\frac{dw}{dx}\right)_{Extr} \text{ tritt für } M = 0 \text{ auf, d.h. bei } x = \frac{1}{4}\frac{\pi}{\beta}, \quad x = \frac{4}{5}\frac{\pi}{\beta}, \text{ usw.}$$

$$M_{Extr} \text{ tritt für } Q = 0 \text{ auf, d.h. bei } x = \frac{1}{2}\frac{\pi}{\beta}, \quad x = \frac{3}{2}\frac{\pi}{\beta}, \text{ usw.}$$

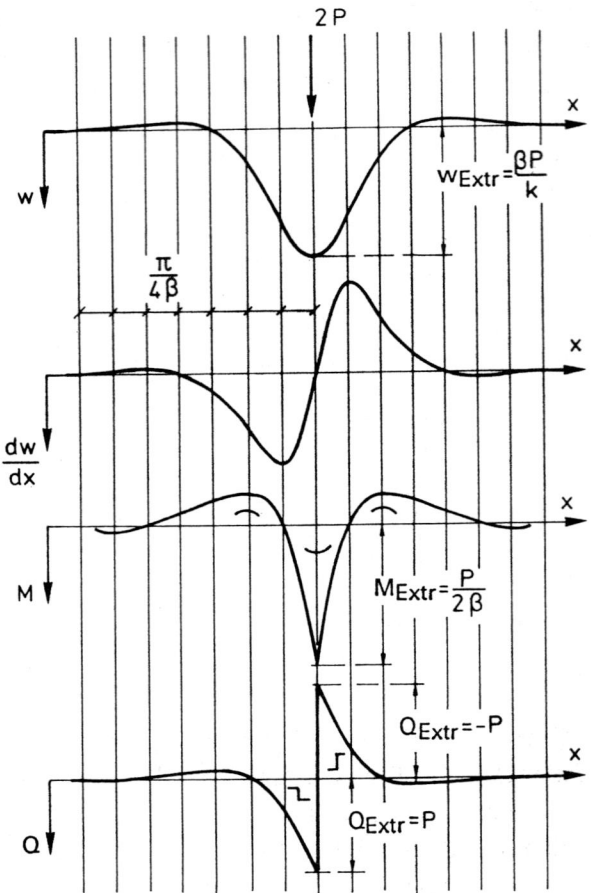

Bild 11.12.

Q_{Extr} tritt für $w = 0$ auf, d.h. bei $x = \dfrac{3}{4}\dfrac{\pi}{\beta}$, $x = \dfrac{7}{4}\dfrac{\pi}{\beta}$, usw.

Die Kurven weisen einen stark dämpfenden Charakter auf, die Wellen nehmen mit zunehmendem x schnell ab. Das Verhältnis der Beträge zweier aufeinanderfolgender Extremwerte ist:

$$\frac{e^{-(\beta x + \pi)}}{e^{-\beta x}} = e^{-\pi} = 0{,}0432$$

Dies bedeutet, daß die Durchbiegung $w_{(x = \pi/\beta)}$ nur noch 4% der Durchbiegung $w_{(x = 0)}$ beträgt.
Auch der Wert des Biegemomentes $M_{(x=3\pi/2\beta)}$ beträgt nur noch 4% des Wertes $M_{(x=\pi/2\beta)}$.

Der wellenförmige Charakter zeigt sich auch durch die folgende Betrachtung.
Die Querkraft Q ist für $x = \pm\pi/2\beta$ gleich Null. Dies bedeutet, daß für den Abschnitt des Trägers zwischen $x = -\pi/2\beta$ und $x = +\pi/2\beta$ (Bild 11.13) die Belastung 2P und die Reaktion der elastischen Unterstützung miteinander im Gleichgewicht stehen.
Es gilt somit:

$$\int_0^{\pi/2\beta} p \, dx = \int_0^{\pi/2\beta} kw \, dx = P$$

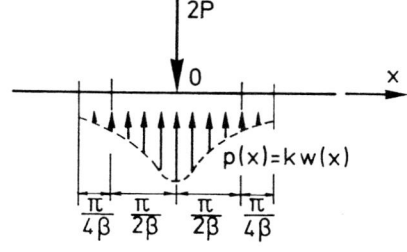

Bild 11.13.

Von der Stelle $x = \pi/2\beta$ bis zur Stelle $x = 3\pi/4\beta$ ist noch eine positive Durchbiegung und eine nach oben gerichtete Reaktion vorhanden. Diese ist daher eigentlich "zu viel" und wird deshalb auch durch die negative Reaktion auf dem Abschnitt des Trägers zwischen $x = 3\pi/4\beta$ und $x = 3\pi/2\beta$, wo die Querkraft wieder gleich Null ist, kompensiert.
Die negative Reaktion auf dem Abschnitt zwischen $x = 3\pi/2\beta$ und $x = 7\pi/4\beta$ ist jedoch wieder zu viel und wird durch die darauffolgende positive Reaktion kompensiert.
Im allgemeinen können Werte für $x > \pi/\beta$ vernachlässigt werden. Dies bedeutet, daß die erhaltenen Ergebnisse auch für endlich lange Träger brauchbar sind, bei denen der Abstand der Einzellast von den Enden des Trägers größer als ungefähr π/β ist.

Es wurde bereits erwähnt, daß von $x = 3\pi/4\beta$ bis $x = 7\pi/4\beta$ die Reaktion negativ ist. In vielen Fällen ist dies nicht relevant, und eine negative Reaktion ist ebenso gut möglich wie eine positive, aber bei einem auf dem Boden aufliegenden Träger ist dies nicht der Fall. Der Träger würde abheben, und die erhaltenen Ergebnisse wären genau genommen nicht mehr korrekt. Da jedoch der größte Wert der negativen Reaktion nur 4% des maximalen Wertes der positiven Reaktion, der unter der Einzellast auftritt, beträgt, ist der Einfluß dieses Abhebens sehr gering. Durch eine kleine zusätzliche Belastung, z.B. das Eigengewicht des Trägers, kann diese negative Reaktion darüber hinaus kompensiert werden.

Die wichtigsten Werte der verschiedenen Größen treten unter der Einzellast auf. Sie betreffen:

Die Durchbiegung: $w_{(x=0)} = \dfrac{P\beta\sqrt{2}}{k}\dfrac{1}{2}\sqrt{2} = \dfrac{P\beta}{k}$ oder auch: $\dfrac{\beta}{2k}(2P)$ (11.41)

Das Biegemoment: $M_{(x=0)} = \dfrac{-P}{\beta\sqrt{2}}\dfrac{-1}{2}\sqrt{2} = \dfrac{P}{2\beta}$ oder auch: $\dfrac{2P}{4\beta}$ (11.42)

Die Querkraft: $Q_{(x=0)} = \pm P$ (11.43)

Führen wir eine Länge $l = 1/\beta$ ein, dann kann man das Ergebnis (11.41) auch schreiben als:

$$w_{(x=0)} = \frac{2P}{2kl}\ ,$$

das ist die mittlere Absenkung eines Trägers mit der Länge $2l$. Ergebnis (11.42) läßt sich dann wie folgt schreiben:

$$M_{(x=0)} = \frac{1}{4}(2P)\,l$$

Dies ist der Ausdruck für das maximale Biegemoment in einem frei aufliegenden Träger mit der Spannweite l, der durch eine Einzellast $2P$ in der Mitte belastet wird.
Der behandelte Belastungsfall ist ein Grundfall, den man in vielen Situationen vorfindet. Eine direkte Anwendung ist natürlich die Schiene, welche durch ein Rad belastet wird. Wir geben dafür ein Beispiel an.

Beispiel

Kranbahnen in der Industrie können sehr stark belastet werden und werden daher oft kontinuierlich unterstützt. Würde man die Schiene jedoch direkt auf einen Betonbalken auflegen, dann würde der Beton infolge des großen örtlichen Druckes (Pressung) zerbröckeln. Darum wird zwischen Schiene und Betonbalken eine federnde Zwischenlage aus Holz, Filz oder Kunststoff gelegt (Bild 11.14).

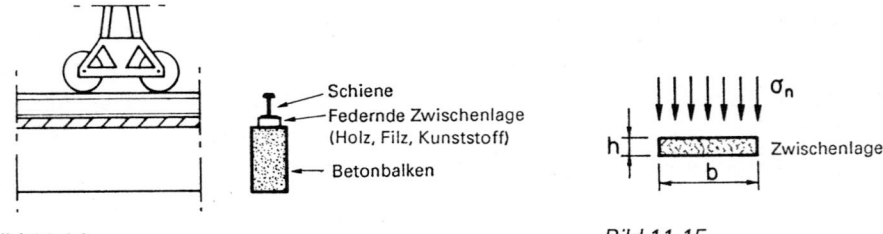

Bild 11.14.   Bild 11.15.

Wird auf diese Zwischenlage eine Druckspannung σ_n ausgeübt (Bild 11.15), dann beträgt die Eindrückung $w = \sigma_n h/E$, woraus $\sigma_n = \dfrac{E}{h}w$ folgt.
Die Reaktion p (Kraft/Länge) ist:

$$p = b\sigma_n = \frac{bE}{h}\,w$$

und die Bettungskonstante ist somit:

$$k = \frac{bE}{h}$$

Mit $b = 0,25$ m; $h = 0,05$ m; $E = 2,5 \times 10^9$ N/m^2 (Kunststoff) erhält man:

$$k = 12,5 \times 10^9 \text{ N/m}^2$$

Für die Stahlschienen mit einer Stahlunterlagsplatte nehmen wir an:

$$I = 359 \times 10^{-8} \text{ m}^4, \quad \text{mit } E = 2 \times 10^{11} \text{ N/m}^2$$

Aus diesen Angaben folgt: $4\beta^4 = \frac{k}{EI} = 1,74 \times 10^4$ m^{-4}, $\beta = 8,12$ m^{-1}.

Wir nehmen an, daß die Räder so weit voneinander entfernt sind, daß sie einander nicht beeinflussen. Wir können dann von den Ergebnissen des behandelten Grundfalles Gebrauch machen. Für den Raddruck wählen wir $2P = 35 \times 10^4$ N.

Der größte Wert des Biegemomentes tritt unter dem Rad auf und beträgt:

$$M = 2P/4\beta = 1,08 \times 10^4 \text{ Nm}$$

Mit einem Widerstandsmoment der Schiene von $W = 75 \times 10^{-6}$ m^3 erhält man folgende extreme Biegespannung:

$$\sigma = \frac{M}{W} = 144 \times 10^6 \text{ N/m}^2,$$

die zulässig ist.

Für die maximale Durchbiegung ergibt sich:

$$w = \frac{\beta}{2k} (2P) = 114 \times 10^{-6} \text{ m} = 0,11 \text{ mm}$$

Der maximale Druck auf die federnde Zwischenlage beträgt:

$$\sigma_n = \frac{k}{b} w = 5,69 \times 10^6 \text{ N/m}^2,$$

was ebenfalls als zulässig betrachtet werden darf.

Bei der Bemessung der federnden Zwischenlage befindet man sich zwischen "Scylla und Charybdis".

Eine dünne (steife) Zwischenlage führt schnell zu großen Druckspannungen auf diese Lage und den darunterliegenden Beton. Eine dicke (weiche) Zwischenlage führt schnell zu großen Biegespannungen in der Schiene.

Befinden sich Fugen in den Schienen, dann muß die Situation, in der ein Rad sich am Ende einer Schiene neben einer Fuge befindet, analysiert werden. Dies kann mit Hilfe der Formeln von Grundfall B (siehe Tabelle 11.1) geschehen.

Mehrere Lasten

Treten mehrere Lasten am Träger auf, dann erhält man die verschiedenen Größen wie Durchbiegung und Biegemoment durch Superposition. Auf den Träger aus Bild 11.16 wirkt sowohl eine Last P_A in A als auch eine Last P_B in B. Die Durchbiegungslinien für eine Einheitslast in A und eine Einheitslast in B, die im folgenden als Referenzlasten bezeichnet werden, sind getrennt voneinander dargestellt.

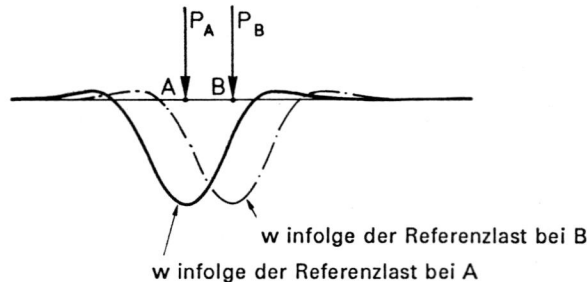

w infolge der Referenzlast bei B
w infolge der Referenzlast bei A

Bild 11.16.

Aus Bild 11.16 erkennt man deutlich, daß die Durchbiegung in A infolge der Referenzlast bei B gleich der Durchbiegung in B infolge der Referenzlast bei A ist. Diese Reziprozität – auch bekannt als Gesetz von Maxwell – kann man hier direkt aus der Kongruenz und der Symmetrie der Durchbiegungslinien ableiten. Die Durchbiegungslinie infolge einer Referenzlast in A ist daher gleichzeitig die Einflußlinie für die Durchbiegung in A.

Zur Bestimmung der Durchbiegung im Punkt A genügt es daher, die Durchbiegungslinie infolge einer Referenzlast in A zu betrachten.

Wir multiplizieren die jeweiligen Werte unter den Einzellasten P_A und P_B mit dem Betrag dieser Einzellasten und addieren diese Ergebnisse.

Für das Biegemoment wird analog vorgegangen (Bild 11.17). Es gilt wiederum, daß das Moment in A infolge einer Referenzlast in B gleich dem Moment in B infolge der Referenzlast in A ist.

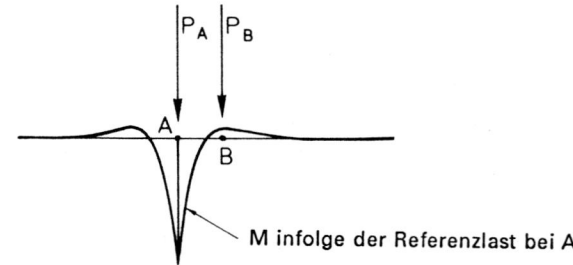

M infolge der Referenzlast bei A

Bild 11.17.

Dieses Resultat reicht also weiter als die Reziprozität entsprechend dem klassischen Gesetz von Maxwell, das sich ausschließlich auf Verschiebungen und Rotationen bezieht. Die Momentenlinie für eine Referenzlast in A ist also gleichzeitig die Einflußlinie für das Moment in A. Die Bestimmung des Momentes in A infolge mehrerer Einzellasten verläuft entsprechend dem für die Durchbiegung beschriebenen Verfahren. Dies gilt auch für die Querkraft.

Verteilte Belastung

Auch bei einer verteilten Belastung können die einzelnen Größen mit Hilfe von Einflußlinien bestimmt werden. Dazu ersetzt man in den Ausdrücken (11.37) bis (11.40) die Einzellast 2P durch q(x) dx, d.h. durch die Belastung über ein Element dx und diese Ausdrücke werden schließlich über die Belastungsstrecke integriert. Bei einer Gleichlast q_0 über eine Länge l (Bild 11.18) erhält man so z.B. für den Punkt C in der Mitte der Belastungsstrecke, in die auch der Ursprung des Koordinatensystems gelegt wurde:

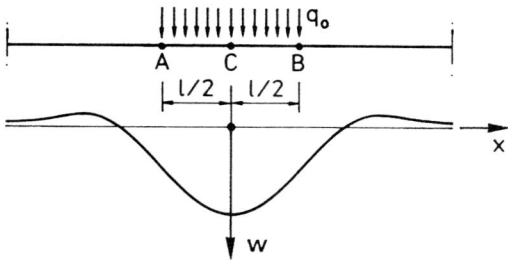

Bild 11.18.

$$w_C = 2 \int_0^{l/2} \frac{q_0 \beta \sqrt{2}}{2k} e^{-\beta x} \sin(\beta x + \frac{\pi}{4}) dx =^*$$

$$= \frac{q_0}{k} (1 - e^{-\beta l/2} \cos(\beta l/2)$$

$$M = 2 \int_0^{l/2} \frac{-q_0}{2\beta\sqrt{2}} e^{-\beta x} \sin(\beta x - \frac{\pi}{4}) dx =$$

$$= \frac{q_0}{2\beta^2} e^{-\beta l/2} \sin(\beta l/2) = \sqrt{\frac{EI}{k}} q_0 e^{-\beta l/2} \sin(\beta l/2)$$

Aus dem letzten Ergebnis erkennen wir z.B., daß mit von Null ab zunehmendem Wert für l das Moment schnell bis zu einem maximalen Wert bei $l = \pi/2\beta$ ansteigt, danach dann allmählich abnimmt und für $l/2 \to \infty$ gegen Null strebt. Der Verlauf stimmt mit dem Verlauf von $\frac{dw}{dx}$ aus Bild 11.12 überein.

---

* Integrieren dieses Ausdruckes beinhaltet: Teilen durch $-\beta\sqrt{2}$ und Addieren eines Phasenwinkels $\pi/4$.

11.6 Die vier Grundfälle

Außer dem Fall der Einzellast auf einem unendlich langen Träger, der im vorangegangenen Abschnitt ausführlich behandelt wurde, kann man noch drei Fälle anführen, die ebenso als Grundfälle betrachtet werden können. Alle vier Grundfälle sind in Bild 11.19 dargestellt.

Bei all diesen Fällen kann von den Lösungen (11.33) bis (11.36) ausgegangen werden. Die Fälle A und B beziehen sich auf die singuläre Belastung durch eine Einzellast. Im Fall A beträgt sie 2P, im Fall B ist sie gleich P. Dies führt im Fall A auf eine Übergangsbedingung und im Fall B auf eine Randbedingung, die beide $Q = -P$ lauten.

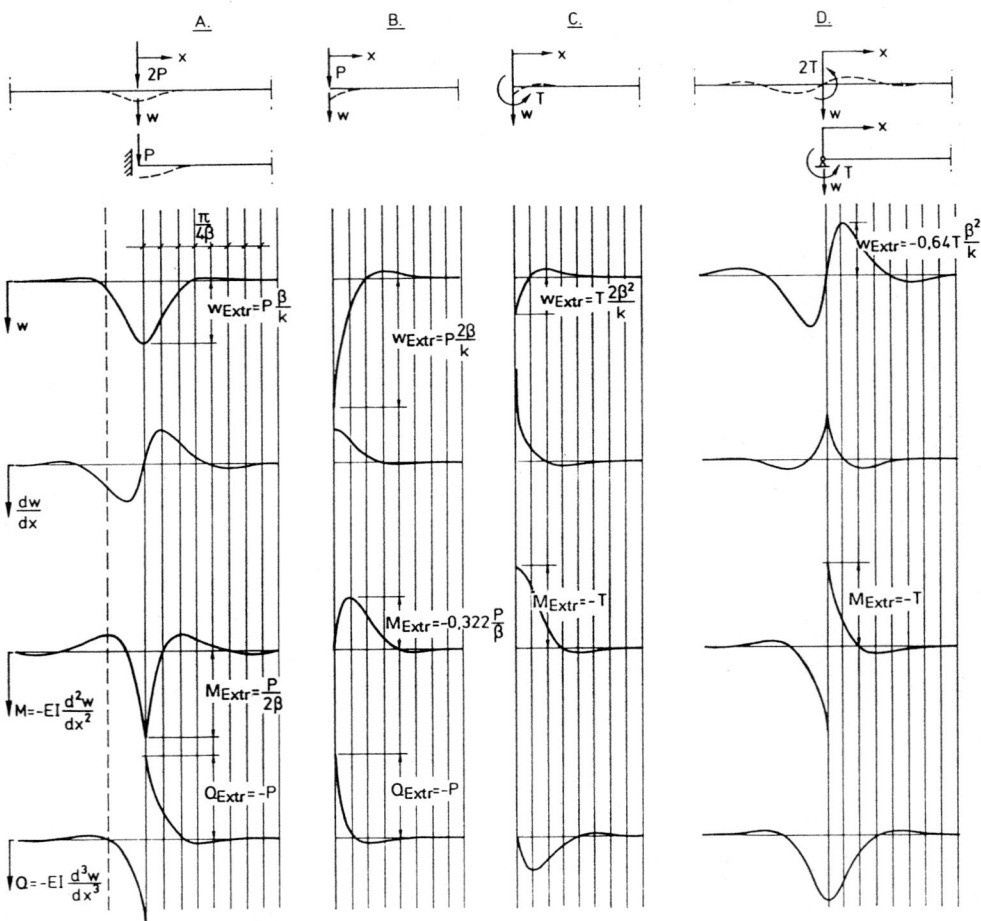

Bild 11.19.

Eine Randbedingung oder Übergangsbedingung für die Querkraft schließt eine Bedingung für die vertikale Verschiebung aus. Als zweite Rand- oder Übergangsbedingung bleibt somit eine Bedingung für die Neigung oder das Biegemoment übrig.

Tabelle 11.1. Die vier Grundfälle.

	A	B	C	D
Vertikale Verschiebung	$-\dfrac{P\beta\sqrt{2}}{k}\,e^{-\beta x}\sin\!\left(\beta x+\dfrac{\pi}{4}\right)$	$\dfrac{P2\beta}{k}\,e^{-\beta x}\sin\!\left(\beta x+\dfrac{\pi}{2}\right)$	$\dfrac{T2\beta^{2}\sqrt{2}}{k}\,e^{-\beta x}\sin\!\left(\beta x+\dfrac{3}{4}\pi\right)$	$-\dfrac{2\beta^{2}T}{k}\,e^{-\beta x}\sin\beta x$
w_{Extr}	$\dfrac{\beta}{k}P$ für $x=0$	$\dfrac{P2\beta}{k}$ für $x=0$	$\dfrac{2\beta^{2}T}{k}$ für $x=0$	$-0,64\,\dfrac{\beta^{2}T}{k}$ für $x=\dfrac{\pi}{4\beta}$
Neigung/Steigung $\dfrac{dw}{dx}$	$-\dfrac{P2\beta^{2}}{k}\,e^{-\beta x}\sin\beta x$	$-\dfrac{P2\beta^{2}\sqrt{2}}{k}\,e^{-\beta x}\sin\!\left(\beta x+\dfrac{\pi}{4}\right)$	$-\dfrac{4\beta^{3}T}{k}\,e^{-\beta x}\sin\!\left(\beta x+\dfrac{\pi}{2}\right)$	$-\dfrac{T\beta^{3}2\sqrt{2}}{k}\,e^{-\beta x}\sin\!\left(\beta x+\dfrac{3}{4}\pi\right)$
$\left(\dfrac{dw}{dx}\right)_{\text{Extr}}$	$-0,64\,\dfrac{\beta^{2}}{k}P$ für $x=\dfrac{\pi}{4\beta}$	$-\dfrac{P2\beta^{2}}{k}$ für $x=0$	$-\dfrac{4\beta^{3}T}{k}$ für $x=0$	$-\dfrac{2\beta^{3}}{k}T$ für $x=0$
Moment $M=-EI\dfrac{d^{2}w}{dx^{2}}$	$-\dfrac{P}{\beta\gamma\sqrt{2}}\,e^{-\beta x}\sin\!\left(\beta x-\dfrac{\pi}{4}\right)$	$-\dfrac{P}{\beta}\,e^{-\beta x}\sin\beta x$	$-T\sqrt{2}\,e^{-\beta x}\sin\!\left(\beta x+\dfrac{\pi}{4}\right)$	$-T\,e^{-\beta x}\sin\!\left(\beta x+\dfrac{\pi}{2}\right)$
M_{Extr}	$\dfrac{P}{2\beta}$ für $x=0$	$-0,32\,\dfrac{P}{\beta}$ für $x=\dfrac{\pi}{4\beta}$	$-T$ für $x=0$	$-T$ für $x=0$
Querkraft $Q=-EI\dfrac{d^{3}w}{dx^{3}}$	$P\,e^{\beta x}\sin\!\left(\beta x-\dfrac{\pi}{2}\right)$	$P\sqrt{2}\,e^{-\beta x}\sin\!\left(\beta x-\dfrac{\pi}{4}\right)$	$T2\beta\,e^{-\beta x}\sin\beta x$	$T\beta\sqrt{2}\,e^{-\beta x}\sin\!\left(\beta x+\dfrac{\pi}{4}\right)$
Q_{Extr}	$-P$ für $x=0$	$-P$ für $x=0$	$0,64\,\beta T$ für $x=\dfrac{\pi}{4\beta}$	βT für $x=0$

Für Fall A galt: $\frac{dw}{dx} = 0$, für Fall B gilt: M = 0.

Die beiden Belastungsfälle C und D beziehen sich auf die singuläre Belastung durch ein Moment, das im Fall C gleich T und im Fall D gleich 2T ist. Man erhält damit im Fall C eine Randbedingung und im Fall D eine Übergangsbedingung, die beide M = –T lauten.

Eine Rand- oder Übergangsbedingung für das Biegemoment schließt eine Bedingung für die Neigung aus. Als zweite Rand- oder Übergangsbedingung bleibt in diesem Fall eine Bedingung für die Querkraft oder die Verschiebung übrig. Für Fall C gilt: D = 0, für Fall D gilt: w = 0.

Mit Hilfe dieser Bedingungen können die Integrationskonstanten für die verschiedenen Fälle bestimmt werden, wodurch man die in Tabelle 11.1 dargestellten Lösungen und weitere Besonderheiten erhält. Die Ergebnisse sind in Bild 11.19 graphisch dargestellt. Die vier Randbedingungen

$$w = 0, \quad \frac{dw}{dx} = 0, \quad M = 0 \quad \text{und} \quad Q = 0$$

führen zu den folgenden Werten für den Phasenwinkel ω:

$$\omega = 0, \quad \omega = \frac{\pi}{4}, \quad \omega = \frac{\pi}{2} \quad \text{und} \quad \omega = \frac{3}{4}\pi$$

Jeder darauffolgende Phasenwinkel ist also um $\frac{\pi}{4}$ größer als der vorhergehende, genauso wie beim Phasenunterschied zwischen w, dw/dx, M und Q für einen bestimmten Belastungsfall.

Dies bedeutet, daß man die Lösungen für eine beliebige Größe (w, dw/dx, M, Q) eines bestimmten Belastungsfalles bei dem darauffolgenden Belastungsfall als abgeleitete Größe wiederfindet.

Die vier Belastungsfälle sind auch nicht voneinander unabhängig. So kann man z.B. durch Superposition der Fälle A und D sowohl den Fall B als auch den Fall C erhalten, wie der Leser leicht nachvollziehen kann.

Interessant ist auch der folgende Zusammenhang zwischen den Fällen A und D. Wir schreiben Lösung (11.37) für Fall A – die Einzellast 2P auf dem unendlich langen Träger – in der folgenden Form:

$$w = \frac{P\beta\sqrt{2}}{k} f(x) \quad \text{mit} \quad f(x) = e^{-\beta x} \sin(\beta x + \frac{\pi}{4}) \tag{11.44}$$

Wir bringen jetzt in einem kleinen Abstand δ links von dieser Last (wo der Ursprung des Koordinatensystems festgelegt wurde) eine zweite Last der Größe 2P an, die jedoch nach oben wirkt (siehe Bild 11.20a). Der Verschiebungsverlauf infolge dieser Last für $x \geq 0$ lautet:

$$w = \frac{-P\beta\sqrt{2}}{k} f(x + \delta) \tag{11.45}$$

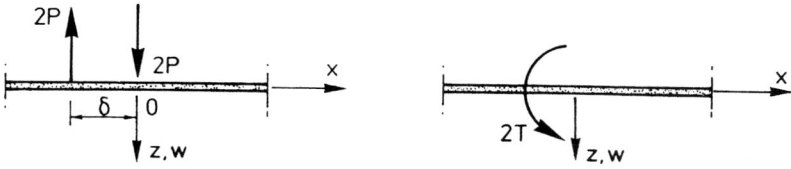

Bild 11.20.

Der Verschiebungsverlauf infolge beider Lasten zusammen wird somit:

$$w = \frac{-P\beta\sqrt{2}}{k} [f(x + \delta) - f(x)], \tag{11.46a}$$

wofür man auch schreiben kann:

$$w = -\frac{2P\delta}{2k} \beta\sqrt{2} \frac{f(x + \delta) - f(x)}{\delta}. \tag{11.46b}$$

Wir lassen δ jetzt gegen Null wandern, aber P soll gleichzeitig in dem Maße zunehmen, daß das Produkt 2Pδ konstant und gleich einem vorher festgelegten Wert −2T bleibt. Die Lasten 2P nehmen damit unbegrenzt zu.
Dies führt auf die Belastung durch ein Moment 2T, womit wir Belastungsfall D (Bild 11.20b) erhalten.
Für den Verschiebungsverlauf erhält man jetzt:

$$w = -\frac{2P\delta}{2k} \beta\sqrt{2} \lim_{\delta \to 0} \frac{f(x + \delta) - f(x)}{\delta} = \frac{2T}{2k} \beta\sqrt{2} \frac{d}{dx} f(x). \tag{11.47}$$

Setzt man $f(x) = e^{-\beta x} \sin(\beta x + \frac{\pi}{4})$ in (11.47) ein, so ergibt sich:

$$w = -\frac{T}{k} \beta\sqrt{2} \, \beta\sqrt{2} \, e^{-\beta x} \sin(\beta x + \frac{\pi}{4} - \frac{\pi}{4}) = -\frac{T}{k} 2\beta^2 e^{-\beta x} \sin(\beta x), \tag{11.48}$$

was mit der in Tabelle 11.1 angegebenen Formel übereinstimmt.
Die Lösung von Fall D kann also aus der Lösung von Fall A durch Differentiation abgeleitet werden. Hierdurch erklärt sich, warum die Durchbiegungslinie für Fall D affin zum Verlauf der Neigung des Falles A ist oder, allgemeiner ausgedrückt, warum die jeweiligen Kurven für Fall D gegenüber denen des Falles A um einen Platz nach oben verrückt sind.

Es erscheint auch interessant zu bemerken, daß man die Durchbiegungslinie für die Belastung mit einem Momentenpaar entsprechend Bild 11.21 durch nochmaliges Differenzieren des Ergebnisses (11.48) erhält. Aus der Theorie für die Einflußlinien ist bekannt, daß beim Anbringen eines Momentenpaares auf eine fiktive Verbindung die Durchbiegungslinie gleich der Einflußlinie des Biegemomentes an der Stelle der fiktiven Verbindung ist. Diese Durchbiegungslinie ist also die zweite Ableitung der

Durchbiegungslinie infolge einer Einzellast (Fall A, Formel (11.44)).

Auch das Biegemoment erhält man, indem man diese letzte Durchbiegungslinie zweimal differenziert. Hiermit wird nochmals aufgezeigt, daß in diesem Fall die Momentenlinie bei Belastung durch eine Einzellast gleich der Einflußlinie für das Biegemoment an der Stelle dieser Einzellast ist.

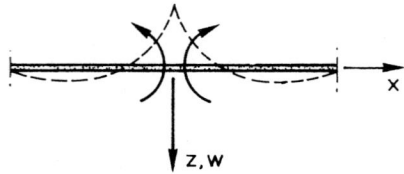

Bild 11.21.

11.7 Natürliche Wellenlänge

Der Charakter einer gedämpften Welle aus den Lösungen der reduzierten Gleichung, d.h. für einen Träger ohne verteilte Belastung, wurde bereits mehrere Male ausführlich besprochen.

Die Wellenlänge λ dieser Lösungen erhält man direkt aus der Bedingung $\beta\lambda = 2\pi$, d.h.:

$$\lambda = \frac{2\pi}{\beta} \tag{11.49}$$

Man nennt diese Wellenlänge auch die natürliche Wellenlänge, und sie kann als eine Systemeigenschaft betrachtet werden.

Um die Bedeutung dieser Systemeigenschaft herauszufinden, betrachten wir den unendlich langen Träger, der durch eine sinusförmige Belastung $q_1\sin(\pi x/l)$ belastet wird. Die Durchbiegung ist in diesem Fall, wie bereits bekannt, gleich (Formel 11.10):

$$w = \frac{q_1}{\pi^4\,EI/l^4 + k}\, \sin\frac{\pi x}{l}$$

Diese Formel läßt sich umformen zu:

$$w = \frac{kl^4/\pi^4 EI}{1 + kl^4/\pi^4 EI}\, \frac{q_1}{k}\, \sin\frac{\pi x}{l} = \frac{\gamma}{1 + \gamma}\, \frac{q_1}{k}\, \sin\frac{\pi x}{l} \tag{11.50}$$

Dieser Ausdruck ist das Gegenstück zu Formel (11.12).

Mit $\frac{k}{EI} = 4\beta^4$ und $\beta = 2\pi/\lambda$ geht der Ausdruck über in:

$$w = \frac{4(2l/\lambda)^4}{1 + 4(2l/\lambda)^4}\, \frac{q_1}{k}\, \sin\frac{\pi x}{l} \tag{11.51}$$

Wir erkennen an diesem Ergebnis, daß für $2l \gg \lambda$, d.h. wenn die Wellenlänge der Durchbiegungslinie groß gegenüber der natürlichen Wellenlänge ist, die Durchbiegung sich folgender Funktion nähert:

$$w = \frac{q_1}{k} \sin \frac{\pi x}{l}.$$

In diesem Ausdruck kommt die Biegesteifigkeit des Trägers nicht vor. Der Träger biegt sich gewissermaßen widerstandslos durch, und die Belastung wird dann nahezu allein durch die elastische Unterstützung getragen.

Das andere Extrem tritt auf, wenn die Wellenlänge der Durchbiegungslinie klein gegenüber der natürlichen Wellenlänge ist, d.h. bei $2l \ll \lambda$. In diesem Fall nähert sich die Durchbiegung folgender Funktion:

$$w = \frac{4(2l/\lambda)^4}{1} \frac{q_1}{k} \sin \frac{\pi x}{l} = \frac{kl^4}{\pi^4 EI} \frac{q_1}{k} \sin \frac{\pi x}{l} = \frac{q_1 l^4}{\pi^4 EI} \sin \frac{\pi x}{l}$$

Bei abnehmendem l strebt die Amplitude der Durchbiegung gegen Null. In diesem Fall wechselt die Belastung sehr schnell von positiv nach negativ und umgekehrt. Der Träger überbrückt durch seine Biegesteifigkeit den Abstand zwischen positiven und negativen Belastungen leicht. Die unterstützende Reaktion kommt gewissermaßen kaum zur Geltung und ist somit auch gering.

In Bild 11.22 ist noch der Faktor $\dfrac{4(2l/\lambda)^4}{1 + 4(2l/\lambda)^4}$ als Funktion des Verhältnisses $2l/\lambda$ dargestellt. Wir erkennen die beiden Grenzfälle und sehen darüber hinaus, daß der Übergang von der einen zur anderen Situation in einer relativ kleinen Zone stattfindet. Der Leser vergleiche dieses Bild mit seinem Gegenstück aus Bild 11.8.

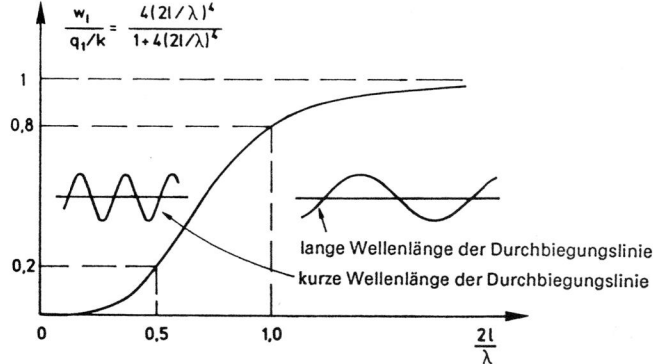

Bild 11.22.

Die natürliche Wellenlänge spielt eine wichtige Rolle bei den Knickerscheinungen von elastisch unterstützten Stäben. Auch bei Schalenkonstruktionen spielt dieser Begriff bei der Klassifikation von verschiedenen Spannungszuständen eine Rolle.

11.8 Verteilte Belastung

Im folgenden werden einige Fälle mit verteilter Belastung behandelt. Die Lösung besteht dann aus einer partikulären Lösung plus der Lösung der reduzierten Gleichung.

Beim ersten Fall handelt es sich um einen Träger, der am linken Ende gelenkig aufliegt und sich nach rechts unbegrenzt weit ausstreckt, dabei elastisch unterstützt wird und eine Gleichlast q_0 trägt (Bild 11.23).

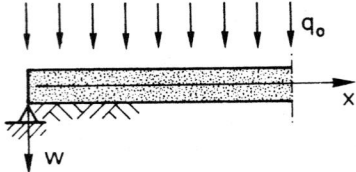

Bild 11.23.

Die partikuläre Lösung wird in diesem Fall durch Formel (11.8) gegeben. Als Lösung der reduzierten Gleichung wählen wir die Formulierung aus (11.33). Dies führt auf den folgenden Ausdruck für die Verschiebung.

$$w = \frac{q_0}{k} + A\, e^{-\beta x} \sin(\beta x + \omega), \qquad (11.52)$$

mit der zweiten Ableitung:

$$\frac{d^2 w}{dx^2} = 2\beta^2 A\, e^{-\beta x} \sin(\beta x + \omega - \tfrac{\pi}{2}) \qquad (11.53)$$

Die Integrationskonstanten A und ω erhält man aus den Randbedingungen für das linke Ende:

für $x = 0$: $w = 0$ und $M = 0$

Aus der zweiten Randbedingung folgt $\omega = \frac{\pi}{2}$, womit aus der ersten Randbedingung $A = -\frac{q_0}{k}$ folgt und die Lösung lautet:

$$w = \frac{q_0}{k}\{1 - e^{-\beta x} \sin(\beta x + \tfrac{\pi}{2})\}, \qquad (11.54)$$

woraus folgt:

$$\frac{dw}{dx} = \frac{q_0}{k}\beta\sqrt{2}\, e^{-\beta x} \sin(\beta x + \tfrac{\pi}{4}) \qquad (11.55)$$

$$M = -EI\frac{d^2 w}{dx^2} = 2\beta^2 EI\frac{q_0}{k} e^{-\beta x} \sin\beta x = \frac{q_0}{2\beta^2} e^{-\beta x} \sin\beta x \qquad (11.56)$$

$$Q = -EI \frac{d^3w}{dx^3} = -\frac{q_0}{\beta\sqrt{2}} e^{-\beta x} \sin(\beta x - \frac{\pi}{4}) \qquad (11.57)$$

Der Verlauf dieser Größen ist in Bild 11.24 dargestellt.

Hieraus zeigt sich, daß die Durchbiegung vom linken Ende ab schnell zunimmt und sich schließlich dem Wert q_0/k nähert, der auch bei einem Träger, der ausschließlich elastisch unterstützt ist, auftreten würde.

Es gibt jedoch eine Störung dieser partikulären Lösung, die durch das gelenkige Auflager am linken Ende verursacht wird. Diese Störung wird durch die Lösung der reduzierten Differentialgleichung beschrieben. Aufgrund des stark dämpfenden Charakters dieser letztgenannten Lösung ist die Länge, über die sich die Störung ausbreitet, beschränkt. Die schnell zunehmende Durchbiegung im Störungsgebiet ist verbunden mit einer Biegung bzw. Krümmung und einem dazugehörigen Biegemoment. Außerhalb des Störungsgebietes ist das Biegemoment und auch die Querkraft nahezu nicht mehr vorhanden.

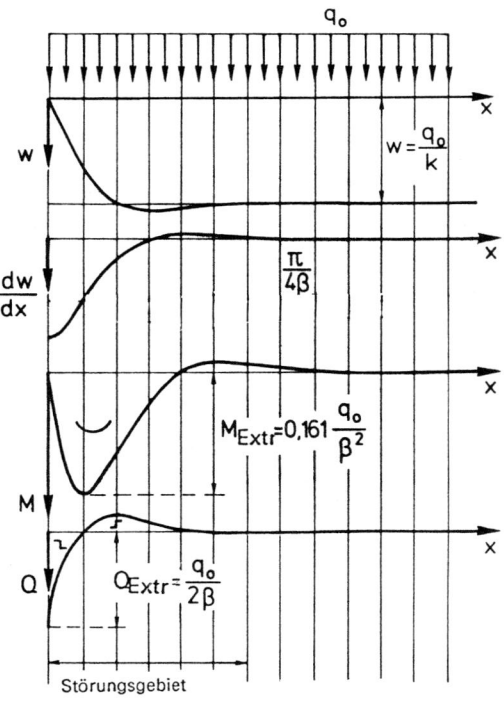

Bild 11.24.

Das Erkennen der Störung, die von der gelenkigen Auflagerung ausgeht, kann auch zu einem anderen, anschaulicheren Lösungsvorgehen führen.

Dazu wird die gelenkige Auflagerung zuerst ausgelöst. Der Träger kann jetzt ungestört eine Verschiebung der Größe

$$w = \frac{q_0}{k} \quad \text{(Bild 11.25a)} \tag{11.58}$$

erhalten.

Jetzt bringen wir am linken Ende die Reaktionskraft R an, die durch die Gelenkauflagerung ausgeübt wird und die hier eine gleich große, aber entgegengerichtete Verschiebung aufbringen muß (Bild 11.25b).

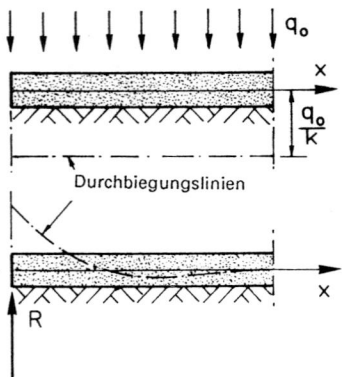

Bild 11.25.

Dieser Belastungsfall ist in Tabelle 11.1 als Grundfall B dargestellt, und wir entnehmen daraus, daß die nach oben gerichtete Verschiebung am Ende gleich ist:

$$w = 2\frac{\beta}{k}R \tag{11.59}$$

Gleichsetzen der Ausdrücke (11.58) und (11.59) führt auf den Wert für die Reaktionskraft R der Gelenkauflagerung:

$$R = \frac{q_0}{2\beta} \tag{11.60}$$

Die Lösung bekommt man also jetzt aus der Superposition von Lösung (11.58) für den ungestörten Belastungsfall und aus den Lösungen, die für Grundfall B mit P = –R gelten. Man erhält damit die Ergebnisse (11.54) bis (11.57).

Die Verläufe für die Neigung, das Biegemoment und die Querkraft entsprechen daher denen des Grundfalles B (Bild 11.19). Für die Durchbiegung muß dem Verlauf aus Bild 11.19 noch der Wert q_0/k zugefügt werden.

Bei der hier beschriebenen Methode des Freimachens erweisen die Ergebnisse der vier Grundfälle ihren Dienst.

Ein *verwandter Fall* ist der Träger, der am linken Ende eingespannt wird und sich nach rechts unbegrenzt weit ausstreckt, dabei elastisch unterstützt ist und eine Gleichlast q_0 trägt (Bild 11.26).

Zur Lösung dieses Problems kann man von Gleichung (11.52) ausgehen.

Die Integrationskonstanten A und ω erhält man wiederum aus den Randbedingungen, die in diesem Fall wie folgt lauten:

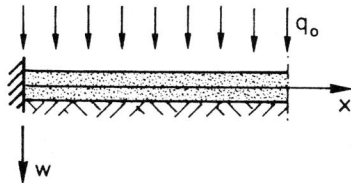

Bild 11.26.

$$\text{für } x = 0: \quad w = 0 \quad \text{und} \quad \frac{dw}{dx} = 0$$

Nach Ausarbeitung erhält man folgende Ergebnisse:

$$w = \frac{q_0}{k} \left[1 - \sqrt{2} \, e^{-\beta x} \sin(\beta x + \frac{\pi}{4})\right] \tag{11.61}$$

$$\frac{dw}{dx} = \frac{q_0}{k} \, 2\beta e^{-\beta x} \sin \beta x \tag{11.62}$$

$$M = -EI \frac{d^2 w}{dx^2} = \frac{q_0}{\beta^2 \sqrt{2}} \, e^{-\beta x} \sin(\beta x - \frac{\pi}{4}) \tag{11.63}$$

$$Q = -EI \frac{d^3 w}{dx^3} = \frac{q_0}{\beta} \, e^{-\beta x} \sin(\beta x - \frac{\pi}{2}) \tag{11.64}$$

Die Verläufe dieser Größen sind in Bild 11.27 dargestellt. Es tritt wiederum eine Randstörung auf, die durch die Einspannung am linken Ende verursacht wird. In einigem Abstand von dieser Einspannung ist diese Störung jedoch ausgedämpft, und es sind nahezu kein Biegemoment und keine Querkraft mehr vorhanden. Der Träger senkt sich dort unbehindert um den Wert q_0/k ab. Auch dieser Fall kann mit der Methode des Freimachens gelöst werden.

Wir lösen dazu wieder die Einspannung aus, wodurch der Träger ungehindert eine vertikale Verschiebung $w = q_0/k$ erfahren kann (Bild 11.28a), und bringen dann am linken Ende die Reaktionskraft R an, die durch die Einspannung ausgeübt wird (Bild 11.28b). Diese Reaktionskraft muß eine gleich große, aber entgegengerichtete Verschiebung aufbringen, wobei dafür gesorgt wird, daß der Endquerschnitt nicht rotiert. Dieser Belastungsfall wurde zuvor als Grundfall A behandelt, und wir übernehmen daraus für die nach oben gerichtete Verschiebung am Ende den folgenden Wert (siehe Formel 11.41):

$$w = \frac{\beta}{k} R \tag{11.65}$$

Setzt man dieses Ergebnis mit der Verschiebung q_0/k aus dem ungestörten Zustand gleich, so erhält man für den Wert der vertikalen Reaktionskraft:

$$R = \frac{q_0}{\beta} \tag{11.66}$$

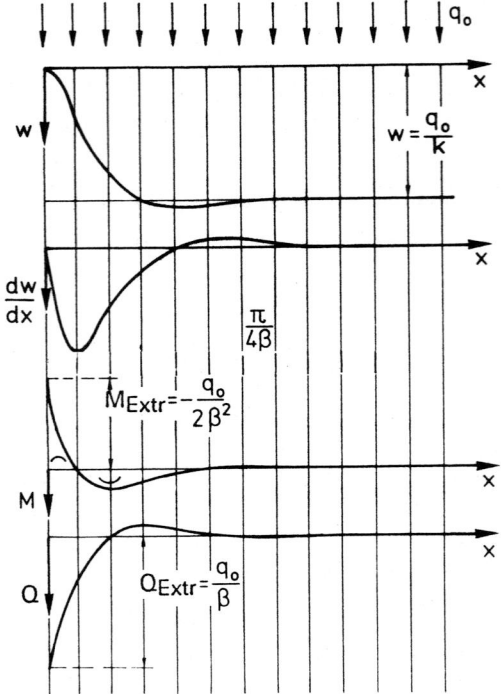

Bild 11.27.

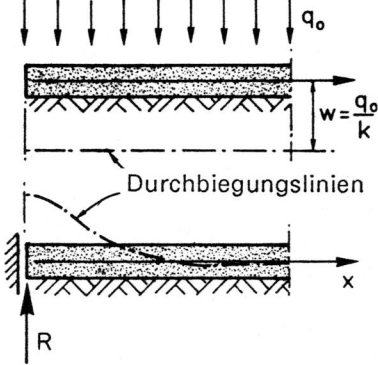

Bild 11.28.

Die Lösung bekommt man diesmal durch Superposition von der Lösung für den ungestörten Belastungsfall und den Lösungen, die für den Grundfall A mit $P = -R$ gelten. Man erhält damit die Ergebnisse (11.61) bis (11.64).

Die Verläufe für die Neigung, das Biegemoment und die Querkraft entsprechen daher denen des Grundfalles A (Bild 11.12). Für die Durchbiegung muß dem Verlauf aus Bild 11.12 noch der Wert q_0/k zugefügt werden.

Wir wollen außerdem noch den Wert des Einspannmomentes bestimmen. Mit Hilfe von Formel (11.42) folgt dafür:

$$M_{(x = 0)} = -\frac{q_0}{2\beta^2} \qquad\qquad (11.67)$$

Bei vielen Anwendungen kann dieses sogenannte Randstörungsmoment einen beträchtlichen Wert erreichen, so daß hiermit gründlich gerechnet werden muß (wie z.B. bei Rohren und Reservoirs (Kapitel 21)). Das Biegemoment nimmt in diesen Fällen jedoch sehr schnell ab, sodaß es nur über eine kurze Strecke vorhanden ist.
Führen wir eine fiktive Länge b = 1/β ein, dann geht Ausdruck (11.67) über in:

$$M_{(x = 0)} = -\frac{1}{2} q_0 b^2 \qquad\qquad (11.68)$$

Dies ist die Formel für das Biegemoment an der Einspannung eines auskragenden Trägers der Länge b, der durch eine Gleichlast q_0 belastet wird.
Hierbei drängt sich der Gedanke an eine Funktionszerlegung auf, die selbstverständlich fiktiv ist und in dem Sinne eingesetzt wird, daß die Belastung über einer Breite b neben der Stelle der Einspannung durch Biegung und Querkraft auf die Einspannung übertragen wird und die übrige Belastung durch die elastische Unterstützung aufgenommen wird (Bild 11.29).
Die Randstörung ist in diesem Gedankenmodell also über eine Strecke b, die in diesem Zusammenhang auch mitwirkende Breite (Mitwirken der Einspannung also) genannt wird, vorhanden.

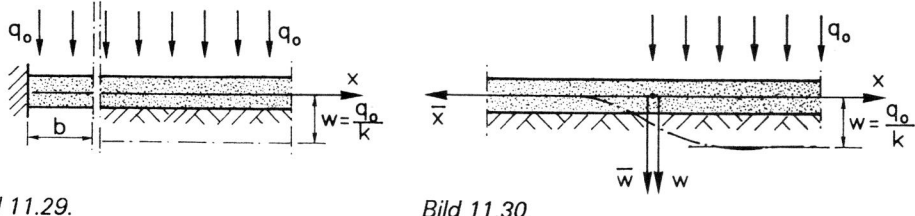

Bild 11.29.   *Bild 11.30.*

Ein *lehrreicher Fall*, dem man auch in verschiedenen Anwendungen begegnet, ist der unendlich lange Träger, der von einem bestimmten Punkt ab mit einer Gleichlast q_0 belastet wird (Bild 11.30).
Da jetzt ein Sprung in der Belastung auftritt, teilt sich die Lösung in zwei Teile auf, einen Teil für die linke und einen Teil für die rechte Hälfte. Legen wir den Ursprung in die Stelle des Belastungssprunges und wählen wir die beiden Koordinatensysteme, wie in Bild 11.30 dargestellt, dann gilt für die linke Hälfte die Lösung der reduzierten Gleichung. Es empfiehlt sich, hier Ausdruck (11.22) zu verwenden.

$$\overline{w} = e^{-\beta\overline{x}} \left[\overline{C}_3 \cos \beta\overline{x} + \overline{C}_4 \sin \beta\overline{x}\right] \qquad\qquad (11.69)$$

Für die rechte Hälfte muß dann von folgender Lösung ausgegangen werden:

$$w = \frac{q_0}{k} + e^{-\beta x}[C_3 \cos \beta x + C_4 \sin \beta x] \qquad\qquad (11.70)$$

Die vier Integrationskonstanten $C_3, \overline{C}_3, C_4$ und $\overline{C}_4$ können mit Hilfe der vier Übergangsbedingungen an der Stelle des Ursprunges bestimmt werden:

$$w = \overline{w}, \quad \frac{dw}{dx} = -\frac{d\overline{w}}{dx}, \quad M = \overline{M}, \quad Q = -\overline{Q}$$

Man kommt schneller zum Ziel, indem man den Träger im Ursprung durchschneidet. Der linke Teil bleibt dann an seinem Platz, der rechte Teil wird sich ungestört um einen Wert q_0/k absenken (Bild 11.31).

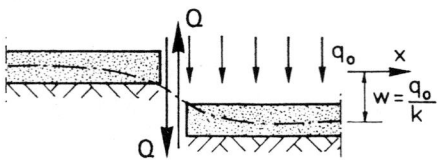

Bild 11.31.

Um die beiden Trägerhälften wieder aneinander anzuschließen, müssen an den Enden vertikale Kräfte Q angebracht werden. Der rechte Teil muß dabei ebensoviel nach oben gebracht werden wie der linke Teil nach unten. Es resultiert eine Verschiebung, wie in Bild 11.31 mit einer gestrichelten Linie dargestellt ist. Daraus zeigt sich, daß es sich um Antimetrie handelt. Im Ursprung tritt ein Wendepunkt in der Verschiebungsfunktion auf. Das Biegemoment ist dort also Null, und der Belastungsfall entspricht daher dem in der Tabelle aufgeführten Grundfall B. Hieraus entnehmen wir, daß jede der beiden Kräfte Q eine Verschiebung am Ende der betreffenden Trägerhälfte aufbringt, die wie folgt lautet:

$$w = 2\frac{\beta}{k}Q. \tag{11.71}$$

Setzt man die Summe dieser beiden Verschiebungskomponenten gleich der Verschiebung q_0/k, dann folgt daraus für den Wert der beiden Kräfte Q (Querkraft im Ursprung):

$$Q = \frac{q_0}{4\beta}. \tag{11.72}$$

Die Verläufe der Durchbiegung, der Neigung, des Biegemomentes und der Querkraft sind schließlich den Formeln für Grundfall B, die in Tabelle 11.1 angegeben sind, mit P = Q für die linke Hälfte und P = –Q für die rechte Hälfte, zu entnehmen. Für die rechte Hälfte muß der Durchbiegung noch der Wert q_0/k zugefügt werden.

Die Situation für die rechte Hälfte stimmt mit der des ersten Falles überein, wobei die Kraft Q nur eine Verschiebung von $q_0/2k$ aufbringen muß, d.h. diese Kraft ist nur halb so groß wie die Reaktion R des ersten Falles. Extremwerte des Biegemomentes treten in den Querschnitten, die beiderseits vom Ursprung im Abstand von $\frac{\pi}{4}\beta$ liegen, auf.

Die Extremwerte lauten:

$$M_{Extr} = \pm\, 0,322\frac{P}{\beta} = \pm\, 0,322\frac{q_0}{4\beta^2} \qquad (11.73)$$

Mit Hilfe des Freimachens durch Auslösen oder Durchschneiden des Trägers und anschließendes Superponieren von zwei oder mehreren bekannten Belastungsfällen lassen sich viele Probleme lösen.

Als Beispiel ist in Bild 11.32a noch ein Träger dargestellt, der sich nach links unbegrenzt weit ausstreckt und am rechten Ende über eine Länge a mit einer Gleichlast q_0 belastet ist.

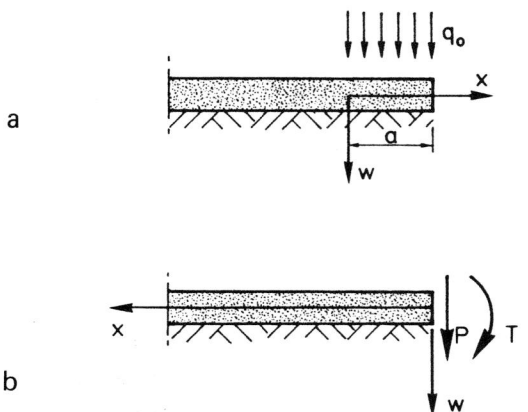

Bild 11.32.

Zur Bestimmung der Verläufe für die Durchbiegung, das Biegemoment etc. betrachten wir zuerst den Träger aus Bild 11.30, von dem die Lösung bekannt ist, besonders das Biegemoment und die Querkraft an der Stelle x = a.

Schneiden wir den Träger jetzt an dieser Stelle durch und bringen am linken Schnittufer ein gleich großes, aber entgegengerichtetes Moment T und eine gleich große, aber entgegengerichtete Kraft P an (Bild 11.32b), dann erhalten wir den Belastungsfall aus Bild 11.32a. Die Lösungen für ein Moment und eine Kraft, die am Ende eines einseitig unendlich langen Trägers angreifen, sind bekannt aus den Grundfällen C und B aus Tabelle 11.1. Superponiert man diese Lösungen mit der Lösung des Belastungsfalles aus Bild 11.30, so erhält man die Lösung für den Belastungsfall aus Bild 11.32a.

11.9 Endlich lange Träger

Bei endlich langen Trägern, wobei die vier Randbedingungen eine wesentliche Rolle spielen, muß prinzipiell von der partikulären Lösung und der vollständigen Lösung der reduzierten Differentialgleichung mit den vier Integrationskonstanten (11.21) ausgegangen werden.

Aufgrund des stark dämpfenden Charakters der Lösung wird es jedoch oft

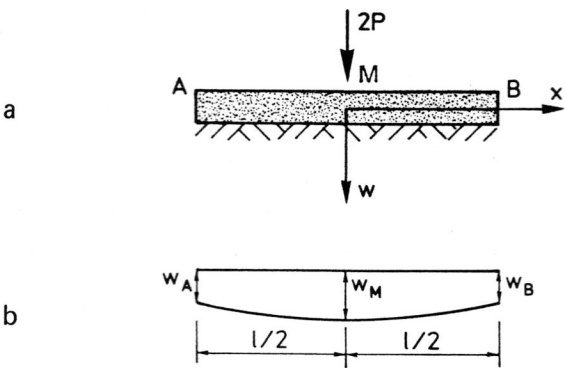

a

b

Bild 11.33.

vorkommen, daß eine Störung, die vom linken Ende ausgeht, am rechten Ende praktisch vollständig ausgedämpft ist und somit eine Störung, die vom rechten Ende ausgeht, nicht beeinflußt. Umgekehrt hat eine Störung, die vom rechten Ende ausgeht, keinen Einfluß auf eine Störung, die vom linken Ende her kommt. In diesen Fällen können die Randstörungsprobleme an den beiden Enden unabhängig voneinander mit Hilfe der Gleichung (11.22) bzw. (11.33) gelöst werden. Wenn diese Vereinfachung nicht zulässig ist, werden die Berechnungen grundsätzlich nicht schwieriger, aber doch bedeutend arbeitsaufwendiger.

Das vorher angewandte Verfahren des Freimachens, d.h. Durchschneiden und anschließendes Superponieren von Belastungsfällen, kann oft zu einer schnelleren und einfacheren Lösung führen. Nehmen wir z.B. den Träger von begrenzter Länge l, an dem in der Mitte eine Einzellast 2P angreift (Bild 11.33). In diesem Fall könnte man zuerst annehmen, daß die Belastung 2P an einem unendlich langen Träger angreift, für den die bekannten Lösungen des Grundfalles A gelten. Bei $x = \pm \frac{1}{2}l$ treten dann bekannte Biegemomente und Querkräfte auf. Schneidet man anschließend den Träger an den Stellen $x = \pm \frac{1}{2}l$ durch und bringt dort gleich große, aber entgegengerichtete Momente und Kräfte an, so erhält man den Fall aus Bild 11.33. Die Auswirkungen der Momente und Kräfte auf die Enden des Trägers können mit Hilfe der Formeln für die Grundfälle C und B bestimmt werden, wobei wieder angenommen wird, daß sich der Träger nach einer Seite hin unendlich weit ausstreckt.

Ist der Effekt eines Momentes und einer Kraft, die am Ende bei $x = \frac{1}{2}l$ angreifen, an der anderen Seite, d.h. bei $x = -\frac{1}{2}l$, genügend klein, dann kann die Rechnung beendet werden. Ist dies nicht der Fall, dann muß der Träger an der Stelle $x = -\frac{1}{2}l$ nochmals durchgeschnitten werden, und es muß dort von neuem ein gleich großes, aber entgegengesetzt gerichtetes Moment und eine gleich große, aber entgegengesetzt gerichtete Querkraft angebracht werden. Oft wird dies jedoch nicht erforderlich sein.

Mit den hier angeführten Ausarbeitungen der Theorie des elastisch gebetteten Biegeträgers sollte der Leser bei konkreten Anwendungen im allgemeinen zurechtkommen.

Als besondere Anwendung werden in Kapitel 21 die Randstörungen bei axial-symmetrisch belasteten Zylinderschalen wie z.B. bei Rohren und Reservoirs behandelt.

Teil 3
Kombinierte Tragwirkung

12
Einleitung, einige Federmodelle

Mit den linienförmigen Konstruktionselementen aus dem ersten Teil können Kombinationen hergestellt werden, die zu Tragsystemen mit großen Möglichkeiten führen. Das einfachste Beispiel hierfür ist sicher das Fachwerk.

Die Entwickelung des Materiales Eisen – erst Schweißeisen, später Stahl – führte im 19. Jahrhundert zu einem großen Aufschwung beim Bau von Fachwerkbrücken und Fachwerküberspannungen. Der Eisenbahnbau hat dazu stark beigetragen.

Beim Fachwerk handelt es sich um ein diskretes System, und die Bestimmung von Stabkräften und Verschiebungen kann durch Auflösen eines Systems linearer algebraischer Gleichungen erfolgen. Bisher wurde das Tragverhalten von geraden Stäben und Seilen mit einer längs der Achse kontinuierlich verteilt angreifenden Belastung behandelt, und die Beschreibung dieses Verhaltens erfolgte mittels Differentialgleichungen.

In den folgenden Kapiteln wollen wir nun Kombinationen von diesen Elementen behandeln, wobei eine kontinuierlich verteilte Interaktion auftritt. Das anschaulichste Beispiel ist vielleicht die Hängebrücke (Abbildung 12.1), die eine Kombination von

Abbildung 12.1. Verrazano bridge, New York, 1967, während des Baus, (Ammann und Whitney) Spannweite 1300 m.

Seil und Träger darstellt, wobei diese beiden Elemente bei der Abtragung der Belastung zusammenwirken.

Bevor wir solche Kombinationen behandeln, gehen wir noch einmal auf die beiden Möglichkeiten ein, wie eine Belastung durch zwei Federn aufgenommen werden kann. In Bild 12.1a sind die beiden Federn nebeneinander angeordnet. Sie nehmen zusammen die Belastung F auf und erhalten dabei dieselbe Verlängerung.

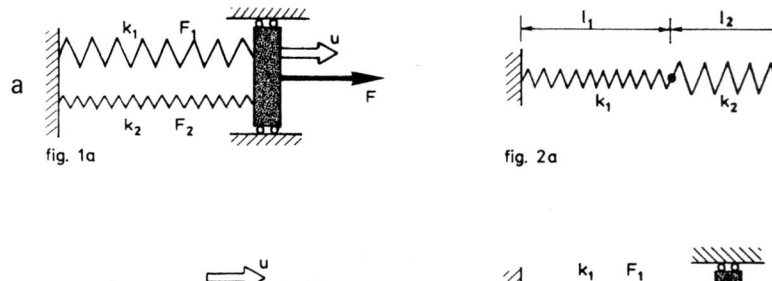

a

fig. 1a   fig. 2a

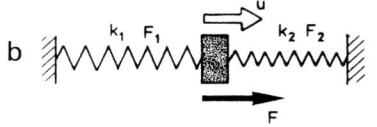

b

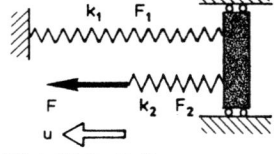

Bild 12.1. Parallelsysteme.   *Bild 12.2. Reihensysteme.*

Sind die Steifigkeitsfaktoren oder Federkonstanten gleich k_1 bzw. k_2, dann ergeben sich die Kräfte in den beiden Federn zu:

$$F_1 = k_1 u \quad \text{und} \quad F_2 = k_2 u$$

mit u als der Verschiebung des Angriffspunktes der Kraft F. Es gilt jetzt:

$$F = ku = F_1 + F_2 = (k_1 + k_2)u$$

woraus folgt: $k = k_1 + k_2$,

Damit zeigt sich, daß der Steifigkeitsfaktor des Systems gleich der Summe der Steifigkeitsfaktoren der beiden Elemente ist, wenn die Verschiebung des Angriffspunktes der Belastung auf die Elemente, die das System bilden, aufgebracht wird. Man nennt dies ein Parallelsystem. Es wird somit deutlich, daß auch das System aus Bild 12.1b ein Parallelsystem ist.

In Bild 12.2a sind die Federn so hintereinander angeordnet, daß jede von ihnen die Belastung F aufnehmen muß. Die Verschiebung u des Angriffspunktes der Belastung ist die Summe aus den Verlängerungen der beiden Federn.

Bezeichnet man die Verlängerungen mit Δl_1 bzw. Δl_2, dann gilt für die Verschiebung u des Angriffspunktes von F:

$$u = \frac{F}{k} = \Delta l_1 + \Delta l_2 = \frac{F}{k_1} + \frac{F}{k_2},$$

und den Steifigkeitsfaktor des Systems erhält man aus folgender Beziehung:

$$\frac{1}{k} = \frac{1}{k_1} + \frac{1}{k_2} \quad \text{oder auch: } k = \frac{k_1 k_2}{k_1 + k_2}$$

Daraus erkennt man, daß der Kehrwert des Steifigkeitsfaktors des Systems gleich der Summe der Kehrwerte der Steifigkeitsfaktoren für die einzelnen Elemente ist, wenn die Belastung durch jedes der beiden Elemente des Systems aufgenommen werden muß und die Verschiebung des Angriffspunktes der Belastung somit die Summe der Verschiebungen der einzelnen Elemente ist. Man nennt dies ein Reihensystem. Auch das System aus 12.2b ist daher ein Reihensystem.

Der Kehrwert eines Steifigkeitsfaktors wird auch Flexibilitätskoeffizient genannt, so daß man auch sagen kann, daß bei einem Reihensystem der Flexibilitätskoeffizient des Systems gleich der Summe der Flexibilitätskoeffizienten der einzelnen Elemente des Systems ist.

Auch bei Systemen mit kontinuierlich verteilter Belastung, bei denen das Verhalten mit Hilfe von Differentialgleichungen beschrieben wird, kann man zwischen Reihen- und Parallelsystemen unterscheiden. Bei Parallelsystemen können die Tragwirkungen superponiert werden, bei Reihensystemen müssen die Verformungen superponiert werden. Es wird sich zeigen, daß für Tragsysteme die erste Gruppe interessante Möglichkeiten bietet.

Eigentlich sind wir bereits einer Kombination von Tragwirkungen bei den Trägern mit elastischer Unterstützung begegnet, besonders beim elastisch gebetteten Schubträger und beim elastisch gebetteten Biegeträger. Ein Teil der Belastung wird dabei durch die elastische Unterstützung aufgenommen, der andere Teil wird durch den Schub- bzw. Biegeträger aufgenommen. Es handelt sich in diesem Fall um ein Parallelsystem.

In den folgenden Kapiteln sollen verschiedene der bereits behandelten Konstruktionselemente und/oder Tragwirkungen kombiniert werden.

Selbstverständlich gibt es auch kompliziertere Systeme, die nicht mehr mit dem einfachen Parallel- oder Reihensystem beschrieben werden können.

Bevor dieses Kapitel abgeschlossen wird, stellen wir daher noch ein etwas komplizierteres Federmodell dar, bei dem der Leser das Verhalten des auf Torsion belasteten Hohlträgers wiedererkennen kann.

Das Modell ist in Bild 12.3 dargestellt. Man sieht, daß die gerade Führung aus Bild 12.1a weggenommen wurde und der Block, an dem die Kraft F angreift, somit frei rotieren kann. Das System ist jetzt statisch bestimmt. Greift die Kraft F z.B. in der Mitte an, dann sind die Kräfte F_1 und F_2 in den beiden Federn gleich $\frac{1}{2}F$.

Die Federn wirken also doch zusammen, aber nicht auf dieselbe Weise wie beim Parallelsystem.

Die durch diese Kräfte verursachten Verlängerungen der Federn, d.h. die Verschiebungen der Befestigungspunkte der Federn am Block, sind dann gleich:

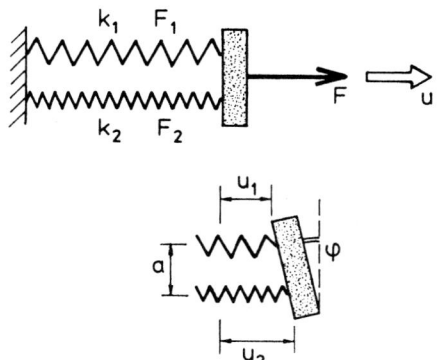

Bild 12.3.

$$u_1 = \frac{F}{2k_1} \quad \text{und} \quad u_2 = \frac{F}{2k_2} \quad \text{(im Bild wurde } k_2 < k_1 \text{ angenommen)}$$

Die Verschiebung des Angriffspunktes der Kraft F ist das Mittel dieser beiden Verschiebungen:

$$u = \frac{u_1 + u_2}{2} = \frac{1}{4}\left(\frac{1}{k_1} + \frac{1}{k_2}\right)F = \frac{F}{k_u}$$

Für den Steifigkeitsfaktor k_u des Systems erhält man somit:

$$\frac{1}{k_u} = \frac{1}{4}\frac{k_1 + k_2}{k_1 k_2} \quad \text{oder} \quad k_u = 4\frac{k_1 k_2}{k_1 + k_2}$$

Dieses Ergebnis erinnert an das Reihenmodell, aber der Faktor $\frac{1}{4}$ bzw. 4, stört die Übereinstimmung.

Außer einer Translation u erfährt der Block jetzt auch eine Rotation φ, für die gilt:

$$\varphi = \frac{u_2 - u_1}{a} = \left(\frac{1}{k_2} - \frac{1}{k_1}\right)\frac{F}{2a} = \frac{F}{k_\varphi}$$

Für den Steifigkeitsfaktor k_φ gilt somit:

$$\frac{1}{k_\varphi} = \frac{1}{2a}\frac{k_1 - k_2}{k_1 k_2} \quad \text{oder} \quad k_\varphi = 2a\frac{k_1 k_2}{k_1 - k_2}$$

Die Unterschiede zwischen den für dieses Modell berechneten Federkräfte und denen für das Modell aus Bild 12.1a sind:

$$\Delta F_1 = \frac{1}{2}F - \frac{k_1}{k_1 + k_2}F = -\frac{k_1 - k_2}{k_1 + k_2}\frac{1}{2}F$$

$$\Delta F_2 = \frac{1}{2}F - \frac{k_2}{k_1 + k_2} F = \frac{k_1 - k_2}{k_1 + k_2} \frac{1}{2} F$$

Selbstverständlich sind diese Kräfte gleich groß, sie sind jedoch entgegengesetzt gerichtet und verursachen folgende Verschiebungen:

$$\Delta u_1 = -\frac{k_1 - k_2}{k_1 + k_2} \frac{1}{2} \frac{F}{k_1}$$

$$\Delta u_2 = \frac{k_1 - k_2}{k_1 + k_2} \frac{1}{2} \frac{F}{k_2}$$

Diese Verschiebungen sind nicht gleich. Es resultiert eine zusätzliche mittlere Verschiebung (für den Angriffspunkt von F):

$$\Delta u = \frac{\Delta u_1 + \Delta u_2}{2} = \frac{1}{4} \frac{(k_1 - k_2)^2}{k_1 k_2 (k_1 + k_2)}$$

und eine Rotation:

$$\varphi = \frac{\Delta u_2 - \Delta u_1}{a} = \frac{1}{k_1 + k_2} \left(\frac{k_1}{k_2} - \frac{k_2}{k_1} \right) \frac{F}{2a} = \frac{k_1 - k_2}{k_1 k_2} \frac{F}{2a}$$

was mit den zuvor erhaltenen Ergebnissen übereinstimmt.

Für Werte $k_1 \neq k_2$ ist Δu positiv. Dann ist also die Verschiebung u im System aus Bild 12.3 größer als die des Systems aus Bild 12.1a oder anders ausgedrückt, das System aus Bild 12.1a ist steifer als das System aus Bild 12.3. Dies ist eine Folge des Zwanges, den die gerade Führung auf das System aus Bild 12.1a ausübt und dadurch das Kippen (die Rotation) des Blockes verhindert.

Der Leser wird den analogen Aufbau der Formeln dieses Federmodelles mit denen des auf Torsion beanspruchten Hohlträgers bemerkt haben. Bei dem auf Torsion beanspruchten Hohlträger kann außer der Rotation der Querschnitte die Wölbung der Querschnitte, die mit der Rotation des Blockes aus Bild 12.3 zu vergleichen ist, als Nebenerscheinung auftreten.

Wird diese Wölbung behindert, z.B. durch eine große Dehnsteifigkeit der Eckstützen, wie im ersten Teil in Abschnitt 3.2 angenommen wurde, dann wird das System – der Hohlträger – steifer und verhält sich als Parallelsystem.

13
Die Kombination von Seilwirkung und Biegung, ein Parallelsystem

13.1 Die Differentialgleichung

Wir betrachten einen an beiden Enden frei aufliegenden Biegeträger, der durch mehrere Hänger mit einem darüberliegenden, horizontal gespannten Seil verbunden ist. Der Träger sowie das Seil werden zu Beginn als gewichtslos angenommen. Das Seil ist links an einem festen Punkt befestigt und wird rechts über eine Rolle geführt. Es wird durch ein Gewicht, daß am rechten Ende angehängt wird, gespannt. Die Hänger werden als undehnbar angenommen. Am Träger greift eine verteilte Belastung q(x) an, wodurch sich dieser durchbiegen wird. Das Seil erhält dieselbe vertikale Verschiebung wie der Träger und wird daher einen Teil der Belastung übernehmen. Träger und Seil wirken bei der Abtragung der Belastung wie beim zuvor beschriebenen Parallelsystem zusammen.

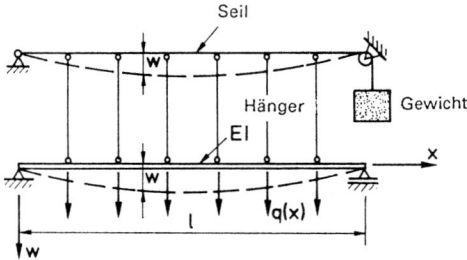

Bild 13.1. Seil mit biegesteifem Träger.

Betrachtet man die tragende Wirkung der Hänger als kontinuierlich, dann gilt für den Anteil der Belastung, welcher durch das Seil aufgenommen wird:

$$q_S(x) = -H \frac{d^2w}{dx^2} , \qquad (13.1)$$

wobei H die Horizontalkomponente der Spannkraft T im Seil ist. Für den Anteil des Biegeträgers an der Belastung erhält man:

$$q_B(x) = EI \frac{d^4w}{dx^4} \qquad (13.2)$$

Für die Belastung q(x) auf das Gesamtsystem von Seil und Biegeträger gilt somit:

$$q(x) = q_S(x) + q_B(x) = -H \frac{d^2w}{dx^2} + EI \frac{d^4w}{dx^4} \, , \tag{13.3}$$

und die Differentialgleichung, die das Verhalten dieser Konstruktion beschreibt, lautet:

$$EI \frac{d^4w}{dx^4} - H \frac{d^2w}{dx^2} = q(x) \tag{13.4}$$

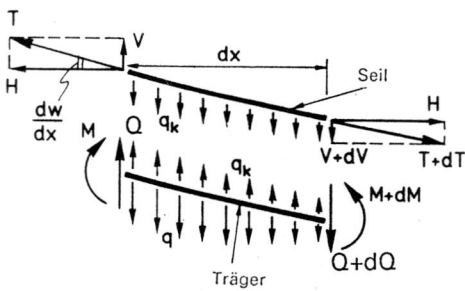

Bild 13.2. Kräfte und Momente an einem Element.

Bevor wir mit den Lösungen dieser Differentialgleichung fortschreiten, wollen wir noch einmal die inneren Kräfte und Momente unter die Lupe nehmen und einige Beziehungen, auch in Hinsicht auf später zu betrachtende Randbedingungen, angeben. Wir betrachten dazu Bild 13.2, in dem ein aus der Konstruktion herausgeschnittenes Element dargestellt ist, das aus einem Stück des Seiles mit dem damit verbundenen Stück des Trägers besteht. Für das Seilelement ergibt sich aus dem vertikalen Gleichgewicht:

$$dV = q_S \, dx = 0, \quad \text{somit:} \frac{dV}{dx} = -q_S \tag{13.5}$$

Für das Trägerelement erhält man aus dem vertikalen Gleichgewicht:

$$dQ = q \, dx - q_S \, dx = 0, \quad \text{somit:} \frac{dQ}{dx} = -q + q_S \tag{13.6}$$

Addiert man die Gleichungen (13.5) und (13.6), so erhält man:

$$\frac{dV}{dx} + \frac{dQ}{dx} = -q \quad \text{oder:} \frac{d}{dx} (V + Q) = -q \tag{13.7}$$

Das vertikale Gleichgewicht an einem aus der Konstruktion herausgeschnittenen Element wird durch die Summe der vertikalen Komponente V und der Querkraft Q im Träger gebildet.

Für ein Seil gilt, wie bereits bekannt:

$$V = H \frac{dw}{dx} \tag{13.8}$$

Die Neigung dw/dx wird zwar bei Trägern als klein angenommen, aber dennoch kann bei einem großen Wert der Kraft H das Produkt von beiden einen substantiellen Beitrag an der gesamten vertikalen Schnittkraft liefern.

Aus der Trägertheorie sind die folgenden Beziehungen, die unverändert bleiben, bekannt:

$$M = -EI \frac{d^2w}{dx^2} \tag{13.9}$$

und

$$D = \frac{dM}{dx} = -EI \frac{d^3w}{dx^3} \tag{13.10}$$

Differenziert man die Ausdrücke (13.8) und (13.10) und setzt sie dann in Gleichung (13.7) ein, so erhält man die bereits hergeleitete Differentialgleichung (13.4).

13.2 Die partikuläre Lösung bei sinusförmiger Belastung

Der Effekt des Seiles auf die Tragwirkung des Trägers oder auch das Zusammenspiel von Seil und Träger wird bei einer sinusförmigen Belastung der Form $q(x) = q_1 \sin(\pi x/l)$ direkt erkennbar.

Die partikuläre Lösung ist dann von der gleichen Form: $w(x) = w_1 \sin(\pi x/l)$, und die dazugehörige Amplitude erhält man durch Einsetzen der beiden Ausdrücke in die Differentialgleichung (13.4). Es ergibt sich:

$$w_1 = \frac{q_1}{\pi^4\, EI/l^4 + \pi^2 H/l^2}, \tag{13.11}$$

so daß die partikuläre Lösung lautet:

$$w = \frac{1}{1 + Hl^2/\pi^2\, EI} \; \frac{q_1 l^4}{\pi^4\, EI} \sin\frac{\pi x}{l} \tag{13.12}$$

Für das Biegemoment folgt damit:

$$M = -EI \frac{d^2w}{dx^2} = \frac{1}{1 + Hl^2/\pi^2 EI} \; \frac{q_1 l^2}{\pi^2} \sin\frac{\pi x}{l} \tag{13.13}$$

Diese Lösungen erfüllen die Randbedingungen des frei aufliegenden Trägers.

Der Effekt eines Seiles auf einen Biegeträger zeigt sich in einer Verminderung der Durchbiegung und des Biegemoments und kann durch denselben Reduktionsfaktor berücksichtigt werden:

$$f = \frac{1}{1 + Hl^2/\pi^2\, EI} \tag{13.14}$$

Das folgende Verhältnis ist dabei ausschlaggebend:

$$\gamma = \frac{Hl^2}{\pi^2\,EI} = \frac{H}{\pi^2\,EI/l^2} \ , \tag{13.15}$$

Wie bereits bekannt, ist der Quotient $\pi^2\,EI/l^2$ der Ausdruck für die Eulersche Knicklast des Trägers, so daß γ das Verhältnis der Kraft H im Seil zu dieser Eulerschen Knicklast darstellt. Man kann die beiden Größen als Steifigkeitsfaktoren ansehen. Der Reduktionsfaktor f ist als Funktion von γ in Bild 13.3 dargestellt.

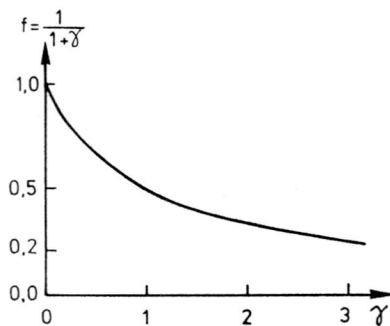

Bild 13.3. Reduktionsfaktor f.

Dieser Funktion begegneten wir bereits zuvor beim elastisch gebetteten Biegeträger (Bild 13.8). Bereits bei kleinen Werten von γ handelt es sich um eine beträchtliche Reduktion.

Für den Anteil der Belastung, der durch das Seil aufgenommen wird, erhält man jetzt:

$$q_s = -H\frac{d^2w}{dx^2} = \frac{\gamma}{1+\gamma}\,q_1\,\sin\frac{\pi x}{l} \tag{13.16}$$

und für den Anteil, der durch den Biegeträger aufgenommen wird:

$$q_B = EI\frac{d^4w}{dx^4} = \frac{1}{1+\gamma}\,q_1\,\sin\frac{\pi x}{l} \tag{13.17}$$

Das Verhältnis der beiden Belastungsanteile lautet:

$$\frac{q_k}{q_b} = \gamma \tag{13.18}$$

ein analoges Ergebnis zum elastisch gebetteten Träger.

Für eine beliebige Belastung kann wiederum von *Fourierentwicklungen* Gebrauch gemacht werden (siehe Beilage A).

Die Herleitung verläuft vollkommen analog zum elastisch gebetteten Träger. Schreibt man die Belastung in Form einer unendlichen Reihe

$$q(x) = \sum_{n=1}^{\infty} q_n\,\sin\frac{n\pi x}{l} \tag{13.19}$$

dann lautet die Lösung der Differentialgleichung jetzt

$$w(x) = \sum_{n=1}^{\infty} \frac{q_n}{n^4\pi^4\ EI/l^4 + n^2\pi^2 H/l^2} \sin\frac{n\pi x}{l} \tag{13.20}$$

oder auch

$$w(x) = \sum_{n=1}^{\infty} \frac{1}{n^2(n^2+\gamma)} \frac{q_n l^4}{\pi^4 EI} \sin\frac{n\pi x}{l}, \tag{13.21}$$

woraus unter anderem folgt:

$$M(x) = \sum_{n=1}^{\infty} \frac{1}{(n^2+\gamma)} \frac{q_n l^2}{\pi^2} \sin\frac{n\pi x}{l} \tag{13.22}$$

Für eine Gleichlast q_0, für die gilt (siehe Beilage A):

$$q_n = \frac{4}{\pi} \frac{1}{n} q_0$$

mit n = 1, 3, 5,..., erhält man dann:

$$w = \frac{4}{\pi} q_0 \frac{l^4}{\pi^4 EI} \left(\frac{1}{1+\gamma} \sin\frac{\pi x}{l} + \frac{1}{9(9+\gamma)} \frac{1}{3} \sin\frac{3\pi x}{l} + ...\right)$$

und $\qquad\qquad\qquad\qquad\qquad\qquad\qquad\qquad\qquad\qquad\qquad$ (13.23)

$$M = \frac{4}{\pi} q_0 \frac{l^2}{\pi^2} \left(\frac{1}{1+\gamma} \sin\frac{\pi x}{l} + \frac{1}{9+\gamma} \frac{1}{3} \sin\frac{3\pi x}{l} + ...\right)$$

Die Extremwerte bei x = $l/2$ sind:

$$w = \frac{4}{\pi} q_0 \frac{l^4}{\pi^4 EI} \left(\frac{1}{1+\gamma} - \frac{1}{9(9+\gamma)} \frac{1}{3} + ...\right)$$

$\qquad\qquad\qquad\qquad\qquad\qquad\qquad\qquad\qquad\qquad\qquad\qquad$ (13.24)

$$M = \frac{4}{\pi} q_0 \frac{l^2}{\pi^2} \left(\frac{1}{1+\gamma} - \frac{1}{9+\gamma} \frac{1}{3} + ...\right)$$

Für einen Wert $\gamma = 0{,}4$ erhält man so z.B.:

$$w = 0{,}00928 \frac{q_0 l^4}{EI} \qquad \text{(ohne Seil } w = 0{,}01302 \frac{q_0 l^4}{EI}\text{)}$$

$$M = 0{,}088\ q_0 l^2 \qquad \text{(ohne Seil } M = 0{,}125\ q_0 l^2\text{)}$$

Bei nicht allzu großen Werten für γ (von der Größenordnung 1) ist der Effekt von γ im ersten Term von beiden Reihen stark dominant, so daß daher bei einer Gleichlast folgende Näherung angesetzt werden kann:

$$w = \frac{1}{1+\gamma} 0{,}01302 \frac{q_0 l^4}{EI} \quad \text{(für } \gamma = 0{,}4 \rightarrow 0{,}0093 \frac{q_0 l^4}{EI}\text{)}$$

$$M = \frac{1}{1+\gamma} 0{,}125 \, q_0 l^2 \quad \text{(für } \gamma = 0{,}4 \rightarrow 0{,}089 \, q_0 l^2\text{)}$$

Für andere Belastungen, wie in Beilage A angegeben, können die Verschiebungen und Biegemomente auf entsprechende Weise bestimmt werden. Darauf wird in Kapitel 16 näher eingegangen.

13.3 Biegeträger, die mit einer Zugkraft belastet werden

In dem vorangegangenen Abschnitt waren das Seil und der Biegeträger zwei gesonderte Konstruktionselemente, die durch Hänger miteinander verbunden wurden, wobei die Länge der Hänger irrelevant war. Diese hätte genauso gut Null sein können, d.h. das Seil hätte auch auf der gleichen Höhe wie der Biegeträger liegen können. Man gelangt so direkt zum Biegeträger, der außer durch eine Belastung senkrecht zu seiner Achse auch durch eine axiale Zugkraft belastet wird (Bild 13.4). Hierfür gilt also dieselbe Differentialgleichung (13.4), und für übereinstimmende Belastungsfälle und Randbedingungen gelten dieselben Lösungen wie für das behandelte Seil-Träger-System. Mit der Darstellung dieses Systems wurde beabsichtigt, die beiden Tragwirkungen deutlich zu unterscheiden. Bei einem Biegeträger werden Durchbiegungen und Biegemomente durch eine Zugkraft reduziert. Dies ist auch direkt einzusehen, da bei einer Durchbiegung die Zugkraft H eine nach oben wirkende Belastung $p = -H \, d^2w/dx^2$ liefert durch die der Träger entlastet wird.

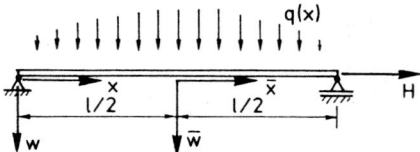

Bild 13.4. Biegeträger, gleichzeitig mit einer Zugkraft H belastet.

Man sieht auch unmittelbar, daß die Zugkraft H im Träger aus Bild 13.4 ein negatives Biegemoment $M = -Hw$ verursacht, wodurch das positive Moment infolge der Belastung q vermindert wird. Für das gesamte Moment gilt:

$$\frac{d^2M}{dx^2} = -H \frac{d^2w}{dx^2} - q, \tag{13.25}$$

was bei Substitution von $M = -EI \, d^2w/dx^2$ in Differentialgleichung (13.4) übergeht. Bei schlanken Trägern kann die aufgebrachte Zugkraft um vieles größer als die Eulersche Knicklast sein, d.h. $\gamma \gg 1$, so daß die Durchbiegungen und die Biegemomente stark vermindert werden. Dies bedeutet, daß man bei geringen Konstruktions

Abbildung 13.1. Spannbandbrücke Freiburg, Spannweite 40 m.

Abbildung 13.2. Entwurf von Steimann für eine Brücke über den Bosporus. Spannweite 408 m, Dicke in der Mitte 0,30 m. Spannkraft 780 MN.

höhen große Spannweiten erreichen kann. Beispiele hierfür sind die in den Abbildungen 13.1 und 13.2 dargestellten Brücken. Die erste wird auch "Spannbandbrücke" genannt, wodurch die Tragwirkung charakterisiert wird. Mit der vorangegangenen Theorie kann man bereits eine gute Einsicht in diese Tragwirkung erhalten.

Diese Brücken sind jedoch empfindlich für veränderliche Belastungen, und die großen Zugkräfte erfordern eine gute Verankerung. Der Entwurf der Brücke über den Bosporus wurde daher nicht verwirklicht.

Bei Hängedächern und Hängebrücken begegnet man derselben kombinierten Tragwirkung von Biegung und Seilwirkung, und bei deren Behandlung wird näher auf den Effekt einer veränderlichen Belastung eingegangen.

Die Lösungen mit Hilfe einer Fourierentwicklung, wie in Abschnitt 13.2 dargestellt, sind auf an beiden Enden frei aufliegende Träger beschränkt. Zur Behandlung anderer Randbedingungen muß man von der allgemeinen Lösung der Differentialgleichung (13.4) ausgehen. Daher wird im folgenden Abschnitt zuerst diese allgemeine Lösung dargestellt, und anschließend wird sie für verschiedene Fälle ausgearbeitet.

13.4 Die allgemeine Lösung der Differentialgleichung

Die allgemeine Lösung einer Differentialgleichung besteht, wie bereits bekannt, aus der allgemeinen Lösung der reduzierten Gleichung und einer partikulären Lösung der vollständigen Gleichung. Die reduzierte Gleichung

$$\text{EI}\,\frac{d^4w}{dx^4} - \text{H}\,\frac{d^2w}{dx^2} = 0 \tag{13.26}$$

geht bei Einführung eines Parameters α, der definiert ist durch

$$\alpha^2 = \frac{H}{EI}, \tag{13.27}$$

über in:

$$\frac{d^4w}{dx^4} - \alpha^2 \frac{d^2w}{dx^2} = 0 \tag{13.28}$$

Die Beziehung mit dem früher eingeführten Parameter γ lautet: $\gamma = \dfrac{l^2}{\pi^2}\,\alpha^2$.

Setzt man $w = e^{rx}$ in (13.28) ein, so erhält man eine algebraische Gleichung mit den vier Wurzeln:

$$r_1 = +\alpha\ ,\ \ r_2 = -\alpha\ ,\ \ r_3 = 0\ \ \text{und}\ r_4 = 0,$$

so daß die allgemeine Lösung der reduzierten Gleichung sich ergibt zu:

$$w = C_1\,e^{\alpha x} + C_2\,e^{-\alpha x} + C_3 + C_4 x \tag{13.29}$$

Die Lösung erhält man auch, wenn man Gleichung (13.28) zuerst zweimal integriert und dann auflöst.

Wir behandeln noch einmal den Fall des *frei aufliegenden Trägers*, der mit einer *Gleichlast* q_0 belastet wird. Als partikuläre Lösung der vollständigen Differentialgleichung (13.4) genügt:

$$w = -\frac{q_0}{2H}x^2, \tag{13.30}$$

wie sich durch Substitution zeigt.

Die allgemeine Lösung der vollständigen Differentialgleichung bei einer Gleichlast q_0 lautet somit:

$$w = C_1\,e^{\alpha x} + C_2\,e^{-\alpha x} + C_3 + C_4 x - \frac{q_0}{2H}\,x^2 \tag{13.31}$$

Durch Ableiten erhalten wir:

$$\frac{dw}{dx} = \alpha C_1 e^{\alpha x} - \alpha C_2 e^{-\alpha x} + C_4 - \frac{q_0}{H} x \tag{13.32}$$

$$\frac{d^2w}{dx^2} = \alpha^2 C_1 e^{\alpha x} + \alpha^2 C_2 e^{-\alpha x} - \frac{q_0}{H} \tag{13.33}$$

$$\frac{d^3w}{dx^3} = \alpha^3 C_1 e^{\alpha x} - \alpha^3 C_2 e^{-\alpha x} \tag{13.34}$$

Die Integrationskonstanten C_1 bis C_4 müssen wieder mit Hilfe von Randbedingungen bestimmt werden, die durch die Funktion w(x) und ihre Ableitungen ausgedrückt werden können.
Für den an beiden Enden frei aufliegenden Träger lauten die Randbedingungen:

$$\text{für } x = 0: \qquad w = 0 \text{ und } \frac{d^2w}{dx^2} = 0$$

$$\text{für } x = l: \qquad w = 0 \text{ und } \frac{d^2w}{dx^2} = 0$$

Einsetzen der Ausdrücke (13.31) bis (13.34) in diese Bedingungen, führt zu einem System von vier Gleichungen, aus dem die Konstanten bestimmt werden können.
Man erhält:

$$C_1 = \frac{1 - e^{-\alpha l}}{e^{\alpha l} - e^{-\alpha l}} \frac{q_0}{\alpha^2 H}$$

$$C_2 = \frac{e^{\alpha l} - 1}{e^{\alpha l} - e^{-\alpha l}} \frac{q_0}{\alpha^2 H}$$

$$C_3 = -\frac{q_0}{\alpha^2 H}$$

$$C_4 = \frac{q_0 l}{2H}$$

Hiermit sind die Verschiebungsfunktion w(x) und ihre Ableitungen bekannt, und Größen wie das Biegemoment und die Querkraft können somit bestimmt werden. Man erhält dafür komplizierte Ausdrücke, die wenig Einsicht geben, und somit wird klar, weshalb in diesem Kapitel mit der einfachen Lösung für eine sinusförmige Belastung begonnen wurde. Dank der Tatsache, daß die Konstruktion und die Belastung symmetrisch sind, kann man einfachere Ausdrücke bekommen, wenn man den Ursprung des Koordinatensystems in die Mitte des Trägers legt und auf hyperbolische Funktionen übergeht. Die Abszisse wird jetzt mit $\overline{x}$ bezeichnet.
Man erhält:

$$w = (-1 + \frac{\cosh \alpha \overline{x}}{\cosh \alpha l/2}) \frac{q_0}{\alpha^2 H} + \frac{q_0 l^2}{8H} - \frac{q_0 \overline{x}^2}{2H} \tag{13.35}$$

In den beiden letzten Termen erkennen wir die Lösung für das Seil wieder. Der erste

Ausdruck auf der rechten Seite ist also der Effekt des Biegeträgers auf das Trag-verhalten des Seiles. Für das Biegemoment erhält man nach zweimaligem Differenzieren von (13.35):

$$M = (1 - \frac{\cosh \alpha \overline{x}}{\cosh \alpha l/2}) \, EI\frac{q_0}{H} \qquad (13.36)$$

Für einen Wert des Parameters $\alpha l = 1,98$ (gleichbedeutend mit $\gamma = 0,4$) erhält man somit in der Mitte ($\overline{x} = 0$) für den größten Wert der Durchbiegung:

$$w = 0,293 \, \frac{q_0 l^2}{8H} = 0,00928 \, \frac{q_0 l^4}{EI}$$

Der erste Wert bezieht sich auf den Stich f eines Seiles, für den $f = q_0 l^2/8H$ gilt (siehe Formel (5.10a)). Der zweite Wert kann mit der Durchbiegung eines Biegeträgers, die $0,01302 \, q_0 l^4/EI$ beträgt, verglichen werden.

Für den größten Wert des Biegemomentes in der Mitte ($\overline{x} = 0$) erhält man:

$$M = 0,349 \, EI \, \frac{q_0}{H} = 0,088 \, q_0 l^2$$

Der erste Wert bezieht sich wieder auf das Seil. Für $\alpha l \rightarrow \infty$, d.h. wenn es sich allein um Seilwirkung handelt, folgt aus Formel (13.36) für das Biegemoment bei $\overline{x} = 0$:

$$M = EI \frac{q_0}{H} \qquad (13.37a)$$

Der für das Moment berechnete Wert ist also ein Bruchteil dieses Ausdruckes. Der zweite Wert kann wieder mit dem Moment eines Biegeträgers, das gleich $0,125 \, q_0 l^2$ ist, verglichen werden. Diese Ergebnisse für die Durchbiegung und das Biegemoment stimmen mit den Ergebnissen, die zuvor mit Hilfe einer Fourierentwicklung für $\gamma = 0,4$ gefunden wurden, überein.

Für den Anteil der Belastung, welcher durch das Seil aufgenommen wird, kann man schreiben:

$$q_S = -H\frac{d^2w}{dx^2} = -\alpha^2 \, EI \, \frac{d^2w}{dx^2} = \alpha^2 M \qquad (13.38)$$

Mit dem erhaltenen Ergebnis für das Biegemoment im Ursprung ($\overline{x} = 0$) erhält man dann an dieser Stelle für den Belastungsanteil des Seiles:

$$q_S = 0,349 \, q_0$$

Bei zunehmendem Wert des Parameters αl bzw. γ nimmt der Belastungsanteil der Seilwirkung zu und der Belastungsanteil der Biegung ab. Wird die Belastung nahezu ausschließlich durch Seilwirkung aufgenommen, so daß $q_S \approx q_0$, dann erhält man aus

(13.38) auch:

$$M \approx \frac{1}{\alpha^2} q_0 = EI \frac{q_0}{H} = 8EI \frac{f}{l^2} \qquad (13.37b)$$

Auch in dem Fall, daß die Belastung praktisch allein durch das Seil aufgenommen wird, kann dies bei großen Verschiebungen zu beträchtlichen Biegespannungen im Biegeträger führen. Mit diesem Problem hat man es z.b. beim Verlegen von Rohren auf dem Meeresboden , was in Abschnitt 13.6 behandelt wird, zu tun.

13.5 Seile mit Biegesteifigkeit, schlanke Zugstäbe

Die hier zu behandelnden Probleme sind besonders wichtig, wenn die Zugkraft H groß ist, d.h. wenn die effektive Steifigkeit durch die Zugkraft von derselben Größe oder größer als die Biegesteifigkeit ist. Der Wert des Parameters αl ist dann meistens so groß, daß $e^{-\alpha l}$ klein wird. In diesem Fall ist es von Vorteil, zur Bestimmung der Integrationskonstanten die Lösung (13.31) in einer etwas anderen Form zu schreiben:

$$w = C_1 e^{-\alpha(l-x)} + C_2 e^{-\alpha x} + C_4 x + C_5 - \frac{q_0}{2H} x^2 \qquad (13.39)$$

Für x = 0 ist die e-Potenz hinter der Konstante C_1 vernachlässigbar und die e-Potenz hinter C_2 gleich 1. Für x = l ist die e-Potenz hinter C_1 gleich 1 und die e-Potenz hinter C_2 vernachlässigbar. Die Ausdrücke für die abgeleiteten Funktionen lauten jetzt:

$$\frac{dw}{dx} = \alpha C_1 e^{-\alpha(l-x)} - \alpha C_2 e^{-\alpha x} + C_4 - \frac{q_0}{H} x \qquad (13.40)$$

$$\frac{d^2w}{dx^2} = \alpha^2 C_1 e^{-\alpha(l-x)} + \alpha^2 C_2 e^{-\alpha x} - \frac{q_0}{H} \qquad (13.41)$$

$$\frac{d^3w}{dx^3} = \alpha^3 C_1 e^{-\alpha(l-x)} - \alpha^3 C_2 e^{-\alpha x} \qquad (13.42)$$

Wir behandeln im folgenden zwei Belastungsfälle, nämlich Seile, die örtlich auf Biegung beansprucht werden, und Zugstäbe, die örtlich stark gebogen werden. In beiden Fällen entfällt die verteilte Belastung. Die Gleichungen (13.39) bis (13.42), ohne die Terme mit q_0, bilden unsere Ausgangspunkte.

Das in Bild 13.5 dargestellte *Seil* wird durch ein Rad mit einer Einzellast 2P belastet. Einfachheitshalber wurde eine symmetrische Anordnung gewählt, und wir beschränken uns auf die rechte Hälfte.

Bei einem vollkommen weichen Seil würde der Verlauf aus zwei geraden Ästen bestehen, und die vertikale Verschiebung f unter der Einzellast würde $\frac{2P}{4} \frac{2l}{H} = \frac{Pl}{H}$ sein. Durch die Biegesteifigkeit entsteht eine gewisse Abrundung. Es fragt sich, ob die aus der Biegung entstehenden Biegespannungen zulässig sind. Mit dem gewählten Koordinatensystem lauten die Randbedingungen:

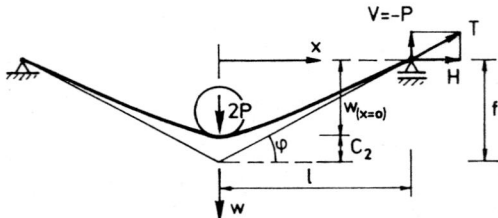

Bild 13.5. Seil mit Rad.

$$\text{für } x = 0: \qquad \frac{dw}{dx} = 0 \quad \text{und } Q = -EI\frac{d^3w}{dx^3} = -P$$

$$\text{für } x = l: \qquad w = 0 \quad \text{und } M = -EI\frac{d^2w}{dx^2} = 0$$

Aus diesen Bedingungen folgt:

$$C_1 = 0, \quad C_2 = -\frac{P}{\alpha H}, \quad C_4 = -\frac{P}{H}, \quad C_5 = \frac{Pl}{H},$$

so daß die Verschiebungsfunktion wie folgt lautet:

$$w = -\frac{P}{\alpha H}\,e^{-\alpha x} + \frac{P}{H}\,(l - x) \tag{13.43}$$

Der lineare Teil dieser Lösung stellt den geraden Ast dar, der bei nicht vorhandener Biegesteifigkeit auftreten würde. Das Seil mit Biegesteifigkeit wird sich diesem Ast mit zunehmendem Wert von x asymptotisch nähern. Für die vertikale Verschiebung unter der Einzellast erhält man:

$$w_{(x\,=\,0)} = -\frac{P}{\alpha H} + \frac{Pl}{H} = \frac{\alpha l - 1}{\alpha}\,\frac{P}{H} = \frac{\alpha l - 1}{\alpha l}\,f \tag{13.44}$$

Für das Biegemoment folgt:

$$M = -EI\frac{d^2w}{dx^2} = \frac{P}{\alpha}\,e^{-\alpha x} \tag{13.45}$$

mit Extremwert für x = 0:

$$M = \frac{P}{\alpha} \quad \left(= \frac{Pl}{\alpha l}\right) \tag{13.46}$$

Mit diesem äußerst einfachen Ergebnis können die extremen Biegespannungen leicht berechnet werden. Die Krümmung unter der Einzellast ergibt sich zu:

$$\frac{d^2w}{dx^2} = -\frac{P}{EI\,\alpha} = -\frac{P}{\sqrt{H\,EI}},$$

und der Krümmungsradius des Seiles in diesem Punkt ist:

$$\rho = \frac{\sqrt{H\,EI}}{P} \qquad\qquad (13.47)$$

Ist dieser Krümmungsradius größer als der Radius R des Rades, dann ist zwischen dem Seil und dem Rad nur im Berührungspunkt Kontakt vorhanden, und es handelt sich tatsächlich um eine Einzellast. Ist der berechnete Krümmungsradius des Seiles kleiner als der Radius des Rades, dann liegt eine andere Situation als angenommen vor. Das Seil wird über eine bestimmte Länge entlang des Rades geführt. Man spricht dann auch von erzwungener Biegung, d.h. dem Seil wird eine Biegung aufgezwungen, und es erhält infolgedessen ein Biegemoment $M = EI/R$. Um diesen Fall einfach beschreiben zu können, wird in Bild 13.6 der Punkt A, an dem der rechte Teil des Seiles mit dem Rad Kontakt hat, auf die vertikale w-Achse durch den Mittelpunkt M des Rades gelegt.

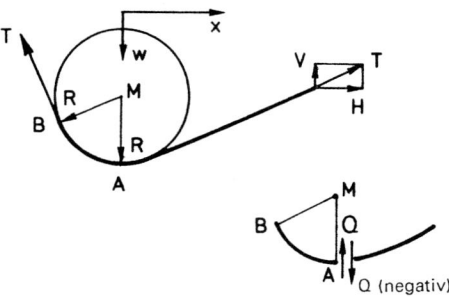

Bild 13.6. Seil mit Rad.

Die Richtung der resultierenden Belastung, die durch das Rad auf das Seil ausgeübt wird, ist jetzt nicht mehr vertikal. Im Punkt A ($x = 0$) gelten nun folgende Randbedingungen:

$$\frac{dw}{dx} = 0 \qquad \text{und } M = -EI\frac{d^2w}{dx^2} = EI\,\frac{1}{R}\,,$$

woraus folgt:

$$C_2 = -\frac{1}{\alpha^2 R} \quad \text{und } C_4 = -\frac{1}{\alpha R}$$

Die Verschiebungsfunktion lautet jetzt:

$$w = -\frac{1}{\alpha^2 R}\,e^{-\alpha x} - \frac{1}{\alpha R}(l - x) \qquad\qquad (13.48)$$

Das Biegemoment verläuft exponentiell, entsprechend:

$$M = \frac{EI}{R}\,e^{-\alpha x}$$

Für die Querkraft erhält man

$$Q = -EI \frac{d^3w}{dx^3} = -\frac{EI}{R}\alpha \, e^{-\alpha x}$$

mit folgendem Extremwert an der Stelle x = 0:

$$Q = -\frac{EI}{R}\alpha = -\frac{H}{\alpha R}$$

Wo das Seil entlang des Rades geleitet wird (links von A), ist das Biegemoment konstant und die Querkraft somit gleich Null.

Der Sprung in der Querkraft, den man mit dieser Vorgehensweise erhält, kann in Wirklichkeit nicht auftreten. Über einer kleinen Strecke wird eine Vergrößerung des Kontaktdruckes zwischen Rad und Seil auftreten, wodurch die Querkraft nach links hin schnell bis auf Null abnimmt.

Bei einem Seil, das aus Drähten zusammengesetzt ist, handelt es sich um eine gewisse Federung, da die Drähte durch die Radialkomponente der Spannkraft zusammengedrückt werden. Man kann dann leicht erkennen, daß die berechnete Querkraft am Anfang der gekrümmten Strecke ein zusätzliches Biegemoment verursacht, wie beim Grundfall B des elastisch gebetteten Biegeträgers in Tabelle 11.1 und Bild 11.19 dargestellt ist. Dieses lokale Biegemoment zeigt sich auch bei Versuchen. Die Extremspannungen, die hierdurch entstehen, können bis zum 1,5-fachen der Biegespannungen, die durch die aufgebrachte Biegung 1/R verursacht werden, anwachsen. Wenn man sich bei den Werten für die "Bettungskonstante" einigermaßen auskennt, kann man durch Aufstellen der korrekten Übergangsbedingungen zwischen dem "geführten" Teil und dem freien Teil des Seiles die Verläufe für die Verschiebungen, die Momente und die Querkräfte genauer bestimmen.

Beim *Zugstab*, wie in Bild 13.7 dargestellt, werden die beiden Enden transversal um einen Weg w_0 gegeneinander verschoben. Die Verschiebungsfigur ist antimetrisch (= contra-symmetrisch) bezüglich der Mitte, wo sich ein Wendepunkt befindet. Es

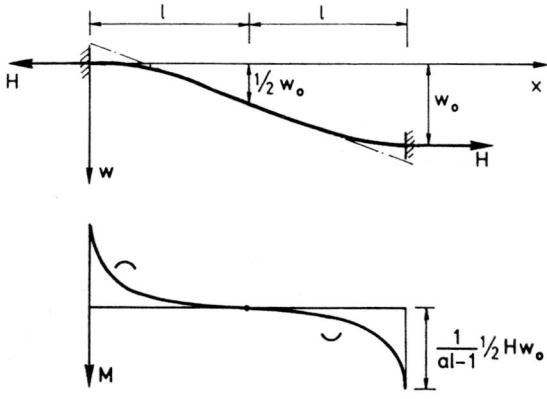

Bild 13.7. Der Zugstab.

genügt daher, eine Hälfte des Stabes zu betrachten, und wir wählen hier die linke Hälfte.

Die Gleichungen (13.39) bis (13.42), aber ohne q_0, sind wieder unsere Ausgangspunkte. Wir legen den Ursprung des Koordinatensystems in das linke Auflager. Die Randbedingungen lauten:

$$x = 0: \quad w = 0 \quad \text{und} \frac{dw}{dx} = 0$$

$$x = l: \quad w = \frac{1}{2}w_0 \quad \text{und} \frac{d^2w}{dx^2} = 0,$$

woraus folgt:

$$C_1 = 0 \quad C_2 = \frac{1}{\alpha l - 1}\frac{1}{2}w_0 \quad C_4 = \frac{\alpha}{\alpha l - 1}\frac{1}{2}w_0 \quad C_5 = -\frac{1}{\alpha l - 1}\frac{1}{2}w_0,$$

womit die Lösung bekannt ist.

Die Verschiebungsfunktion lautet dann:

$$w = \frac{1}{\alpha l - 1}\frac{1}{2}w_0(e^{-\alpha x} + \alpha x - 1) \tag{13.49}$$

Der lineare Teil dieser Lösung ist in Bild 13.7 mit einer strich-punktierten Linie dargestellt. Die Lösung ist von gleicher Form wie die Lösung für das Seil, an dem eine Einzellast angreift (Gleichung 13.43). Man erkennt auch direkt die Übereinstimmung zwischen dem rechten Teil des Zugstabes und dem linken Teil des Seiles aus Bild 13.5 und damit die Übereinstimmung der anderen Äste der beiden Kurven.

Aus Lösung (13.49) können auch andere Größen leicht abgeleitet werden. Für das Biegemoment erhält man:

$$M = -EI\frac{d^2w}{dx^2} = -\frac{H}{\alpha l - 1}\frac{1}{2}w_0\,e^{-\alpha x} \tag{13.50}$$

Die Biegung konzentriert sich am Ende (Bild 13.7) mit folgendem Extremwert bei $x = 0$:

$$M = -\frac{H}{\alpha l - 1}\frac{1}{2}w_0 \tag{13.51}$$

Wir geben außerdem noch an:

$$\text{für } x = 0 \quad Q = -EI\frac{d^3w}{dx^3} = \frac{\alpha H}{\alpha l - 1}\frac{1}{2}w_0$$

$$V = H\frac{dw}{dx} = 0$$

$$\text{für } x = l \quad Q = 0$$

$$V = \frac{\alpha H}{\alpha l - 1}\frac{1}{2}w_0$$

Die Querkraft im Ursprung ist gleich der vertikalen Komponente der Zugkraft im Wendepunkt.

Ohne die Zugkraft H würde das Biegemoment linear verlaufen, und bei der Einspannung würde man einen Wert $\frac{3\,EI}{l^2}\frac{1}{2}w_0$ erhalten. Bei großen Werten für αl kann das Einspannmoment weit darüber hinausgehen. Das Verhältnis der beiden Ausdrücke für die Extremmomente ist:

$$\frac{M\;(\text{mit }H)}{M\;(\text{ohne }H)} = \frac{(\alpha l)^2}{3(\alpha l - 1)} \approx \frac{1}{3}\,\alpha l \quad \text{für } \alpha l \gg 1.$$

Wir führen einige Beispiele an, bei denen das beschriebene Phänomen auftritt.

Das erste Beispiel betrifft die Hänger einer Bogenbrücke (Bild 13.8). Bei einseitiger Belastung verschieben sich die Befestigunspunkte der Hänger an den Bogen nicht nur vertikal, sondern auch horizontal.

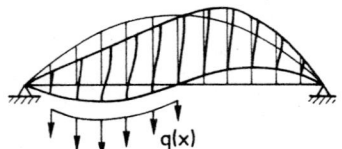

Bild 13.8.   *Bild 13.9. Seil bei gelenkiger Aufhängung.*

Bewegliche Lasten, z.B. in der Form eines durchfahrenden Zuges, stellen darüberhinaus eine Wechselbelastung für die Hänger dar, was auf die Dauer zu einem Ermüdungsbruch führen kann.

Eine ähnliche Situation zeigt sich z.B. bei den straff gespannten Seilen von Schrägseilbrücken. Es bietet sich an, bei Seilen die Aufhängepunkte als gelenkig anzunehmen. Oft ist die Aufhängung jedoch derartig ausgeführt, daß keine Rotation auftreten kann. Wird ein solches Seil zusätzlich, z.B. durch Windbelastung, die wechselnden Charakter besitzt, belastet, dann entstehen in der Einspannung Biegemomente, die zu einem Ermüdungsbruch führen können. Mit den angegebenen Formeln läßt sich leicht ableiten, daß, wenn im Falle einer gelenkigen Aufhängung eine Rotation φ auftritt (Bild 13.9), das Einspannmoment bei einer behinderten Rotation gleich $M = \sqrt{H\,EI}\,\varphi$ wäre (siehe auch Formel (16.73) in Abschnitt 16.5).

Mit einer einfachen Maßnahme kann dieses Moment meistens beträchtlich vermindert werden.

Das folgende Beispiel ist bedeutend komplizierter und betrifft den Einsturz des Daches der Kongreßhalle in Berlin (Abbildung 13.3). Für eine ausführliche Beschreibung dieses Vorfalles wird auf die Literatur verwiesen[*].

---

[*]　J. Schlaich, K. Kordina und H. Engell: "Teileinsturz der Kongreßhalle Berlin Schadensursachen-Zusammenfassendes Gutachten", Beton und Stahlbetonbau 75, 12, (Dez. 1980).

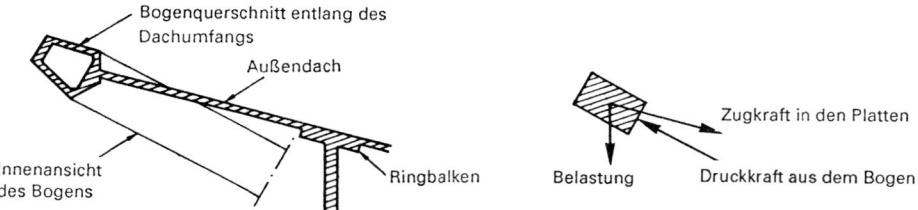

Bild 13.10.   **Bild 13.11.**

Es kann hier nur zusammenfassend darauf eingegangen werden. Die Unterstützungs-
konstruktion des Daches bestand aus einem Ringbalken, der seinerseits auf Stützen
aufgelegt wurde, und zwei frei schwebenden Bögen an der Außenseite davon (Bild
13.10). Zwischen dem Ringbalken und den beiden Bögen befanden sich dünne
vorgespannte Betonplatten, bei denen die Spannweite von 7 bis 17 m variierte. Die
Belastung infolge Eigengewicht verursacht Druck in den beiden Bögen und Zug in
diesen Platten (Bild 13.11). Belastungen infolge Wind und Schnee, Kriechen des
Betons und Temperaturwechsel verursachen zusätzliche Verschiebungen des Bogens,
wodurch sich die Situation aus Bild 13.7 ergibt. Die starken lokalen Biegemomente
verursachten Rißbildung in den vorgespannten Platten (Bild 13.10), wodurch die
Vorspannung für Feuchte zugängig war. Korrosion besorgte den Rest. Kleine
Ursachen, große Folgen: Der Teufel steckt im Detail.

*Abbildung 13.3. Kongreßhalle Berlin. Südlicher Randbogen und überspannender Dach-
teil eingestürzt.*

13.6 Zwei Beispiele aus der Offshore-Technik

In der Offshore-Technik begegnet man der kombinierten Tragwirkung z.B. beim Auflegen von Rohren auf den Meeresboden und bei sogenannten Riser-Konstruktionen.

Beim Verlegen von Rohren auf dem Meeresboden, das bis in große Tiefen hin erfolgt, wird das Rohr z.B. von einem Schiff aus verlegt, das langsam vorausfährt und dabei eine horizontale Zugkraft auf den bereits ausgelegten Teil des Rohres ausübt (Bild 13.12). Bei großen Tiefen werden die Rohre auch von einem verankerten Kahn zu Wasser gelassen.

Der Riser (Bild 13.13) ist ein vertikales Rohr, in dem Leitungen vorhanden sind, die aus einem Brunnen im Meeresboden kommen. Die Wassertiefe kann auch hier sehr groß sein, der Rohrdurchmesser beträgt einige Meter. Das Rohr ist an der Unterseite gelenkig mit einem Auflagerpunkt verbunden und wird am oberen Ende durch einen Treibkörper gehalten, der eine vertikale, nach oben gerichtete Kraft H auf das Rohr ausübt.

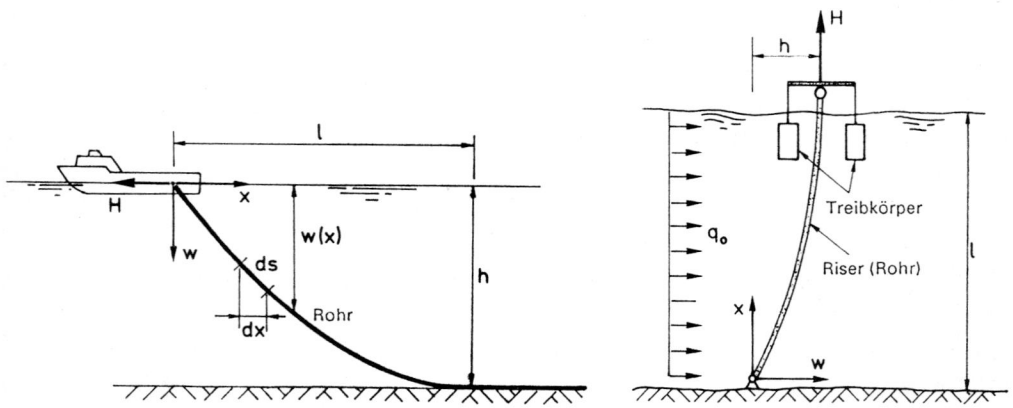

Bild 13.12. Verlegen eines Rohres.   Bild 13.13. Die Riserkonstruktion.

Wir werden zuerst das Problem des *Verlegens von Rohren* näher analysieren. Die Gleichungen (13.39) bis (13.42) bilden den Ausgangspunkt. Mit dem in Bild 13.14 gewählten Koordinatensystem gelten an der linken Seite folgende Randbedingungen:

$$\text{für } x = 0: \ w = 0 \quad \text{und} \quad \frac{d^2 w}{dx^2} = 0$$

Die zweite Randbedingung beruht auf der Tatsache, daß unmittelbar unterhalb der Stelle, an der das Rohr am Schiff befestigt ist, ein Wendepunkt auftritt.

An der rechten Seite geht das Seil in den Teil über, der bereits auf dem – horizontalen – Boden aufliegt. Bei einem ebenen Boden ist dieser Teil gerade, und es treten dort keine Momente auf. Dies führt zu folgenden Randbedingungen:

für $x = l$: $\dfrac{dw}{dx} = 0$ und $\dfrac{d^2w}{dx^2} = 0$

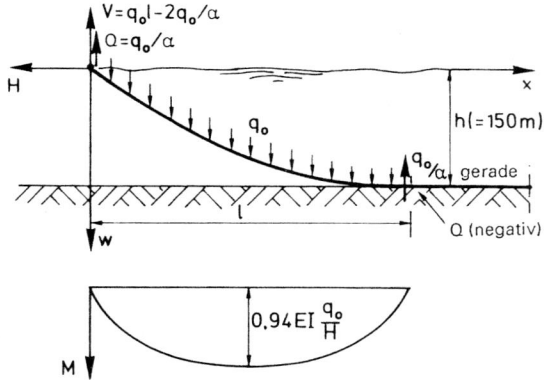

Bild 13.14.

Aus diesen Bedingungen folgt:

$$C_1 = C_2 = \frac{q_0}{\alpha^2 H}, \quad C_4 = \frac{q_0 l}{H} - \frac{q_0}{\alpha H} \quad \text{und } C_5 = -\frac{q_0}{\alpha^2 H},$$

so daß die Verschiebungsfunktion folgendermaßen lautet:

$$w = \frac{q_0}{\alpha^2 H} (e^{-\alpha(l-x)} + e^{-\alpha x} - 1) + \frac{q_0 l}{H} x - \frac{q_0}{\alpha H} x - \frac{1}{2} \frac{q_0}{H} x^2 \qquad (13.52)$$

Für $x = l$ erhält man: $w = h = -\dfrac{q_0}{\alpha H} l + \dfrac{1}{2} \dfrac{q_0}{H} l^2$

Aus dieser Gleichung kann, bei gegebener Wassertiefe h, die frei hängende Länge l des Rohres bestimmt werden. Der erste Term auf der rechten Seite beschreibt den Einfluß der Biegesteifigkeit. Entfällt diese Biegesteifigkeit, dann bleibt die Formel des flexiblen Seiles übrig (5.10a).

Zur numerischen Ausarbeitung betrachten wir ein durch einen Betonmantel geschütztes Stahlrohr, daß ein Unterwassergewicht von $q_0 = 2000$ N/m hat. Weitere Angaben sind:

$H = 6 \times 10^5$ N, $r = 0,5$ m, $t = 0,02$ m, $E = 2 \times 10^{11}$ N/m², $I = 7,85 \times 10^{-3}$ m⁴,
$\alpha^2 = 0,382 \times 10^{-3}$ m⁻². Dann erhält man für $h = 150$ m einen Wert $l = 355$ m.

Für die übrigen Größen lauten die Lösungen:

$$\frac{dw}{dx} = \frac{q_0}{\alpha H} (e^{-\alpha(l-x)} - e^{-\alpha x}) + \frac{q_0}{H} l - \frac{q_0}{\alpha H} - \frac{q_0}{H} x \qquad (13.53)$$

$$\frac{d^2w}{dx^2} = \frac{q_0}{H} (e^{-\alpha(l-x)} + e^{-\alpha x} - 1) \qquad (13.54)$$

$$\frac{d^3w}{dx^3} = \alpha \frac{q_0}{H} (e^{-\alpha(l-x)} - e^{-\alpha x}) \tag{13.55}$$

Die Ausdrücke erfüllen die genannten Randbedingungen. Weiterhin erhält man:

für $x = 0$: $Q = -EI \frac{d^3w}{dx^3} = \frac{q_0}{\alpha}$, $V = H \frac{dw}{dx} = -2\frac{q_0}{\alpha} + q_0 l = (1 - \frac{2}{\alpha l})q_0 l$

für $x = l$: $Q = -\frac{q_0}{\alpha}$.

Der Verlauf des Biegemomentes $M = -EI\, d^2w/dx^2$ ist ebenfalls in Bild 13.14 dargestellt. Für das Biegemoment in der Mitte ($x = l/2$) erhält man:

$$M = 0{,}94\, EI\, \frac{q_0}{H} = 0{,}019\, q_0 l^2$$

Dieses Moment nimmt anfänglich nach beiden Seiten hin wenig ab.
Für die extreme Biegespannung folgt:

$$\sigma_{b,Extr} = \pm \frac{Mr}{I} = \pm 0{,}94\, \frac{Erq_0}{H} = \pm 313\ \text{MPa}$$

Dies ist unzulässig groß und wird durch die großen Verschiebungen, die auftreten, verursacht.

Entsprechend Formel (13.38) beträgt der Belastungsanteil des Seiles in der Mitte:

$$q_S = \alpha^2 M = 0{,}94\, q_0,$$

so daß für den Anteil der Belastung, der durch Biegung aufgenommen wird, übrig bleibt:

$$q_B = 0{,}06\, q_0$$

Dieser Anteil an der Belastung ist also sehr gering. Dennoch sind die Biegespannungen (zu) groß.
Am Boden bleibt eine Querkraft $-q_0/\alpha$ übrig, die durch das darauffolgende Rohrteil aufgenommen werden muß. Dies bedeutet eine Störung der angenommenen Situation, welche jedoch einen stark lokalen Charakter hat und durch die örtlichen Gegebenheiten bestimmt wird. Die Situation kann mit dem Fall des Seiles, das um ein Rad gewickelt wird, verglichen werden.

Das Problem des *Risers* ist noch komplizierter als das vorangegangene Beispiel. Um sich eine Vorstellung machen zu können, geben wir zuerst einige Angaben an:
$l = 300$ m, Durchmesser $= 3{,}6$ m, $t = 45$ mm, $A = 0{,}5$ m^2, $I = 0{,}825$ m^4, $H = 12 \times 10^6$ N, $E = 2 \times 10^{11}$ N/m^2.
Wir wollen das Tragverhalten der Konstruktion unter einer horizontalen Belastung durch Strömungskräfte untersuchen. Diese Strömungskräfte werden einfachheitshalber

als gleichmäßig verteilt angenommen, was keine wesentliche Einschränkung der Behandlung darstellt. Bei einer Strömungsgeschwindigkeit von v = 1 m/s konnte von einer Belastung $q_0 = 1{,}8 \times 10^3$ N/m ausgegangen werden.

Die Randbedingungen lauten:

$$\text{für } x = 0: \quad w = 0 \quad \text{und } \frac{d^2w}{dx^2} = 0$$

$$\text{für } x = l: \quad \frac{d^2w}{dx^2} = 0 \quad \text{und } Q + V = 0, \quad \text{d.h. } -EI\frac{d^3w}{dx^3} + H\frac{dw}{dx} = 0$$

Die letzte Randbedingung zeigt, daß an der Oberseite keine horizontale Kraft vorhanden ist. Da die horizontale Schnittkraft gleich der Summe aus D und V ist (siehe auch Bild 13.2), muß also diese Summe gleich Null sein. Mit den Formeln (13.8) und (13.10) führt dies zu der komplizierten Randbedingung für die Verschiebung w.

Eine wesentliche Schwierigkeit kommt jedoch ins Spiel, da die Kraft H im Rohr nicht konstant ist, sondern infolge des Eigengewichtes nach unten hin linear abnimmt. Am Boden bleibt nur noch eine geringe Kraft übrig. Für eine Analyse dieses Problems können die Formeln (13.39) bis (13.42) dann auch nicht als Ausgangspunkt dienen. Wir müssen zurück zum Beginn der Gleichgewichtsgleichung (13.7):

$$\frac{dV}{dx} + \frac{dQ}{dx} = -q \tag{13.7}$$

Für V gilt immer noch Formel (13.8):

$$V = H\frac{dw}{dx} \tag{13.8}$$

wobei H jetzt jedoch keine Konstante mehr ist, so daß man für $\frac{dV}{dx}$ findet:

$$\frac{dV}{dx} = H\frac{d^2w}{dx^2} + \frac{dH}{dx}\frac{dw}{dx} \tag{13.56}$$

Aus dem vertikalen Gleichgewicht folgt:

$$\frac{dH}{dx} = p \tag{13.57}$$

mit $p = p_0 = 34 \times 10^3$ N/m (Gewicht unter Wasser).
Daraus folgt:

$$H(x) = H_0 + p_0 x \tag{13.58}$$

mit H_0 als Wert von H an der Stelle der Verankerung am Boden.
Mit den obigen Ausdrücken und Formel (13.10) für die Querkraft Q geht Gleichung (13.7) über in:

$$EI\frac{d^4w}{dx^4} - H(x)\frac{d^2w}{dx^2} - p_0\frac{dw}{dx} = q \tag{13.59}$$

Diese Gleichung ist wesentlich komplizierter als Gleichung (13.4), welche bisher in diesem Kapitel die Grundlage für die Behandlung des Tragverhaltens von unterschiedlichen Konstruktionen dargestellt hat. Die Kraft H ist nicht nur eine, zwar lineare Funktion von x, sondern in der Gleichung ist ein Glied $-p_0\frac{dw}{dx}$ dazu gekommen. Wenn dieses Glied auf die rechte Seite der Gleichung gebracht wird, sieht man daß es eine Belastung darstellt, die mit der seitlichen Verschiebung w zunimmt, und somit einen nicht-linearen Effekt bedeutet. Die Belastung durch Eigengewicht hat eine destabilisierende Wirkung.

Ohne Biegungsglied wäre die Gleichung leicht zu lösen; das Biegungsglied erfüllt jedoch eine wichtige Rolle und muß also weiterhin berücksichtigt werden. Eine einfache Lösung gibt es dann nicht. Eine numerische Lösung ist ein näheres Mittel, liegt aber außerhalb des Rahmens dieses Buches. Wir wollen dennoch versuchen einen globalen Eindruck des Verhaltens des Rohres zu bekommen.

Dazu analysieren wir zuerst das Verhalten bei einer konstanten Kraft H, d.h. wir lassen das Eigengewicht außer Betracht. Die Gleichung für das Momentengleichgewicht um den Auflagerpunkt am Boden lautet:

$$Hf = \frac{1}{2}q_0l^2 \tag{13.60}$$

wobei f die seitliche Verschiebung w an der Oberseite ist. Mit den Angaben erhält man: f = 6,75 m.

Trotz dieser seitlichen Verschiebung befindet sich das Rohr im gleichen Zustand wie das an beiden Seiten frei aufliegende Rohr. Das extreme Biegemoment läßt sich auf dieselbe Weise bestimmen wie es am Schluß des Abschnittes 13.2 gezeigt wurde. Wir schreiben $M = \frac{1}{1+\gamma}\frac{1}{8}q_0l^2$, was mit $\gamma = 0{,}66$ zu einem Moment $M = 12{,}2{\times}10^6$ Nm führt.

Wir wollen jetzt den Effekt des Eigengewichtes betrachten. Beim Momentengleichgewicht um den Auflagerpunkt wirkt das Eigengewicht dem Moment der Kraft H entgegen. Würde sich das Rohr nicht durchbiegen, dann würde das Eigengewicht zu einem Moment $p_0l\frac{1}{2}f$ führen. Die Gleichung für das Momentengleichgewicht lautet dann:

$$Hf - \frac{1}{2}p_0l\,f = \frac{1}{2}q_0l^2 \tag{13.61}$$

Man erhält damit für die seitliche Verschiebung an der Oberseite: f = 11,74 m.

Die Durchbiegung des Rohres führt zu einem noch etwas größeren Moment durch das Eigengewicht, so daß auch die seitliche Verschiebung etwas größer sein wird (um ca. 10%).

Wir wollen jetzt das Biegemoment in der Mitte des Rohres ($x = \frac{1}{2}l$) bestimmen. Die

Kraft H an dieser Stelle beträgt $6,9 \times 10^6$ N und der Reduktionsfaktor wird somit $\gamma = 0,38$. Außerdem muß der Belastung q_0 die Belastung $p_0 \frac{dw}{dx}$ für $x = \frac{1}{2}l$ hinzugefügt werden. Für die Neigung an dieser Stelle gilt annähernd $\frac{dw}{dx} = f/l$ für $x = \frac{1}{2}l$ (Satz von Rolle in der Analyse). Damit wird die gesamte Belastung $q_0 + p_0 \frac{f}{l} = 3130$ N/m, d.h. gegenüber dem Wert $q_0 = 1800$ N/m eine beträchtliche Vergrößerung. Für das Moment schreiben wir jetzt:

$$M = \frac{1}{1 + \gamma} \cdot \frac{1}{8} (q_0 + \frac{f}{l} p_0) l^2 ,$$

und erhalten damit: $M = 25,5 \times 10^6$ Nm. Dieses Ergebnis liegt dem wirklichen Wert schon sehr nahe. Weil man jetzt einen Einblick in das Biegeverhalten des Rohres hat, kann man den Wert des Momentes infolge des Eigengewichtes genauer bestimmen, was zu einem größeren Wert für die Verschiebung f und somit für die Belastungskomponente $(f/l)p_0$ führt. Das Moment M ist dann um 5% größer.

Obwohl der Verlauf der Belastungkomponente $p_0 \frac{dw}{dx}$ stark von dem konstanten Verlauf der Belastung q_0 abweicht, stellt sich heraus, daß die Verwendung der einfachen Reduktionsformel für das Biegemoment M zu einem vertretbaren Resultat führt. Das berechnete Moment verursacht extreme Biegespannungen:

$$\sigma_{b,\text{Extr}} = \pm \frac{Mr}{I} \approx \pm 55 \times 10^6 \text{ N/m}^2$$

welche zulässig sind.

Noch wichtiger für die Konstruktion ist die Wellenbelastung die an der Oberseite angreift, und eine hin- und hergehende Bewegung des Risers verursacht, wobei Trägheitskräfte als verteilte Belastung auf das Rohr wirken. Die wechselnde Belastung führt zu Ermüdungserscheinungen und kann schließlich zum Bruch führen. Für die Bemessung des Rohres wird das Ermüdungskriterium entscheidend sein.

14

Die Kombination eines Schubträgers mit einem Biegeträger, ein Parallelsystem

14.1 Einleitung

Bereits zuvor haben wir gesehen, daß ein hohes Rahmentragwerk (Skelett) sich wie ein Schubträger verhält. Diese Rahmentragwerke kommen bei Gebäuden oft vor. Sie werden jedoch meist mit biegesteifen Elementen in der Form von Treppenhäusern und Aufzugskernen, wie in Bild 14.1 dargestellt, verbunden. Eine horizontale Belastung wird dann durch die beiden Elemente Rahmentragwerk bzw. Schubträger und Biegeträger zusammen aufgenommen, wobei beide dieselben horizontalen Verschiebungen erfahren. Es handelt sich hier also um ein Parallelsystem.

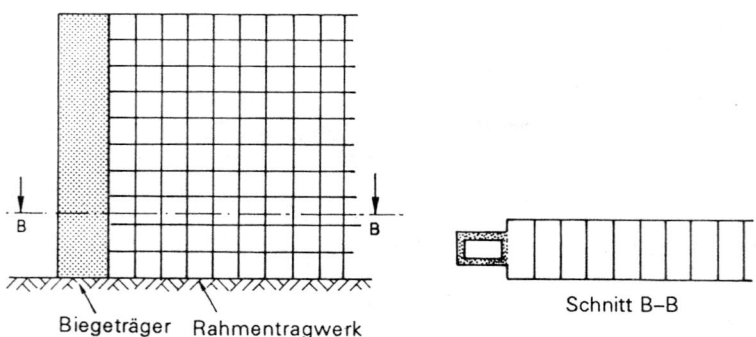

Biegeträger Rahmentragwerk

Schnitt B–B

Bild 14.1. Rahmentragwerk mit Treppenhaus bzw. Aufzugskern.

Oft werden auch spezielle Aussteifungswände angebracht, die bei der Aufnahme der horizontalen Kräfte mitwirken. In Bild 14.2 ist dafür ein Beispiel dargestellt. Das Gebäude, welches aus vielen schmalen, hohen, nebeneinander angeordneten Rahmentragwerken besteht, wird an den Seiten durch biegesteife Wände abgeschlossen. Eine horizontale Belastung wird jetzt teilweise durch die Rahmentragwerke aufgenommen und teilweise durch die Decken in die Kopfwände eingeleitet. Wenn man diese Decken in ihren Ebenen als unendlich steif annimmt, was im allgemeinen zu verantworten ist, erhalten die Rahmentragwerke und die Wände dieselben Verschiebungen, und es handelt sich wiederum um ein Parallelsystem.

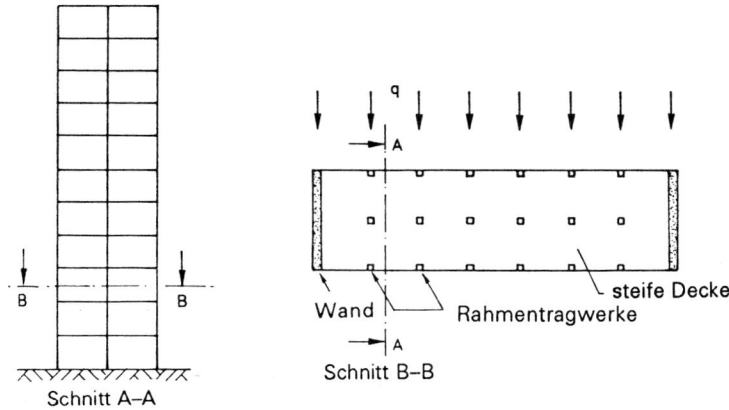

Bild 14.2. Rahmentragwerke mit Aussteifungswänden.

Zur Ermittlung der Kräfteverteilung in dieser Konstruktion betrachten wir das System aus Bild 14.3a, in dem ein Schubträger in der Form eines Rahmentragwerkes durch horizontale Pendelstäbe mit einem biegesteifen Träger in der Form einer hohen Wand verbunden ist. Der Schubträger ist an der Unterseite unverschieblich mit einem Fundament verbunden. Der Biegeträger ist am Fuß eingespannt. An dem Schubträger greift eine verteilte horizontale Belastung q(x) an. Die Verformung, welche die beiden einzelnen Träger infolge dieser Belastung erhalten würden, ist in Bild 14.3b und 14.3c dargestellt. Diese Figuren sind nicht kompatibel, und es entstehen daher verteilte Reaktionskräfte zwischen den beiden Trägern. Man kann leicht erkennen, daß unten dem Schubträger durch den Biegeträger "geholfen" wird und oben das Umgekehrte der Fall ist.

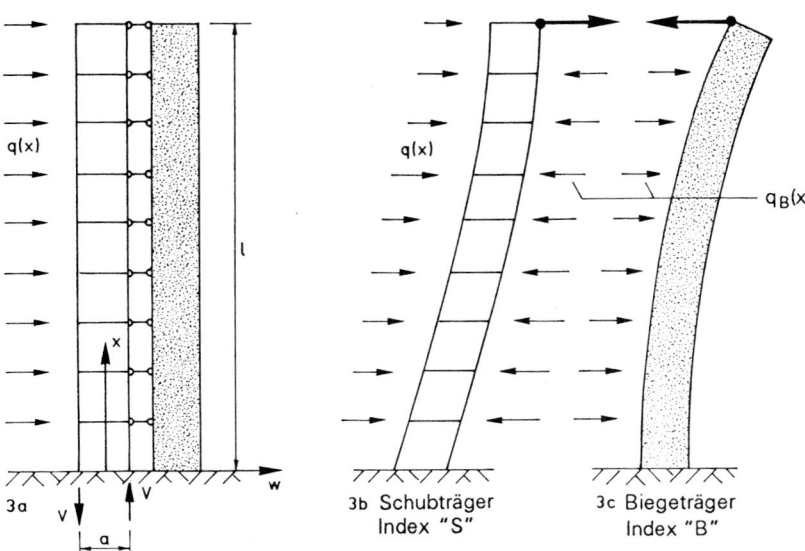

Bild 14.3. System eines Schubträgers mit einem Biegeträger.

14.2 Die Differentialgleichung und ihre Lösung

Bei der Herleitung der Differentialgleichung wird derselbe Gedankengang wie im vorigen Kapitel verfolgt. Für den Belastungsanteil, der durch den Schubträger aufgenommen wird, gilt:

$$q_S(x) = -GA \frac{d^2w}{dx^2} , \tag{14.1}$$

wobei GA die Schubsteifigkeit des Rahmentragwerkes ist.
Für den Belastungsanteil, der durch den Biegeträger aufgenommen wird, gilt:

$$q_B(x) = EI \frac{d^4w}{dx^4} , \tag{14.2}$$

wobei EI die Biegesteifigkeit der Wand ist.
Für die gesamte Belastung q(x) auf das Gesamtsystem aus Biegeträger und Schubträger gilt somit:

$$q(x) = q_S(x) + q_B(x) = -GA \frac{d^2w}{dx^2} + EI \frac{d^4w}{dx^4} , \tag{14.3}$$

und die Differentialgleichung, die das Verhalten der Konstruktion beschreibt, lautet:

$$EI \frac{d^4w}{dx^4} - GA \frac{d^2w}{dx^2} = q(x) \tag{14.4}$$

Die reduzierte Gleichung

$$EI \frac{d^4w}{dx^4} - GA \frac{d^2w}{dx^2} = 0 \tag{14.5}$$

besitzt folgende Lösung:[*]

$$w = C_1 e^{\alpha x} + C_2 e^{-\alpha x} + C_3 + C_4 x \tag{14.6}$$

mit C_1, C_2, C_3 und C_4 als Integrationskonstanten und dem Parameter α, der definiert ist durch: $\alpha^2 = GA/EI$.
Bei einer Gleichlast q_0 lautet die partikuläre Lösung:

$$w = -\frac{1}{2} \frac{q_0}{GA} x^2 \tag{14.7}$$

Die vollständige Lösung von Gleichung (14.4) lautet somit für eine Gleichlast q_0:

$$w = C_1 e^{\alpha x} + C_2 e^{-\alpha x} + C_3 + C_4 x - \frac{1}{2} \frac{q_0}{GA} x^2 \tag{14.8}$$

---

[*] Die Differentialgleichung und ihre Lösung sind denen der Kombination von Seilwirkung und Biegung analog (Kapitel 13).

Aus dieser Lösung erhält man durch Ableiten:

$$\frac{dw}{dx} = \alpha C_1 e^{\alpha x} - \alpha C_2 e^{-\alpha x} + C_4 - \frac{q_0}{GA}x \tag{14.9}$$

$$\frac{d^2w}{dx^2} = \alpha^2 C_1 e^{\alpha x} + \alpha^2 C_2 e^{-\alpha x} - \frac{q_0}{GA} \tag{14.10}$$

$$\frac{d^3w}{dx^3} = \alpha^3 C_1 e^{\alpha x} - \alpha^3 C_2 e^{-\alpha x} \tag{14.11}$$

Die Integrationskonstanten können mit Hilfe der Randbedingungen, die in der Funktion w(x) und ihren Ableitungen ausgedrückt werden müssen, bestimmt werden. Wie bereits bekannt, ist für einen Schubträger eine Randbedingung an jedem der beiden Enden notwendig und ausreichend, für einen Biegeträger gibt es dafür zwei. Von den vier Randbedingungen, die zur Bestimmung der Konstanten notwendig sind, werden sich also nur zwei direkt auf den Schubträger beziehen können.
An der Unterseite, d.h. für x = 0, gilt für Schub- und Biegeträger:

$$w = 0 \tag{14.12}$$

Da der Biegeträger an der Unterseite eingespannt ist, gilt für ihn dort auch noch:

$$\frac{dw}{dx} = 0, \tag{14.13}$$

und da der Schubträger dieselbe Verschiebung w wie der Biegeträger erhält, wird diese Bedingung auch dem Schubträger auferlegt.
An der Oberseite, d.h. für x = l, handelt es sich um ein freies Ende, und da am Biegeträger kein Moment angreift, gilt hier:

$$M_B = -EI\frac{d^2w}{dx^2} = 0 \tag{14.14}$$

Auch für den Schubträger gilt, daß an der Oberseite kein Moment angreift, aber das Moment im Schubträger, das durch die Normalkräfte in den Stützen aufgenommen wird, hat keine direkte Beziehung mit der Verschiebung w, so daß daraus keine Randbedingung folgt. Für die Querkräfte ist die Sache komplizierter.
Für die Querkraft im Schubträger gilt:

$$Q_S = GA\frac{dw}{dx}, \tag{14.15}$$

und für die Querkraft im Biegeträger gilt:

$$Q_B = -EI\frac{d^3w}{dx^3} \tag{14.16}$$

Die Querkraft Q in einem Schnitt des Systemes ist die Summe dieser beiden Querkräfte:

$$Q = Q_S + Q_B \tag{14.17}$$

Am freien Ende an der Oberseite gilt jetzt, daß diese Summe der Querkräfte gleich Null sein muß:

$$Q = Q_S + Q_B = 0 \tag{14.18}$$

oder auch:

$$GA\,\frac{dw}{dx} - EI\,\frac{d^3w}{dx^3} = 0 \tag{14.19}$$

Wir sehen, daß am oberen Ende der Biegeträger und der Schubträger eine konzentrierte Kraft aufeinander ausüben (vgl. Bilder 3b und 3c) die für beide der Randwert der Querkraft ist. Der Verlauf der verteilten Interaktion zwischen Biegeträger und Schubträger zeigt am oberen Ende somit Singularität auf. Setzt man die Lösung für w und ihre Ableitungen in die vier Randbedingungen ein, so erhält man ein System aus algebraischen Gleichungen, aus dem die Konstanten bestimmt werden können. Man erhält dann:

$$C_1 = \frac{1 - \alpha l\, e^{-\alpha l}}{\alpha^2 (e^{\alpha l} + e^{-\alpha l})}\,\frac{q_0}{GA} \tag{14.20}$$

$$C_2 = \frac{1 + \alpha l\, e^{\alpha l}}{\alpha^2 (e^{\alpha l} + e^{-\alpha l})}\,\frac{q_0}{GA} \tag{14.21}$$

$$C_3 = -\frac{2 + \alpha l\, (e^{\alpha l} - e^{-\alpha l})}{\alpha^2 (e^{\alpha l} + e^{-\alpha l})}\,\frac{q_0}{GA} \tag{14.22}$$

$$C_4 = \frac{q_0 l}{GA} \tag{14.23}$$

Setzt man diese Ergebnisse in die Ausdrücke (14.8) bis (14.11) ein, so erhält man die gesuchten Lösungen für die Funktion w und ihre Ableitungen.

Damit sind auch das Biegemoment und die Querkräfte Q_S und Q_B bekannt. Es wird deutlich, daß es sich um komplizierte Formeln handelt, und es wird daher darauf verzichtet, diese hier darzustellen. Der Übergang auf hyperbolische Funktionen macht die Formel etwas einfacher. Man erhält dann unter anderem:

$$w = \frac{q_0 l^2}{GA}\left(-\frac{1 + \alpha l \sinh \alpha l}{(\alpha l)^2 \cosh \alpha l} + \frac{\cosh \alpha x + \alpha l \sinh \alpha(l - x)}{(\alpha l)^2 \cosh \alpha l} + \frac{x}{l} - \frac{x^2}{2l^2}\right) \tag{14.24}$$

$$M_B = -EI\,\frac{d^2w}{dx^2} = -\frac{EI}{GA}q_0\left(-\frac{\cosh \alpha x + \alpha l \sinh \alpha(l - x)}{\cosh \alpha l} + 1\right) \tag{14.25}$$

Die Ausdrücke für Q_S und Q_B können hieraus durch einmaliges Differenzieren von (14.24) bzw. (14.25) leicht abgeleitet werden.

In diesen Lösungen sind die Grenzfälle für den einzelnen Schubträger ($\alpha \to \infty$, d.h. EI = 0) und den einzelnen Biegeträger ($\alpha \to 0$, d.h. GA = 0) enthalten. Man erhält (manchmal nach langer Ausarbeitung):

$$\lim_{\alpha \to \infty} w = \frac{q_0 x}{2GA}(2l - x)$$

$$\lim_{\alpha \to 0} w = \frac{q_0}{24\,EI}(x^4 - 4lx^3 + 6l^2 x^2)$$

$$\lim_{\alpha \to 0} M_B = -\frac{1}{2}q_0(l - x)^2$$

Die Art der Lösungen hängt naturgemäß von der Größe des Parameters α ab. Für einen Wert $\alpha l = 2$, d.h. $GAl^2 = 4EI$, sind in Bild 14.4 die wichtigsten Ergebnisse graphisch dargestellt.

Der Verlauf für die seitlichen Verschiebungen zeigt eine Zunahme der Neigung nach oben, ungefähr bis zur halben Höhe, wo sich ein Wendepunkt befindet. Darüber nimmt die Neigung allmählich ab. Hier zieht der Schubträger den Biegeträger gewissermaßen zurück. Die seitliche Verschiebung an der Oberseite ($x = l$) beträgt:

$$w = 0{,}2015 \frac{q_0 l^2}{GA} = 0{,}0504 \frac{q_0 l^4}{EI}$$

Man vergleiche diese Ergebnisse mit denen des einzelnen Schubträgers:

$$w = 0{,}5 \frac{q_0 l^2}{GA}$$

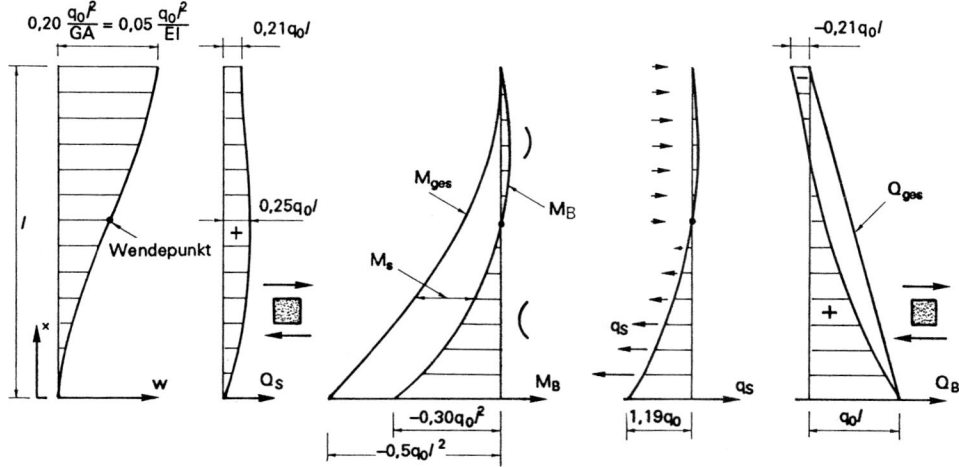

Bild 14.4. Ergebnisse für das System aus Bild 14.3, mit $\alpha l = 2$.

und denen des einzelnen Biegeträgers:

$$w = 0,125 \, \frac{q_0 l^4}{EI}$$

Die Querkraft Q_S im Schubträger ist proportional zur Neigung des Verschiebungsverlaufes. Der Verlauf ist in Bild 14.4 dargestellt. Am oberen Ende ist somit noch eine Querkraft der Größe $0,2162 \, q_0 l$ vorhanden.

Das Biegemoment M_B im Biegeträger, das proportional zur zweiten Ableitung der Verschiebungsfunktion ist, ist in dem mittleren Bild dargestellt. In diesem Bild ist auch das gesamte Moment dargestellt, das durch die Querschnitte der Konstruktion aufgenommen werden muß und in diesem Fall einen parabolischen Verlauf der Form $M_{ges} = -\frac{1}{2} q_0 (l - x)^2$ aufweist.

Die Differenz zwischen diesen beiden Verläufen ist das Moment M_S, das durch den Schubträger mittels der Normalkräfte in den Stützen des Rahmentragwerkes aufgenommen wird. Vom gesamten Fußmoment wird also 60% durch den Biegeträger und 40% durch den Schubträger aufgenommen.

Auch die Belastung q_S auf den Schubträger ist proportional zur zweiten Ableitung der Verschiebungsfunktion. Der Verlauf ist in dem vierten Bild von links dargestellt. Diese Belastung ist oben nach rechts und unten nach links gerichtet. Die Belastung auf den Biegeträger ergibt sich aus: $q_B = q - q_S$ und ist somit überall nach rechts gerichtet. Im oberen Teil ist die Belastung q_B etwas geringer als die Belastung q. Im unteren Teil nimmt diese Belastung nach unten hin bis auf mehr als das Doppelte von q zu. Die Reaktion des Biegeträgers auf den Schubträger ist dieser entgegengerichtet.

Das letzte Bild zeigt die Querkraft Q_B im Biegeträger, die proportional zur dritten Ableitung der Verschiebungsfunktion ist. Am Fuß des Biegeträgers ist diese gleich der gesamten Belastung auf die Konstruktion, d.h. mit anderen Worten, die horizontale Belastung der Fundamente wird durch den Biegeträger geliefert. An der Oberseite beträgt die Querkraft $-0,2162 \, q_0 l$. Notwendigerweise gilt hier:

$$Q_S + Q_B = 0.$$

In dem Kräftespiel sind die beiden konzentrierten Kräfte an der Oberseite von großer Bedeutung. Die Entlastung des Biegeträgers über dem obersten Teil (das Zurückbiegen) erfolgt hauptsächlich durch die konzentrierte Kraft an der Oberseite (siehe Bild 14.3c).

14.3 Zusätzliche Aussteifungen und federnde Unterstützungen

Eine zusätzliche Versteifung der Konstruktion kann durch Anbringen eines steifen horizontalen Trägers oberhalb der Wand und des Rahmentragwerkes erreicht werden (Bild 14.5a). Um den Effekt hiervon deutlich zu machen, wird dieser Träger zuerst nur mit der Wand verbunden (Bild 14.5b). Bei einer horizontalen Belastung der Wand rotiert das Ende, und der Träger wird sich anheben. Wenn der Träger jedoch auch am Rahmentragwerk befestigt wird, wirken die Stützen des Rahmentragwerkes dem entgegen. Nimmt man wieder an, daß die Dehnsteifigkeit dieser Stützen unendlich groß ist, bleibt der Träger horizontal. Die Folge davon ist, daß die Wand so weit zurückgebogen wird, daß sie bei der Einspannung in den horizontalen Träger vertikal ist. Die Konstruktion ist also steifer, und die horizontalen Verschiebungen der Wand und des Rahmentragwerkes werden kleiner als im vorangegangenen Fall sein, was durch Ausnützung der axialen Steifigkeit der Stützen des Rahmentragwerkes erreicht wurde.

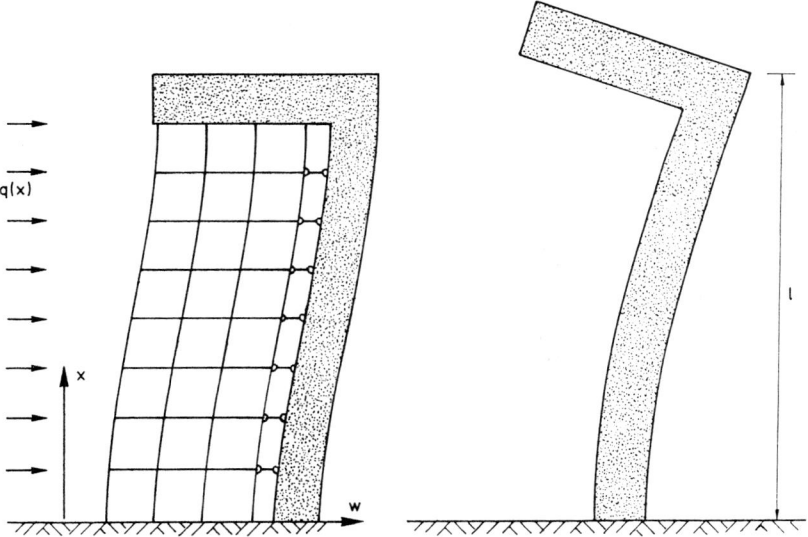

Bild 14.5. Aussteifung mit einem sogenannten "hat".

Zur Bestimmung von Verschiebungen, Biegemomenten und Querkräften kann wieder von Lösung (14.8) ausgegangen werden. Es gelten jetzt die folgenden Rand-bedingungen, mit denen die Integrationskonstanten bestimmt werden können.
An der Unterseite bei x = 0:

$$w = 0 \tag{14.26}$$

und

$$\frac{dw}{dx} = 0 \tag{14.27}$$

An der Oberseite bei x = *l*:

$$\frac{dw}{dx} = 0 \tag{14.28}$$

und

$$Q_S + Q_B = 0 \qquad (14.29)$$

Aus (14.28) folgt jedoch, daß $Q_S = 0$ ist, und daher kann anstelle von (14.29) gesetzt werden:

$$Q_B = 0 \quad \text{oder auch: } \frac{d^3w}{dx^3} = 0 \qquad (14.30)$$

Die weitere Ausarbeitung wird hier, ebensowenig wie die komplizierten Ausdrücke für die Verschiebung und die daraus abgeleiteten Größen, nicht dargestellt. Wir stellen in Bild 14.6 jedoch einige Ergebnisse für einen Wert $\alpha l = 2$ dar, aus denen die Verminderung der Verschiebungen gegenüber Bild 14.4 zu erkennen ist. Auch der Wert des Biegemomentes in der Wand an der unteren Einspannung wird verringert; diese Verminderung ist jedoch nicht so groß.

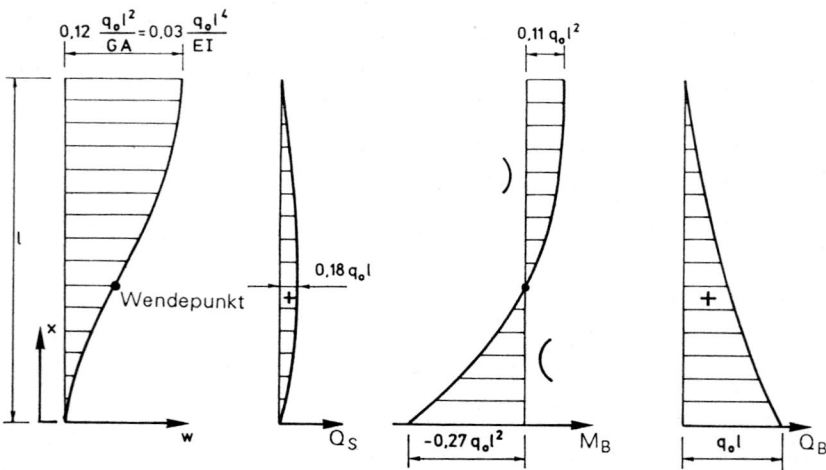

Bild 14.6. Ergebnisse für das System aus Bild 14.5 mit $\alpha l = 2$.

Federnde Einspannung

In den beiden behandelten Beispielen wurde der Biegeträger an der Unterseite eingespannt. Es kann jedoch hier auch eine federnde Einspannung vorhanden sein. Wird z.B. das Gebäude aus Bild 14.2 auf Pfählen gegründet, dann ist die Anzahl der Pfähle unter der Gruppe von Rahmentragwerken meistens viel größer als die Anzahl der Pfähle unter den beiden Kopfwänden. In diesem Fall werden dann die Pfähle unter den Kopfwänden viel stärker als die unter der Gruppe von Rahmentragwerken belastet, und an der Unterseite der Wände kann eine nicht zu vernachlässigende Rotation ψ auftreten, die großen Einfluß auf die Kräfteverteilung in der Konstruktion hat (Bild 14.7). Die federnde Unterstützung kann die stützende Wirkung des Biegeträgers beträchtlich vermindern. Als Randbedingung gilt jetzt an der Unterseite der Wände (Biegeträger) (siehe auch Abschnitt 4.2):

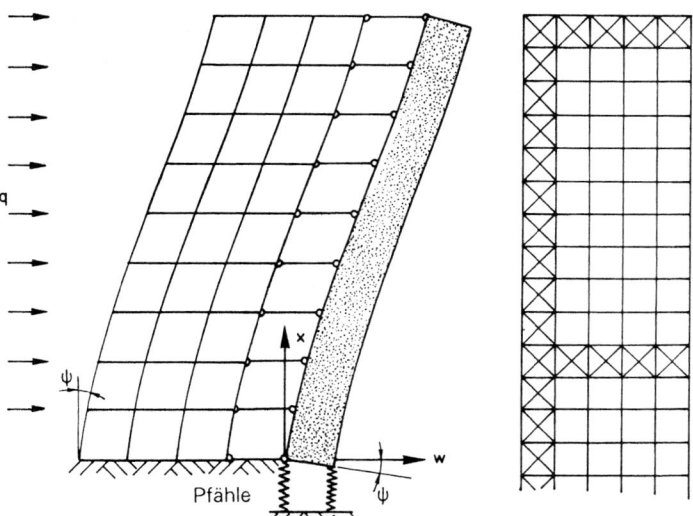

Bild 14.7. Federnde Einspannung des Biegeträgers.

Bild 14.8. Aussteifungsträger als Fachwerkträger ausgeführt.

$$M_B = -k_f \psi \tag{14.31}$$

Die Konstante k_f muß aus den Gründungsverhältnissen abgeleitet werden. Hiermit geht die Randbedingung über in:

$$-EI\frac{d^2w}{dx^2} = -k_f\frac{dw}{dx} \tag{14.32}$$

Im Vergleich zu den Rotationen an der Unterseite der Wände wird die Rotation an der Unterseite des Rahmentragwerkes meistens vernachlässigbar sein. Hier weist das Rahmentragwerk dann einen Gleitwinkel γ auf, der gleich der Rotation ψ ist. In diesem Fall tritt an der Unterseite des Rahmentragwerkes also eine Querkraft von $Q_S = GA\,\psi$ auf, und ein Teil der Belastung wird über das Rahmentragwerk in die Fundamente abgetragen, wodurch dieses Rahmentragwerk stärker belastet wird.

Kompliziertere Aussteifungen

Bei Stahlskeletten kann die Aussteifungswand auch als Fachwerk, wie in Bild 14.8 dargestellt, ausgeführt werden. Streng genommen ist ein Fachwerk nicht nur ein Biegeträger, denn es zeigt außer Biegung auch Schub auf. Das Fachwerk ist daher etwas weniger steif, als allein aus der Biegung abgeleitet werden würde. Die Biegesteifigkeit wird durch die beiden Gurte bestimmt; die Schubsteifigkeit durch die Füllstäbe. Die Kombination dieses Systems mit dem Rahmentragwerk führt somit zu einem komplizierteren Zusammenhang als in den beiden vorangegangenen Fällen. Eine praktische Näherung stellt die Verminderung der Biegesteifigkeit um z.B. 10% dar.

Abbildung 14.1. John Hancock Building, Chicago, 1969, Höhe 338 m (Skidmore, Owings und Merrill). Hier wurde das aussteifende Fachwerk in der Fassade angebracht.

Auch der horizontale Aussteifungsträger an der Oberseite kann natürlich als Fachwerkträger ausgeführt werden, und solch ein horizontaler Aussteifungsträger kann auch in einem Geschoß des Rahmentragwerkes angebracht werden. Bei sehr hohen Gebäuden bringt man daher auch in verschiedenen Höhen, z.B. nach jeweils 20 Geschossen, einen derartigen horizontalen Aussteifungsträger an (Bild 14.8).

Dehnsteifigkeit der Stützen

Bei sehr hohen Gebäuden taucht das Problem auf, daß die Zusammendrückung der Stützen des Rahmentragwerkes nicht mehr vernachlässigt werden darf. Das Rahmentragwerk weist dann also nicht nur Schub, sondern auch Biegung auf, wie bereits in Abschnitt 4.3 beschrieben. Die Beschreibung des gesamten Systems ist durchaus möglich, wird aber kompliziert. Man muß jedoch aufpassen, daß man dabei sein Ziel nicht verfehlt. Analytische Methoden sind heutzutage vorwiegend dazu da, einen globalen Einblick zu erhalten. Zur genauen Berechnung der Kräfteverteilung wird man bei diesen Konstruktionen Computerprogramme benützen.

Teil 4
Kombinierte Tragwirkung mit gekrümmten Elementen

15
Das ursprünglich gekrümmte Seil

15.1 Der Zusammenhang zwischen der Länge des Seiles und der Größe der horizontalen Kraft H

Wir betrachten ein Seil der Länge L, das an zwei gleich hoch gelegenen Punkten in einem Abstand von l, mit $L > l$, aufgehängt wird. Bei Belastung – das kann das Eigengewicht sein – wird das Seil eine bestimmte Form annehmen. Wir fragen jetzt zuerst nach der Größe der horizontalen Kraft H. Bei den straff gespannten Seilen aus Kapitel 5 war die Kraft in den Seilen gegeben. Diese ist nun vorerst nicht bekannt. Die zuvor dargestellte Herleitung der Differentialgleichung (5.5) bleibt jedoch unverändert. Da die von vornherein auftretende Verschiebung im folgenden als eine ursprüngliche Verschiebung betrachtet wird, schreiben wir jetzt z anstelle von w. Mit w bezeichnen wir jetzt die Verschiebungen infolge zusätzlicher Belastungen. Die Differentialgleichung lautet dann:

$$-H \frac{d^2z}{dx^2} = q \tag{15.1}$$

Handelt es sich bei der Belastung um eine Gleichlast q_0, dann nimmt das Seil die Form einer Parabel mit Stich f an (Bild 15.1). Für den Stich f gilt:

$$f = \frac{q_0 l^2}{8H} \tag{15.2}$$

Umgekehrt gilt:

$$H = \frac{q_0 l^2}{8f} \tag{15.3}$$

Ist der Stich f bekannt, z.B. aus einer Messung, dann kann H mit der letzten Formel berechnet werden. So geht man auch vor, wenn f bei einem Entwurf vorgegeben ist.

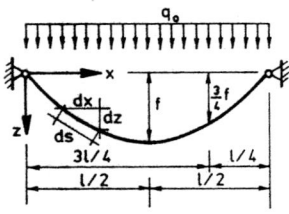

Bild 15.1.

Die Frage ist dann, wie man einen von vornherein festgelegten Stich f erhält. Es ist klar, daß wenn L nur geringfügig größer als *l* ist, der Stich f gering und somit H groß ist und bei zunehmendem L der Stich f zunimmt und H abnimmt. Es kann sich dabei um ein Festigkeitsproblem handeln. Zu wenig Durchhang und zu große Belastung können zum Bruch führen.

Wir wollen jetzt die Seillänge L bestimmen, die für einen bestimmten Stich f erforderlich ist. Dies ist eine rein geometrische Aufgabe. Für die Länge L gilt folgendes Integral:

$$L = \int_0^L ds \qquad (15.4)$$

mit ds als der Länge eines kleinen Elementes, für das man schreiben kann:

$$ds = [1 + (\frac{dz}{dx})^2]^{1/2} dx \qquad (15.5)$$

Setzt man diesen Ausdruck in das obige Integral ein und entwickelt den Integrand in einem Polynom, so erhält man:

$$L = \int_0^l [1 + (\frac{dz}{dx})^2]^{1/2} dx = \int_0^l [1 + \frac{1}{2}(\frac{dz}{dx})^2 - \frac{1}{8}(\frac{dz}{dx})^4 + ...] dx$$

Für die Länge L des Seiles ergibt sich somit:

$$L = l + \frac{1}{2} \int_0^l (\frac{dz}{dx})^2 dx - \frac{1}{8} \int_0^l (\frac{dz}{dx})^4 dx + ... \qquad (15.6)$$

Der Längenunterschied Δ zwischen der Länge L des Seiles und dem Abstand *l* der beiden Aufhängepunkte beträgt dann:

$$\Delta = L - l = \frac{1}{2} \int_0^l (\frac{dz}{dx})^2 dx - \frac{1}{8} \int_0^l (\frac{dz}{dx})^4 dx + ... \qquad (15.7)$$

Ist die Durchsenkung z klein gegenüber der Spannweite, was im allgemeinen der Fall sein wird, dann ist dz/dx ≪ 1. Als erste Näherung schreiben wir daher:

$$\Delta = \frac{1}{2} \int_0^l (\frac{dz}{dx})^2 dx \qquad (15.8)$$

Für eine Parabel der Form

$$z = \frac{4 fx(l - x)}{l^2} \qquad (15.9)$$

führt die Berechnung des Integrales (15.8) auf:

$$\Delta = \frac{8}{3}\frac{f^2}{l},$$ (15.10)

womit die erforderliche Seillänge L bestimmt ist: $L = l + \Delta$.

Setzt man darin (15.2) ein, so erhält man:

$$\Delta = \frac{q_0^2 l^3}{24 H^2}$$ (15.11)

Umgekehrt ergeben sich bei einem gegebenen Längenunterschied Δ und einer Gleichlast q_0 der Stich f bzw. die Kraft H aus den folgenden Formeln:

$$f = (\tfrac{3}{8} l \Delta)^{1/2}$$ (15.12)

$$H = (\frac{l}{24\Delta})^{1/2} q_0 l$$ (15.13)

Wenn die Form der Belastung nicht verändert wird, ist die Kraft H proportional zur Belastung.

Benützt man die ausführliche Formel (15.7) anstelle von (15.8), so erhält man mit der Gleichlast q_0 die folgende komplizierte Formel:

$$\Delta = \frac{8}{3}\frac{f^2}{l}(1 - \frac{12}{5}\frac{f^2}{l^2} + \ldots)$$

Bei einem Verhältnis f/l von z.B. 0,1 geht dieser Ausdruck über in:

$$\Delta = \frac{8}{3}\frac{1}{10}f(1 - 0{,}024 + \ldots),$$

womit man einen Eindruck von der Näherung nach Formel (15.8) erhält.

Für früher behandelte Belastungsfälle (Kapitel 5) geben wir noch die folgenden Ergebnisse an:

Für die einseitige Belastung aus Bild 15.2:

$$\Delta = \frac{1}{2}\int\limits_0^{l/2}(\frac{dz_I}{dx})^2 dx + \frac{1}{2}\int\limits_{l/2}^{l}(\frac{dz_{II}}{dx})^2 dx = \frac{10}{3}\frac{f^2}{l}$$ (15.14)

und somit:

$$z_{(x = l/2)} = f = (\frac{3}{10} l \Delta)^{1/2}$$ (15.15)

und

$$H = \frac{q_0 l^2}{16 f} = (\frac{5}{384}\frac{l}{\Delta})^{1/2} q_0 l$$ (15.16)

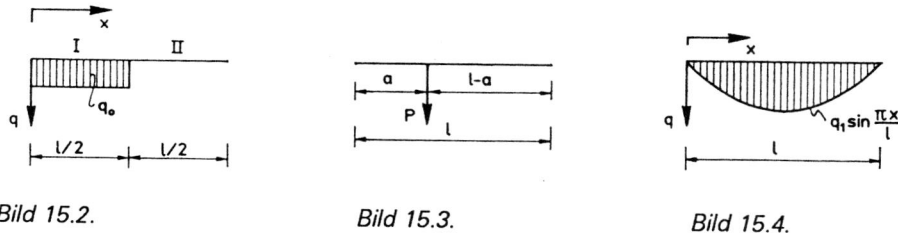

Bild 15.2.   Bild 15.3.   Bild 15.4.

Für die konzentrierte Belastung aus Bild 15.3 erhält man:

$$z_{(x = a)} = f = \left(\frac{2a(l - a)}{l} \Delta\right)^{1/2} \tag{15.17}$$

und

$$H = \frac{a(l - a)}{lf} P = \left(\frac{a(l - a)}{2l^2} \frac{l}{\Delta}\right)^{1/2} P \tag{15.18}$$

und für die sinusförmige Belastung $q(x) = q_1 \sin(\pi x/l)$ nach Bild 15.4:

$$z_{(x = l/2)} = z_1 = \left(\frac{4}{\pi^2} l\Delta\right)^{1/2} \tag{15.19}$$

und

$$H = \frac{q_1 l^2}{\pi^2 z_1} = \left(\frac{l}{\Delta}\right)^{1/2} \frac{q_1 l}{2\pi} \tag{15.20}$$

Der Einfluß der Verlängerung des Seiles

Bisher wurde das Seil als undehnbar angenommen. In Wirklichkeit wird jedoch eine gewisse Dehnung auftreten, und das Seil wird infolgedessen länger werden. Die Verlängerung kann annähernd gleich Hl/EA gesetzt werden, mit A als Seilquerschnittsfläche. Die Zugkraft T, welche die Dehnung verursacht, wird im allgemeinen allerdings etwas größer als H sein, und die Länge L, über welche die Dehnung integriert wird, wird etwas größer als l sein. Da jedoch die Berücksichtigung der Verlängerung nur eine Korrektur des Ergebnisses darstellt, ist diese Näherung im allgemeinen ausreichend genau.

Für die Größe Δ muß man jetzt schreiben:

$$\Delta = L + \frac{Hl}{EA} - l \tag{15.21}$$

Die erforderliche Seillänge L folgt dann aus:

$$L = l + \Delta - \frac{Hl}{EA} \tag{15.22}$$

Bei einem Seil mit einer Gleichlast q_0 und einem vorgeschriebenen Stich f wird im folgenden Δ durch (15.10) und H durch (15.3) bestimmt.

15.2 Die Flexibilität des Seiles und Veränderung der Kraft H

Seile sind flexible Elemente, d.h. daß eine Veränderung der Belastung zu beträchtlichen Veränderungen der Form des Seiles und damit zu großen zusätzlichen Verschiebungen führen kann.

Im folgenden wird das Seil als undehnbar angenommen, so daß die Länge L des Seiles und somit auch der Längenunterschied $\Delta = L - l$ als unveränderliche Größen betrachtet werden können. Um die Flexibilität zu demonstrieren, gehen wir von einem Seil aus, das mit einer Gleichlast q_0 belastet wird und eine parabolische Durchsenkungslinie mit einem Stich f aufzeigt. Die Durchsenkung an den Stellen $x = \frac{1}{4}l$ und $x = \frac{3}{4}l$ ist dann, wie bereits bekannt: $z = \frac{3}{4}f$ (Bild 15.1).

Wir vergrößern jetzt die Belastung über der linken Hälfte um eine konstante Belastung p_0 und vermindern die Belastung über der rechten Hälfte um denselben Wert.

Diese zusätzliche Belastung ist in Bild 15.5 dargestellt. Nehmen wir zunächst an, daß sich die horizontale Kraft H nicht verändert, dann können die Verschiebungen w infolge dieser zusätzlichen Belastung leicht berechnet werden.

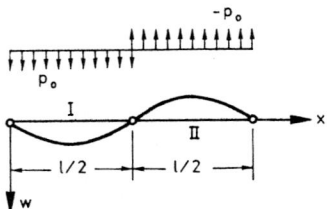

Bild 15.5.

Aufgrund der Antimetrie (Kontrasymmetrie) dieser Belastung ist nämlich die Verschiebung w in der Mitte gleich Null, und für den Verschiebungsverlauf des linken Teiles gilt (siehe Formel 15.9):

$$Hw_I = \frac{1}{2} p_0 x(\frac{1}{2}l - x) \tag{15.23}$$

und für den Verschiebungsverlauf des rechten Teiles:

$$Hw_{II} = -\frac{1}{2} p_0 (x - \frac{1}{2}l)(l - x) \tag{15.24}$$

Für die Verschiebungen an den Stellen $x = \frac{1}{4}l$ und $x = \frac{3}{4}l$ erhält man:

$$w = \pm \frac{1}{32} \frac{p_0 l^2}{H} \tag{15.25}$$

Wählen wir z.B. eine Belastung $p_0 = \frac{1}{4} q_0$, dann sind die zusätzliche Verschiebungen an den genannten Stellen gleich:

$$w = \pm \frac{1}{128} \frac{q_0 l^2}{H} = \frac{1}{16}f \tag{15.26}$$

Dies bedeutet für die Stelle $x = \frac{1}{4}l$, daß die Durchsenkung von $\frac{3}{4}f$ um 8,3% auf einen Wert von 0,8125 f zunimmt.

Die hier beschriebene Situation kann z.b. bei einem Hängedach auftreten. Bei Wind von rechts wird auf die linke Hälfte des Daches Druck und auf die rechte Hälfte Sog ausgeübt.

Die Veränderungen in der vertikalen Belastung, die dadurch auftreten können, sind von der hier angegebenen Größenordnung. Ein Hängedach mit einer Spannweite von z.b. 100 m und einer Durchsenkung in der Mitte von 10 m hat im Viertelpunkt der Spannweite eine Durchsenkung von 7,5 m. Die angenommene Veränderung der Belastung führt dann an der Stelle $x = \frac{1}{4}l$ zu einer Zunahme der Durchsenkung von 0,625 m auf 8,125 m. In vielen Fällen wird dies unzulässig sein, und man wird versuchen, die Verformungen infolge veränderlicher Belastungen einzuschränken.

Dies kann unter anderem erreicht werden durch:

– Vergrößerung der ständigen Lasten gegenüber den veränderlichen Lasten, was im allgemeinen nicht ökonomisch ist.

– Fixieren eines oder mehrerer Stellen des Seiles mit Hilfe eines horizontalen Spannseiles (siehe folgender Abschnitt).

– Indem man dem Hängedach eine gewisse Biegesteifigkeit verleiht (siehe Kapitel 16).

Bisher wurde angenommen, daß sich die horizontale Kraft H beim Aufbringen einer zusätzlichen Belastung p_0 nicht verändert. Wir wollen nun nachprüfen, ob dieser Voraussetzung entsprochen wird und ob die zwei Belastungsfälle aus Bild 15.1 und Bild 15.5 superponiert werden dürfen. Wir betrachten dazu ein an beiden Seiten an zwei festen Punkten aufgehängtes Seil (Bild 15.6), das über der linken Hälfte eine Gleichlast q_I und über der rechten Hälfte eine Gleichlast q_{II} trägt.

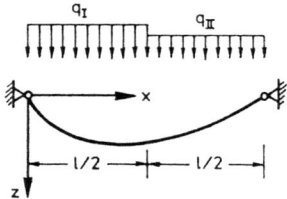

Bild 15.6.

Für die Verschiebung z gilt für die linke Hälfte:

$$Hz_I = -\frac{1}{2} q_I x^2 + (\frac{3}{8} q_I + \frac{1}{8} q_{II})lx \tag{15.27}$$

und für die rechte Hälfte:

$$Hz_{II} = -\frac{1}{2} q_{II} x^2 + (-\frac{1}{8} q_I + \frac{5}{8} q_{II})lx + (\frac{1}{8}q_I - \frac{1}{8} q_{II})l^2 \tag{15.28}$$

Ist der Unterschied zwischen der Länge L des Seiles und der Spannweite l gegeben, dann kann wieder mit Hilfe des Integrals (15.8) die horizontale Kraft bestimmt werden. Man erhält:

$$H^2 = \frac{l^3}{384\,\Delta}\,(5q_I^2 + 6q_Iq_{II} + 5q_{II}^2) \qquad (15.29)$$

Aus dieser Formel kann zunächst der Wert für H^2 bei einer Gleichlast q_0 abgeleitet werden. Mit $q_I = q_{II} = q_0$ folgt:

$$H^2 = \frac{q_0^2 l^3}{24\,\Delta} \qquad (15.30)$$

Dies stimmt mit der zuvor hergeleiteten Formel (15.13) überein.

Bringt man dann die antimetrische Belastung nach Bild 15.5 auf, dann wird die Kraft H im allgemeinen um ΔH auf einen Wert $H + \Delta H$ zunehmen.
Mit $q_I = q_0 + p_0$ und $q_{II} = q_0 - p_0$ folgt:

$$(H + \Delta H)^2 = \frac{q_0^2 l^3}{24\,\Delta}\left(1 + \frac{1}{4}\frac{p_0^2}{q_0^2}\right) = H^2\left(1 + \frac{1}{4}\frac{p_0^2}{q_0^2}\right) \qquad (15.31)$$

Für $p_0 = \frac{1}{4}\,q_0$, erhält man:

$$(H + \Delta H)^2 = H^2(1 + 0{,}0156) \qquad (15.32)$$

Der Wert von H^2 ist um 1,56 % größer geworden. Die Kraft H hat also nur um 0,78% zugenommen. Man könnte daraus folgern, daß bei einer antimetrischen Belastung p_0, die nur ein Bruchteil der Gleichlast q_0 ist, die Zunahme von H sehr gering ist und daher vernachlässigt werden kann.
Durch diese geringe Veränderung von H werden die Verschiebungen jedoch merklich beeinflußt. Das Produkt aus der Kraft H und der Ordinate an einer Stelle des Seiles bleibt jedoch konstant, gleich dem Moment der Belastung an dieser Stelle.
Wir wiederholen hier noch einmal die verschiedenen Schritte der Berechnung.
Für die Belastung galt:

$$Hz = \text{Moment infolge der Belastung } q$$

Für die zusätzliche Belastung p galt unter Annahme einer gleichbleibenden Kraft H:

$$Hw = \text{Moment infolge der Belastung } p$$

und somit gilt:

$$H(z + w) = \text{Moment infolge der Belastung } q + p.$$

In Wirklichkeit gilt jedoch bei zunehmendem H:

$$(H + \Delta H)(z + w) = \text{Moment infolge der Belastung } q + p \qquad (15.33)$$

Eine Zunahme von H um 0,78 % bedeutet eine annähernd gleich große Reduktion der zuvor berechneten Ordinate z + w. Der Reduktionsfaktor ist 1/1,0078 = 0,9923, und die Reduktion beträgt 0,77 %.
Für das zuvor betrachtete Hängedach erhält man dann für die Stelle $x = \frac{1}{4}l$:

$$z + w = 0,9923 \times 0,8125f = 0,8062f = 8,062 \text{ m}$$

Die zuvor erhaltene Verschiebung w = 0,625 m wird somit auf w = 0,562 m reduziert, d.h. um ca. 10%. Die geringe Zunahme von H hat einen nicht zu vernachlässigenden Effekt auf die Verschiebung w.
In der Mitte, d.h. für $x = \frac{1}{2}l$, erhält man dann:

$$z + w = 0,9923 \, f = 9,923 \text{ m.}$$

Die hier besprochenen nicht-linearen Effekte erschweren die Beschreibung des Tragverhaltens des Seiles erheblich.
Die in Abschnitt 15.4 beschriebene Fourieranalyse stellt jedoch eine treffliche Methode zur Bestimmung der Zunahme von H bei einer zusätzlichen Belastung dar.
Mit Formel (15.29) können natürlich noch diverse Belastungskombinationen untersucht werden; dies wird dem Leser selbst überlassen.

Benützt man die ausführliche Formel (15.7), anstelle von (15.8), zur Bestimmung der Kraft H, so erhält man für den betrachteten Belastungsfall:

$$H^2 = \frac{q_0^2 l^3}{24 \, \Delta} \left[1 + \frac{1}{4} \frac{p_0^2}{q_0^2} - \frac{12}{5} \frac{f^2}{l^2} \left(1 + \frac{p_0^2}{q_0^2} \right) + \ldots \right] \qquad (15.34)$$

Im Vergleich zu (15.27) sind Terme dazugekommen, die jedoch bei geringem Durchhang, d.h. wenn $(f/l) \ll 1$ ist, vernachlässigt werden können.

15.3 Horizontale Verschiebungen

Beim Aufbringen der antimetrischen Belastung p_0 (vgl. Abschnitt 15.2) wird der rechte Teil des Seiles etwas gestreckt und der linke Teil etwas stärker gekrümmt werden. Dies bedeutet, daß sich die Mitte des Seiles etwas nach links verschiebt.
Die übrigen Stellen des Seiles werden außer vertikalen Verschiebungen w auch horizontale Verschiebungen erfahren. Zwischen beiden Verschiebungen besteht eine Beziehung, die wir anhand von Bild 15.7, in dem ein Seilelement AB der Länge ds dargestellt ist, herleiten werden. Durch die zusätzliche Belastung wird dieses Element nach A′B″ verschoben. Diese Verschiebung besteht aus einer Translation nach A′B′ und einer Rotation um A′ nach A′B″.
Da es sich hierbei um kleine Verschiebungen handelt (w ≪ z), kann der Kreisbogen B′B″ durch eine Senkrechte auf A′B′ (Bogen = Sehne) ersetzt werden.

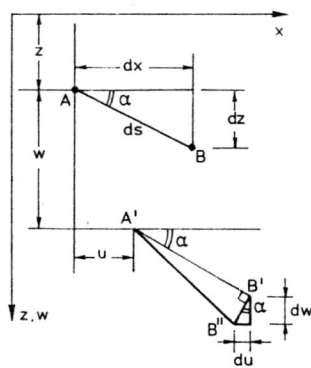

Bild 15.7.

Die zusätzlichen Verschiebungen von B gegenüber A sind in vertikaler Richtung dw und in horizontaler Richtung du.

Aus der Figur lesen wir ab:

$$du = -\text{tg}\,\alpha\;dw$$

Mit $\text{tg}\,\alpha = \dfrac{dz}{dx}$ geht dies über in:

$$du = -\frac{dz}{dx}\,dw$$

oder auch:

$$\frac{du}{dx} = -\frac{dz}{dx}\frac{dw}{dx} \tag{15.35}$$

Die horizontale Verschiebung erhält man jetzt durch Integration dieser Gleichung:

$$u = -\int \frac{dz}{dx}\frac{dw}{dx}\,dx + C_1 \tag{15.36}$$

Wenn z und w bekannt sind, kann dieses Integral berechnet werden.

Bevor wir dies anhand eines Beispieles erläutern, wollen wir zuerst die Beziehung zwischen den hier hergeleiteten Formeln für die horizontale Verschiebung u und der zuvor hergeleiteten Formel (15.8) für den Längenunterschied $\Delta = L - l$ untersuchen. Wenn man Gleichung (15.35) von $x = 0$ bis $x = l$, d.h. über die gesamte Spannweite integriert, erhält man:

$$u_{(x=l)} - u_{(x=0)} = -\int_0^l \frac{dz}{dx}\frac{dw}{dx}\,dx, \tag{15.37}$$

und wenn die beiden Aufhängepunkte keine horizontalen Verschiebungen erfahren, folgt daraus die folgende Gleichung:

$$\int_0^l \frac{dz}{dx} \frac{dw}{dx}\, dx = 0 \qquad (15.38)$$

Mit (15.8) gilt für den ursprünglichen Zustand, bei dem die Spannweite gleich l_1 ist:

$$\Delta_1 = L - l_1 = \frac{1}{2}\int_0^l \left(\frac{dz}{dx}\right)^2 dx \qquad (15.39)$$

Wenn die Ordinate z infolge einer zusätzlichen Belastung um w zunimmt und die Spannweite l_1 dabei auf l_2 zunimmt, gilt auch:

$$\Delta_2 = L - l_2 = \frac{1}{2}\int_0^l \left\{\frac{d}{dx}(z+w)\right\}^2 dx$$

$$= \frac{1}{2}\int_0^l \left\{ \left(\frac{dz}{dx}\right)^2 + 2\frac{dz}{dx}\frac{dw}{dx} + \left(\frac{dw}{dx}\right)^2 \right\} dx \qquad (15.40)$$

Die Seillänge L wird jetzt also als unveränderlich betrachtet.
Zieht man die beiden Gleichungen voneinander ab, dann erhält man:

$$l_2 - l_1 = -\int_0^l \left\{ \frac{dz}{dx}\frac{dw}{dx} + \frac{1}{2}\left(\frac{dw}{dx}\right)^2 \right\} dx \qquad (15.41)$$

Wenn $\frac{dw}{dx} \ll \frac{dz}{dx}$ ist, kann der zweite Term auf der rechten Seite gegenüber dem ersten Term vernachlässigt werden. Mit $l_2 - l_1 = u_{(x=l)} - u_{(x=0)}$ erkennt man die Übereinstimmung mit Gleichung (15.37).
Zur Bestimmung von horizontalen Verschiebungen können wir im allgemeinen von Gleichung (15.36) ausgehen.

Wir wollen die horizontalen Verschiebungen für ein mit einer Gleichlast q_0 belastetes Seil bestimmen, das eine parabolische Durchsenkungslinie entsprechend Formel (15.9) aufweist und anschließend mit einer antimetrischen Belastung p_0 (vgl. Bild 15.5) belastet wird. Infolge der zusätzlichen Belastung p_0 treten zusätzliche Verschiebungen entsprechend den Formeln (15.23) und (15.24) auf. Wir vernachlässigen dabei den zuvor beschriebenen Effekt der geringen Veränderung der Kraft H.

Aus Formel (15.9) folgt mit (15.2):

$$\frac{dz}{dx} = \frac{q_0}{2H}(l - 2x)$$

Aus Formel (15.23) erhält man für die linke Hälfte des Seiles:

$$\frac{dw}{dx} = \frac{p_0}{4H}(l - 4x)$$

Substitution dieser beiden Ausdrücke in Gleichung (15.36) und anschließende Integration führen zu:

$$u = -\frac{q_0 p_0}{8\,H^2}(l^2 x - 3lx^2 + \frac{8}{3}x^3) + C_1 \qquad (15.42)$$

Die Integrationskonstante C_1 folgt aus der Randbedingung, daß für $x = 0$ die horizontale Verschiebung $u = 0$ ist, woraus $C_1 = 0$ folgt. Mit $H = q_0 l^2 / 8f$ erhält man dann:

$$u = -8\frac{p_0}{q_0}(\frac{f}{l^2})^2(l^2 x - 3lx^2 + \frac{8}{3}x^3) \qquad (15.43)$$

Die horizontalen Verschiebungen sind um so größer, je größer der Stich f der Parabel im Anfangszustand ist. Bei straff gespannten Seilen sind die horizontalen Verschiebungen vernachlässigbar. Die horizontalen Verschiebungen nehmen proportional zur zusätzlichen Belastung p_0 zu. Einzelne Werte für $p_0 = \frac{1}{4}q_0$ lauten:

$$x = \frac{1}{4}l: \quad u = -\frac{5}{24}\frac{f}{l}f$$

$$x = \frac{1}{2}l: \quad u = -\frac{1}{6}\frac{f}{l}f$$

Für ein Verhältnis von $f/l = 0{,}1$ ergeben sich damit die Verschiebungen $u = -0{,}0208f$ und $u = -0{,}0167f$. Diese Werte sind 33 bzw. 27 % der zuvor berechneten maximalen vertikalen Verschiebung an der Stelle $x = \frac{1}{4}l$ (Formel 15.26).

Das Fixieren eines oder mehrerer Stellen des Seiles mit Hilfe von Spannseilen wurde bereits als eines der Mittel zur Versteifung des Seiles erwähnt.
Dadurch können z.B. die Mitte des Seiles (Bild 15.8) oder die Viertelpunkte der Spannweite (bei $\frac{1}{4}l$ und $\frac{3}{4}l$, Bild 15.9) fixiert werden. Ist das Spannseil undehnbar, dann können diese Stellen keine horizontalen Verschiebungen erfahren. Die Abbildungen (15.1) und (15.2) zeigen ein Beispiel für ein solches System.

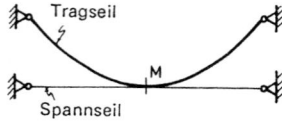

Bild 15.8.

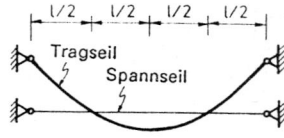

Bild 15.9.

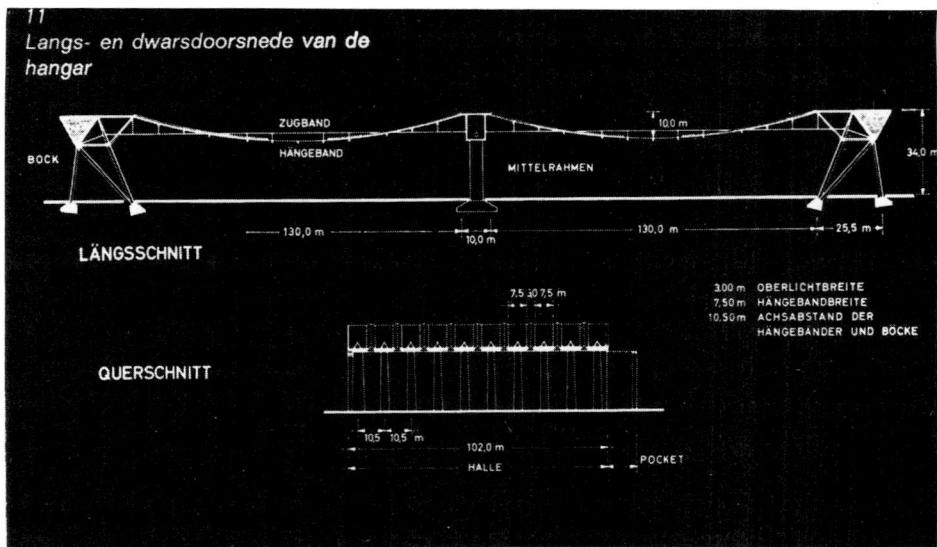

Abbildung 15.1. Flugzeughalle, Flughafen Frankfurt (Becker und Becker, 1970), Spannweite 2 × 130 m, Längs- und Querschnitt.

Abbildung 15.2. Luftaufnahme der Flugzeughalle.

Wir gehen noch näher auf das System aus Bild 15.8 ein, auf das außer einer Gleichlast q_0 noch eine antimetrische Belastung p_0, entsprechend Bild 15.5, wirkt. Da die Mitte des Seiles infolge der Belastung p_0 keine vertikale Verschiebung erhält (jedenfalls näherungsweise), kann diese Stelle als fester Punkt betrachtet werden. Es genügt daher, nur eine Hälfte des Seiles zu betrachten, und deswegen ist in Bild 15.10 die linke Hälfte dargestellt. Die Belastung auf diesen Teil des Tragseiles ist eine Gleichlast

$q_0 + p_0$, zu der eine parabolische Durchsenkungslinie gehört. Die Durchsenkungslinie infolge der Belastung q_0 wird also durch die Belastung p_0 nicht verändert, und das gewünschte Ziel, nämlich eine Versteifung des Seiles, ist vollständig erreicht.

Doch nimmt die Kraft H proportional zur Belastung zu.

Bild 15.10.   Bild 15.11.

Diese Kraft ist dann gleich:

$$H + \Delta H = \frac{(q_0 + p_0)(\frac{1}{2}l)^2}{8\,f'} = \frac{(q_0 + p_0)l^2}{8\,f} \quad (\text{da } f' = \tfrac{1}{4}\,f)$$

Die Zunahme ΔH der Seilkraft beträgt somit:

$$\Delta H = \frac{p_0 l^2}{8\,f} \, ,$$

und auf das Spannseil wird im Punkt M eine nach links wirkende Kraft ΔH ausgeübt (Bild 15.11).

Da die Belastung über der rechten Hälfte des Tragseiles nach oben wirkt, nimmt die Kraft H in diesem Teil um denselben Betrag ΔH ab. Auch dieser Teil des Tragseiles übt daher auf das Spannseil im Punkt M eine Kraft nach links aus. Die Summe $2\Delta H$ dieser beiden Kräfte wird bei einem flexiblen Spannseil durch den rechten Teil aufgenommen.

15.4 Fourieranalyse zur Bestimmung von H

Zur Bestimmung von H bei einer gegebenen Belastung und insbesondere auch zur Bestimmung der Zunahme von H bei einer zusätzlichen Belastung nehmen wir hier die Fourieranalyse zur Hilfe.

Eine gegebene Belastung $q(x)$ wird zuerst in einer Fourierreihe entwickelt (siehe auch Anhang A):

$$q(x) = \sum_{n=1}^{\infty} q_n \sin \frac{n\pi x}{l} \tag{15.44}$$

Die Lösung der Differentialgleichung (15.1) ist dann durch die folgende Reihe gegeben:

$$z(x) = \sum_{n=1}^{\infty} z_n \sin \frac{n\pi x}{l} \qquad\qquad \text{mit } z_n = \frac{l^2}{\pi^2 H} \frac{1}{n^2} q_n \qquad (15.45)$$

mit H als noch zu bestimmender Größe.
Differenziert man (15.45), so erhält man:

$$\frac{dz}{dx} = \sum_{n=1}^{\infty} \frac{l}{\pi H} \frac{1}{n} q_n \cos \frac{n\pi x}{l} \qquad (15.46)$$

Setzt man diesen Ausdruck in das Integral (15.8) ein, so erhält man mit den Orthogonalitätsbeziehungen

$$\int_0^l \cos \frac{m\pi x}{l} \cos \frac{n\pi x}{l} \quad \begin{aligned} &= 0 \ \text{ für } m \neq n \\ &= \tfrac{1}{2} l \ \text{ für } m = n \end{aligned}$$

folgendes Ergebnis:

$$\Delta = \frac{1}{2} \frac{l^2}{\pi^2 H^2} [q_1{}^2 \frac{l}{2} + \frac{1}{4} q_2{}^2 \frac{l}{2} + \frac{1}{9} q_3{}^2 \frac{l}{2} + \ldots]$$

und erhält damit folgende Formel für H:

$$H^2 = \frac{l^3}{4\pi^2 \Delta} [q_1{}^2 + \frac{1}{4} q_2{}^2 + \frac{1}{9} q_3{}^2 + \ldots] = \frac{l^3}{4\pi^2 \Delta} \sum_{n=1}^{\infty} \frac{1}{n^2} q_n{}^2 \qquad (15.47)$$

Der erste Term stimmt mit Formel (15.20) überein, d.h. man erhält die Kraft H bei einer Belastung $q_1 \sin (\pi x/l)$ aus:

$$H^2 = \frac{l^3}{4\pi^2 \Delta} q_1{}^2 \qquad (15.48)$$

Die Formel (15.47) ist interessant, da – dank der Orthogonalitätsbeziehungen – die Anteile der unterschiedlichen Belastungen an H^2 entkoppelt sind, was in Formel (15.29) nicht der Fall ist. Der Anteil der ersten Belastung wird nicht durch den Anteil der zweiten Belastung beeinflußt usw. Es handelt sich also um eine Superposition der Anteile der einzelnen Belastungsterme.
Die Gleichung ist jedoch nichtlinear. Der rechte Teil ist eine Summe von quadratischen Ausdrücken. Der Anteil des allgemeinen Belastungstermes $q_n \sin (n\pi x/l)$ an H^2 ist:

$$H^2 = \frac{l^3}{4\pi^2 \Delta} \frac{1}{n^2} q_n{}^2 \qquad (15.49)$$

Die für H^2 erhaltene Reihe (15.47) konvergiert im allgemeinen sehr schnell und ist daher ein vortreffliches Mittel um verschiedene Belastungskombinationen zu untersuchen.
Dabei wird folgendermaßen vorgegangen:

- Eine Belastung q(x) im ursprünglichen Zustand wird als Fourierreihe entwickelt.
- Mit Formel (15.47) werden die Anteile der Belastungsterme aufsummiert, wodurch man H^2 erhält.
- Durch Wurzelziehen erhält man H.
- Eine danach aufgebrachte zusätzliche Belastung p(x) wird ebenfalls als Fourierreihe entwickelt.
- Entsprechende Belastungsamplituden q_n und p_n werden zusammengefaßt, und man erhält somit die Belastungsamplituden $(q_n + p_n)$ der gesamten Belastung.
- Mit Formel (15.47) werden dann die Anteile dieser Belastungsterme summiert, wodurch man $(H + \Delta H)^2$ erhält.
- Wurzelziehen führt zu $H + \Delta H$, womit die Zunahme ΔH infolge der zusätzlichen Belastung bekannt ist.

Wir behandeln nacheinander einige Belastungskombinationen.

1. Wir beginnen mit einer ursprünglichen Belastung $q_1 \sin(\pi x/l)$ (Bild 15.12), für die man H aus der oben angeführten Formel (15.48) erhält.

   Bringt man anschließend eine zusätzliche Belastung $p_2 \sin(2\pi x/l)$ auf das Seil auf (Bild 15.13), dann wächst die Kraft H auf einen Wert $H + \Delta H$ an, den man aus folgender Formel erhält:

$$(H + \Delta H)^2 = \frac{l^3}{4\pi^2 \Delta}(q_1{}^2 + \frac{1}{4} p_2{}^2) = H^2(1 + \frac{1}{4}\frac{p_2{}^2}{q_1{}^2}) \qquad (16.50)$$

Das Ergebnis stimmt mit Formel (15.31) überein, und für einen Wert von z.B. $p_2 = \frac{1}{4} q_1$ beträgt die Zunahme $\Delta H = 0{,}0078\,H$.

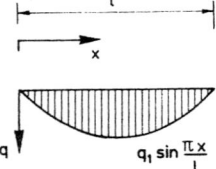

$q \quad q_1 \sin \frac{\pi x}{l}$

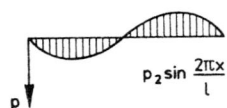

$p \quad p_2 \sin \frac{2\pi x}{l}$

Bild 15.12.   *Bild 15.13.*

2. Die ursprüngliche Belastung ist jetzt eine Gleichlast q_0 (Bild 15.14), für die gilt:

$$q(x) = \frac{4}{\pi} q_0 (\sin \frac{\pi x}{l} + \frac{1}{3} \sin \frac{3\pi x}{l} + \frac{1}{5} \sin \frac{5\pi x}{l} + ...) =$$

$$= \sum_{n=1,3,5,...} \frac{4}{\pi}\frac{1}{n} q_0 \sin \frac{n\pi x}{l} \qquad (15.51)$$

Mit Formel (15.47) folgt:

$$H^2 = \frac{l^3}{4\pi^2 \Delta}(\frac{4}{\pi} q_0)^2(1 + \frac{1}{9}\times\frac{1}{9} + \frac{1}{25}\times\frac{1}{25} + ...)$$

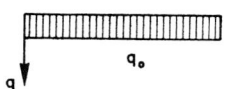

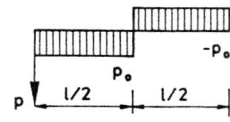

Bild 15.14.   Bild 15.15.

Die Summe der Reihe zwischen den Klammern ist $(\pi^4/96)$, so daß man das bekannte Ergebnis erhält:

$$H^2 = \frac{q_0^2 l^3}{24\Delta} \tag{15.52}$$

Mit den ersten drei Termen der Reihe wird dieses Ergebnis bereits bis auf 0,36 % genau angenähert!

Als zusätzliche Belastung nehmen wir jetzt die antimetrische Belastung entsprechend Bild 15.15 an, für die gilt (siehe Anhang A):

$$p(x) = \frac{4}{\pi} p_0 (\sin \frac{2\pi x}{l} + \frac{1}{3} \sin \frac{6\pi x}{l} + \frac{1}{5} \sin \frac{10\pi x}{l} + ...) \tag{15.53}$$

Zusammenfassen der Belastungsamplituden von $q(x)$ und $p(x)$ ergibt:

$$q_1 + p_1 = \frac{4}{\pi} q_0 \qquad q_2 + p_2 = \frac{4}{\pi} p_0 \qquad q_3 + p_3 = \frac{4}{\pi} \frac{1}{3} q_0$$

$$q_4 + p_4 = 0 \qquad q_5 + p_5 = \frac{4}{\pi} \frac{1}{5} q_0 \qquad q_6 + p_6 = \frac{4}{\pi} \frac{1}{3} p_0$$

usw.

Wir wählen wieder $p_0 = \frac{1}{4} q_0$. Die Belastungsamplituden lauten dann:

$$q_1 + p_1 = \frac{4}{\pi} q_0 \qquad q_2 + p_2 = \frac{4}{\pi} \frac{1}{4} q_0 \qquad q_3 + p_3 = \frac{4}{\pi} \frac{1}{3} q_0$$

$$q_4 + p_4 = 0 \qquad q_5 + p_5 = \frac{4}{\pi} \frac{1}{5} q_0 \qquad q_6 + p_6 = \frac{4}{\pi} \frac{1}{12} q_0$$

usw.

Mit Formel (15.47) ergibt sich nun für $(H + \Delta H)$:

$$(H + \Delta H)^2 = \frac{l^3}{4\pi^2\Delta} (\frac{4}{\pi} q_0)^2 (1 + \frac{1}{4} \times \frac{1}{16} + \frac{1}{9} \times \frac{1}{9} + \frac{1}{25} \times \frac{1}{25} + \frac{1}{36} \times \frac{1}{144} + ...).$$

Die Reihe zwischen den Klammern besteht aus zwei Unterreihen:

$$1 + \frac{1}{9} \times \frac{1}{9} + \frac{1}{25} \times \frac{1}{25} + ... \qquad\qquad = \frac{\pi^4}{96}$$

und $\quad \frac{1}{64}(1 + \frac{1}{9} \times \frac{1}{9} + \frac{1}{25} \times \frac{1}{25} + ...) \quad = \frac{1}{64} \frac{\pi^4}{96}.$

Die Summe beider Reihen ist somit $\frac{65}{64} \frac{\pi^4}{96}$.

Mit Kenntnis des vorangegangenen Ergebnisses können wir somit unmittelbar folgern:

$$(H + \Delta H)^2 = \frac{65}{64} H^2 = 1,015625 \, H^2, \tag{15.54}$$

also

$$H + \Delta H = 1,0078 \, H \quad \text{und} \quad \Delta H = 0,0078 \, H \tag{15.55}$$

Es ist uns in diesem Fall gelungen, die exakten Ergebnisse zu erhalten. Bei der Reihe für $(H + \Delta H)^2$ erkennt man jedoch auch, daß sechs Terme bereits eine sehr gute Näherung darstellen.

3. Als dritte Belastungskombination behandeln wir die Kombination aus einer Gleichlast q_0 (Formel 15.51, Bild 15.16) und einer zusätzlichen Gleichlast p_0, die im Bereich von $x = \frac{1}{4}l$ bis $x = \frac{1}{2}l$ wirkt (Bild 15.17).
Für diese letztere Belastung gilt (siehe Anhang A):

$$p(x) = \frac{4}{\pi} p_0(\frac{1}{4}\sqrt{2} \sin \frac{\pi x}{l} + \frac{1}{4} \sin \frac{2\pi x}{l} - \frac{1}{12}\sqrt{2} \sin \frac{3\pi x}{l} - \frac{1}{4} \sin \frac{4\pi x}{l}$$
$$- \frac{1}{20}\sqrt{2} \sin \frac{5\pi x}{l} + \frac{1}{12}\sqrt{2} \sin \frac{6\pi x}{l} + \frac{1}{28}\sqrt{2} \sin \frac{7\pi x}{l} + 0 + ...) \tag{15.56}$$

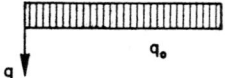

Bild 15.16. *Bild 15.17.*

Wir wählen diesmal $p_0 = \frac{1}{2} q_0$ und erhalten dann für die Belastungsamplituden der gesamten Belastung:

$q_1 + p_1 = \frac{4}{\pi} q_0(1 + \frac{1}{8}\sqrt{2}) \qquad q_2 + p_2 = \frac{4}{\pi} q_0 \frac{1}{8}$

$q_3 + p_3 = \frac{4}{\pi} q_0(\frac{1}{3} - \frac{1}{24}\sqrt{2}) \qquad q_4 + p_4 = \frac{4}{\pi} q_0 \frac{1}{8}$

$q_5 + p_5 = \frac{4}{\pi} q_0(\frac{1}{5} - \frac{1}{40}\sqrt{2}) \qquad q_6 + p_6 = \frac{4}{\pi} q_0 \frac{1}{24}$

$q_7 + p_7 = \frac{4}{\pi} q_0(\frac{1}{7} + \frac{1}{56}\sqrt{2}) \qquad q_8 + p_8 = 0$

Mit diesen acht Termen erhält man aus Formel (15.47):

$$(H + \Delta H)^2 = \frac{l^3}{4\pi^2 \Delta} \left(\frac{4}{\pi} q_0\right)^2 \times 1{,}400 \qquad (15.57)$$

also

$$H + \Delta H = 1{,}1832 \, H \quad \text{und} \quad \Delta H = 0{,}1832 \, H \qquad (15.58)$$

Es handelt sich nun um eine wesentliche Zunahme der Kraft H. In Abschnitt 15.5 werden wir untersuchen, was dies für die Verschiebungen bedeutet.

Dehnung des Seiles

In den Formeln wird der ursprüngliche Längenunterschied entsprechend (15.22):

$$\Delta = L - l + \frac{Hl}{EA}$$

als Konstante betrachtet. Bei Zunahme von H erhält das Seil jedoch eine zusätzliche Dehnung.

Mit dem erhaltenen Wert für H kann diese zusätzliche Dehnung leicht in die oben stehende Formel miteinbezogen werden, wodurch man einen korrigierten Wert für Δ erhält, der seinerseits bei Einführung in die Formel (15.47) zu einer im allgemeinen geringen Verminderung des gefundenen Wertes von H führt.

15.5 Die Verschiebungen infolge einer zusätzlichen Belastung

Im ursprünglichen Zustand wird das Seil durch eine verteilte Belastung q(x) belastet, und es ist eine horizontale Kraft H vorhanden. Für die Ordinaten z(x) gilt die Differentialgleichung (15.1):

$$H \frac{d^2 z}{dx^2} = -q \, , \qquad (15.59)$$

so daß man diese daraus bestimmen kann.

Bringt man auf das Seil eine zusätzliche Belastung p(x) auf, wird die Kraft H um ΔH auf einen Wert $H + \Delta H$ anwachsen und die Ordinaten z(x) nehmen um w(x) auf z(x) + w(x) zu. In diesem Zustand gilt die folgende Differentialgleichung:

$$(H + \Delta H) \frac{d^2}{dx^2}(z + w) = -(q + p) \qquad (15.60)$$

Wenn die Kraft $(H + \Delta H)$ bekannt ist, kann man auch diese Gleichung auflösen, womit dann (z + w) bekannt ist. Die Differenz beider Lösungen stellt dann die Verschiebung w infolge der zusätzlichen Belastung p dar.

Das Auflösen der Gleichungen bedeutet in beiden Fällen die Bestimmung des Momentenverlaufes infolge der auf der rechten Seite der Gleichung stehenden Belastung.

Wir zeigen das Vorgehen anhand der dritten Belastungskombination aus Abschnitt 15.4 auf (Bild 15.16 und 15.17).

Mit $q = q_0$ über die gesamte Länge, gilt:

$$z = 4\frac{f}{l^2} x (l - x) \tag{15.61}$$

und

$$H = \frac{q_0 l^2}{8 f} \tag{15.62}$$

Mit $p = p_0 = \frac{1}{2} q_0$ über den Bereich von $x = \frac{1}{4}l$ bis $x = \frac{1}{2}l$ gilt:

$$H + \Delta H = 1{,}1832\, H = 1{,}1832 \frac{q_0 l^2}{8 f} = 0{,}1479\, q_0 \frac{l^2}{f} \tag{15.63}$$

Die Lösung von Gleichung (15.60) teilt sich in drei Teile auf. Man erhält:

$$0 < x < \tfrac{1}{4}l: \quad 0{,}1479\, q_0 \frac{l^2}{f}(z + w) = \frac{37}{64} q_0 l x - \frac{1}{2} q_0 x^2$$

$$\tfrac{1}{4}l < x < \tfrac{1}{2}l: \quad 0{,}1479\, q_0 \frac{l^2}{f}(z + w) = -\frac{1}{64} q_0 l^2 + \frac{45}{64} q_0 l x - \frac{3}{4} q_0 x^2 \tag{15.64}$$

$$\tfrac{1}{2}l < x < l: \quad 0{,}1479\, q_0 \frac{l^2}{f}(z + w) = \frac{3}{64} q_0 l^2 + \frac{29}{64} q_0 l x - \frac{1}{2} q_0 x^2$$

Wir fügen noch hinzu, daß die rechts stehenden Teile dieser Ausdrücke die Momente der gesamten Belastung $q + p$ darstellen. Teilt man diese Ausdrücke durch $0{,}1479\, q_0\,(l^2/f)$, so erhält man die Ordinate $z + w$ für die drei Abschnitte.

Zieht man von den somit erhaltenen Funktionen die parabolische Funktion z nach (15.61) ab, dann erhält man die folgenden Verschiebungsfunktionen:

$$0 < x < \tfrac{1}{4}l: \qquad w = (-0{,}091\, l x + 0{,}619\, x^2)\frac{f}{l^2}$$

$$\tfrac{1}{4}l < x < \tfrac{1}{2}l: \qquad w = (-0{,}106\, l^2 + 0{,}754\, l x - 1{,}071\, x^2)\frac{f}{l^2} \tag{15.65}$$

$$\tfrac{1}{2}l < x < l: \qquad w = (0{,}317\, l^2 - 0{,}936\, l x + 0{,}619\, x^2)\frac{f}{l^2}$$

Der Verlauf dieser Verschiebungen ist in Bild 15.19 dargestellt.

Das angewandte Verfahren ist sehr direkt, aber die Ergebnisse reagieren auf kleine Veränderungen in der Kraft ($H + \Delta H$).

Wir wollen daher jetzt einen anderen Weg einschlagen und die Differentialgleichung für die Verschiebung w herleiten. Diese Differentialgleichung spielt auch in Kapitel 16 bei der Behandlung von Hängebrücken eine wichtige Rolle.

Zieht man die Gleichungen (15.59) und (15.60) voneinander ab, dann ergibt sich:

$$-\Delta H \frac{d^2z}{dx^2} - (H + \Delta H) \frac{d^2w}{dx^2} = p \tag{15.66}$$

Mit

$$\frac{d^2z}{dx^2} = -\frac{q}{H}$$

geht dies über in:

$$-(H + \Delta H) \frac{d^2w}{dx^2} = p - \frac{\Delta H}{H} q \tag{15.67}$$

In dieser Differentialgleichung für die Verschiebung w kommt also ein zusätzlicher Belastungsterm $- (\Delta H/H) q$ vor.
Auch diese Differentialgleichung ist leicht zu lösen. Wir führen zwei Beispiele an.

Zuerst behandeln wir die Kombination der sinusförmigen Belastungen, die in Bild 15.12 und 15.13 dargestellt sind.
Mit $q = q_1 \sin(\pi x/l)$ und $z = z_1 \sin(\pi x/l)$ wird $H = q_1 l^2/\pi^2 z_1$.
Und mit $p = p_2 \sin(2\pi x/l) = \frac{1}{4} q_1 \sin(2\pi x/l)$ wird $\Delta H = 0,0078\, H$.
Die Differentialgleichung lautet dann:

$$-1,0078\, H \frac{d^2w}{dx^2} = 0,25\, q_1 \sin\frac{2\pi x}{l} - 0,0078 \sin\frac{\pi x}{l}$$

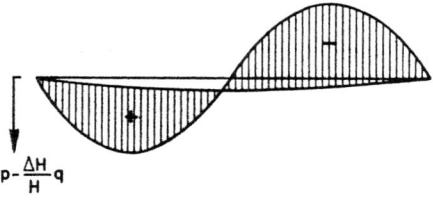

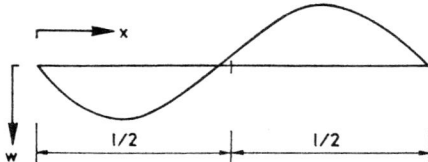

Bild 15.18.

Die auf der rechten Seite der Gleichung stehende Belastung ist in Bild 15.18 dargestellt, und die Lösung der Gleichung lautet:

$$1,0078\, \frac{q_1 l^2}{\pi^2} \frac{w}{z_1} = \frac{q_1 l^2}{\pi^2} \left(0,0625 \sin\frac{2\pi x}{l} - 0,0078 \sin\frac{\pi x}{l} \right).$$

Dies führt zu:

$$w = (0{,}0620 \sin \frac{2\pi x}{l} - 0{,}0077 \sin \frac{\pi x}{l})\, z_1 \qquad (15.68)$$

Diese Verschiebungsfunktion ist ebenfalls in Bild 15.18 skizziert.

Als zweites behandeln wir die soeben schon besprochene Kombination aus einer Gleichlast q_0 über die gesamte Länge und einer Gleichlast $p_0 = \frac{1}{2}\, q_0$ über den Bereich von $\frac{1}{4}l < x < \frac{1}{2}l$ (Bilder 15.16 und 15.17). Mit $\Delta H = 0{,}1832\, H$ erhält man für die resultierende Belastung:

$$0 < x < \tfrac{1}{4}l: \qquad -0{,}1832\, q_0$$

$$\tfrac{1}{4}l < x < \tfrac{1}{2}l: \qquad +0{,}3168\, q_0$$

$$\tfrac{1}{2}l < x < l: \qquad -0{,}1832\, q_0$$

Diese Belastung ist in Bild 15.19 dargestellt.

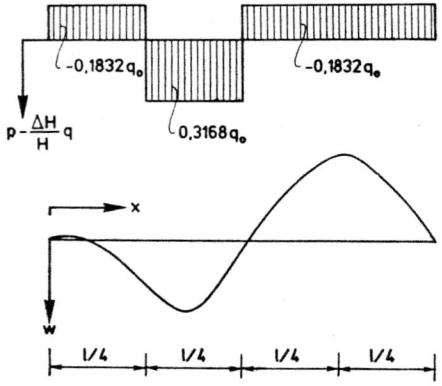

Bild 15.19.

Durch die größere Kraft H wird das Seil in den Bereichen, in denen keine zusätzliche Belastung p_0 vorhanden ist, mehr "gestreckt", was mit der nach oben wirkenden Belastung $-0{,}1832\, q_0$ über diesen Bereichen übereinstimmt.

Gleichung (15.67) ist leicht zu integrieren und liefert dann direkt die Verschiebungsfunktion w. Zweimaliges Integrieren ist gleichbedeutend mit der Bestimmung des Momentenverlaufes infolge der Belastung aus Bild 15.19. Division durch $0{,}1479 q_0 l^2/f$ führt auf die Verschiebungsfunktionen, die bereits in (15.65) angegeben sind. Der Verlauf der Verschiebungen aus Bild 15.19 wird mit der darüber dargestellten Belastungsfunktion sofort klar.

Einige spezielle Werte sind:

für: $x = \frac{1}{4}l$: $w = 0{,}01600\,f$

$x = \frac{3}{8}l$: $w = 0{,}02660\,f$

$x = \frac{1}{2}l$: $w = 0{,}00372\,f$ (15.69)

$x = \frac{3}{4}l$: $w = -0{,}03684\,f$

16
Hängedächer und Hängebrücken

16.1 Einleitung

In Kapitel 13 war das ursprünglich gerade Seil der Ausgangspunkt; hier gehen wir vom ursprünglich gekrümmten Seil aus, das in Kapitel 15 besprochen wurde. Ein gutes Beispiel für die Zusammenwirkung zwischen einem Träger und einem ursprünglich gekrümmten Seil oder einem Zugband ist die Schweizerische Eisenbahnbrücke, welche in den Abbildungen 16.1 und 16.2 dargestellt ist. Durch das Anbringen eines Zugbandes an der Unterseite konnte die Tragkraft der Fachwerkbrücke erheblich vergrößert werden, so daß vom Bau einer neuen Brücke abgesehen werden konnte.

Eine moderne Version in vorgespanntem Beton ist in Abbildung 16.3 dargestellt.

Bei Hängedächern und Hängebrücken erfüllen die Seile die primäre Tragfunktion. Bereits zuvor wurde jedoch gezeigt, daß Seile flexible Elemente sind, d.h. daß Veränderungen in der Belastung zu beträchtlichen Veränderungen in der Form des Seiles und somit zu bedeutenden Verformungen führen können. Diese Verformungen können durch Anbringen von biegesteifen Rippen (bei einem Hängedach) und biegesteifen Trägern (bei einer Hängebrücke) vermindert werden.

Wir beginnen mit einer einfachen Behandlung von Hängedächern.

Abbildung 16.1. Mittlere Meienreussbrücke (1882), Eisenbahnbrücke mit 59 m Spannweite.

Abbildung 16.2. Mittlere Meienreussbrücke (1882), 1922 mit einem Zugband verstärkt.

Abbildung 16.3. Rio Colorado Bridge (T.Y. Lin), Betonbiegeträger mit Zugband.

16.2 Hängedächer

Bei der Herstellung eines Hängedaches (siehe Abbildung 16.4) wird z.B. folgendermaßen vorgegangen. Zuerst werden die Seile aufgehängt, dann werden die Dachplatten darauf gelegt (Bild 16.1). Danach werden Rippen aus bewehrtem Beton hergestellt. Die Rippen sind zu diesem Zeitpunkt spannungslos, und das gesamte Gewicht q(x) aus den Seilen, den Dachplatten und den Rippen wird somit durch die Seile getragen. Die dadurch entstehende Durchsenkungslinie der Seile wird mit z(x) bezeichnet, und es gilt hierfür die folgende Differentialgleichung:

$$-H \frac{d^2z}{dx^2} = q(x), \qquad (16.1)$$

Abbildung 16.4. Hängedach "Dulles International Airport" Washington im Bauzustand (1962) (Saarinen, Amman und Whitney).

wobei H, wie bereits zuvor, die horizontale Komponente der Seilkraft ist. Die Belastung q(x) wird im allgemeinen nahezu konstant längs der Seilachse sein, so daß diese die Form einer Kettenlinie annimmt.

Nimmt man als Näherung hierfür eine Parabel an, so erhält man H aus folgender Formel:

$$H = \frac{q_0 l^2}{8 f}$$

mit f als Stich der Parabel.

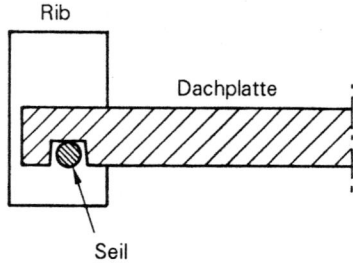

Bild 16.1.

Nach der Erhärtung der Rippen besitzen diese eine Biegesteifigkeit EI, und eine zusätzliche Belastung p(x), z.B. durch Wind oder Schnee, wird teils durch die Seile und teils durch diese biegesteifen Rippen aufgenommen. Die zusätzliche senkrechte Verschiebung, die durch die zusätzliche Belastung p(x) verursacht wird, bezeichnen wir mit w(x).

Da wir hier besonders die Zusammenwirkung zwischen den Seilen und den biegesteifen Rippen untersuchen wollen, nehmen wir an, daß sich die Größe der Kraft H beim Anbringen einer zusätzlichen Belastung nicht oder nahezu nicht verändert. Bei der Behandlung von Hängebrücken wird besonders auf den Effekt einer Zunahme der Kraft H eingegangen. Der Anteil an der gesamten Belastung, welcher durch das Seil aufgenommen wird, ist dann:

$$-H \frac{d^2}{dx^2}(z + w) \tag{16.2}$$

Der Anteil, der durch die biegesteifen Rippen aufgenommen wird, ist dann:

$$EI \frac{d^4w}{dx^4} \tag{16.3}$$

Hierzu wurde das Linienelement ds gleich der Projektion dx gesetzt. Dies ist bei einem nicht zu großen Durchhang des Seiles zulässig.
Für die gesamte Belastung q(x) + p(x) gilt somit:

$$EI \frac{d^4w}{dx^4} - H \frac{d^2}{dx^2}(z + w) = q(x) + p(x) \tag{16.4}$$

Subtrahiert man hiervon Gleichung (16.1), so erhält man für die zusätzliche Belastung p(x) den bekannten Gleichungstyp:

$$EI \frac{d^4w}{dx^4} - H \frac{d^2w}{dx^2} = p(x) \tag{16.5}$$

Diese Gleichung gilt nun jedoch für die zusätzliche Belastung p(x) und die dadurch verursachte Verschiebung w(x). Eigentlich hätte diese Gleichung aufgrund bereits erhaltenem Einblick sofort angeschrieben werden können.
Lösungen der Differentialgleichung in Form von Fourierreihen wurden bereits in Kapitel 13 angegeben (Formeln 13.20 bis 13.22). Wir schreiben die Lösung für die Verschiebung w(x) noch einmal an, so daß der Vergleich mit der Verschiebung eines Seiles ohne Rippen möglich wird.
Die Belastung q(x) in den genannten Formeln wird jetzt durch die folgende Belastung ersetzt:

$$p(x) = \sum_{n=1}^{\infty} p_n \sin \frac{n\pi x}{l} \tag{16.6}$$

Mit

$$\gamma = \frac{Hl^2}{\pi^2 EI}$$

erhält man:

$$w(x) = \sum_{n=1}^{\infty} \frac{\gamma}{n^2 + \gamma} \frac{p_n l^2}{n^2 \pi^2 H} \sin \frac{n \pi x}{l} \tag{16.7}$$

Für das Seil ohne Rippen gilt (siehe auch Formel (13.20)):

$$w(x) = \sum_{n=1}^{\infty} \frac{p_n l^2}{n^2 \pi^2 H} \sin \frac{n \pi x}{l} \tag{16.8}$$

Sind biegesteife Rippen vorhanden, so muß jeder Term dieser Reihe mit einem Reduktionsfaktor multipliziert werden:

$$\frac{\gamma}{n^2 + \gamma} \tag{16.9}$$

Für das Biegemoment $M_R(x)$ in den Rippen gilt:

$$M_R(x) = -EI \frac{d^2 w}{dx^2} = \sum_{n=1}^{\infty} \frac{n^2}{n^2 + \gamma} \frac{p_n l^2}{n^2 \pi^2} \sin \frac{n \pi x}{l} \tag{16.10}$$

Für das gesamte Moment gilt:

$$M(x) = \sum_{n=1}^{\infty} \frac{p_n l^2}{n^2 \pi^2} \sin \frac{n \pi x}{l} \tag{16.11}$$

Für das Biegemoment in den Rippen muß jeder Term dieser Reihe mit folgendem Faktor multipliziert werden:

$$\frac{n^2}{n^2 + \gamma} \tag{16.12}$$

Der Rest des Momentes, der durch das Seil aufgenommen wird, ist dann (siehe auch 16.7):

$$M_S(x) = \sum_{n=1}^{\infty} \frac{\gamma}{n^2 + \gamma} \frac{p_n l^2}{n^2 \pi^2} \sin \frac{n \pi x}{l} = Hw(x) \tag{16.13}$$

Die Belastungsanteile der Seile und Rippen verhalten sich für jeden Term der Belastungsreihen wie die Faktoren (16.9) zu (16.12), d.h. wie:

$$\gamma/n^2$$

Als Beispiel für eine zusätzliche Belastung wählen wir wieder die antimetrische Belastung, die in Bild 16.2 mit einer gestrichelten Linie dargestellt ist. Die linke Hälfte ist also mit einer Gleichlast p_0, die rechte Hälfte mit $-p_0$ belastet. Hierzu kann man sich wieder einen von rechts kommenden Wind vorstellen.

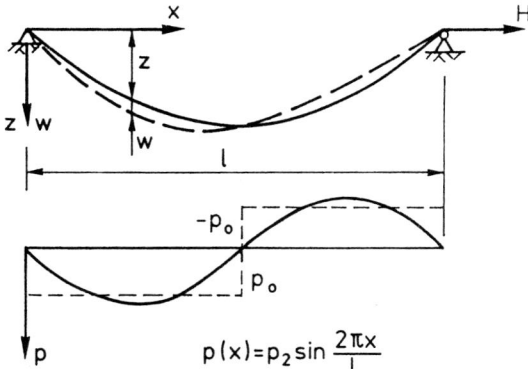

Bild 16.2.

Diese Belastung ist in Abschnitt 15.4 in Reihenform dargestellt (Formel (15.53)). Wir beschränken uns hier auf den ersten Term dieser Reihe:

$$p(x) = p_2 \sin \frac{2\pi x}{l} = \frac{4}{\pi} p_0 \sin \frac{2\pi x}{l} \qquad (16.14)$$

Mit n = 2 gilt jetzt:

$$w(x) = \frac{\gamma}{4+\gamma} \frac{p_2 l^2}{4\pi^2 H} \sin \frac{2\pi x}{l} \qquad (16.15)$$

$$M_R(x) = \frac{4}{4+\gamma} \frac{p_2 l^2}{4\pi^2} \sin \frac{2\pi x}{l} \qquad (16.16)$$

$$M_S(x) = \frac{\gamma}{4+\gamma} \frac{p_2 l^2}{4\pi^2} \sin \frac{2\pi x}{l} \qquad (16.17)$$

Zur numerischen Ausarbeitung werden die Seilkraft H und die Biegesteifigkeit einer Rippe über die Breite (= Spannweite) der Deckenplatten verteilt. Mit einer Belastung durch das Eigengewicht von $q_0 = 1600 \text{ N/m}^2$, einer Spannweite von $l = 50$ m und einem Stich von f = 3 m erhält man:

$$H = \frac{q_0 l^2}{8 f} = 166{,}7 \times 10^3 \text{ N/m.}$$

Mit $E = 3 \times 10^{10} \text{ N/m}^2$ und $I = 5 \times 10^{-4} \text{ m}^4/\text{m}$ (das Flächenträgheitsmoment der Rippen wurde also "verschmiert") ergibt sich:

$$EI = 15 \times 10^6 \text{ Nm}^2/\text{m},$$
$$\alpha^2 = \frac{H}{EI} = 11{,}11 \times 10^{-3} \text{ m}^{-2},$$
$$\gamma = 2{,}814,$$

Damit wird der Reduktionsfaktor für die Verschiebungen:

$$\frac{\gamma}{4 + \gamma} = 0{,}414$$

Die Aussteifungsrippen haben also eine nicht unbeträchtliche Wirkung. Mit einer Belastung $p_0 = \frac{1}{4} q_0$ beträgt die Belastungsamplitude $p_2 = \frac{4}{\pi} p_0 = \frac{1}{\pi} q_0 = 509$ N/m^2. Die Verschiebungsamplitude ist dann:

$$w_2 = 0{,}414 \, \frac{p_2 l^2}{4\pi^2 H} = 0{,}080 \text{ m.}$$

Die Amplitude des Biegemomentes in den Rippen beträgt dann:

$$M_{R,2} = 0{,}59 \, \frac{p_2 l^2}{4\pi^2} = 18{,}9 \times 10^3 \text{ Nm/m.}$$

Sind die Rippen z.B. 36 cm hoch, so erhält man folgende extreme Biegespannungen:

$$\sigma = \frac{Mz}{I} = 6{,}8 \times 10^6 \text{ N/m}^2$$

Das gesamte Biegemoment an einer Stelle wird somit im Verhältnis 0,41 : 0,59 auf Seile und Rippen verteilt. Bei den Seilen stimmt das Moment mit der oben berechneten Verschiebungsamplitude überein:

$$M_{S,2} = H w_2 = 13{,}32 \times 10^3 \text{ Nm/m}$$

Man kann natürlich leicht mehrere Reihenglieder in die Berechnung miteinbeziehen. Es ist interessant, dabei anzumerken, daß bei zunehmenden Werten für n (n = 2, 6, 10, 14, ...) der Faktor $n^2/(n^2 + \gamma)$ schnell gegen 1 und der Faktor $\gamma/(n^2 + \gamma)$ gegen Null strebt.

Für eine Näherung der Verschiebung w genügen daher wenige Glieder; dies gilt um so mehr als in der Reihe (16.7) auch noch n^2 im Nenner steht. Mit nur dem ersten Glied wurde die Verschiebung im gewählten Beispiel bis auf 1% genau angenähert. Dies gilt also auch für das Moment $M_S = Hw$. Zieht man dieses Moment vom gesamten Moment ab, dann erhält man auf einfache Weise auch das Moment in einer Rippe. Für die Stelle $x = \frac{1}{4} l$ gilt z.B.:

$$M_{ges} = \frac{1}{32} p_0 l^2 = 31{,}25 \times 10^3 \text{ Nm/m.}$$

Für das Moment in der Rippe erhält man an dieser Stelle so den nahezu exakten Wert:

$$M_R = M_{ges} - M_S = (31{,}25 - 13{,}32) \times 10^3 \text{ Nm/m} = 17{,}93 \times 10^3 \text{ Nm/m}$$

Dieser Wert ist etwas kleiner als der Amplitudenwert für das erste Belastungsglied der Reihe.

16.3 Hängebrücken, Näherung mit der Differentialgleichung für das Seil

Wie bereits bekannt, stellen Hängebrücken eine Kombination von Seilen (meistens zwei) und einem mittels Hängern befestigten, biegesteifen – und vor allem auch torsionssteifen – Träger dar. Im allgemeinen wird dieser Träger spannungslos montiert (siehe Abbildung 16.5), so daß das Gewicht des Trägers, der Hänger und des Hängeseiles selbst vollständig durch das Hängeseil getragen wird.

Abbildung 16.5. Hängebrücke über den Humber im Bauzustand (aerodynamisches Profil), Haupttragspannweite 1410 m (Freeman, Fox and Partners).

Die Ordinaten des Hängeseiles in diesem Zustand werden mit z bezeichnet (Bild 16.3), und hierfür gilt wieder Differentialgleichung (16.1) von Abschnitt 16.2.

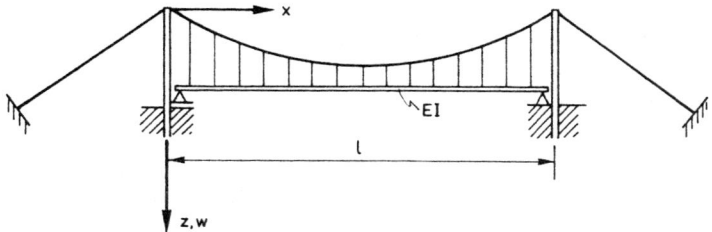

Bild 16.3.

Da die Eigengewichtsbelastung jetzt nahezu konstant ($= q_0$) entlang der horizontalen x-Achse ist, hat das Seil die Form einer Parabel, und es gilt nahezu exakt $H = q_0 l^2/8f$. Eine zusätzliche Belastung auf den Träger infolge von Verkehr wird durch das Gesamtsystem aus Seilen und Trägern aufgenommen. Wird die Größe von H durch die zusätzliche Belastung nicht oder nur geringfügig verändert, kann man von

Differentialgleichung (16.5) ausgehen. Die Analyse des Problems verläuft dann nach dem gleichen Muster wie beim Beispiel für ein Hängedach. Die Verhältnisse können bei einer Hängebrücke jedoch ganz anders sein, wie aus dem folgenden Beispiel zu erkennen ist.

Die in diesem Kapitel betrachtete Hängebrücke hat eine Spannweite von $l = 1000$ m, einen Stich von f = 125 m und besitzt zwei feste Aufhängepunkte. Die Belastung infolge Eigengewicht beträgt $q_0 = 100 \times 10^3$ N/m. Die horizontale Kraft ist somit $q_0 l^2/8f = 100 \times 10^6$ N (in beiden Seilen zusammen).

Der Träger besitzt eine Biegesteifigkeit von EI $= 2 \times 10^{11}$ Nm^2. Damit ergibt sich:

$$\alpha^2 = \frac{H}{EI} = 5 \times 10^{-4} \text{ m}^{-2}$$

und

$$\gamma = \frac{Hl^2}{\pi^2 EI} = 50,66$$

Als Beispiel für eine zusätzliche Belastung wählen wir wiederum die antimetrische Belastung, die in Bild 16.2 dargestellt ist, mit $p_0 = \frac{1}{4} q_0 = 25 \times 10^3$ N/m.

Wir beschränken uns auf das erste Glied der Reihe für diese Belastung, die in Formel (16.14) dargestellt ist. Dies ist für uns ausreichend. Die Belastungsamplitude wird dann: $p_2 = \frac{4}{\pi} p_0 = \frac{1}{\pi} q_0$. Der Reduktionsfaktor für die Verschiebungen lautet in diesem Fall:

$$\frac{\gamma}{4 + \gamma} = 0,927$$

Die Verminderung durch den Träger ist also gering. Die Verschiebungsamplitude wird:

$$w_2 = 0,927 \frac{p_2 l^2}{4\pi^2 H} = 7,47 \text{ m!}$$

Die Amplitude des Biegemomentes im Träger ist:

$$M_2 = 0,073 \frac{p_2 l^2}{4\pi^2} = 59,0 \times 10^6 \text{ Nm.}$$

Bei einer Trägerhöhe von 8 m führt dies zu extremen Biegespannungen von:

$$\sigma = \frac{Mz}{I} = 236 \times 10^6 \text{ N/m}^2$$

Trotz der Tatsache, daß der Träger nur 7,3 % des gesamten Momentes aufnimmt, sind die Biegespannungen groß. Der weitgehend größte Teil des gesamten Momentes wird jedoch durch die Seile aufgenommen, wodurch große Verschiebungen entstehen.

Der geringe Effekt des Trägers auf die Verschiebungen des Seiles bringt uns dazu, bei der Behandlung der folgenden Belastungsfälle den Träger zuerst wegzulassen und nur die Seile zu betrachten. Dabei wird dann besonders auf den Effekt einer Zunahme der Kraft H eingegangen. Danach werden dann die Folgen der Verschiebungen der Seile auf die Biegemomente im Träger betrachtet.

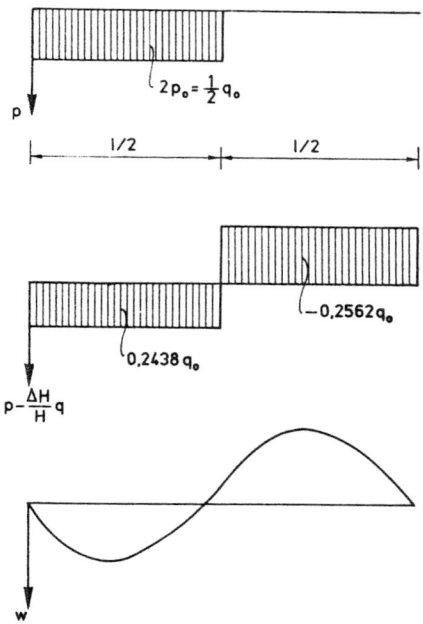

Bild 16.4.

1. Als *ersten Belastungsfall* wählen wir eine Gleichlast $2p_0 = \frac{1}{2} q_0$, die über der linken Hälfte der Brücke wirkt (Bild 16.4). Stellt man diese Belastung in Form einer Gleichlast $p_0 = \frac{1}{4} q_0$ über die gesamte Länge und einer antimetrischen Belastung p_0 dar, so sieht man sofort, daß die Kraft H um mindestens $\frac{1}{4}$ (= 25 %) zunehmen wird. Formel (15.29) aus Abschnitt 15.2 ermöglicht uns, die Zunahme genau zu berechnen.

Mit $q_I = \frac{3}{2} q_0$ und $q_{II} = q_0$ folgt:

$$(H + \Delta H)^2 = \frac{l^3}{384 \, \Delta} \left(5 \times \frac{9}{4} q_0^2 + 6 \times \frac{3}{2} q_0^2 + 5 \, q_0^2\right) =$$

$$= \frac{101}{64} \frac{l^3 q_0^2}{24 \, \Delta} = 1{,}578125 \, H^2$$

und somit

$$H + \Delta H = 1{,}2562 \, H \quad \text{und} \quad \Delta H = 0{,}2562 \, H \tag{16.18}$$

Wir schreiben hier noch einmal die in Abschnitt 15.5 hergeleitete Differential-gleichung (15.67) für die Verschiebung w an:

$$-(H + \Delta H) \frac{d^2w}{dx^2} = p - \frac{\Delta H}{H} q \qquad (16.19)$$

In dieser Gleichung ist die zusätzliche Belastung p gleich $2p_0 = \frac{1}{2} q_0$, und sie wirkt über der linken Hälfte der Brücke. Die Belastung über der linken Hälfte beträgt somit 0,2438 q_0 und die über der rechten Hälfte –0,2562 q_0. Dies ist in Bild 16.4 dargestellt.

Es ist einfach, diese Gleichung zu integrieren, d.h. den Momentenverlauf infolge dieser Belastung zu bestimmen. Man erhält dann:

für $0 < x < \frac{1}{2}l$:

$$(H + \Delta H)w = 0{,}0594 \, q_0 lx - 0{,}1219 \, q_0 x^2,$$

für $\frac{1}{2}l < x < l$: $\qquad (16.20)$

$$(H + \Delta H)w = 0{,}0625 \, q_0 l^2 - 0{,}1906 \, q_0 lx + 0{,}1281 \, q_0 x^2$$

Mit $(H + \Delta H) = 1{,}2562 \, q_0 l^2 / 8f = 0{,}1570 \, q_0 l^2 / f$ folgt:

für $0 < x < \frac{1}{2}l$:

$$w = (0{,}3783 \, lx - 0{,}7763 \, x^2) \frac{f}{l^2},$$

für $\frac{1}{2}l < x < l$: $\qquad (16.21)$

$$w = (0{,}3980 \, l^2 - 1{,}2138 \, lx + 0{,}8158 \, x^2) \frac{f}{l^2}$$

Diese Verschiebungsfunktion ist ebenfalls in Bild 16.4 dargestellt:
Einige spezielle Werte sind:

$$\text{für } x = \tfrac{1}{4}l: \quad w = 0{,}0460 \, f = 5{,}757 \text{ m}$$

$$\text{für } x = \tfrac{1}{2}l: \quad w = -0{,}0049 \, f = -0{,}617 \text{ m} \qquad (16.22)$$

$$\text{für } x = \tfrac{3}{4}l: \quad w = -0{,}0535 \, f = -6{,}682 \text{ m}$$

Wir wollen nun den Träger miteinbeziehen. Hätte der Träger keinen Einfluß auf die soeben berechneten Verschiebungen, dann würden diese Verschiebungen dem Träger "aufgezwungen" werden, wodurch dieser dann gebogen würde. Die Biegung des Trägers wäre dann gleich der zusätzlichen Krümmung des Seiles. Diese zusätzliche Krümmung ist bereits mit Gleichung (16.19) gegeben:

$$\frac{d^2w}{dx^2} = -\frac{1}{H + \Delta H} \left(p - \frac{\Delta H}{H} q \right) \qquad (16.23)$$

Hieraus folgt:

für $0 < x < \frac{1}{2}l$:

$$\frac{d^2w}{dx^2} = -\frac{1}{1,2562}\frac{8\,f}{q_0 l^2}\,0,2438\,q_0 = -0,1941\,\frac{8\,f}{l^2},$$

für $\frac{1}{2}l < x < l$:

$$\frac{d^2w}{dx^2} = \frac{1}{1,2562}\frac{8\,f}{q_0 l^2}\,0,2562\,q_0 = 0,2039\,\frac{8\,f}{l^2}$$

Die Ergebnisse beziehen sich auf die ursprüngliche Krümmung des Seiles von $8f/l^2$.

Zu der erhaltenen zusätzlichen Krümmung der Seile – das ist also die Biegung des Trägers – gehören Biegemomente $M = -EI\,d^2w/dx^2$. Für diese Biegemomente erhält man dann:

für $0 < x < \frac{1}{2}l$:

$$M = 2\times 10^{11} \times 0,1941\times 10^{-3}\ \text{Nm} = 38,8\times 10^6\ \text{Nm},$$

für $\frac{1}{2}l < x < l$: (16.24)

$$M = -2\times 10^{11} \times 0,2039\times 10^{-3}\ \text{Nm} = -40,8\times 10^6\ \text{Nm}$$

Diese Ergebnisse haben natürlich nähernden Charakter. Wir können versuchen, noch einen Schritt weiterzugehen. Da die erhaltene Verschiebungsfigur (Bild 16.4) der sinusförmigen Belastung mit $n = 2$ aus dem ersten Beispiel sehr ähnlich ist, berücksichtigen wir den Effekt des Trägers auf die Verschiebungen, indem wir die berechneten Verschiebungen ((16.21) und (16.22)) mit dem zu $n = 2$ gehörigen Reduktionsfaktor multiplizieren:

$$\frac{\gamma}{4 + \gamma}$$

Mit

$$\gamma = \frac{(H + \Delta H)l^2}{EI} = 63,64\,,$$

ist dieser Faktor dann 0,941.

Einige spezielle Werte für die Verschiebungen sind dann:

für $x = \frac{1}{4}l$: $w = 5,416$ m

für $x = \frac{1}{2}l$: $w = -0,581$ m (16.25)

für $x = \frac{3}{4}l$: $w = -6,287$ m

Diese Verminderung der Verschiebungen bedeutet auch, daß das Seil nur 94,1 %

des gesamten Momentes übernimmt. Für den Träger bleiben also 5,9 % übrig. Auf diese Weise berechnen wir jetzt die Momente imTräger an den Stellen $x = \frac{1}{4}l$ und $x = \frac{3}{4}l$. Das gesamte Moment ist mit der linken Seite der Gleichungen (16.20) gegeben, wobei für w die Werte entsprechend (16.22) eingesetzt werden müssen. Mit $H + \Delta H = 1,2562 \times 10^8$ N folgt:

$$\text{für } x = \tfrac{1}{4}l\text{: } M_{ges} = 723,2 \times 10^6 \text{ Nm} \text{ und } M_{Träger} = 42,8 \times 10^6 \text{ Nm,}$$

$$(16.26)$$

$$\text{für } x = \tfrac{3}{4}l\text{: } M_{ges} = -839,4 \times 10^6 \text{ Nm} \text{ und } M_{Träger} = -49,6 \times 10^6 \text{ Nm}$$

In Abschnitt 16.4 werden wir sehen, daß diese Werte doch etwas größer sind als die mit der Fourieranalyse berechneten Werte. Bevor wir dazu übergehen, wollen wir noch einen zweiten Belastungsfall betrachten.

2. Bei diesem *zweiten Belastungsfall* handelt es sich um eine Gleichlast $p_0 = \frac{1}{2} q_0$ über dem Bereich $\frac{1}{4}l < x < \frac{1}{2}l$, d.h. ein Fall, der bereits in Abschnitt 15.4 und Abschnitt 15.5 behandelt wurde und worauf in diesem Zusammenhang verwiesen wird (siehe auch die Bilder 15.17 und 15.18). Wir gehen hier nur auf die Auswirkungen der Verschiebungen des Seiles auf die Biegung des Trägers ein. Für die zusätzliche Krümmung des Seiles entsprechend (16.23) folgt hier:

für $0 < x < \frac{1}{4}l$:

$$\frac{d^2w}{dx^2} = \frac{1}{1.1832} \frac{8\,f}{q_0 l^2} 0,1832\, q_0 = 0,1548 \frac{8\,f}{l^2},$$

für $\frac{1}{4}l < x < \frac{1}{2}l$:

$$\frac{d^2w}{dx^2} = -\frac{1}{1.1832} \frac{8\,f}{q_0 l^2} 0,3168\, q_0 = 0,2677 \frac{8\,f}{l^2},$$

für $\frac{1}{2}l < x < l$:

$$\frac{d^2w}{dx^2} = \frac{1}{1.1832} \frac{8\,f}{q_0 l^2} 0,1832\, q_0 = 0,1548 \frac{8\,f}{l^2}$$

Werden diese Krümmungen dem Träger "aufgezwungen", so entstehen folgende Biegemomente:

$$\text{für } 0 < x < \tfrac{1}{4}l\text{: } \quad M = -31,0 \times 10^6 \text{ Nm}$$

$$\text{für } \tfrac{1}{4}l < x < \tfrac{1}{2}l\text{: } \quad M = 53,5 \times 10^6 \text{ Nm} \qquad (16.27)$$

$$\text{für } \tfrac{1}{2}l < x < l\text{: } \quad M = -31,0 \times 10^6 \text{ Nm}$$

Besonders das große Moment im Bereich $\frac{1}{4}l < x < \frac{1}{2}l$, wo der Träger über einem kleinen Bereich stark gebogen wird, fällt hier auf (siehe auch Bild 15.19 in Abschnitt 15.5).

16.4 Die vollständige Differentialgleichung bei einem mitwirkenden Aussteifungsträger, Fourieranalyse

Differentialgleichung (16.19), die in Abschnitt 16.3 den Ausgangspunkt bei der Bestimmung von Verschiebungen und Biegemomenten für einige Belastungsfälle darstellte, bezieht sich auf die tragende Wirkung des Seiles. Wir wollen jetzt die tragende Wirkung des Trägers miteinbeziehen. Wie bereits bekannt, beträgt der Anteil der Belastung, der durch den Träger aufgenommen wird:

$$EI \frac{d^4w}{dx^4} \tag{16.28}$$

Die vollständige Differentialgleichung für die Verschiebung w infolge einer zusätzlichen Belastung p erhält man jetzt, indem man einfach diesen Term zu Gleichung (16.19) addiert. Dies führt zu:

$$EI \frac{d^4w}{dx^4} - (H + \Delta H) \frac{d^2w}{dx^2} = p - \frac{\Delta H}{H} q \tag{16.29}$$

Zur Lösung dieser Gleichung entwickeln wir die Belastung in einer Fourierreihe, wie dies auch bei der Berechnung eines Hängedaches gemacht wurde.
Mit

$$p(x) = \sum_{n=1}^{\infty} p_n \sin \frac{n\pi x}{l} \tag{16.30}$$

und

$$\frac{\Delta H}{H} q(x) = \frac{\Delta H}{H} \sum_{n=1}^{\infty} q_n \sin \frac{n\pi x}{l} \tag{16.31}$$

lautet die Lösung (siehe auch Gleichung (16.7)):

$$w(x) = \sum_{n=1}^{\infty} \frac{\gamma}{n^2 + \gamma} \frac{l^2}{n^2\pi^2(H + \Delta H)} (p_n - \frac{\Delta H}{H} q_n) \sin \frac{n\pi x}{l} \tag{16.32}$$

Mit

$$\gamma = \frac{(H + \Delta H)l^2}{\pi^2 EI} \tag{16.33}$$

kann man die Lösung auch in der folgenden Form schreiben:

$$w(x) = \frac{l^4}{\pi^4 EI} \sum_{n=1}^{\infty} \frac{1}{n^2(n^2 + \gamma)} (p_n - \frac{\Delta H}{H} q_n) \sin \frac{n\pi x}{l} \qquad (16.34)$$

Wir arbeiten diese Formel für die beiden bereits im vorangegangenen Abschnitt untersuchten Belastungsfälle aus.

1. Die *Gleichlast* $2p_0 = \frac{1}{2} q_0$ *über der linken Hälfte* (Bild 16.4). Hierfür galt $H + \Delta H$ = 1,2562 H und $\Delta H = 0,2562$ H. Die Belastung entsprechend der rechten Seite der Gleichung (16.29) ist ebenfalls in Bild 16.4 dargestellt. Die Reihenentwicklung für die beiden Belastungsterme lautet (siehe auch Anhang A):

$$p(x) = \frac{4}{\pi} 2p_0(\frac{1}{2} \sin \frac{\pi x}{l} + \frac{1}{2} \sin \frac{2\pi x}{l} + \frac{1}{6} \sin \frac{3\pi x}{l} + \frac{1}{10} \sin \frac{5\pi x}{l} +$$
$$\frac{1}{6} \sin \frac{6\pi x}{l} + \frac{1}{14} \sin \frac{7\pi x}{l} + ...)$$

$$-\frac{\Delta H}{H} q(x) = -\frac{\Delta H}{H} \frac{4}{\pi} q_0(\sin \frac{\pi x}{l} + \frac{1}{3} \sin \frac{3\pi x}{l} + \frac{1}{5} \sin \frac{5\pi x}{l} + \frac{1}{7} \sin \frac{7\pi x}{l}...)$$

Mit $2p_0 = \frac{1}{2} q_0$ und $\Delta H/H = 0,2562$ erhält man:

$$p(x) - \frac{\Delta H}{H} q(x) = \frac{4}{\pi} q_0(-0,0062 \sin \frac{\pi x}{l} + 0,2500 \sin \frac{2\pi x}{l}$$
$$- 0,0021 \sin \frac{3\pi x}{l} - 0,0012 \sin \frac{5\pi x}{l}$$
$$+ 0,0833 \sin \frac{6\pi x}{l} - 0,0009 \sin \frac{7\pi x}{l} ...) \qquad (16.35)$$

Mit

$$\gamma = 1,2562 \frac{Hl^2}{\pi^2 EI} = 63,64$$

lautet die Lösung für die Verschiebung (Gleichung 16.34):

$$w(x) = \frac{4q_0 l^4}{\pi^5 EI} \times 10^{-6}(-95,9 \sin \frac{\pi x}{l} + 924,0 \sin \frac{2\pi x}{l} - 3,2 \sin \frac{3\pi x}{l}$$
$$- 0,5 \sin \frac{5\pi x}{l} + 23,2 \sin \frac{6\pi x}{l} - 0,2 \sin \frac{7\pi x}{l} ...) \qquad (16.36)$$

Wie zu erwarten war, dominiert das zweite Glied und auch das sechste Glied spielt noch eine gewisse Rolle. Der erste Term ist jedoch nicht zu vernachlässigen. Mit $q_0 = 10^5$ N/m, $l = 10^3$ m, $EI = 2 \times 10^{11}$ Nm^2 lautet das Ergebnis:

$$w(x) = (-0,627 \sin \frac{\pi x}{l} + 6,039 \sin \frac{2\pi x}{l} - 0,021 \sin \frac{3\pi x}{l}$$
$$- 0,003 \sin \frac{5\pi x}{l} + 0,152 \sin \frac{6\pi x}{l} - 0,001 \sin \frac{7\pi x}{l} ...)m \quad (16.37)$$

Einige spezielle Werte sind:

$$\text{für } x = \tfrac{1}{4}l: \quad w = 5,432 \text{ m} \quad (5,416 \text{ m})$$

$$\text{für } x = \tfrac{1}{2}l: \quad w = -0,608 \text{ m} \quad (-0,581 \text{ m}) \tag{16.38}$$

$$\text{für } x = \tfrac{3}{4}l: \quad w = -6,342 \text{ m} \quad (-6,287 \text{ m})$$

Zum Vergleich sind die in Abschnitt 16.3 berechneten Verschiebungen (16.25) in Klammern dahinter geschrieben, und man erkennt daraus, daß die dort angewandte Näherung mit Hilfe eines Reduktionsfaktors zu einem vertretbaren Ergebnis geführt hat.

Der Effekt des Trägers auf die Verschiebungen liegt in diesem Fall in der Größenordnung von 5%.

Zur Bestimmung des Biegemomentes kann man Gebrauch von Gleichung (16.10) machen, indem man p_n ersetzt durch:

$$p_n - \frac{\Delta H}{H} q_n \tag{16.39}$$

Dies führt zu folgender Formel:

$$M = -\frac{l^2}{\pi^2} \sum_{n=1}^{\infty} \frac{1}{n^2 + \gamma} (p_n - 0,2562 \, q_n) \sin \frac{n\pi x}{l} \tag{16.40}$$

Man kommt zu demselben Ergebnis, wenn man Gleichung (16.37) für die Verschiebung w zweimal differenziert. Die Reihe, die man dann erhält, wird jedoch bedeutend langsamer konvergieren und ist für eine Berechnung wenig geeignet. Einige mit Formel (16.40) erhaltene Werte sind in Tabelle 16.1 aufgeführt.

Effektiver ist es, wenn man auch jetzt von dem gesamten Moment infolge der Belastung (16.39) den Anteil des Seiles abzieht, wodurch dann das durch den Träger aufgenommene Moment übrigbleibt.

Wir schreiben die Formeln nicht aus, sondern berechnen nur die Momente an den zwei charakteristischen Stellen bei $x = \tfrac{1}{4}l$ und $x = \tfrac{3}{4}l$. Das gesamte Moment ist: $M_{ges} = 1,2562 \, Hw$, wobei man für w die Ergebnisse (16.22) einsetzen muß. Das Moment, das durch das Seil aufgenommen wird, ist $M_S = 1,2562 \, Hw$, mit den Ergebnissen aus (16.38) für w.

Mit $H = 10^8$ N erhält man somit:

für $x = \tfrac{1}{4}l$:

$$M = M_{ges} - M_S = 1,2562 \times 10^8 (5,757 - 5,432) \text{ Nm} = 40,8 \times 10^6 \text{ Nm,}$$

für $x = \tfrac{3}{4}l$: (16.41)

$$M = M_{ges} - M_S = 1,2562 \times 10^8 (-6,682 + 6,342) \text{ Nm} = -42,7 \times 10^6 \text{ Nm}$$

Die einzelnen Ergebnisse sind noch einmal in Tabelle 16.1 zusammengefaßt. Es fällt auf, daß das "aufgezwungene" Moment im Punkt $x = \frac{3}{4}l$ mehr mit dem Moment übereinstimmt, das wir mit der Reihenentwicklung erhielten, als mit dem Moment, das mit Hilfe des Reduktionsfaktors bestimmt wurde. Ansonsten sind die Unterschiede gering.

Tabelle 16.1. Ergebnisse für Belastungsfall 1.

$p=2p_0=1/2\,q_0$

		$x = \frac{1}{4}l$	$x = \frac{3}{4}l$	Anmerkung	Formel
Ergebnisse	w	5,757 m	–6,682 m		(16.22)
mit der Seil-	M	$38,8 \times 10^6$ Nm	$-40,8 \times 10^6$ Nm	"aufgezwungen"	(16.24)
gleichung	w	5,416 m	–6,287 m	mit "Reduktionsfaktor"	(16.25)
	M	$42,8 \times 10^6$ Nm	$-49,6 \times 10^6$ Nm	$M_{ges} - M_S$	(16.26)
Ergebnisse mit	w	5,448 m	–6,358 m	mit Reihenentw.	(16.38)
der vollstän-	M	$38,7 \times 10^6$ Nm	$-40,6 \times 10^6$ Nm	dasselbe	(16.40)
digen Gleichung	M	$40,8 \times 10^6$ Nm	$-42,7 \times 10^6$ Nm	$M_{ges} - M_S$	(16.41)

2. Die *Gleichlast* $p_0 = \frac{1}{2} q_0$ *über dem Intervall* $\frac{1}{4}l < x < \frac{1}{2}l$. Dieser Belastungsfall (siehe auch die Bilder 15.17 und 15.19) wurde bereits einige Male behandelt. Es galt: $H + \Delta H = 1,1832\,H$ und $\dot{}\,\Delta H = 0,1832\,H$. Die Reihenentwicklung für die beiden Belastungsterme lautet (siehe auch Anhang A):

$$p(x) = \frac{4}{\pi}(\frac{1}{4}\sqrt{2} \sin\frac{\pi x}{l} + \frac{1}{4} \sin\frac{2\pi x}{l} - \frac{1}{12}\sqrt{2} \sin\frac{3\pi x}{l} - \frac{1}{4} \sin\frac{4\pi x}{l}$$
$$- \frac{1}{20}\sqrt{2} \sin\frac{5\pi x}{l} + \frac{1}{12} \sin\frac{6\pi x}{l} + \frac{1}{28}\sqrt{2} \sin\frac{7\pi x}{l} + ...)$$

$$- \frac{\Delta H}{H} q(x) = - \frac{\Delta H}{H} \frac{4}{\pi} q_0(\sin\frac{\pi x}{l} + \frac{1}{3} \sin\frac{3\pi x}{l} + \frac{1}{5} \sin\frac{5\pi x}{l} + \frac{1}{7} \sin\frac{7\pi x}{l} + ...)$$

Mit $p_0 = \frac{1}{2} q_0$ und $\Delta H/H = 0,1832$ erhält man:

$$p(x) - \frac{\Delta H}{H} q(x) = \frac{4}{\pi} q_0(-0,0063 \sin\frac{\pi x}{l} + 0,1250 \sin\frac{2\pi x}{l}$$
$$- 0,1200 \sin\frac{3\pi x}{l} - 0,1250 \sin\frac{4\pi x}{l}$$
$$- 0,0720 \sin\frac{5\pi x}{l} + 0,0417 \sin\frac{6\pi x}{l}$$
$$- 0,0009 \sin\frac{7\pi x}{l} + ...) \tag{16.42}$$

Mit

$$\gamma = 1,1832 \frac{Hl^2}{\pi^2 EI} = 59,94$$

lautet die Lösung für die Verschiebung (Gleichung 16.34):

$$w(x) = \frac{4q_0 l^4}{\pi^5 EI} \times 10^{-6}(-103{,}7 \sin\frac{\pi x}{l} + 488{,}8 \sin\frac{2\pi x}{l} -$$

$$193{,}4 \sin\frac{3\pi x}{l} - 102{,}9 \sin\frac{4\pi x}{l} - 33{,}9 \sin\frac{5\pi x}{l}$$

$$+ 12{,}1 \sin\frac{6\pi x}{l} - 0{,}2 \sin\frac{7\pi x}{l} + ...) \tag{16.43}$$

Die Reihe konvergiert langsamer als die in Gleichung (16.36).
Mit $q_0 = 10^5$ N/m, $l = 10^3$ m, $EI = 2 \times 10^{11}$ Nm^2 erhält man jetzt:

$$w(x) = (-0{,}678 \sin\frac{\pi x}{l} + 3{,}195 \sin\frac{2\pi x}{l} - 1{,}264 \sin\frac{3\pi x}{l}$$

$$- 0{,}673 \sin\frac{4\pi x}{l} - 0{,}222 \sin\frac{5\pi x}{l} + 0{,}079 \sin\frac{6\pi x}{l}$$

$$- 0{,}001 \sin\frac{7\pi x}{l} ...)m \tag{16.44}$$

Einige spezielle Werte sind:

$$\text{für } x = \tfrac{3}{8}l: \quad w = 2{,}886 \text{ m} \quad (3{,}325 \text{ m})$$

$$\text{für } x = \tfrac{3}{4}l: \quad w = -4{,}359 \text{ m} \quad (-4{,}605 \text{ m}) \tag{16.45}$$

Die berechneten Werte stellen nicht die Extremwerte dar, aber sie liegen sehr nah daran. Die Werte in den Klammern sind die Verschiebungen, die ohne den Träger auftreten (siehe dafür die Ergebnisse aus (15.69) in Abschnitt 15.5). Der Effekt des Trägers auf die Verschiebungen ist bedeutend größer als im vorigen Belastungsfall, da der Träger über eine kürzere Strecke stark gebogen wird.
Um eine Vorstellung von den Biegemomenten zu bekommen, berechnen wir diese an denselben Stellen. Die Reihenentwicklung für das Moment lautet:

$$M = -\frac{l^2}{\pi^2} \sum_{n=1}^{\infty} \frac{1}{n^2 + \gamma}(p_n - 0{,}1832\, q_n) \sin\frac{n\pi x}{l} \tag{16.46}$$

Die Werte für die genannten Stellen sind in Tabelle 16.2 aufgeführt.
Jetzt ist es sicher effektiver, man berechnet die Momente als Differenz aus dem gesamten Moment und dem Moment, das durch das Seil aufgenommen wird. Mit den in (16.45) angegebenen Werten für w erhält man:
für $x = \tfrac{3}{8}l$:

$$M = M_{ges} - M_S = 1{,}1832 \times 10^8(3{,}325 - 2{,}886) \text{ Nm} = 51{,}9 \times 10^6 \text{ Nm},$$

für $x = \tfrac{3}{4}l$: $\tag{16.47}$

$$M = M_{ges} - M_S = 1{,}1832 \times 10^8(-4{,}605 + 4{,}359) \text{ Nm} = 29{,}1 \times 10^6 \text{ Nm}$$

Die verschiedenen Ergebnisse sind in Tabelle 16.2 zusammengefaßt. Auch jetzt stimmen die Werte für die Momente gut miteinander überein, und die Werte für die "aufgezwungenen" Momente sind vollkommen akzeptabel. Bei schlanken Brücken kann man mit dieser Methode auf einfache Weise eine Schätzung für die Momente erhalten. Die Flexibilität des Systems führt auch dazu, daß Schwankungen in der Belastung die Momente stark beeinflußen können.

Tabelle 16.2. Ergebnisse des Belastungsfalles 2.

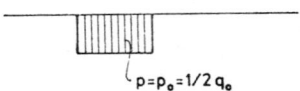

		$x = \frac{3}{8}l$	$x = \frac{3}{4}l$	Anmerkung	Formel
Ergebnisse	w	3,325 m	–4,605 m		(15.69)
mit der Seil--	M	53×10^6 Nm	$-31{,}0 \times 10^6$ Nm	"aufgezwungen"	(16.27)
gleichung					
Ergebnisse mit	w	2,886 m	–4,359 m	mit Reihenentw.	(16.45)
der vollstän-	M	$49{,}5 \times 10^6$ Nm	$-30{,}8 \times 10^6$ Nm	dasselbe	(16.46)
digen Gleichung	M	$51{,}9 \times 10^6$ Nm	$-29{,}1 \times 10^6$ Nm	$M_{ges} - M_S$	(16.47)

16.5 Konzentrierte Lasten, Randstörungen und die Anwendung von Einflußlinien

Wir beginnen mit der Behandlung des Falles einer Einzellast 2P, die in der Mitte der schon zu Beginn von Abschnitt 16.3 eingeführten Brücke angreift (Bild 16.5) und nehmen vorerst an, daß H durch diese Belastung so geringfügig beeinflußt wird, daß man $\Delta H = 0$ setzen kann. Da auch kein p(x) vorhanden ist, reduziert sich Gleichung

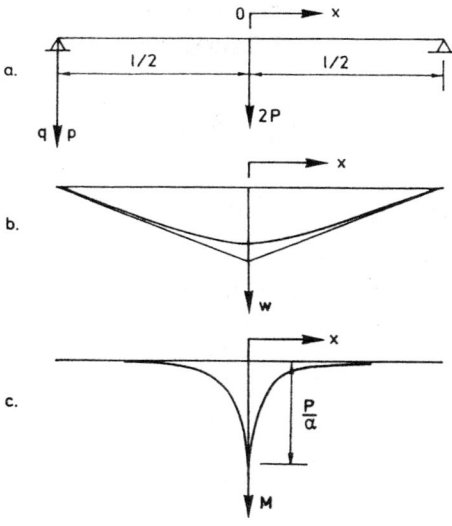

Bild 16.5.

(16.29) auf die zuvor ausführlich besprochene Gleichung:

$$EI \frac{d^4w}{dx^4} - H \frac{d^2w}{dx^2} = 0 \tag{16.48}$$

Die Gleichungen (13.39) bis (13.42), ohne die Belastungsterme, stellen die Lösungen dieser Differentialgleichung dar.

Das Problem ist darüber hinaus identisch mit dem des ursprünglich geraden Seiles, das eine gewisse Biegesteifigkeit besitzt und mit einer Einzellast belastet wird (siehe Abschnitt 13.5). Es gelten dieselben Randbedingungen, und somit können auch dieselben Lösungen erwartet werden. Wenn man auch hier den Ursprung des Koordinatensystems in die Mitte der Brücke legt, können die zuvor erhaltenen Formeln direkt übernommen werden, wobei l durch $l/2$ ersetzt werden muß. Für die vertikale Verschiebung gilt jetzt für $x > 0$ (Formel 13.43):

$$w = -\frac{P}{\alpha H} e^{-\alpha x} + \frac{P}{H}(\tfrac{1}{2}l - x) \tag{16.49}$$

und für das Biegemoment (Formel 13.45):

$$M = \frac{P}{\alpha} e^{-\alpha x} \tag{16.50}$$

Die Extremwerte treten unter der Einzellast auf ($x = 0$):

$$w_{(x=0)} = -\frac{P}{\alpha H} + \frac{Pl}{2H} = \frac{P}{2H} \frac{\alpha l - 2}{\alpha} \tag{16.51}$$

$$M_{(x=0)} = \frac{P}{\alpha} = P\sqrt{\frac{EI}{H}} \tag{16.52}$$

Für $H = 10^8$ N, $\alpha^2 = H/EI = 5 \times 10^{-4}$ m^{-2}, d.h. $\alpha = 2,236 \times 10^{-2}$ m^{-1} erhält man dann z.B. für eine Einzellast 2P (das ist also eigentlich eine Linienlast senkrecht zur Brückenachse) von 10^6 N:

$$w_{(x=0)} = 2,28 \text{ m} \tag{16.53}$$

$$M_{(x=0)} = 22,4 \times 10^6 \text{ Nm} \tag{16.54}$$

Im Vergleich zu den vorigen Belastungsfällen tritt das Biegemoment sehr örtlich auf. Die e-Potenz nimmt mit zunehmendem x schnell ab, wie aus Tabelle 16.3 folgt. Dies bedeutet, daß die Form des Momentenverlaufes über einen sehr großen Bereich der Brücke unabhängig vom Angriffspunkt der Last ist und daß bei einer beweglichen Last das Moment unter der Last (nahezu) konstant bleibt, bis die Last in die Nähe des Auflagers kommt – d.h. bis auf ungefähr 0,1l vom Auflager entfernt –, von wo ab das Moment dann schnell bis auf den Wert Null am Auflager abnimmt.

Tabelle 16.3.

x	$e^{-\alpha x}$
0	1,0
$0,1l$	0,107
$0,2l$	0,011
$0,3l$	0,0012

Es bedeutet darüber hinaus, das über einen sehr großen Abschnitt der Brücke die Momentenlinie infolge einer in einem bestimmten Punkt angreifenden Einzellast gleich der Einflußlinie für das Biegemoment in diesem Punkt ist, wie dies auch für den unendlich langen, elastisch gebetteten Träger galt.

Greifen also mehrere Einzellasten an der Brücke an, so kann man das Biegemoment an einer Stelle leicht mit Hilfe der dazugehörigen Einflußlinie erhalten. Dazu werden die Lasten mit den jeweiligen Werten der Einflußfunktion an den Stellen der Angriffspunkte dieser Lasten multipliziert, und diese Ergebnisse werden dann summiert.

Greifen in einem kleinen Abstand, d.h.in einem Abstand, der klein gegnüber $1/\alpha$ ist, von der zuvor betrachteten Einzellast $2P$ im Ursprung noch einige Einzellasten an, dann werden – trotz der schnell abfallenden e-Funktion – die Beiträge dieser Lasten am Biegemoment nur geringfügig kleiner als P/α sein. Mit z.B. zwei gleich großen Lasten in der nahen Umgebung wird dann das soeben berechnete Moment beinahe verdreifacht.

Da die Einzellast $2P$ nur 1% von der Eigengewichtsbelastung $q_0 l$ ausmacht, wurde zuvor die Zunahme ΔH von H infolge der zusätzlichen Belastung $2P$ außer Betracht gelassen, wodurch die Berechnung sehr einfach wurde.

Mit Formel (15.8) kann leicht abgeleitet werden, daß für diese Zunahme ΔH gilt:

$$(H + \Delta H)^2 \Delta = \tfrac{1}{24} q_0^2 l^3 + \tfrac{1}{4} P q_0 l^2 + \tfrac{1}{2} P^2 l \qquad (16.55)$$

und somit

$$(H + \Delta H)^2 = H^2 \left[1 + 3\,\frac{2P}{q_0 l} + 3\left(\frac{2P}{q_0 l}\right)^2\right], \qquad (16.56)$$

so daß man im vorliegenden Fall erhält:

$$H + \Delta H = 1,0150\,H \quad \text{und} \quad \Delta H = 0,0150\,H \qquad (16.57)$$

Unter Berücksichtigung dieser Zunahme von H auf die Art und Weise, wie es im folgenden Abschnitt beschrieben wird, kommt es zu einer Verminderung des berechneten Momentes (16.54) um 3×10^6 Nm. Die Vernachlässigung von ΔH ist in diesem Fall noch zu verantworten.

Wir wollen jetzt die Momente bei verteilten Belastungen berechnen.

Bei einer *verteilten Belastung p(x)* erhält man das Moment durch Integration über die

Belastungsstrecke. Dazu ersetzt man die Einzellast 2P durch eine Belastung p(x) dx auf ein Element dx.

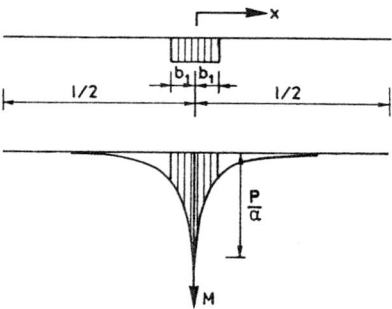

Bild 16.6.

Als *erstes Beispiel* behandeln wir den Fall einer Gleichlast p_0 über eine Breite b = 2b', symmetrisch bezüglich der Mitte (Bild 16.6). Da die betreffenden Formeln nur für x > 0 gelten, wird von 0 bis b' integriert. Mit Formel (16.50) gilt aufgrund der Symmetrie:

$$M_{(x=0)} = 2 \int_0^{b'} \frac{p_0}{2\alpha} e^{-\alpha x} \, dx = -\frac{p_0}{\alpha^2} e^{-\alpha x} \Big|_0^{b'} = \frac{p_0}{\alpha^2} (1 - e^{-\alpha b'}) \qquad (16.58)$$

Für b' = 10 m erhält man z.B.:

$$M = 0{,}20 \frac{p_0}{\alpha^2} = 0{,}20 \frac{EI}{H} p_0,$$

und für $p_0 = \frac{1}{2} q_0 = 50 \times 10^3$ N/m folgt:

$$M = 20{,}0 \times 10^6 \text{ Nm} \qquad (16.59)$$

Die gesamte Belastung ist in diesem Fall gleich der konzentrierten Belastung 2P des vorangegangenen Falles. Das Moment ist aufgrund der Verteilung der Belastung etwas kleiner geworden. Da die Einflußlinie "geschoben" werden darf, kann bei einer beweglichen Belastung mit der angenommenen Breite b = 20 m dieses Moment also in einem großen Teil der Brücke auftreten.

Als *zweites Beispiel* behandeln wir den zuvor besprochenen Fall einer Gleichlast $p_0 = \frac{1}{2} q_0$ über eine Strecke $\frac{1}{4}l < x < \frac{1}{2}l$ (Bild 16.7). In diesem Fall ist die zusätzliche Belastung bedeutend größer, und wir müssen darum die Zunahme von H um ΔH infolge dieser Belastung miteinbeziehen.

Für diesen Fall galt: $\Delta H = 0{,}1832$ H und somit $\alpha^2 = (H + \Delta H)/EI = 5{,}9160 \times 10^{-4}$ m^{-2}, d.h. $\alpha = 2{,}432 \times 10^{-2}$ m^{-1}.

Wir wollen das Moment in der Mitte der Belastung, d.h. an der Stelle $x = \frac{3}{8}l$ berechnen. Die Einflußlinie wird dazu um den Weg $\frac{1}{8}l$ nach links verschoben (Bild 16.7).

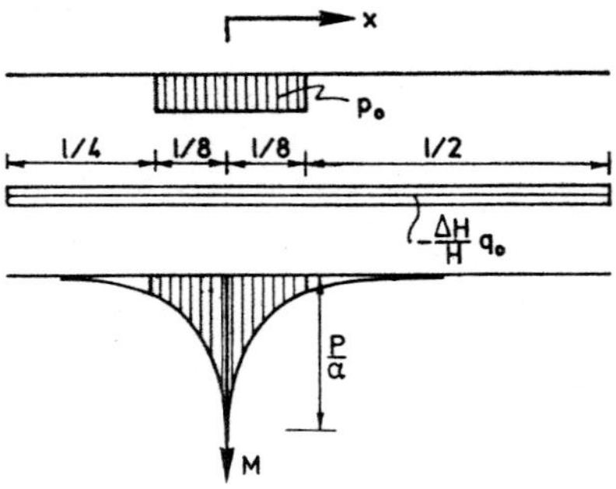

Bild 16.7.

Es muß darauf geachtet werden, daß nach Gleichung (16.29), welche die Grundlage für diese Behandlung darstellt, die Belastung gleich $p - (\Delta H/H)q$ ist. Diese beiden Belastungsterme sind in Bild 16.7 dargestellt, und beide müssen in die Integration einbezogen werden. Für die Belastung p_0 muß die Integration über den Bereich $0 - l/8$ ausgeführt werden. Für die Belastung $-(\Delta H/H)q_0$ ist die untere Integrationsgrenze ebenfalls Null, die obere Grenze wird einfachheitshalber als unendlich angenommen. Für das Moment erhält man somit:

$$M = 2\int_0^{l/8} \frac{p_0}{2\alpha} e^{-\alpha x}\, dx - 2\int_0^{\infty} \frac{1}{2\alpha}\frac{\Delta H}{H} q_0\, e^{-\alpha x}\, dx$$

$$= -\frac{p_0}{\alpha^2} e^{-\alpha x}\Big|_0^{l/8} + \frac{\Delta H}{H}\frac{q_0}{\alpha^2} e^{-\alpha x}\Big|_0^{\infty}$$

$$= \frac{p_0}{\alpha^2}(1 - e^{-\alpha l/8}) - \frac{\Delta H}{H}\frac{q_0}{\alpha^2} \tag{16.60}$$

$$= \frac{1}{\alpha^2}(0{,}9522\, p_0 - 0{,}1832\, q_0)$$

Für $p_0 = \frac{1}{2} q_0$ folgt:

$$M = 0{,}5858\, \frac{p_0}{\alpha^2} = 0{,}2929\, \frac{q_0}{\alpha^2}, \tag{16.61}$$

und als Endresultat erhält man mit $p_0 = 50 \times 10^3$ N/m:

$$M = 49{,}5 \times 10^6 \text{ Nm} \tag{16.62}$$

Dieses Ergebnis stimmt mit den in Tabelle 16.2 angegebenen Werten überein. Da ΔH und somit der Parameter α und die Belastung $p_0 - (\Delta H/H)q_0$ durch den Ort, die Breite und die Größe der beweglichen Belastung p_0 bestimmt werden, kann man am einfachsten von mehreren Belastungsfällen ausgehen und dann durch Verschieben der Einflußlinie die Momente an verschiedenen Stellen bestimmen. Der Leser kann selbst einmal das Moment an der Stelle $x = \frac{3}{4}l$ für den betrachteten Belastungsfall bestimmen und anschließend mit den Werten aus Tabelle 16.2 vergleichen.

Die Bestimmung der Biegemomente mit Hilfe von Einflußlinien ist eine effektive Methode, die den Vorrang gegenüber einer Berechnung mit Fourierreihen hat.

Randstörungen

Bis jetzt wurde angenommen – insbesondere auch bei der Fourieranalyse –, daß der Träger an beiden Enden frei aufgelegt ist. Dies kommt oft vor, es kann aber auch sein, daß der Träger über den Auflagern durchläuft oder an den Auflagern eingespannt ist. Die Auswirkung davon können wir als Randstörung betrachten, die mit Hilfe der exponentiellen Lösungen der Differentialgleichung leicht berechnet werden kann. Wir wählen z.B. den Fall des Trägers, der über der linken Hälfte mit einer Gleichlast $p_0 = \frac{1}{2} q_0$ (Bild 16.4) belastet wird und gehen dabei von der Lösung (16.37) für die Verschiebung w aus. Hieraus kann abgeleitet werden:

$$\frac{dw}{dx} = \frac{\pi}{l}(-0{,}627 \cos \frac{\pi x}{l} + 12{,}078 \cos \frac{2\pi x}{l} - 0{,}063 \cos \frac{3\pi x}{l}$$
$$- 0{,}015 \cos \frac{5\pi x}{l} + 0{,}912 \cos \frac{6\pi x}{l} - 0{,}007 \cos \frac{7\pi x}{l} \ldots) \qquad (16.63)$$

Die Neigungen an den Auflagern bei $x = 0$ und $x = l$ sind dann gleich:

$$\left(\frac{dw}{dx}\right)_{(x\,=\,0)} = 12{,}278 \frac{\pi x}{l} = 38{,}57 \times 10^{-3}$$
$$\left(\frac{dw}{dx}\right)_{(x\,=\,l)} = 13{,}702 \frac{\pi x}{l} = 43{,}05 \times 10^{-3} \qquad (16.64)$$

Würde bei den Auflagern in Wirklichkeit eine Einspannung vorhanden sein, dann müßten diese Neigungen aufgehoben werden. Wir superponieren daher zu der bereits erhaltenen Lösung eine Lösung der reduzierten Differentialgleichung, bei der an den Enden entgegengerichtete Neigungen aufgebracht wurden.
Die Lösungen der Differentialgleichung lauten (siehe Abschnitt 13.5):

$$w = C_1 e^{-\alpha(l-x)} + C_2 e^{-\alpha x} + C_4 x + C_5 \qquad (16.65)$$

$$\frac{dw}{dx} = \alpha C_1 e^{-\alpha(l-x)} - \alpha C_2 e^{-\alpha x} + C_4 \qquad (16.66)$$

$$\frac{d^2 w}{dx^2} = \alpha^2 C_1 e^{-\alpha(l-x)} + \alpha^2 C_2 e^{-\alpha x} \qquad (16.67)$$

Mit den Randbedingungen:
für $x = 0$:

$$w = 0 \quad \text{und} \frac{dw}{dx} = -\left(\frac{dw}{dx}\right)_{(x\,=\,0)} \text{ entsprechend (16.64)} \qquad (16.68)$$

für $x = l$:

$$w = 0 \quad \text{en} \frac{dw}{dx} = -\left(\frac{dw}{dx}\right)_{(x\,=\,l)} \text{ entsprechend (16.64)} \qquad (16.69)$$

können die Konstanten bestimmt werden, wobei $e^{-\alpha l} = 0$ angenommen werden darf. Damit sind auch die Einspannmomente bei $x = 0$ und $x = l$ bekannt.

Einfacher und für unser Ziel ausreichend ist die folgende Näherung. Da es sich um einen großen Wert von αl handelt, werden durch das Aufbringen von Neigungen an den beiden Enden stark dämpfende Randstörungen auftreten, die einander nicht beeinflussen.

In der Nähe des linken Auflagers z.B. sind dann in den Lösungen für dw/dx und d^2w/dx^2 nur die e-Potenzen mit negativem Exponent von Bedeutung. Dies führt zu folgenden einfachen Ausdrücken:

$$\frac{dw}{dx} = -\alpha C_2 \, e^{-\alpha x} \tag{16.70}$$

$$M = -EI \frac{d^2w}{dx^2} = -EI \, \alpha^2 C_2 \, e^{-\alpha x}, \tag{16.71}$$

und somit gilt die Beziehung:

$$M = EI \, \alpha \frac{dw}{dx} \tag{16.72}$$

Für das Auflager bei $x = 0$ gilt dann:

$$M_{(x = 0)} = EI \, \alpha \left(\frac{dw}{dx}\right)_{(x = 0)} \tag{16.73}$$

Für $\left(\frac{dw}{dx}\right)_{(x = 0)} = -38,57 \times 10^{-3}$, $EI = 2 \times 10^{11}$ Nm^2 und $\alpha = 2,506 \times 10^{-2}$ m^{-1} folgt für das linke Einspannmoment:

$$M_{(x = 0)} \approx -193,4 \times 10^6 \text{ Nm}, \tag{16.74}$$

was ein unzulässig hoher Wert ist. Obwohl die angenommene Belastung schon groß ist, kann man schlußfolgern, daß der Träger besser frei aufgelagert werden kann.

16.6 Einige sekundäre Effekte

In den vorigen Abschnitten zeigte sich, daß die Zunahme der Kraft H infolge Belastung großen Einfluß auf das Tragverhalten des Systems aus Seil und Träger hat. Damit die Behandlung nicht zu kompliziert wurde, blieben dabei verschiedene Aspekte unberücksichtigt. Wir wollen jetzt auf einige dieser Aspekte eingehen und besonders die Faktoren behandeln, welche die Zunahme der Kraft H beeinflussen.

a. Die Verlängerung des Seiles

Diese wurde bisher außer Betracht gelassen. Wir beginnen mit der Bestimmung des Längenunterschiedes Δ zwischen der ausgewickelten Länge L des Seiles und der Spannweite l im ursprünglichen Zustand. Für $l = 1000$ m und $f = 125$ m folgt aus Formel (15.10) ein Längenunterschied von $\Delta = 41,66$ m.

Die Kraft $H = 100 \times 10^6$ N verursacht eine Verlängerung des Seiles, die näherungsweise gleich Hl/EA ist, mit A als Querschnittsfläche des Seiles. Für $A = 10^{-1}$ m^2 beträgt diese Verlängerung 5 m. Die Länge der Seile im spannungslosen Zustand muß somit gleich 1000 m + 41,66 m − 5 m = 1036,66 m sein (siehe auch Formel 15.22).
Bei einer zusätzlichen Belastung wird die Seilkraft im allgemeinen zunehmen, was wiederum eine zusätzliche Verlängerung der Seile zur Folge hat. Nimmt − um eine Vorstellung zu bekommen − H um 25% zu, dann führt dies zu einer zusätzlichen Verlängerung der Seile um 1,25 m.
Diese zusätzliche Verlängerung der Seile führt zu etwas größeren Verschiebungen und somit wieder zu einer etwas kleineren Kraft.
Setzt man in Formel (15.10) Δ = 41,66 m + 1,25 m = 42,91 m für Δ ein, dann erhält man für den Stich f der Parabel: f = 126,85 m, d.h.eine Zunahme von 1,48 % und somit eine Abnahme der Kraft H um 1,46 %.
Die ursprüngliche Krümmung des Seiles nimmt zu um:

$$\frac{d^2 w}{dx^2} = -0,0148 \, \frac{8 \, f}{l^2} \, m^{-1} = -14,8 \times 10^{-6} \, m^{-1},$$

wodurch dem Träger das folgende Biegemoment "aufgezwungen"wird:

$$M = -EI \frac{d^2 w}{dx^2} = 2,96 \times 10^6 \, Nm,$$

d.h. zuvor berechnete Werte müssen also um diesen Wert korrigiert werden.

b. Horizontale Verschiebungen der Pylonspitzen
In Bild 16.3 sind die oberen Enden der Pylone durch straff gespannte Schrägseile gehalten. Trotzdem sind diese Pylonenden keine festen Verankerungspunkte, wie bisher angenommen wurde. Eine Zunahme der Seilkraft H um ΔH infolge einer zusätzlichen Belastung wird eine Annäherung der beiden Pylonspitzen zueinander verursachen, wodurch die Kraft $H + \Delta H$ wieder etwas abnehmen wird. Um diese Abnahme zu bestimmen, muß man die Steifigkeitsfaktoren der an der Spitze zusammenkommenden Elemente, d.h. Pylon, Schrägseil und Tragseil, bei einer horizontalen Verschiebung kennen. Die zusätzliche Kraft ΔH verteilt sich dann proportional zu den Steifigkeitsfaktoren auf die genannten Elemente. Wir wollen hier besonders auf die Steifigkeitsfaktoren der beiden Seile eingehen.
Für die *Tragseile* gehen wir dazu von Formel (15.11) aus:

$$\Delta = L - l = \frac{q_0^2 l^3}{24 \, H^2} \tag{16.75}$$

und schreiben sie in der Form:

$$l = L - \frac{q_0^2 l^3}{24 \, H^2} \tag{16.76}$$

Ersetzen wir im zweiten Term auf der rechten Seite l durch L, dann erhält man den Abstand l der beiden Verankerungspunkte, welcher jetzt als abhängige Variable betrachtet wird, explizit als Funktion von H. Der hierbei gemachte Fehler ist von der Größenordnung Δ/L und ist in diesem Zusammenhang vernachlässigbar. Wir erhalten also die folgende Gleichung:

$$l = L - \frac{q_0^2 L^3}{24\, H^2} \tag{16.77}$$

Differenzieren dieser Gleichung führt zu:

$$\frac{dl}{dH} = \frac{1}{12} \frac{q_0^2 L^3}{H^3} \tag{16.78}$$

Bei der symmetrischen Anordnung nach Bild 16.3 gilt also für die Verschiebung u einer der Pylonspitzen:

$$\frac{du}{dH} = \frac{1}{24} \frac{q_0^2 L^3}{H^3} \tag{16.79}$$

Diese Gleichung stellt den Zusammenhang zwischen der Kraft H und der Verschiebung u in Differentialform dar. Der linke Teil ist der Flexibilitätskoeffizient, der also in diesem Fall nicht konstant ist. Der Zusammenhang zwischen der Kraft H und der Verschiebung u ist nichtlinear. Eliminieren wir den rechten Teil der Gleichung mit Hilfe von (16.75), dann erhalten wir:

$$\frac{du}{dH} = \frac{1}{H}\,(L - l) = \frac{\Delta}{H} \tag{16.80}$$

Für den Steifigkeitsfaktor ergibt sich somit:

$$\frac{dH}{du} = \frac{H}{\Delta}\,, \tag{16.81}$$

und der Zusammenhang zwischen H und u lautet:

$$u = \Delta \ln \frac{H}{H_0} \quad \text{oder auch: } H = H_0\, e^{u/\Delta} \tag{16.82}$$

mit H_0 als Wert von H für u = 0.
Für den ursprünglichen Zustand mit u = 0, H = 100×10^6 N und Δ = 41,66 m erhält man mit (16.81) für den Steifigkeitsfaktor:

$$\frac{dH}{du} = 2{,}40 \times 10^6 \text{ N/m} \tag{16.83}$$

Für die *Schrägseile* verläuft die Bestimmung des Steifigkeitsfaktors auf ähnliche Weise. Die schräge Lage stellt eine unwesentliche Komplikation dar. Wir konzentrieren uns hier besonders auf das nichtlineare Tragverhalten, und einfachheitshalber stellen wir uns auch das Schrägseil als horizontal vor.

Das Schrägseil ist – im Gegensatz zum Tragseil – straff gespannt. Daher muß jetzt in Gleichung (16.75) noch die Verlängerung des Seiles von Hl/EA hinzugefügt werden.

$$\Delta = L + \frac{HL}{EA} - l = \frac{q_0^2 l^3}{24\,H^2} \tag{16.84}$$

Entsprechend der Herleitung für das Tragseil erhalten wir:

$$\frac{dl}{dH} = \frac{1}{12}\frac{q_0^2 L^3}{H^3} + \frac{L}{EA} \tag{16.85}$$

wobei sich alle Größen jetzt auf das Schrägseil beziehen.

Wenn eines der Enden des Schrägseiles mit einem festen Punkt verbunden ist, gibt Formel (16.85) den Flexibilitätskoeffizient für das andere Ende an.

Wir sehen, daß es sich hier um die Superposition von zwei Effekten handelt, nämlich Verschiebung infolge der Dehnung des Seiles und Verschiebung infolge des "Streckens" des Seiles (d.h. der Verminderung der Durchsenkung). Wir haben es hier mit einem Reihensystem zu tun, bei dem die "Federn" hintereinander angeordnet sind. Wird die Verschiebung des verschieblichen Endes wieder mit u bezeichnet und eliminiert man den ersten Term auf der rechten Seite von (16.85) mit Hilfe von (16.84) und der Annäherung $l \approx L$, dann folgt für den Flexibilitätskoeffizienten:

$$\frac{du}{dH} = 2\frac{\Delta}{H} + \frac{L}{EA} = \frac{2}{H}(L - l) + \frac{3L}{EA} \tag{16.86}$$

Der Steifigkeitsfaktor ist wieder der Kehrwert dieses Ausdruckes.

Für den besonderen Fall, daß die Länge L des Seiles im ungespannten Zustand genau gleich dem Abstand l der Aufhängepunkte ist, gilt für den Steifigkeitsfaktor[*]:

$$\frac{dH}{du} = \frac{1}{3}\frac{EA}{L} \tag{16.87}$$

Für z.B. A = 0,1 m² und L = 250 m erhält man:

$$\frac{dH}{du} = 26{,}7 \times 10^6 \text{ N/m}, \tag{16.88}$$

womit ausgedrückt werden soll, daß die Steifigkeitsfaktoren der Schrägseile um eine Größenordnung größer als die der Tragseile sein müssen (und die der Pylone).

Nehmen wir z.B. an, daß die Steifigkeiten von Tragseilen, Pylonen und Schrägseilen sich wie 1:1:10 verhalten und daß die aufzunehmende Kraft ΔH gleich $\frac{1}{4}H = 25 \times 10^6$ N ist, dann übernimmt das Schrägseil hiervon $\frac{10}{12}$-tel, d.h. $20{,}8 \times 10^6$ N.

---

[*] Für Besonderheiten dieses Falles siehe: W.T. Koiter, "Stijfheid en Sterkte 1", Seite 131.

Das Tragseil übernimmt ein Zwölftel, d.h. die Kraft H + ΔH im Tragseil nimmt um $2,1 \times 10^6$ N ab, also eine Abnahme um 1,68 %.

Mit der Zunahme der Seilkraft H auf 1,25 H nimmt der Steifigkeitsfaktor des Seiles entsprechend den Gleichungen (16.81) und (16.83) zu:

$$\frac{dH}{du} = 1,25 \times 2,40 \times 10^6 \text{ N/m} = 3,0 \times 10^6 \text{ N/m} \qquad (16.89)$$

Für die Verschiebung u einer Pylonspitze erhält man so (näherungsweise):

$$u = \frac{2,1 \times 10^6}{3,0 \times 10^6} \text{ m} = 0,70 \text{ m} \qquad (16.90)$$

Das ist für den Pylon eine beträchtliche Verschiebung, aber die Belastung ist in diesem Fall auch groß.

Die Verschiebung u der beiden Pylonspitzen führt zu einer Zunahme der vertikalen Verschiebungen. Mit $\Delta = 41,66$ m + 2 × 0,70 m folgt aus Formel (15.10) diesmal für den Stich f der Parabel: f = 127,07 m. Dem Träger wird jetzt folgendes Biegemoment "aufgezwungen":

$$M = -EI \times 8 \times \frac{2,07}{l^2} \text{ m} = 3,32 \times 10^6 \text{ Nm} \qquad (16.91)$$

c. Die Wirkung des Aussteifungsträgers

In der Literatur ist es gebräuchlich, zuerst Gleichung (16.29) für einen gegebenen Belastungsfall zu lösen, um anschließend die Zunahme von H um ΔH zu bestimmen, was zu einer mühsamen Integrationsprozedur führen kann. Wir sind daher den umgekehrten Weg gegangen und haben zuerst die Zunahme ΔH bestimmt und dabei den Aussteifungsträger weggelassen. Die Überlegung dazu war, daß der weiche Aussteifungsträger nur geringen Einfluß auf H haben kann. Wir wollen jetzt diese Annahme berichtigen.

Der Aussteifungsträger übernimmt einen Teil der Belastung, und man könnte diesen Belastungsanteil bestimmen, was dann zu einer kleinen Abnahme von H führen würde. Dieser Belastungsanteil ist jedoch sehr gering, und die betreffende Reihe konvergiert besonders langsam. Wir gehen daher einen anderen Weg.

Durch den Aussteifungsträger werden die zuvor für die Seile berechneten Verschiebungen etwas vermindert. Das System schließt sich daher nicht mehr, d.h. daß bei den berechneten Verschiebungen eine Zunahme des Abstandes *l* der Aufhängepunkte stattfinden müßte. Beim Zurückbringen dieser Aufhängepunkte auf ihre Plätze werden die Verschiebungen w wieder etwas zunehmen, wodurch die Kraft H etwas abnehmen wird.

Zur Berechnung gehen wir von der nichtlinearen Formel (15.41) aus:

$$l_2 - l_1 = -\int_0^l \left\{ \frac{dz}{dx} \frac{dw}{dx} + \frac{1}{2} \left(\frac{dw}{dx}\right)^2 \right\} dx \tag{16.92}$$

Da die Verschiebungen w in der Form einer Fourierreihe bekannt sind, benützen wir auch für die ursprüngliche Verschiebung z die Fourierentwicklung. Es gilt:

$$z(x) = \sum_{n=1}^{\infty} z_n \sin \frac{n\pi x}{l} \quad \rightarrow \quad \frac{dz}{dx} = \sum_{n=1}^{\infty} n \frac{\pi}{l} z_n \cos \frac{n\pi x}{l} \tag{16.93}$$

$$w(x) = \sum_{n=1}^{\infty} w_n \sin \frac{n\pi x}{l} \quad \rightarrow \quad \frac{dw}{dx} = \sum_{n=1}^{\infty} n \frac{\pi}{l} w_n \cos \frac{n\pi x}{l} \tag{16.94}$$

Mit der Orthogonalitätsbeziehung (Abschnitt 15.4) erhält man:

$$l_2 - l_1 = -\frac{\pi^2}{2l} \sum_{n=1}^{\infty} \left(n^2 z_n w_n + \frac{1}{2} n^2 w_n^2 \right) \tag{16.95}$$

Für z_n gilt (15.45):

$$z_n = \frac{l^2}{\pi^2 H} \frac{1}{n^2} q_n,$$

was mit $q_n = \frac{1}{n} \frac{4}{\pi} q_0$ (n = 1, 3, ...) übergeht in:

$$z_n = \frac{4 q_0 l^2}{n^3 \pi^3 H} = \frac{1}{n^3} \frac{32}{\pi^3} f \qquad (n = 1, 3, ...) \tag{16.96}$$

Mit f = 125 m folgt:

$$z_n = \frac{1}{n^3} \times 129{,}006 \text{ m} \qquad (n = 1, 3, ...) \tag{16.97}$$

Wir betrachten jetzt den Belastungsfall $p_0 = \frac{1}{2} q_0$ über dem Intervall $\frac{1}{4} l < x < \frac{1}{2} l$, wofür die Werte w_n aus Formel (16.44) entnommen werden können. Mit Formel (16.95) erhält man dann für das Auseinanderweichen:

$$l_2 - l_1 = 0{,}58 \text{ m} \tag{16.98}$$

Werden die Aufhängepunkte an ihren Platz zurückgebracht, dann kann der Stich der Parabel wieder mit Formel (15.10) bestimmt werden, wobei Δ jetzt gleich $\Delta = 41{,}66$ m + 0,58 m gesetzt wird. Man erhält f = 125,86 m, was eine Zunahme von 0,69 % bedeutet. Die Kraft (H + ΔH) = 1,1832 $\times$ 100 $\times 10^6$ N nimmt dadurch um 0,68 % auf 1,1751 $\times$ 100 $\times 10^6$ N ab. Dem Träger wird jetzt ein geringes Biegemoment aufgezwungen:

$$M = -EI \times 8 \times \frac{0,86}{l^2} \, m = 1,38 \times 10^6 \, Nm.$$

Der Effekt des Aussteifungsträgers auf die Größe von H ist in diesem Fall also sehr gering.

d. Schlußfolgerungen

Die verschiedenen Aspekte, die unter die Lupe genommen wurden, führen alle zu kleinen Korrekturen der zuvor erhaltenen Ergebnisse. Die gefundenen Verminderungen von H lagen in der Größenordnung von 1 – 1,5 %. Für diese kleinen Werte ist das angewandte Verfahren zu verantworten.

Für die gewählte Brücke kann angenommen werden, daß eine Verminderung von H um 1 % zu einer Vergrößerung der Krümmung des Seiles um 1 % führt und damit zu einem zusätzlichen Biegemoment im Träger von 2×10^6 Nm.

Trotzdem haben die einzelnen Effekte zusammen eine nicht zu vernachlässigende Wirkung. Wenn die gesamte Verminderung von H 5 % betragen würde, ist doch das zusätzliche Biegemoment im Träger gleich 10×10^6 Nm, wozu extreme Biegespannungen $\sigma = 40 \times 10^6$ N/m² gehören.

Auch Formel (16.60) ist in diesem Zusammenhang aufschlußreich. Der Term

$$-\frac{\Delta H}{H} \frac{q_0}{\alpha^2}$$

bedeutet eine Verminderung des Biegemomentes, verursacht durch die Zunahme von H um ΔH. Mit $\Delta H = 0,1832$ H und $H + \Delta H = 1,1832$ H folgt:

$$\alpha^2 = \frac{H + \Delta H}{EI} = 1,1832 \, \frac{H}{EI}$$

Der betreffende Term ist dann gleich:

$$-0,1832 \times \frac{1}{1,1832} \, EI \, \frac{q_0}{H} = -0,1548 \, \frac{EI}{H} \, q_0 = -30,97 \times 10^6 \, Nm$$

Nimmt H jedoch um 5 % ab, dann ist $H + \Delta H = 1,1240$ H, d.h. $\Delta H = 0,1240$ H und

$$\alpha^2 = 1,1240 \, \frac{H}{EI}.$$

Der betreffende Term ist dann

$$-0,1240 \times \frac{1}{1,1240} \, \frac{EI}{H} \, q_0 = -0,1104 \, \frac{EI}{H} \, q_0 = -22,07 \times 10^6 \, Nm.$$

Die Verminderung ist also bedeutend geringer. Das Moment an der betrachtenden Stelle (in diesem Fall bei $x = \frac{3}{8} l$) wird dadurch um $8,90 \times 10^6$ Nm größer sein.

Auch das Moment infolge des Belastungsterms mit p_0 wird größer, wie leicht nachzuvollziehen ist, und die gesamte Zunahme des Momentes wird dementsprechend größer sein.

Die genannten sekundären Effekte verdienen also sicher Beachtung, und man muß daran denken, daß nicht unbedeutende Schwankungen in den Werten der berechneten Größen auftreten können

17
Bögen

17.1 Einleitung

Dreht man das Seil aus dem vorigen Kapitel in Gedanken um, dann ensteht ein Bogen, der auf Druck belastet wird. Da bei einem auf Druck belasteten Stab die Gefahr des Ausknickens besteht, ist es notwendig, daß ein Bogen eine gewisse Biegesteifigkeit besitzt. Dies führt jedoch dazu, daß in einem Bogen beinahe immer Biegemomente vorhanden sein werden, obwohl diese oft klein sind.

Bei einer flexiblen Konstruktion, wie es das Seil ist, paßt sich die Form an die Belastung an. Bei einem biegesteifen Bogen ist dies nicht möglich. Nur bei einer bestimmten Belastungsform wird die Drucklinie mit der Bogenachse zusammenfallen, bei allen anderen Belastungsfunktionen werden diese beiden voneinander abweichen. Hieraus zeigt sich auch, daß im allgemeinen Biegemomente im Bogen auftreten.

Die Römer werden immer noch als die Erfinder der Bogenkonstruktion angesehen, obwohl es auch archäologische Funde gibt, aus denen sich zeigt, daß bereits noch früher Bögen gebaut wurden. Zweifelslos haben die Römer die Bogenkonstruktionen weiterentwickelt und vielfältig eingesetzt. Viele Bögen, Gewölbe und Kuppeln sind Zeugen dafür.

Der Bau von Bögen bedeutete zu dieser Zeit einen großen Fortschritt, da dadurch viel größere Spannweiten (in der Größenordnung von einigen zehn Metern) als mit Trägern oder Balken aus Stein und Holz erreicht werden konnten

Die damaligen Bögen waren ziemlich dick und sind bis zum Aufkommen von Materialien wie Eisen, Stahl und Beton im vorigen Jahrhundert so geblieben. Durch die höheren zulässigen Spannungen konnten die Bögen schlanker gemacht werden, und es konnten wiederum noch viel größere Spannweiten (in der Größenordnung von einigen hundert Metern) erreicht werden.

Bögen werden bei der Überdachung von Räumen, beim Bau von Brücken, Viadukten und Aquädukten, bei Konstruktionen im Wasserbau (wie Wehre und Staumauern) und bei Stützmauern, eingesetzt. Sie sind besonders zur Aufnahme von großen Belastungen geeignet, da sie ihr Tragvermögen in erster Linie aus ihrer Form erhalten, im Gegensatz zu geraden Balken oder Trägern.

Bei einem auf Biegung beanspruchten Träger müssen die Querschnitte ein Biegemoment übertragen, welches durch das Kräftepaar der Resultierenden von den in einem Querschnitt vorhandenen Druckspannungen und der Resultierenden der in diesem Querschnitt vorhandenen Zugspannungen gebildet wird. Der Hebelarm dieser

Resultierenden ist immer kleiner als die Höhe des Trägers. Bei einem Bogen kann ein Kräftepaar durch die horizontale Komponente H der in einem Querschnitt zu übertragenden Kraft und der horizontalen Auflagerkraft H geliefert werden (Bild 17.1a). Der Hebelarm dieses Kräftepaares ist um eine Größenordnung größer als die Dicke des Bogens bzw. die Höhe eines Trägers. Ein Bogen ist daher imstande, ein viel größeres Biegemoment als der Träger aufzunehmen, d.h. ein Bogen kann eine viel größere Belastung tragen und eine viel größere Spannweite besitzen.

17.2 Berechnung mit Hilfe von Formänderungsgleichungen

Die klassische Berechnung von Bogenkonstruktionen erfolgt mit Formeln, die mit Hilfe von Formänderungsgleichungen oder Energiemethoden hergeleitet werden. Hierfür kann auf eine Anzahl von Lehrbüchern verwiesen werden.

Bevor wir die bis jetzt angewandte Methode mit den Differentialgleichungen beginnen, wollen wir jedoch zum besseren Verständnis der Materie das klassische Verfahren mit Hilfe von Formänderungsgleichungen kurz darstellen. Wir beschränken uns dabei auf einen Bogen, der an den Enden gelenkig gelagert ist (Bild 17.1).

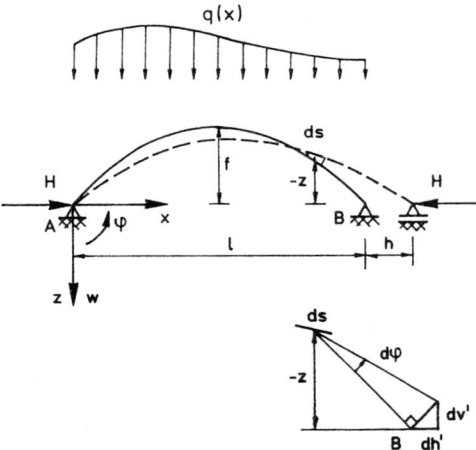

Bild 17.1.

Diese Konstruktion ist statisch unbestimmt, und es bietet sich an, die horizontale Reaktionskraft H in den Auflagern als statisch Unbestimmte zu wählen. Ersetzt man z.B. das rechte gelenkige Auflager durch ein Rollenlager, dann ist das System statisch bestimmt, und die durch eine verteilte Belastung q(x) im Bogen verursachten Biegemomente M' sind dann einfach mit Hilfe von Gleichgewichtsbedingungen zu berechnen. Infolge der Biegung rotieren die Querschnitte um einen Winkel φ, und das rechte Schnittufer eines Elementes ds (Bild 17.1a) rotiert bezüglich des linken Schnittufers um den Winkel:

$$d\varphi = \frac{M'}{EI} ds \qquad (17.1)$$

mit EI als der Biegesteifigkeit des Bogens.

Infolgedessen erhält das Rollenlager eine horizontale Verschiebung (siehe Bild 17.1b), die, nach rechts wirkend, ein positives Vorzeichen hat:

$$dh' = -z \, d\varphi \qquad (17.2)$$

Die gesamte, durch die Belastung verursachte Verschiebung des Rollenlagers beträgt:

$$h' = \int_{\text{Bogen}} -\frac{M'z}{EI} ds \qquad (17.3)$$

Diese Verschiebung kann wieder aufgehoben werden, indem man am rechten Auflager eine horizontale Reaktionskraft H aufbringt (Bild 17.1a, nach innen wirkend positiv gerechnet). Diese verursacht im Bogen folgendes Biegemoment:

$$M'' = (-H)(-z) = Hz, \qquad (17.4)$$

was zur folgenden horizontalen Verschiebung des Rollenauflagers führt:

$$h'' = \int_{\text{Bogen}} -\frac{M''z}{EI} ds = \int_{\text{Bogen}} -\frac{Hz^2}{EI} ds \qquad (17.5)$$

Darüber hinaus entsteht noch eine Verschiebung des Rollenlagers infolge der Zusammendrückung des Bogens. Bei schwach gekrümmten Bögen kann diese mit ausreichender Genauigkeit wie folgt angenommen werden:

$$h''' = -\frac{Hl}{EA}, \qquad (17.6)$$

wobei A die Querschnittsfläche des Bogens darstellt. Die Größe der statisch unbestimmten Reaktionskraft H folgt jetzt aus der Bedingung, daß der rechte Auflagerpunkt keine Verschiebung erfährt. Es gilt also:

$$-\int_{\text{Bogen}} \frac{M'z}{EI} ds - \int_{\text{Bogen}} \frac{Hz^2}{EI} ds - \frac{Hl}{EA} = 0 \qquad (17.7)$$

Bei schwach gekrümmten Bögen darf man die Bogenlänge ds eines Elementes durch seine Projektion dx auf die horizontale Achse ersetzen.

Für die statisch unbestimmte Kraft H erhält man so den klassischen Ausdruck:

$$H = -\frac{\int_0^l \frac{1}{EI} M'z \, dx}{\int_0^l \frac{1}{EI} z^2 \, dx + \frac{l}{EA}} \qquad (17.8)$$

Oft kann man den Einfluß der Zusammendrückung des Bogens vernachlässigen, und der zweite Term im Nenner der Formel kann daher weggelassen werden.
Wenn man die Reaktionskraft berechnet hat, dann folgen die Biegemomente im Bogen aus der folgenden Superposition:

$$M = M' + M'' = M' + Hz \tag{17.9}$$

Die Vorgehensweise soll anhand der folgenden Beispiele erläutert werden.

Ein parabelförmiger Bogen
Wir betrachten einen Bogen mit der Form einer Parabel mit Spannweite l und Stich f, bei dem die Fläche des Querschnittes und somit die Biegesteifigkeit konstant sind. Die Gleichung für die Form dieses Bogens lautet:

$$z = -\frac{4fx(l-x)}{l^2} \tag{17.10}$$

Bei einer *Gleichlast* q_0 beträgt das Biegemoment M' im statisch bestimmten Grundsystem (rechtes Auflager durch ein Rollenauflager ersetzt):

$$M' = \frac{1}{2} q_0 x(l-x) \tag{17.11}$$

Setzt man (17.10) und (17.11) in Formel (17.8) ein, so erhält man bei Vernachlässigung der Zusammendrückung:

$$H = \frac{\int_0^1 \frac{1}{2}q_0 \, (4f/l^2) \, x^2(l-x)^2 \, dx}{\int_0^1 (4f/l^2)^2 \, x^2(l-x)^2 \, dx} = \frac{\frac{1}{2}q_0}{4f/l^2} = \frac{q_0 l^2}{8f} \tag{17.12}$$

Die Integrale im Zähler und Nenner sind in diesem Fall bis auf die Konstanten gleich und brauchen daher nicht ausgearbeitet zu werden.
Für die Biegemomente erhält man mit (17.9):

$$M = \frac{1}{2} q_0 x(l-x) - \frac{q_0 l^2}{8f} \frac{4fx(l-x)}{l^2} = 0 \tag{17.13}$$

In diesem besonderen Fall treten also nirgends Biegemomente auf, und die Drucklinie fällt mit der Bogenachse zusammen. Die Tragwirkung ist wie beim umgedrehten Seil; und aus dieser Sicht ist das Ergebnis für die Kraft H, das gleich der Kraft H bei einem parabelförmigen Seil ist, verständlich.
Bezieht man die Zusammendrückung in die Rechnung mit ein, dann wird die Reaktionskraft etwas kleiner. Dies bedeutet, daß sich die Drucklinie oberhalb der Bogenachse befindet (Bild 17.2) und daß infolgedessen positive Biegemomente im Bogen vorhanden sind. Bei Ausarbeitung des Nenners aus (17.8) zeigt sich, daß der zweite Term von der Größenordnung $(i/f)^2 \times$ der erste Term ist, wobei i der Trägheits-

radius des Querschnittes ist. Das Verhältnis (i/f) ist im allgemeinen klein, das Quadrat hiervon also um so mehr. Der Einfluß der Zusammendrückung auf die Größe von H ist daher in diesem Fall gering. Bezeichnen wir die hierdurch verursachte Veränderung mit ΔH, dann beträgt das maximale Biegemoment $\frac{1}{8}(\Delta H/H)\,q_0 l^2$. Bei großer Belastung und/oder großer Spannweite kann dies natürlich noch ein beträchtliches Moment sein.

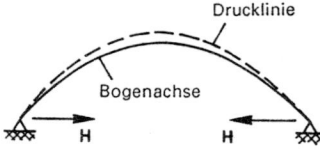

Bild 17.2. Einfluß der Zusammendrückung.

Bei anderen Belastungen kann die Drucklinie stärker von der Bogenachse abweichen. Dies gilt auch für Belastung infolge von Eigengewicht, obwohl die Abweichung in diesem Fall meistens relativ gering sein wird.

Wir stellen noch ein einfaches Beispiel dar, bei dem derselbe Bogen mit einer *Einzellast 2P* in der Mitte belastet wird (Bild 17.3). Für das Biegemoment M′ im statisch bestimmten Grundsystem gilt für die linke Hälfte ($0 < x < l/2$):

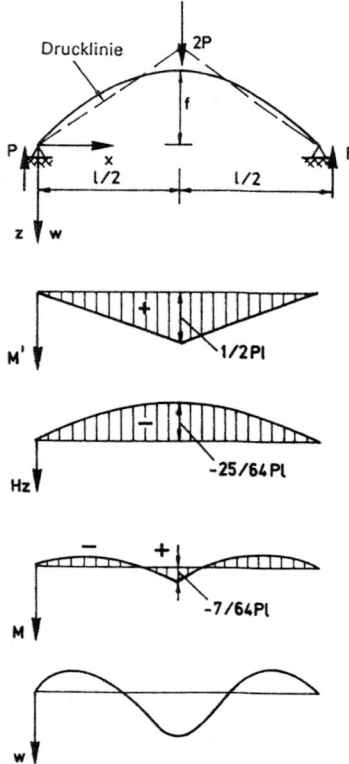

Bild 17.3.

$$M' = Px \tag{17.14}$$

Setzt man diesen Ausdruck und Formel (17.10) in Formel (17.8) ein, so erhält man bei Vernachlässigung der Zusammendrückung:

$$H = \frac{-2 \int_0^{l/2} Pxz\,dx}{\int_0^l z^2 dx} = \frac{5/24\,Pfl^2}{8/15\,f^2 l} = \frac{25}{64}\frac{Pl}{f} \tag{17.15}$$

Für das Biegemoment erhält man im Bereich $0 < x < l/2$ mit (17.9):

$$M = -\frac{9}{16} Px + \frac{25\,Px^2}{16\,l} \tag{17.16}$$

Zweimaliges Integrieren dieses Momentes und Einsetzen der Randbedingungen für $x = 0$ und $x = l/2$ liefert für die Verschiebungsfunktion:

$$EI\,w = -\frac{Pl^3}{192}\left[25\left(\tfrac{x}{l}\right)^4 - 18\left(\tfrac{x}{l}\right)^3 + \tfrac{x}{l}\right] \tag{17.17}$$

Die Verläufe für das Biegemoment und die Verschiebung sind in Bild 17.3 dargestellt.

Eine ungünstige Belastung für einen Bogen ist eine *verteilte Belastung, die nur über eine Hälfte der Spannweite wirkt*, wie in Bild 17.4a dargestellt, wobei die Belastung p_0 konstant ist. Zur Bestimmung der Biegemomente wird der Belastungsfall a in die Fälle b und c aufgespaltet.

Im Fall b (Bild 17.4b) handelt es sich um eine Gleichlast der Größe $\frac{1}{2}p_0$, die über die gesamte Länge wirkt. Die hierdurch verursachte horizontale Reaktionskraft ist:

$$H = \frac{\frac{1}{2}p_0 l^2}{8f} \tag{17.18}$$

Es sind dabei keine Biegemomente im Träger vorhanden.

Im Fall c (Bild 17.4c) handelt es sich um eine Gleichlast $\frac{1}{2}p_0$, die antimetrisch bezüglich der Mitte ist. In der Mitte des Bogens ist folglich $M' = 0$ und $M = 0$. Daher ist auch die horizontale Reaktionskraft $H = 0$. Der Momentenverlauf ist in Bild 17.4c dargestellt, und die Extremmomente treten an den Stellen $x = \frac{1}{4}l$ und $x = \frac{3}{4}l$ auf. Sie betragen:

$$M_{Extr} = \pm \frac{1}{8}\frac{1}{2} p_0 \left(\tfrac{1}{2}l\right)^2 = \pm \frac{1}{64} p_0 l^2 \tag{17.19}$$

Durch Superposition der Ergebnisse für die Fälle b und c erhält man das Ergebnis für den ursprünglichen Belastungsfall a. Die Reaktionskraft hierzu ist also:

$$H = \frac{1}{16}\frac{p_0 l^2}{f}, \tag{17.20}$$

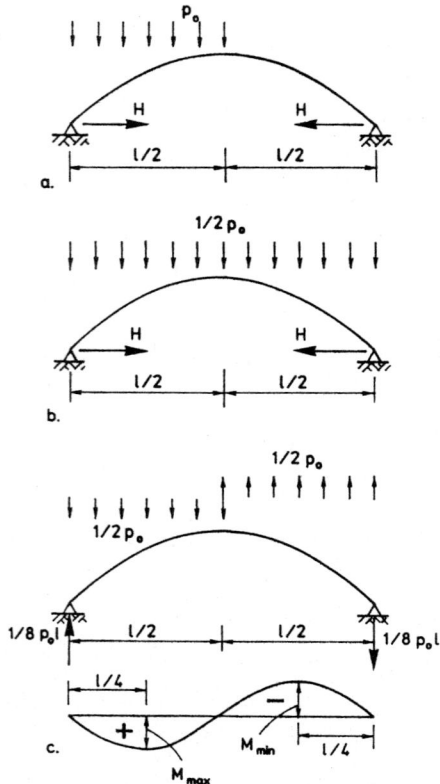

Bild 17.4.

was man aufgrund von Symmetriebetrachtungen auch gleich hätte folgern können. Bei Belastung über die Hälfte der Länge treten in dem Bogen also sowohl positive als auch negative Biegemomente von $\frac{1}{64}p_0 l^2$ auf. Dies erscheint vielleicht wenig, aber man muß daran denken, daß bei Bögen p_0 und l groß sein können.

Man kann daraus folgern, daß man Bögen immer für ungünstige Belastungsformen, wie z.B. einseitige Belastung, berechnen muß. Bei Dächern können diese z.B. in Form von Schnee- oder Windbelastung auftreten, bei Brücken können die beweglichen Lasten einseitig sein.

Wenn die horizontale Reaktionskraft H nicht durch das Auflager oder die Fundamente aufgenommen werden kann, kann man durch Anbringen eines Zugbandes ein geschlossenes System herstellen (Bild 17.5).

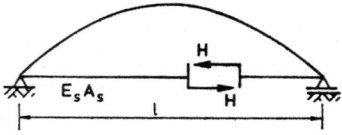

Bild 17.5. Innerlich statisch unbestimmtes System.

Die erforderliche horizontale Reaktionskraft H des Bogens wird jetzt durch das Zugband geliefert. Dieses erfährt dabei eine Verlängerung von Hl/E_sA_s, wobei E_s der Elastizitätsmodul und A_s die Querschnittsfläche des Zugbandes ist. Man kann eventuell in Erwägung ziehen, zur Bestimmung der horizontalen Kraft H mit Hilfe von Formel (17.8) den Term l/E_sA_s im Nenner dieser Formel aufzunehmen.

17.3 Verformungen

In diesem Abschnitt wollen wir mögliche Verformungen, d.h. Veränderungen in der Geometrie des Bogens, untersuchen. Dabei gehen wir von der bereits für das Seil hergeleiteten Gleichung (15.35) für die horizontalen Verschiebungen u aus. Wird auch die Zusammendrückung miteinbezogen, dann lautet diese Gleichung:

$$\frac{du}{dx} = -\frac{H}{EA} - \frac{dz}{dx}\frac{dw}{dx} \qquad (17.21)$$

Man kann diese Formel auch als eine Erweiterung der Beziehung zwischen der axialen Verschiebung u und einer Normalkraft N = –H in einem Stab mit einem Term, der den Effekt einer ursprünglichen Ausbiegung z darstellt, betrachten (dabei muß dann $w \ll z$ gelten).

Integriert man Gleichung (17.21) von x = 0 bis x = l (Punkte A und B in Bild 17.1), dann erhält man:

$$u_B - u_A = -\frac{Hl}{EA} - \int_0^l \frac{dz}{dx}\frac{dw}{dx}\,dx \qquad (17.22)$$

Sind A und B, wie bisher angenommen wurde, zwei feste Punkte, dann folgt aus dieser Gleichung:

$$\frac{Hl}{EA} = -\int_0^l \frac{dz}{dx}\frac{dw}{dx}\,dx \qquad (17.23)$$

Durch partielle Integration erhält man daraus:

$$\frac{Hl}{EA} = -z\frac{dw}{dx}\Big|_0^l + \int_0^l z\frac{d^2w}{dx^2}\,dx \qquad (17.24)$$

Im allgemeinen gilt für die Ordinate der beiden Auflager (x = 0 und x = l): z = 0. Der erste Term auf der rechten Seite des obigen Ausdruckes fällt dann weg. Für die Krümmumg gilt:

$$\frac{d^2w}{dx^2} = -\frac{M}{EI}\,,$$

mit M als Biegemoment, das in einem Querschnitt wirkt. Hierdurch unterscheidet sich der Bogen vom Seil. Setzt man diese Beziehung in Ausdruck (17.24) ein, so erhält man folgendes Ergebnis:

$$\frac{Hl}{EA} = -\int_0^l \frac{Mz}{EI}\, dx \qquad (17.25)$$

Substitution von Ausdruck (17.9) in diese Formel führt zu Formel (17.8) für die Reaktionskraft H. Im Quotienten M dx/EI erkennt man die Zunahme dφ der Rotation über eine Strecke dx (Bild 17.1b).

Eine interessante Variante von Formel (17.24) erhält man, indem bei der partiellen Integration von Ausdruck (17.23) nicht zuerst dz/dx, sondern dw/dx integriert wird. Dies führt zu folgendem Ergebnis:

$$\frac{Hl}{EA} = -w\frac{dz}{dx}\Big|_0^l + \int_0^l \frac{d^2z}{dx^2}\, w\, dx \qquad (17.26)$$

Auch in diesem Fall fällt der erste Term auf der rechten Seite weg, da in den Auflagern bei x = 0 und x = *l*, w = 0 ist.

Für den parabelförmigen Bogen mit $d^2z/dx^2 = 8f/l^2$ erhält man so folgenden Ausdruck:

$$\frac{Hl}{EA} = \frac{8f}{l^2}\int_0^l w\, dx \qquad (17.27)$$

Kann die Zusammendrückung vernachlässigt werden, dann gilt also:

$$\int_0^l w\, dx = 0 \qquad (17.28)$$

Dieses Ergebnis bedeutet somit, daß die Fläche unter der Verschiebungsfunktion gleich Null ist. Tritt unter einer örtlichen Last eine lokale Einsenkung wie in Bild 17.3 ein, dann wird an einer anderen Stelle eine Verschiebung nach oben auftreten.

Außer vertikalen Verschiebungen können bei Bögen auch horizontale Verschiebungen auftreten, besonders bei Belastungen, die nicht symmetrisch bezüglich der Mitte des Bogens sind. Die Verformungsfigur ist vergleichbar mit der eines Seiles, aber die Verschiebungen sind prinzipiell viel kleiner.

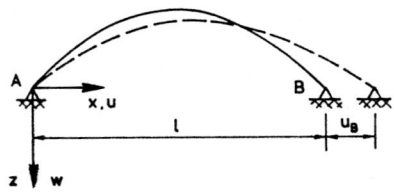

Bild 17.6. Bogen mit horizontal verschieblichem Auflager(Staudamm).

Es ist bekannt, daß *Staudämme* zusammenbrechen können, wenn die Auflager infolge eines schlechten Zustandes des Felses in den angrenzenden Bergwänden auseinanderweichen. Wir wollen diese Erscheinung hier analysieren (siehe auch Bild 17.6) und gehen dazu von Gleichung (17.22) unter Vernachlässigung der Zusammendrückung aus:

$$u_B - u_A = -\int_0^l \frac{dz}{dx} \frac{dw}{dx} \, dx \qquad (17.29)$$

Wir betrachten einen Bogen der Form $z(x) = -z_1 \sin(\pi x/l)$. Durch das Auseinanderweichen der Auflager werden Verschiebungen $w(x)$ auftreten.
Wir machen es uns einfach und nehmen an, daß der Verschiebungsverlauf die Form $w(x) = w_1 \sin(\pi x/l)$ hat, mit w_1 als vorerst noch unbekannter Amplitude.
Anwendung von Formel (17.29) führt zu:

$$u_B - u_A = \int_0^l \frac{\pi^2}{l^2} z_1 w_1 \cos^2 \frac{\pi x}{l} \, dx = \frac{\pi^2}{l^2} z_1 w_1 \frac{1}{2} l$$

Bei einer vorgegebenen Auseinanderweichung von $u_B - u_A$ folgt damit für die Amplitude der Verschiebungen:

$$w_1 = \frac{2}{\pi^2} \frac{l}{z_1} (u_B - u_A) \qquad (17.30)$$

Zum angenommenen Ausbiegungsverlauf $w(x)$ gehören Biegemomente:

$$M(x) = -EI \frac{d^2 w}{dx^2} = \frac{\pi^2 EI}{l^2} w_1 \sin \frac{\pi x}{l}$$

Für die Amplitude der Biegemomente erhält man somit:

$$M_1 = \frac{\pi^2 EI}{l^2} w_1 = \frac{2 \, EI}{l \, z_1} (u_B - u_A) \qquad (17.31)$$

Bezeichnet man die Dicke des Staudammes mit t, dann ergeben sich die Extremspannungen zu:

$$\sigma_{Extr} = \pm \frac{M \, t/2}{I} = \pm \frac{E \, t}{l \, z_1} (u_B - u_A) \qquad (17.32)$$

Für z.B. $l = 100$ m, $z_1 = 10$ m, $t = 5$ m, E (Beton) $= 4 \times 10^{10}$ N/m^2 und $u_B - u_A = 0,1$ m erhält man:

$$\sigma_{Extr} = \pm 20 \times 10^6 \text{ N/m}^2$$

Die berechnete Zugspannung liegt weit über der Biegezugfestigkeit des Betons.

Obwohl die Druckspannungen infolge der Belastung auf den Damm eine Verminderung bewirken, ist die Gefahr von Rissen und anschließendem Zusammenbrechen sehr groß – und das bei einem Auseinanderweichen von nur 10 cm!

17.4 Die Differentialgleichung des Bogens

Die in Abschnitt 17.2 dargestellte Theorie ist einfach und effektiv. Komplizierter wird es, wenn der Bogen an den beiden Enden eingespannt ist oder wenn es sich z.B. um das Zusammenwirken von Bogen und darüberliegender Fahrbahn handelt. Um mehr Einsicht in die Tragwirkung bei solchen Fällen zu bekommen, stellen wir auch für den Bogen die Differentialgleichung auf. Dazu muß man erst die Herstellungsweise betrachten.

Bei der Herstellung von großen Bögen für Brücken und Dächer liegen diese auf einer Unterstützung auf (ein Lehrgerüst, ein Baugerüst, Pfeiler usw.) oder sind mit Hilfe von Schrägseilen aufgehängt. Nach der Fertigstellung des Bogens wird die Unterstützung bzw. Aufhängung weggenommen. Der Bogen trägt dann sein Eigengewicht, wodurch Verschiebungen w(x) entstehen können. Die ständige Belastung kann danach noch zunehmen; bei einem Dach z.B. durch das Anbringen einer Dachhaut, bei einer Brücke durch das Anbringen einer Fahrbahn.

Ebenso wie beim Hängedach kann jetzt angenommen werden, daß der Anteil der Belastung, der durch Biegung aufgenommen wird, gleich

$$EI \frac{d^4w}{dx^4} \qquad (17.33)$$

ist.

Im Bogen ist eine Druckkraft vorhanden, deren horizontale Komponente gleich der zuvor behandelten horizontalen Reaktionskraft H ist. Da Bögen dazu dienen, um Druckkräfte aufzunehmen, werden wir in diesem Fall eine Druckkraft positiv angeben, wodurch auch vermieden wird, daß in der Lösung der Differentialgleichung imaginäre Größen vorkommen.

Der Anteil der Belastung, der durch die Druckkraft im Bogen aufgenommen wird, ist dann gleich:

$$H \frac{d^2}{dx^2} (z + w) \qquad (17.34)$$

Dieser Term, der also die Bogentragwirkung beschreibt, ist – bis auf das Vorzeichen – gleich dem Ausdruck für die Seilwirkung beim Hängedach (Formel 16.2).

Die Summe beider Ausdrücke ist gleich der gesamten vorhandenen Belastung q(x), so daß gilt:

$$EI \frac{d^4w}{dx^4} + H \frac{d^2}{dx^2} (z + w) = q(x) \qquad (17.35)$$

Diese Differentialgleichung beinhaltet dieselben Terme wie die Differentialgleichung für das Hängedach (Gleichung 16.4). Ein wesentlicher Unterschied ist jedoch das Vorzeichen des zweiten Terms und daß hier der Term q(x) die gesamte vorhandene Belastung darstellt. Im folgenden wird sich außerdem zeigen, daß die Biegesteifigkeit EI eine viel größere Rolle als beim Hängedach spielt.

Meistens wird sich bei ständiger Belastung die Drucklinie der Bogenachse annähern oder sogar damit zusammenfallen. Die Biegemomente und demzufolge auch die Verschiebungen w sind dann klein. In der Differentialgleichung kann dann im zweiten Term die Verschiebung w gegenüber der Ordinate z vernachlässigt werden, so daß die Gleichung übergeht in:

$$EI \frac{d^4w}{dx^4} = q(x) - H \frac{d^2z}{dx^2} \qquad (17.36)$$

Diese Gleichung erhält man auch, wenn man Gleichung (17.9) zweimal differenziert und die folgenden Beziehungen miteinbezieht:

$$M = -EI \frac{d^2w}{dx^2} \quad \text{und} \quad \frac{d^2M'}{dx^2} = -q$$

Für einen parabelförmigen Bogen, der an beiden Seiten gelenkig gelagert ist (Bild 17.1), ist bei einer Gleichlast q_0 die rechte Seite in obiger Gleichung gleich Null. Die Lösung der übrigbleibenden Differentialgleichung mit den Randbedingungen w = 0 und $d^2w/dx^2 = 0$ für x = 0 und x = l lautet dann w = 0 für alle x. Die Verschiebungen sind ebenso wie die Biegemomente gleich Null. Dies ist natürlich ein besonderer Fall.

Im folgenden Beispiel ist der parabelförmige Bogen an beiden Seiten *eingespannt* (Bild 17.7), und die verteilte Belastung q(x) ist nicht konstant.

Wir nehmen dafür eine einfach integrierbare Funktion: q(x) = $q_0 \cosh(x/a)$, wobei die Belastung von der Mitte zu den Auflagern hin zunimmt. Die Krümmung des Bogens ist konstant. Wir führen ein:

$$k = \frac{d^2z}{dx^2} = 8 \frac{f}{l^2}.$$

Die Differentialgleichung lautet jetzt:

$$EI \frac{d^4w}{dx^4} = q_0 \cosh \frac{x}{a} - Hk \qquad (17.37)$$

mit der Lösung:

$$EI \, w = q_0 a^4 \cosh \frac{x}{a} - \frac{1}{24} Hkx^4 + \frac{1}{6} C_1 x^3 + \frac{1}{2} C_2 x^2 + C_3 x + C_4 \qquad (17.38)$$

Die Übergangsbedingungen für x = 0 lauten aus Symmetriegründen:

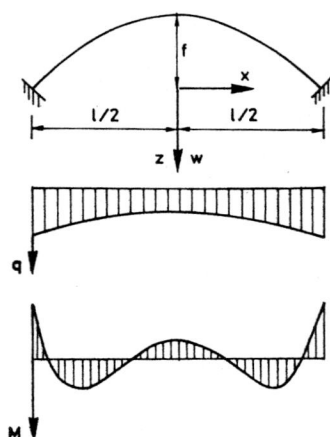

Bild 17.7.

$$\frac{dw}{dx} = 0 \text{ und } D = -EI\frac{d^3w}{dx^3} = 0$$

Hieraus folgt $C_3 = 0$ und $C_1 = 0$.

Die Randbedingungen für $x = l/2$ lauten: $w = 0$ und $dw/dx = 0$.
Hieraus folgen:

$$C_2 = -2q_0\frac{a^3}{l}\sinh\frac{l}{2a} + \frac{1}{24}Hkl^2$$

$$C_4 = -q_0a^4\cosh\frac{l}{2a} + \frac{1}{4}q_0a^3l\sinh\frac{l}{2a} - \frac{1}{384}Hkl^4.$$

Hiermit ist die Lösung der Differentialgleichung bekannt, die Kraft H ist jedoch noch unbekannt. Wir bestimmen sie mit Hilfe der Bedingung (17.28), die wir in diesem Fall für die rechte Hälfte ausarbeiten. Es gilt somit:

$$\int_0^{l/2} w\,dx = 0 \qquad \text{(bei Vernachlässigung der Zusammendrückung).}$$

Setzt man die Lösung für w ein und berechnet dieses Integral, dann erhält man das folgende Ergebnis:

$$\frac{1}{1440}Hkl^5 = q_0a^5\sinh\frac{l}{2a} - \frac{1}{2}q_0a^4l\cosh\frac{l}{2a} + \frac{1}{12}q_0a^3l^2\sinh\frac{l}{2a} \qquad (17.39)$$

Wählt man z.B. $a = l/2$, d.h. die Belastung $q(x)$ nimmt von q_0 in der Mitte auf $1{,}54\,q_0$ bei den Einspannungen zu, dann erhält man:

$$Hk = 1{,}0734\,q_0$$

Wir arbeiten die Lösung noch für das Biegemoment aus und erhalten:

$$M = -EI \frac{d^2w}{dx^2} = -\frac{1}{4} q_0 l^2 \cosh 2\frac{x}{l} + \frac{1}{4} q_0 l^2 \sinh 1 +$$

$$+ 0,5367 q_0 x^2 - 0,0447 q_0 l^2 \qquad (17.40)$$

Der Verlauf dieses Momentes ist schematisch in Bild 17.7 dargestellt. Einzelne Werte sind:

für x = 0: $M = -0,0009 q_0 l^2$,

für x = l/4: $M = 0,0007 q_0 l^2$,

für x = l/2: $M = -0,0025 q_0 l^2$.

Der Abstand zwischen der Drucklinie und der Bogenachse ist e = M/H. Für die Mitte (x = 0) erhält man z.B. e = 0,0067 f.

Für einen Wert a = l/4, für den die Belastungsordinate an den Stellen der Einspannungen gleich 3,76 q_0 ist, erhält man:

$$Hk = 1,3194 q_0,$$

und das Biegemoment wird dann:

$$M = -EI \frac{d^2w}{dx^2} = -\frac{1}{16} q_0 l^2 \cosh 4\frac{x}{l} + 0,6597 q_0 x^2 +$$

$$+ \frac{1}{32} q_0 l^2 \sinh 2 - 0,0550 q_0 l^2 \qquad (17.41)$$

Einzelne Werte sind:

für x = 0: $M = -0,0041 q_0 l^2$,

für x = l/4: $M = 0,0032 q_0 l^2$,

für x = l/2: $M = -0,0118 q_0 l^2$,

17.5 Die vollständige Differentialgleichung

Wenn große Verschiebungen erwartet werden, die ihrerseits die Kräfteverteilung merklich beeinflussen können, muß man bei der Berechnung von der vollständigen Differentialgleichung (17.35) ausgehen. Eine besonders ungünstige Belastungsform ist die antimetrische Belastung, für die bei der Behandlung der elementaren Theorie bereits ein Beispiel gegeben wurde. Wir betrachten wieder einen parabelförmigen Bogen, der an beiden Enden gelenkig aufgelegt ist (Bild 17.9). Einfachheitshalber entscheiden wir uns für eine Belastung der Form:

$$p(x) = p_2 \sin \frac{2\pi x}{l} \tag{17.42}$$

Diese Belastung kann auch als der erste Term einer Fourierentwicklung für eine antimetrische Belastung angesehen werden, worauf bei der Behandlung eines Hängedaches näher eingegangen wurde.

Es wird angenommen, daß der Bogen vor dem Aufbringen dieser antimetrischen Belastung bereits eine Gleichlast q_0 trägt, wodurch im Bogen eine Kraft $H = q_0 l^2/8f$ vorhanden ist.

Bei der linearen Theorie zeigt sich aus Formel (17.8), daß sich diese Kraft beim Aufbringen der antimetrischen Belastung nicht verändert. Die Annahme, daß sich jetzt auch bei der nichtlinearen Theorie H nicht verändert, ist gerechtfertigt, da die Verschiebungen sehr klein sind, noch viel kleiner als im vergleichbaren Fall des Seiles, wo die Zunahme von H schon sehr gering war.

Die Differentialgleichung lautet jetzt:

$$EI \frac{d^4 w}{dx^4} + H \frac{d^2 z}{dx^2} + H \frac{d^2 w}{dx^2} = q_0 + p(x) \tag{17.43}$$

Da gilt:

$$H \frac{d^2 z}{dx^2} = q_0,$$

bleibt die folgende Differentialgleichung übrig:

$$EI \frac{d^4 w}{dx^4} + H \frac{d^2 w}{dx^2} = p(x) = p_2 \sin \frac{2\pi x}{l} \tag{17.44}$$

Die partikuläre Lösung, welche diese Gleichung sowie die Randbedingungen $w = 0$ und $d^2 w/dx^2 = 0$ für $x = 0$ und $x = l$ erfüllt, lautet:

$$w(x) = w_2 \sin \frac{2\pi x}{l} = \frac{1}{1 - Hl^2/4\pi^2\,EI} \frac{p_2 l^4}{16\pi^4\,EI} \sin \frac{2\pi x}{l} \tag{17.45}$$

Für das Biegemoment erhält man dann:

$$M(x) = M_2 \sin \frac{2\pi x}{l} = \frac{1}{1 - Hl^2/4\pi^2\,EI} \frac{p_2 l^2}{4\pi^2} \sin \frac{2\pi x}{l} \tag{17.46}$$

Vergleicht man diese beiden Ausdrücke mit denen für die Durchbiegung und das Biegemoment in einem Träger mit derselben Spannweite, dann zeigt sich, daß man die obigen Ausdrücke durch Multiplikation der Ausdrücke für den Träger mit dem folgenden Vergrößerungsfaktor erhalten kann:

$$\eta = \frac{1}{1 - Hl^2/4\pi^2\,EI} \qquad\qquad (17.47)$$

In Bild 17.8 ist dieser Vergrößerungsfaktor als Funktion der Kraft H dargestellt. Mit zunehmendem H nimmt der Wert für den Vergrößerungsfaktor η immer stärker zu, und wenn H sich dem Wert $\pi^2\,EI/(l/2)^2$ nähert, wird der Wert für η unendlich groß. Dieser Wert für H stellt die Knicklast des Bogens dar. Bei einer gegebenen antimetrischen Belastung p(x) wird sich bei zunehmendem H, d.h. bei einer zunehmenden Belastung q_0, der Bogen immer weiter in eine antimetrische Form ausbiegen.

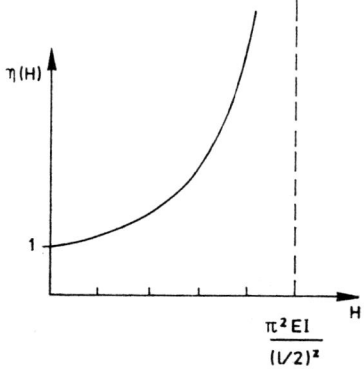

Bild 17.8. Vergrößerungsfaktor.

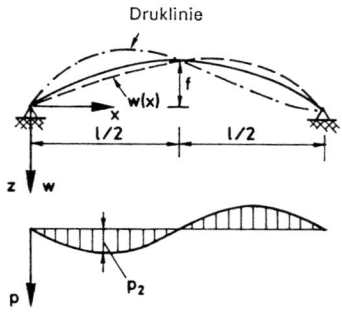

Bild 17.9. Antimetrische Belastung.

Die Unterschiede zwischen dem Tragverhalten von Seilkonstruktionen wie Hängedächer und Hängebrücken einerseits und Bögen andererseits kommen deutlich zum Vorschein.

Besonders bei der Hängebrücke war die Kraft H groß ($\gamma = Hl^2/\pi^2\,EI \gg 1$), so daß das Seil das steifste Element war und somit den größten Teil der antimetrischen Belastung aufnahm. Bei dem biegesteifen Bogen sieht die Sache ganz anders aus. Eine antimetrische Belastung wird durch Biegung aufgenommen, wobei es darüber hinaus einen Vergrößerungsfaktor gibt, der bei der elementaren Berechnung noch nicht vorkam. Die Druckkraft im Bogen führt bei einer Verschiebung w zu einer zusätzlichen Belastung und wirkt daher der Tragwirkung entgegen. Man kann sich in diesem Zusammenhang auch eine negative Federkonstante vorstellen.

Wir arbeiten (17.45) und (17.46) noch einmal aus.

Für $H = \frac{1}{6}\,\pi^2\,EI/(l/2)^2$ und $p_2 = q_0/\pi$ erhält man z.B.:

$$\eta = 1,2\,,$$
$$M_2 = 0,0097\,q_0 l^2\,,$$
$$w_2 = 0,0107\;f.$$

Für $f = 10$ m wird $w_2 = 0,107$ m!

Der Abstand zwischen der Drucklinie und der Bogenachse an der Stelle $x = l/4$ ist:

$$e = \frac{M_2}{H} = \frac{0{,}0097 \; q_0 l^2}{q_0 l^2} \; 8f = 0{,}0776 \; f = 0{,}776 \; \text{m}.$$

Die Ergebnisse sind in Bild 17.9 dargestellt (vergrößert in vertikaler Richtung).

Als nächstes *Beispiel* wollen wir noch den Bogen betrachten, der in der Mitte durch eine Einzellast 2P belastet wird (Bild 17.3). Mit $q = 0$ und $d^2z/dx^2 = k = 8f/l^2$ geht Gleichung (17.35) über in:

$$EI \frac{d^4w}{dx^4} + H \frac{d^2w}{dx^2} = -kH \tag{17.48}$$

Zweimaliges Integrieren dieser Gleichung führt zu:

$$EI \frac{d^2w}{dx^2} + Hw = -\frac{1}{2} kHx^2 + C_1 x + C_2 \tag{17.49}$$

Mit den Randbedingungen $w = 0$ und $d^2w/dx^2 = 0$ für $x = 0$ erhält man $C_2 = 0$. Die Übergangsbedingungen $dw/dx = 0$ und $-EI \, d^3w/dx^3 = D = P$ für $x = l/2$ führen zu $C_1 = -P + kHl/2$. Damit geht Gleichung (17.49) über in:

$$EI \frac{d^2w}{dx^2} + Hw = -\frac{1}{2} kHx^2 - Px + \frac{1}{2} kH \, lx \tag{17.50}$$

Tatsächlich steht hier:

$$M = -EI \frac{d^2w}{dx^2} = Px + H(z + w),$$

und eigentlich hätten wir auch diese Gleichung als Ausgangspunkt nehmen können. Bei anderen Randbedingungen in $x = 0$ ist dies jedoch nicht möglich. Mit $\alpha^2 = H/EI$ geht Gleichung (17.50) über in:

$$\frac{d^2w}{dx^2} + \alpha^2 w = -\alpha^2 \frac{P}{H} x + \frac{1}{2} \alpha^2 klx - \frac{1}{2} \alpha^2 kx^2, \tag{17.51}$$

wofür die Lösung lautet:

$$w = C_3 \cos \alpha x + C_4 \sin \alpha x - \frac{P}{H} x + \frac{1}{2} kx - \frac{1}{2} k \, lx^2 + \frac{k}{\alpha^2}, \tag{17.52}$$

wie sich durch Substitution zeigt.
Aus der Randbedingung $w = 0$ für $x = 0$ folgt $C_3 = -k/\alpha^2$, und aus der Übergangsbedingung $dw/dx = 0$ für $x = l/2$ folgt:

$$C_4 = \frac{1}{\cos \alpha l/2} \left(\frac{P}{\alpha H} - \frac{k}{\alpha^2} \sin \frac{\alpha l}{2} \right),$$

womit die Lösung bekannt ist. Weitere Ausarbeitung liefert z.B. für das Biegemoment:

$$M = EI\,k\,(1 - \cos\alpha x - \tg\frac{\alpha l}{2}\sin\alpha x) + \frac{Pl}{2}\frac{\sin\alpha x}{\alpha l/2\,\cos\alpha l/2} \tag{17.53}$$

Für den Grenzfall $\alpha x \to 0$ folgt hieraus:

$$M = \frac{1}{2}\,kH(x - lx) + Px = Hz + Px, \tag{17.54}$$

entsprechend der elementaren Theorie.

Unter der Belastung 2P erhält man z.B.:

$$M = EI\,k(1 - \frac{1}{\cos\alpha l/2}) + \frac{Pl}{2}\frac{\tg\alpha l/2}{\alpha l/2} \tag{17.55}$$

Für den Grenzfall $\alpha l/2 \to 0$ folgt jetzt:

$$M = -EI\,k\,\frac{(\alpha l)^2}{8} + \frac{Pl}{2} = -Hf + \frac{Pl}{2} \tag{17.56}$$

Für einen gewählten Wert $(\alpha l)^2 = 2$ folgt z.B.:

$$M = -1,261\,Hf + 1,208\,\frac{Pl}{2}, \tag{17.57}$$

woraus sich der nichtlineare Effekt zeigt. Die beiden Terme heben sich weitgehend gegeneinander auf.

17.6 Verschiedene Bogentypen

Bei Dächern, die als Bogen ausgeführt werden, greift die Belastung, die aus dem Gewicht entsteht, im allgemeinen direkt am Bogen an. Auch bei Wehren und Staudämmen in der Form von Bögen wird die Belastung direkt auf den Bogen ausgeübt. Bei Verkehrsbrücken ist dies hinsichtlich der Verkehrsbelastung nicht der Fall. Bei einer Brücke mit darunterliegende Fahrbahn (Bild 17.10) sind die Hauptträger der Fahrbahn mit Hängern am Bogen befestigt.

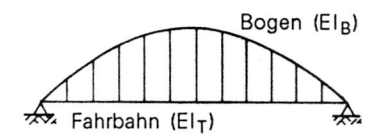

Bild 17.10.

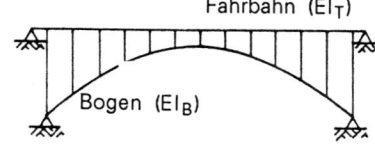

Bild 17.11.

Bei einer Brücke mit obenliegender Fahrbahn (BIld 17.11) liegen die Hauptträger der Fahrbahn auf Stützen oder Pfeilern auf, die auf dem Bogen angebracht sind. Laufen diese Hauptträger über den Stützpunkten durch, dann können sie bei ungünstiger Verkehrsbelastung eine beträchtliche Entlastung des Bogens bewirken. Nehmen wir an, daß Bogen und Hauptträger dieselbe Verschiebung erfahren, dann kann man im Belastungsanteil, der durch Biegung aufgenommen wird – Ausdruck (17.33) –, für die Biegesteifigkeit EI die Summe der Biegesteifigkeiten EI_B des Bogens und EI_T des Trägers einsetzen:

$$EI = EI_B + EI_T \qquad (17.58)$$

Dieses Zusammenwirken konnte erst mit Materialen wie bewehrtem Beton und Stahl realisiert werden. Bögen, die früher in Naturstein ausgeführt wurden, waren darum schwer und äußerlich massiv (Bild 17.12 und Abbildung 17.1).

Abbildung 17.1. Steinbrücke bei Stalden über die Visp (Schweiz, 19-tes Jahrhundert).

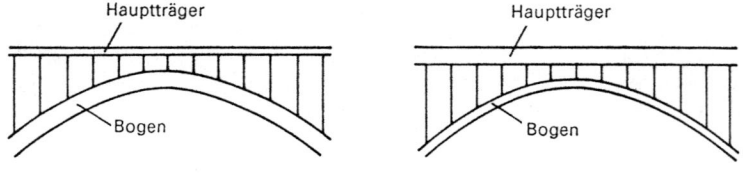

Bild 17.12.   *Bild 17.13.*

Auch für Bogenbrücken aus Stahlbeton galt dies anfänglich (Abbildung 17.2). Es war der schweizerische Ingenieur Maillart (1872-1940), der gegen großen Widerstand leichtere, schlankere Bögen entwickelt hat (Bild 17.13). Man fand seine Brücken anfangs häßlich, und sie wurden nur in abgelegenen Flußtälern toleriert[*]. Abbildung 17.3 zeigt hierfür ein Beispiel. Abbildung 17.4 zeigt eine ähnliche Brücke neueren Datums. Bei diesen Brücken wird eine Verminderung der Biegesteifigkeit des Bogens durch eine Vergrößerung der Biegesteifigkeit der Hauptträger der Fahrbahn ausgeglichen.

---

[*] S. Giedion: "Space, time and architecture"

Abbildung 17.2. Stahlbetonbrücke über die Isar bei Grünwald, 1905 (Mörsch).

Abbildung 17.3. Stahlbetonbrücke über den Valtschielbach, 1925 (Maillart).

Das Biegemoment, z.B. infolge einer einseitigen Belastung, ist jetzt proportional zu den jeweiligen Biegesteifigkeiten auf die Hauptträger und den Bogen verteilt. Eine große Biegesteifigkeit der Hauptträger gegenüber dem Bogens bedeutet also, daß die Hauptträger dieses Moment an sich ziehen, d.h. den größten Teil davon aufnehmen. Der Bogen wird also entlastet, und es treten nur kleine Biegemomente auf. Man könnte in diesem Zusammenhang von einer Aufgabenverteilung sprechen:
Die Gleichlast wird durch den Bogen aufgenommen, der dadurch nahezu ausschließlich auf Druck beansprucht wird.
Davon abweichende Belastungen, vorwiegend ungünstige Verkehrsbelastungen, werden überwiegend durch die Hauptträger übernommen.

Abbildung 17.4. Stahlbetonbrücke über den Averserrhein bei Cröt, 1960 (Menn).

Das System ist darüber hinaus interessant hinsichtlich der Bauweise. Für eine Bogen-konstruktion aus Stahlbeton war früher im Bauzustand eine große Unterstützungs-konstruktion, ein Baugerüst, erforderlich. Für diese ranken Bögen kann die Unterstützungskonstruktion bedeutend leichter sein, wobei der Bogen seinerseits nach Fertigstellung als Unterstützungskonstruktion zur Herstellung der Hauptträger dienen kann[†].

In niederländischen Gebieten kann die erforderliche Reaktionskraft H meistens nicht durch die Gründung geliefert werden. Man kommt dann zu Systemen mit einem Zugband, siehe Bild 17.5. Bei einer Brücke kann dieses Zugband in der Fahrbahn angebracht werden. Man kann auch den Hauptträgern diese Funktion zuteilen (Bild 17.14).

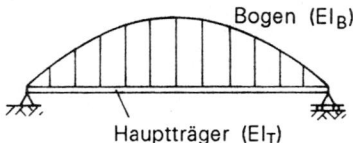

Bild 17.14.

Von diesem Brückentyp wurden in den dreißiger Jahren in den Niederlanden viele Brücken gebaut, sowohl in Stahl als auch in Beton.

[†] D.P. Billington, "The deck-stiffened arch bridges of Robert Maillart" in "the Background Papers" from the second national conference on Civil Engineering, "History, Heritage and the Humanities", Princeton University 1972.
C. Menn in "the Maillart Papers" from the second national conference on Civil Engineering, "History, Heritage and the Humanities", Princeton University 1972.
Eine interessante Studie auf diesem Gebiet (woraus auch die Abbildungen 17.1 bis 17.4 entnommen wurden) ist:
D.P. Billington,"Robert Maillart's Bridges, the art of engineering", Princeton University Press, Princeton 1979.

Nimmt man an, daß Bogen und Hauptträger dieselben Verschiebungen erfahren, dann haben diese Verschiebungen keinen Einfluß auf den Belastungsanteil der Kraft H. Die Verminderung der Tragkraft des Bogens infolge der Verschiebungen w wird gerade durch eine Zunahme dieser Tragkraft bei den Hauptträgern, die ja auf Zug beansprucht werden, ausgeglichen. Gleichung (17.36) kann also als Ausgangspunkt für die Berechnung dienen. Eine Gleichlast wird bei einem parabelförmigen Bogen wieder durch den Bogen aufgenommen werden. Eine zusätzliche Belastung von anderer Form, besonders eine antimetrische Belastung, wird durch Bogen und Träger zusammen aufgenommen, wobei kein Vergrößerungsfaktor vorhanden ist.

18
Kreisförmige Ringe und ähnliche zylindrische Konstruktionen (Rohre, Tunnels, Tanks, Reservoire etc.)

18.1 Einleitung

In diesem Kapitel werden dünnwandige Ringe behandelt, die auf Dehnung und Biegung beansprucht werden. Dünnwandig bedeutet in diesem Zusammenhang, daß die Dicke t klein gegenüber dem Radius a ist: $t \ll a$.

Ein wichtiges Anwendungsgebiet dieser Theorie sind zylindrische Konstruktionen, wie z.B Rohre, Tunnels, Reservoire, Tanks usw. Zur Berechnung wird ein ringförmiges Segment aus diesen Konstruktionen herausgeschnitten.

Es gibt Ähnlichkeiten mit der Theorie für Seile und Bögen. Ein Unterschied ist jedoch der größere Bereich des Öffnungswinkels, so daß sich hier eine Behandlung mit Hilfe von Polarkoordinaten anbietet.

Bei der Bestimmung der Kräfteverteilung und der Verformungen trifft man auf die beiden Kernaussagen der Schalentheorie, so daß dieses Kapitel auch als erster Schritt in Richtung der Schalentheorie angesehen werden kann.

Grundfall

In der Einleitung wollen wir den Grundfall des Ringes behandeln, der durch eine gleichmäßig verteilte, nach außen gerichtete, radiale Belastung q_0 (Bild 18.1) belastet ist. Dieser Fall tritt z.B. bei einem Rohr auf, das unter Überdruck steht, oder bei einem Reservoir, das mit Flüssigkeit gefüllt ist. Die Belastung ist eine sogenannte Gleichgewichtsbelastung, d.h. es gibt keine resultierende Kraft. Die Konstruktion und die Belastung sind axialsymmetrisch, so daß auch eine axialsymmetrische Kräfteverteilung vorhanden ist.

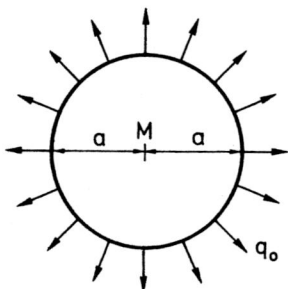

Bild 18.1.

Diese kann auf einfache Weise durch Anbringen eines Schnittes längs einer Mittellinie (= eine Gerade durch den Mittelpunkt des Ringes) berechnet werden (siehe Bild 18.2a). Die obere Hälfte des Ringes kann durch eine konstant verteilte, nach unten gerichtete Belastung q_0, die entlang dieser Mittellinie wirkt, im Gleichgewicht gehalten werden. Diese Belastung ist äquivalent mit zwei Normalkräften in den beiden Querschnitten, von denen jede die Hälfte übernimmt (Bild 18.2b). Es gilt also:

$$N = q_0 a \tag{18.1}$$

Diese Formel wird auch Kesselformel genannt, da das Berechnen der Spannungen in der Wand eines Dampfkessels ein wichtiges Anwendungsgebiet war.

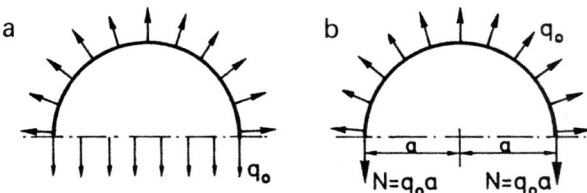

Bild 18.2.

Die Formänderungen und Verformungen kann man ebenso einfach berechnen. Wenn die Querschnittsfläche des Ringes mit A bezeichnet wird, lautet die Normalspannung:

$$\sigma = \frac{N}{A} = \frac{q_0 a}{A} \tag{18.2}$$

Die hierdurch verursachte Dehnung in tangentialer Richtung lautet:

$$\varepsilon = \frac{\sigma}{E} = \frac{N}{EA} = \frac{q_0 a}{EA} \tag{18.3}$$

Durch diese Dehnung wird der Umfang des Ringes größer, und die Querschnitte des Ringes erhalten eine radiale Verschiebung w nach außen. Der Umfang nimmt von $2\pi a$ auf $2\pi(a + w)$ zu, und für die Dehnung ε gilt somit:

$$\varepsilon = \frac{2\pi(a + w) - 2\pi a}{2\pi a} = \frac{w}{a} \tag{18.4}$$

Damit ist die folgende Spannung verbunden:

$$\sigma = E\varepsilon = E\frac{w}{a} \tag{18.5}$$

Setzt man die beiden Ausdrücke für ε gleich, so erhält man das folgende Ergebnis für die radiale Verschiebung:

$$w = \frac{q_0 a^2}{EA} \tag{18.6}$$

Das Problem scheint hiermit gelöst zu sein, aber es ist dennoch nötig, die Formänderung näher zu betrachten (Bild 18.3a). Dabei zeigt sich, daß bei einer radialen Verschiebung w die Faser an der Innenseite eine größere Dehnung als die Faser an der Außenseite erhält. Es gilt:

An der Innenseite: Radius $a - \frac{1}{2}t \rightarrow \varepsilon = \frac{w}{a - t/2} = \frac{w}{a}(1 + \frac{t}{2a} + ...)$

An der Außenseite: Radius $a + \frac{1}{2}t \rightarrow \varepsilon = \frac{w}{a + t/2} = \frac{w}{a}(1 - \frac{t}{2a} + ...)$

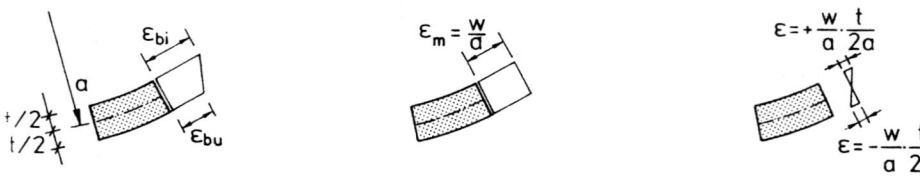

Bild 18.3.

Aufgrund der Annahme $t/a \ll 1$ dürfen die Reihen nach dem zweiten Glied abgebrochen werden, woraus in diesem Fall folgt, daß die Dehnung über den Querschnitt näherungsweise linear verläuft. Obwohl die Querschnitte nicht rotieren ($\varphi = 0$) und daher nicht von Biegung gesprochen werden kann, ist außer einer mittleren Dehnung $\varepsilon_m = w/a$ (Bild 18.3b) auch ein Dehnungsgradient vorhanden (Bild 18.3c):

$$\frac{d\varepsilon}{dz} = \frac{\varepsilon_{außen} - \varepsilon_{innen}}{t} = -\frac{w}{a^2} = -\frac{1}{a}\varepsilon_m \qquad (18.7)$$

Hiermit ist ein sekundäres Moment verbunden:

$$M = EI\frac{d\varepsilon}{dz} = -EI\frac{w}{a^2} = -EI\frac{1}{a}\varepsilon_m \qquad (18.8)$$

Setzt man in Formel (18.8) Ausdruck (18.6) für die Verschiebung w bzw. Ausdruck (18.3) für die Dehnung ε ein, dann erhält man:

$$M = -\frac{EI}{EA}q_0 \qquad (18.9)$$

Die Struktur dieser Formel trafen wir bereits zuvor an, z.B. bei einem Seil, das eine gewisse Biegesteifigkeit besitzt (Kapitel 13).

Es handelt sich daher auch um ein ähnliches Problem. In beiden Fällen ist das Moment eine Folge einer Verschiebung, die durch eine andere Erscheinung (Seilwirkung, Dehnung des Stabes) bestimmt wird.

Für die Extremwerte der sekundären Spannungen gilt:

$$\sigma_b = \pm\frac{t}{2a}E\varepsilon_m = \pm\frac{t}{2a}\sigma_m \qquad (18.10)$$

Bei dünnwandigen Ringen oder Rohren mit t ≪ a sind diese sekundären Spannungen klein gegenüber der mittleren Spannung $\sigma_m = E\,\varepsilon_m$. Im hier betrachteten Belastungsfall kann dann auch das Moment vernachlässigt werden.

Im allgemeinen werden die Biegemomente jedoch eine wichtige Rolle in der Kräfteverteilung spielen.

Zur Bestimmung der Kräfteverteilung bei komplizierteren Belastungsfällen werden wieder die erforderlichen Differentialgleichungen aufgestellt.

18.2 Gleichgewichtsgleichungen für die Schnittkräfte bei radialer Belastung

In Bild 18.4 ist ein Teil eines Ringes dargestellt, der durch eine verteilte Belastung $q(\theta)$ senkrecht zur Stabachse (nach außen positiv wirkend) belastet wird. Wir beschränken uns vorerst auf diese radiale Belastung und werden später einen allgemeineren Belastungsfall betrachten. Als Koordinaten werden sowohl die Bogenlänge s als auch der Winkel θ verwendet.

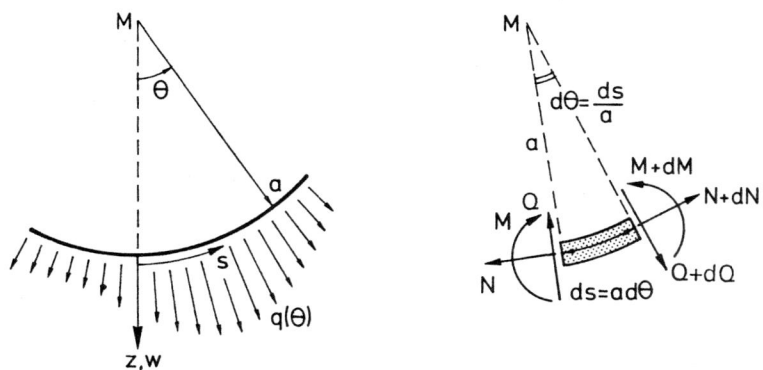

Bild 18.4.   Bild 18.5

Wir betrachten jetzt ein aus dem Stab herausgeschnittenes Element mit der Bogenlänge ds und einem Öffnungswinkel $d\theta$ (Bild 18.5) und der darauf wirkenden Belastung $q(\theta)$ sowie den Schnittkräften. Außer einer Querkraft Q und einem Biegemoment M wirkt auch eine Normalkraft N. Es können jetzt drei Gleichgewichtsgleichungen aufgestellt werden, nämlich für das Kräftegleichgewicht in tangentialer und radialer Richtung und für das Momentengleichgewicht. Dabei muß darauf geachtet werden, daß die beiden Querkräfte Q einen kleinen Winkel $d\theta = ds/a$ miteinander einschließen, so daß eine tangentiale Kraft $Q\,d\theta$ resultiert, wie sich aus dem Kräftedreieck in Bild 18.6 zeigt. Auch die beiden Normalkräfte schließen einen Winkel $d\theta$ ein, so daß diese Normalkräfte eine Resultierende in radialer Richtung von der Größe $-N\,d\theta$ (nach innen gerichtet) haben. Dazu betrachte man das Kräftedreieck aus Bild 18.7.

Die Gleichgewichtsgleichung in tangentialer Richtung lautet jetzt:

Bild 18.6   *Bild 18.7*

$$Q d\theta + dN = 0 \qquad \text{oder:} \quad Q + \frac{dN}{d\theta} = 0 \qquad\qquad (18.11)$$

Die Gleichgewichtsgleichung in radialer Richtung lautet:

$$dQ - N d\theta + q ds = 0 \qquad \text{oder:} \quad \frac{dQ}{d\theta} - N + qa = 0 \qquad\qquad (18.12)$$

Für das Momentengleichgewicht gilt:

$$dM - Q ds = 0 \qquad \text{oder:} \quad \frac{dM}{d\theta} - Qa = 0 \qquad\qquad (18.13)$$

Wir erkennen, daß die Gleichungen (18.11) und (18.12) für das Kräftegleichgewicht gekoppelte Gleichungen sind: In der Gleichung für das tangentiale Gleichgewicht kommt ebenfalls die Querkraft vor, und in der Gleichung für das radiale Gleichgewicht kommt die Normalkraft vor. Dies ist charakteristisch für jedes gekrümmte Element. Bei der Schalentheorie wird man hiermit direkt konfrontiert, aber auch bei der Beschreibung eines ebenen Spannungszustandes, mit Hilfe von Polarkoordinaten, erhält man diese Erschwernis.

Die Querkraft kann sowohl direkt in der Normalkraft als auch im Biegemoment ausgedrückt werden:

$$Q = -\frac{dN}{d\theta} = \frac{dM}{a d\theta} \qquad\qquad (18.14)$$

Die Beziehung zwischen der Normalkraft N und dem Biegemoment M schreiben wir folgendermaßen:

$$\frac{dM}{a d\theta} + \frac{dN}{d\theta} = 0, \qquad\qquad (18.15a)$$

woraus folgt:

$$M + aN = C \qquad\qquad (18.15b)$$

mit C als Integrationskonstante.

Eliminiert man Q aus den Gleichungen (18.12) und (18.13), dann erhält man eine zweite Beziehung zwischen N und M:

$$-\frac{1}{a^2}\frac{d^2M}{d\theta^2} + \frac{1}{a}N = q \qquad (18.16)$$

Dieses System simultaner Gleichungen kann an die Stelle der Gleichungen (18.11) bis (18.13) treten. Gleichung (18.15) beschreibt das Momentengleichgewicht um den Mittelpunkt des Ringes. Die radiale Belastung und die Querkraft liefern dabei kein Moment, und die Summe von M und a N ist daher konstant.

Interessant ist auch Gleichung (18.16), da sie die Tragwirkung zum Ausdruck bringt. Der erste Term ist der Belastungsanteil der Biegung, bekannt vom geraden Träger. Der zweite Term ist der Belastungsanteil, der durch die Normalkraft aufgenommen wird. Mit 1/a als der Krümmung des Stabes erkennt man sofort die Übereinstimmung mit dem Term $H\,d^2w/dx^2$ bei Seilen und Bögen. Der Unterschied ist jedoch, daß jetzt die Krümmung 1/a gegeben ist und die Kraft N unbekannt ist.

Man kann noch einen Schritt weitergehen und aus den Gleichungen (18.15a) und (18.16) das Biegemoment sowie aus den Gleichungen (18.15b) und (18.16) die Normalkraft eliminieren. Dies führt zu:

$$\frac{d^2N}{d\theta^2} + N = qa \qquad (18.17)$$

$$\frac{d^2M}{d\theta^2} + M = -qa^2 + C \qquad (18.18)$$

Auf Gleichung (18.18) kommen wir später zurück. Ausgangspunkt zur weiteren Analyse ist vorerst Gleichung (18.17), die man leicht lösen kann.

18.3 Berechnung der Schnittkräfte mit Hilfe von Fourierreihen

Der periodische Charakter der Belastung q, die als Funktion des Winkels θ dargestellt ist, bietet sich geradezu dazu an, in eine Fourierreihe entwickelt zu werden. Da oft eine Symmetrieachse vorhanden ist, genügt die Darstellung in einer Cosinusreihe:

$$q(\theta) = \sum_{n=0}^{\infty} q_n \cos n\theta \qquad (18.19)$$

Für einige Werte von n sind die Belastungsterme in Bild 18.8 dargestellt.

Hierbei fällt gleich auf, daß, mit Ausnahme des Falles für n = 1, diese Belastungen Gleichgewichtssysteme bilden, für die keine Reaktionskräfte erforderlich sind. Im Fall n = 1 muß der Ring aufgelegt werden, so daß die Reaktionskräfte in den Auflagern ein Gleichgewicht mit der Belastung bilden können. Wir berücksichtigen diesen Fall vorerst nicht.

Für n = 0 ist die Belastung gleichmäßig verteilt. Dieser Fall wurde bereits in der Einleitung besprochen. Die Kräfteverteilung muß axialsymmetrisch sein, woraus folgt, daß die Normalkraft konstant ist. Die Ableitung der Normalkraft ist dann gleich Null, und aus Gleichung (18.17) folgt sofort: $N = qa$, während aus Gleichung (18.11) oder (18.14) folgt: $Q = 0$.

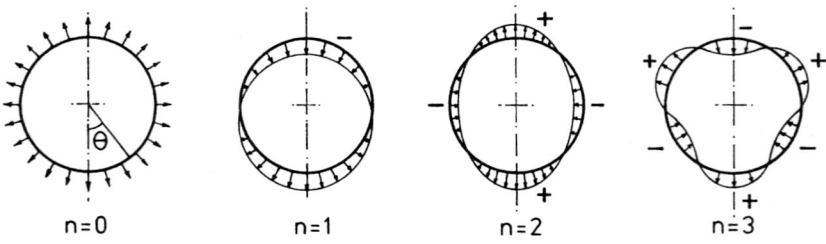

$$n=0 \qquad n=1 \qquad n=2 \qquad n=3$$

Bild 18.8. Harmonische Belastungen $q(\theta) = q_n \cos n\theta$ für $n = 0, 1, 2$ und 3.

Im folgenden geben wir die Lösung für den allgemeinen Term der Belastungsreihe, für $n \geq 2$, an. Gleichung (18.17) lautet dann:

$$\frac{d^2N}{d\theta^2} + N = q_n a \cos n\theta \tag{18.20}$$

Die Lösung der reduzierten Gleichung ist:

$$N = C_1 \cos \theta + C_2 \sin \theta \tag{18.21}$$

mit C_1 und C_2 als Integrationskonstanten.
Zum Finden einer partikulären Lösung bietet es sich an, eine Lösung der Form

$$N = N_n \cos n\theta \tag{18.22}$$

zu wählen.
Substitution dieses Ausdruckes in Gleichung (18.20) führt zu:

$$-n^2 N_n \cos n\theta + N_n \cos n\theta = q_n a \cos n\theta,$$

woraus folgt:

$$N_n = \frac{1}{1-n^2}\, q_n a \tag{18.23}$$

Die vollständige Lösung lautet jetzt:

$$N = C_1 \cos \theta + C_2 \sin \theta + \frac{1}{1-n^2}\, q_n a \cos n\theta \tag{18.24}$$

Da die Belastung mindestens zwei Symmetrieachsen besitzt, muß auch die Normalkraft N diese besitzen. Die beiden ersten Terme der Lösung genügen diesen Symmetrieanforderungen nicht. Sie besitzen nur eine Symmetrieachse. Hieraus folgt für die Integrationskonstanten: $C_1 = 0$ und $C_2 = 0$. Diese Symmetriebedingungen kann man auch als Übergangsbedingungen betrachten. Das Ergebnis lautet:

$$N = \frac{-1}{n^2 - 1} q_n a \cos n\theta \tag{18.25}$$

Die Normalkraft verläuft gleichförmig mit der Belastung.
Aus Gleichung (18.14) erhält man für die Querkraft:

$$Q = \frac{-n}{n^2 - 1} q_n a \sin n\theta, \tag{18.26}$$

während aus Gleichung (18.14) sowie (18.15) für das Moment folgt:

$$M = \frac{1}{n^2 - 1} q_n a^2 \cos n\theta + C_3 \tag{18.27}$$

Außer den Achsen, zu denen der Belastungsverlauf co-symmetrisch ist, gibt es auch ebensoviele Achsen, zu denen dieser Verlauf contra-symmetrisch (= antimetrisch) ist. Dies bedeutet, daß Größen wie N und M bezüglich diese Achsen auch einen contra-symmetrischen Verlauf aufweisen. Mit einer Konstante kann diesen Forderungen nicht entsprochen werden, so daß hieraus $C_3 = 0$ folgt. Der Ausdruck für das Moment lautet somit:

$$M = \frac{1}{n^2 - 1} q_n a^2 \cos n\theta \tag{18.28}$$

Allgemein gilt jetzt für $n \geq 2$:

$$M = -aN \tag{18.29}$$

Wir beziehen die erhaltenen Ergebnisse noch auf den Fall $n = 2$ (Bild 18.9) und finden dafür:

$$N = -\frac{1}{3} q_2 a \cos 2\theta, \quad Q = -\frac{2}{3} q_2 a \sin 2\theta, \quad M = \frac{1}{3} q_2 a^2 \cos 2\theta$$

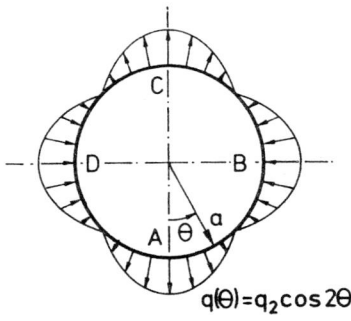

$$q(\theta) = q_2 \cos 2\theta$$

Bild 18.9.

Man achte darauf, daß unter der nach außen gerichteten Belastung im Punkt A, keine Zugkraft, sondern eine Druckkraft von $-\frac{1}{3}\,q_2 a$ vorhanden ist. Diese entsteht, da die nach innen gerichteten Belastungen auf den linken und den rechten Quadranten mit den Druckkräften in A und C im Gleichgewicht stehen. Ebenso ist unter den nach innen gerichteten Belastungen in B und D eine Zugkraft von $\frac{1}{3}\,q_2 a$ vorhanden.

Das Moment in den Punkten A und C ist positiv, wodurch der Ring dort stärker gekrümmt wird; in den Punkten B und D ist das Moment negativ, wodurch der Ring dort flacher wird.

Die Verformungsfigur werden wir später bestimmen, aber man kann sich auch jetzt schon eine Vorstellung davon machen. Mit der berechneten Normalkraft N und dem Biegemoment M können die Anteile der Belastung, die durch Normalkräfte aufgenommen werden, und der Anteil, der durch Biegung aufgenommen wird, bestimmt werden (Gleichung 18.16). Der Belastungsanteil der Biegung ist sogar größer als die örtliche Belastung. Der Belastungsanteil der Normalkräfte ist negativ!

Um eine Vorstellung von den auftretenden Spannungen zu erhalten, nehmen wir an, daß der Ring einen rechteckigen Querschnitt mit einer Breite b (senkrecht zur Zeichenebene) und einer Dicke t hat. Für Punkt A erhält man dann z.B.:

$$\sigma_m = \frac{N}{bt} = -\frac{1}{3}\,\frac{q_2 a}{bt}$$

$$\sigma_b = \pm\,\frac{M}{1/6\,bt^2} = \pm\frac{1}{3}\,\frac{q_2 a}{bt}\,6\,\frac{a}{t}$$

Wir erkennen aus diesen Ergebnissen, daß die extremen Biegespannungen um einen Faktor 6a/t größer als die mittlere Normalspannung sind. Bei dünnwandigen Ringen und Rohren, mit $a/t \gg 1$, sind die extremen Biegespannungen also um eine Größenordnung größer als die mittlere Normalspannung. Verglichen mit dem Ring oder Rohr unter konstanter Belastung, ist das Verhältnis dieser beiden Größen jetzt umgekehrt.

Die rundum gleichmäßig verteilte Belastung ist ein Grenzfall, der jedoch oft vorkommt, wie z.B. bei einem inneren Überdruck in Rohren, einem Flüssigkeitsdruck in Reservoiren usw. Man muß jedoch darauf achten, daß kleine Variationen bei einer auf den ersten Blick gleichmäßig verteilt erscheinenden Belastung zu beträchtlichen Biegespannungen führen können.

Mit den bisher erhaltenen Ergebnissen kann man z.B. das *folgende Problem* lösen. In einen Graben im Boden wird ein Rohr gelegt, und danach wird der Graben wieder zugeschüttet. Die Belastung auf das Rohr wird die in Bild 18.10 dargestellte Form haben. Der Druck auf das Rohr wird an der Unter- und Oberseite größer als an den Seiten sein. Eine vernünftige Annahme hierfür ist: $q(\theta) = -q_0 - q_2 \cos 2\theta$.

Die einzelnen Lösungen dieser Belastungsterme sind bekannt, so daß man die gesamte Lösung durch Superposition dieser einzelnen Lösungen erhält. Die Größen q_0 und q_2 hängen von der Tiefe und Breite des Grabens, vom spezifischen Gewicht, vom

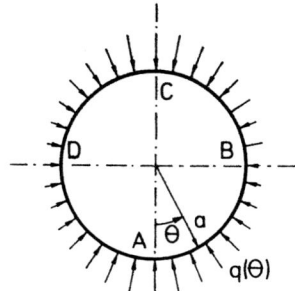

Bild 18.10.

inneren Reibungswinkel des Bodens usw. ab.
Nimmt man an, daß $q_2 = \frac{1}{3} q_0$ ist, dann ist der Druck in B und D gleich der Hälfte des Druckes in A und C. Für die Schnittkräfte erhält man:

$$N = -q_0 a (1 - \frac{1}{9} \cos 2\theta), \quad M = -\frac{1}{9} q_0 a^2 \cos 2\theta$$

Dies führt zu den folgenden Normalkräften und Biegemomenten:

in A und C: $\quad N = -\frac{8}{9} q_0 a, \quad M = -\frac{1}{9} q_0 a^2$

in B und D: $\quad N = -\frac{10}{9} q_0 a, \quad M = +\frac{1}{9} q_0 a^2$

Wir geben noch die Spannungen in A und C an:

$$\sigma_m = \frac{N}{bt} = -\frac{8}{9} \frac{q_0 a}{bt}, \quad \sigma_b = \pm \frac{M}{1/6 \ bt^2} = \mp \frac{6}{9} \frac{q_0 a}{bt} \frac{a}{t}$$

In diesem Fall ist der Belastungsanteil, der nach Gleichung (18.16) durch Normalkräfte aufgenommen wird, größer als der Belastungsanteil, der durch Biegung aufgenommen wird. Dies wird dadurch verursacht, daß die mittlere Belastung q_0 gleich dreimal so groß wie die Amplitude q_2 des variierenden Belastunganteiles ist. Trotzdem sind bei einem dünnwandigen Rohr mit $a/t \gg 1$ auch in diesem Fall die extremen Biegespannungen um eine Größenordnung größer als die mittleren Normalspannungen.
Wir führen noch zwei Beispiele an, bei denen sich die Vorteile der Fourieranalyse zeigen.

Zuerst das Problem eines Ringes, der durch *zwei diametral gegenüberliegende, entgegengesetzt gerichtete Kräfte P* belastet wird (Bild 18.11). Die Reihenentwicklung für diese Belastung lautet:

$$p(\theta) = \frac{P}{\pi a} + \frac{2P}{\pi a} (\cos 2\theta + \cos 4\theta + ...) \qquad (18.30)$$

Der erste Term dieser Reihenentwicklung ist die mittlere Belastung entlang des

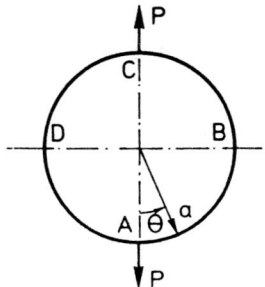

Bild 18.11.

Umfanges. Die Kräfteverteilung für diesen Belastungsfall wurde bereits in der Einleitung behandelt. Mit $q_0 = P/\pi a$ gilt nach Formel (18.1) bzw. Formel (18.6):

$$N = \frac{P}{\pi} \tag{18.31}$$

und

$$w = \frac{Pa}{\pi EA} \tag{18.32}$$

Für den zweiten Term aus Gleichung (18.30) sind die Lösungen ebenfalls bekannt. Sie folgen aus (18.25), (18.26) und (18.28) für n = 2,4,6,... usw.. So erhält man mit $q_n = 2P/\pi a$ für das Biegemoment:

$$M = \frac{2}{\pi} Pa \left(\frac{1}{3} \cos 2\theta + \frac{1}{15} \cos 4\theta + \frac{1}{35} \cos 6\theta + ... \right) \tag{18.33}$$

Mit diesen drei Gliedern resultiert an der Stelle der horizontalen Mittellinie:

$$M_{(\theta = \pi/2)} = -0{,}188 \, Pa \quad (\text{exakt} -0{,}182 \, Pa)$$

und am Angriffspunkt der untersten Kraft:

$$M_{(\theta = 0)} = 0{,}273 \, Pa \quad (\text{exakt} \, 0{,}315 \, Pa)$$

Das erste Ergebnis ist bereits eine sehr gute Näherung, da das Moment hier stetig verläuft. An den Angriffspunkten der Einzellasten, wo das Moment einen Spitzenwert aufweist, müssen für ein vetretbares Ergebnis mehr Glieder in die Berechnung einbezogen werden.

Mit dem Ergebnis für das Biegemoment ist auch gleich die Normalkraft bekannt. Mit Formel (18.29) und der einzelnen Lösung (18.31) folgt:

$$N = -\frac{1}{a} M + \frac{P}{\pi} \tag{18.34}$$

Wir weisen nochmals darauf hin, daß die Kräfteverteilung ohne Hilfe von Formänderungsgleichungen oder andere Bedingungen, die sich auf die Verformungskomponenten beziehen, bestimmt wurde, obwohl das System dreifach statisch unbestimmt ist.

Als nächstes Beispiel behandeln wir den *Belastungsfall* $q(\theta) = q_1 \cos \theta$. Diesen Belastungsfall (siehe Bild 18.12a) haben wir bisher außer Betracht gelassen, obwohl er ein wichtiger Belastungsfall ist. Ein Beispiel dafür ist das horizontale Rohr, das mit einer Flüssigkeit gefüllt ist. Die Druckverteilung auf die Rohrwand (siehe Bild 18.12b) kann wie folgt beschrieben werden:

$$p(\theta) = p_0 + \gamma a \cos \theta \qquad (18.35)$$

Hierbei ist p_0 der Druck an der Stelle der horizontalen Mittellinie und γ das spezifische Gewicht der Flüssigkeit.

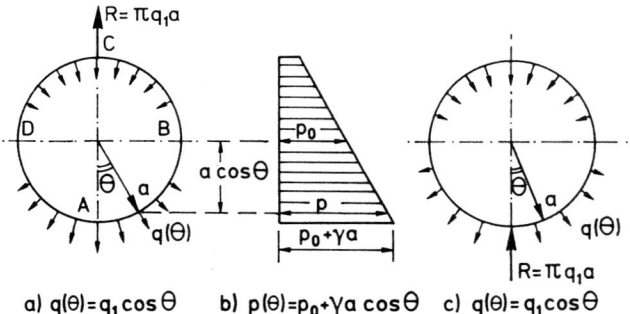

a) $q(\theta) = q_1 \cos \theta$ b) $p(\theta) = p_0 + \gamma a \cos \theta$ c) $q(\theta) = q_1 \cos \theta$

Bild 18.12.

Der zweite Term ist eine Cosinusbelastung mit $n = 1$. Schneidet man aus dem Rohr einen Ring (Segment) der Breite b heraus, dann ist die Belastung gleich $\gamma a b \cos \theta$, und es gilt somit: $q_1 = \gamma a b$.

Die Wirkung des konstanten Druckes q_0 wurde schon in der Einleitung beschrieben und wird im folgenden nicht berücksichtigt.

Wie bereits erwähnt, bildet die verteilte Belastung $q_1 \cos \theta$ kein Gleichgewichtssystem. Der Ring muß also auf irgendeine Weise unterstützt werden. Vorerst nehmen wir an, daß der Ring im Punkt C an der Oberseite aufgehängt wird (Bild 18.12a). Die hier auftretende Reaktion R ist gleich $\pi q_1 a$.

Wir betrachten jetzt bei der Fourieranalyse die gesamte Belastung einschließlich der Reaktionskräfte. Für die Reaktionskraft R lautet die Reihenentwicklung:

$$p(\theta) = \frac{R}{2\pi a} + \frac{R}{\pi a}(-\cos \theta + \cos 2\theta - \cos 3\theta + \cos 4\theta \ ...) \qquad (18.36)$$

Der Leser kann sich leicht eine Vorstellung von diesen divergenten Reihen machen. Mit $R = \pi q_1 a$ gilt jetzt für die gesamte Belastung:

$$p(\theta) + q(\theta) = \frac{1}{2} q_1 + q_1 (\cos 2\theta - \cos 3\theta + \cos 4\theta \ ...) \tag{18.37}$$

Der erste Term auf der rechten Seite ist die konstante mittlere Belastung, die zu einer Normalkraft führt:

$$N = \frac{1}{2} q_1 a \tag{18.38}$$

und eine radiale Verschiebung:

$$w = \frac{q_1 a^2}{2EA} \tag{18.39}$$

In der harmonischen Belastungsreihe ist das erste Glied (n = 1), bei dem sich zuvor zeigte, daß die Fourieranalyse keine Lösung hat, jetzt weggefallen.
Für das Biegemoment erhält man (Formel 18.28):

$$M = q_1 a^2 (\frac{1}{3} \cos 2\theta - \frac{1}{8} \cos 3\theta + \frac{1}{15} \cos 4\theta - \frac{1}{24} \cos 5\theta \ ...) \tag{18.40}$$

Mit diesen vier Termen erhält man u.a. die folgenden speziellen Werte:

für $\theta = 0$: $M = 0{,}233 \ q_1 a^2$ (exakt $0{,}25 \ q_1 a^2$)
für $\theta = \pi$: $M = 0{,}57 \ q_1 a^2$ (exakt $0{,}75 \ q_1 a^2$).

Die Näherung für $\theta = 0$ ist bereits gut. Dies kann man nicht von den Werten für M bei $\theta = \pi$ behaupten. Die Reihe konvergiert hier verständlicherweise nicht so schnell, und es müssen mehr Glieder aufgenommen werden.
Für die Normalkraft folgt:

$$N = -\frac{1}{a} M + \frac{1}{2} q_1 a \tag{18.41}$$

Der hier betrachtete Ring kann anstatt an der Oberseite aufgehängt zu werden, auch an der Unterseite unterstützt werden, wie in Bild 18.12c dargestellt ist. Die hierbei auftretende Kräfteverteilung kann auf unterschiedlichen Wegen bestimmt werden.
Superponiert man z.B. den soeben behandelten Belastungsfall aus Bild 18.12a mit dem davor besprochenen Belastungsfall aus Bild 18.11, mit $P = -R = -\pi \ q_1 \ a$, dann erhält man den Belastungsfall aus Bild 18.12c. So kann man z.B. für das Moment M auf einfache Weise ableiten:

$$M = -q_1 a^2 (\frac{1}{3} \cos 2\theta + \frac{1}{8} \cos 3\theta + \frac{1}{15} \cos 4\theta + \frac{1}{24} \cos 5\theta \ ...) \tag{18.42}$$

In Abschnitt 18.6 wird noch ein anderes Verfahren besprochen.

18.4 Kinematische und konstitutive Gleichungen, mögliche Verformungszustände

Kinematische Gleichungen

Wir gehen beim Aufstellen dieser Gleichungen von der Annahme aus, daß ebene Querschnitte eben bleiben (Bernoulli-Hypothese). Dies ist gerechtfertigt, wenn die Dicke t (= gegenseitiger Abstand der äußersten Fasern) klein gegenüber dem Radius a ist: t ≪ a. Die Verformung eines Querschnittes kann mit den drei Komponenten, einer Translation v in tangentialer Richtung, einer Translation w in radialer Richtung und einer Rotation φ, beschrieben werden (Bild 18.13). Hierbei wird die Rotationsachse durch den Schwerpunkt eines Querschnittes gelegt.

Die drei Formänderungsgrößen, die wir einführen werden, korrespondieren mit den drei Schnittkräften N, Q und M. Es handelt sich dabei um die Extension* (normale Dehnung) im Schwerpunkt eines Querschnittes ε(z = 0) oder kurz ε(0), den Gleitwinkel γ und die Biegung β. Diese drei Größen werden als Funktionen der drei Verformungskomponenten dargestellt.

Der Ausdruck für die Extension ε(0) besteht aus zwei Anteilen. Der erste Anteil stimmt mit dem Ausdruck für einen geraden Stab überein. Dieser lautet hier also:

$$\varepsilon'(0) = \frac{dv}{ds} = \frac{1}{a}\frac{dv}{d\theta} \tag{18.43}$$

Wie bereits bekannt, verursacht jedoch auch eine radiale Verschiebung w eine Extension ε(0) in tangentialer Richtung (Bild 18.14). Durch diese Verschiebung wird ein Element ds = a dθ um w dθ verlängert, wodurch wiederum eine Extension entsteht:

$$\varepsilon''(0) = \frac{wd\theta}{ad\theta} = \frac{w}{a} \tag{18.44}$$

Für die gesamte Extension gilt also:

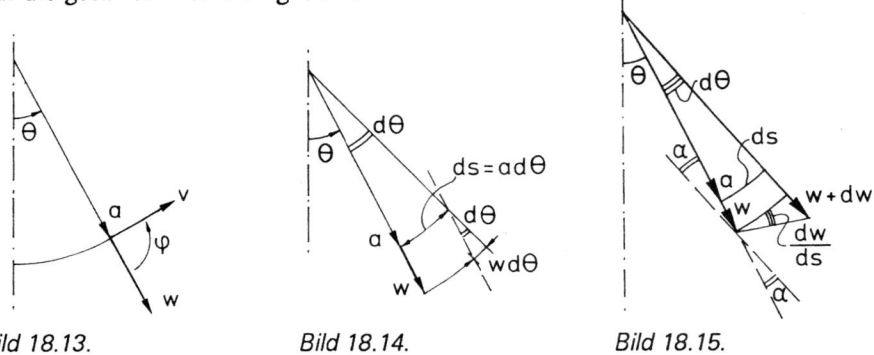

Bild 18.13.   *Bild 18.14.*   *Bild 18.15.*

---

* Wir führen diesen Begriff ein, weil er im folgenden eine wichtige Rolle spielt und um ihn deutlich von den Dehnungen an anderen Stellen zu unterscheiden.

$$\varepsilon(0) = \frac{1}{a}\left(\frac{dv}{d\theta} + w\right) \qquad (18.45)$$

Der Gleitwinkel stellt die Verminderung des rechten Winkels zwischen der Tangente an einem Punkt des Ringes und dem Querschnitt, auf dem dieser Punkt liegt, dar. Es gilt (Bild 18.15):

$$\gamma = \alpha + \frac{dw}{ds} = \alpha + \frac{1}{a}\frac{dw}{d\theta} \qquad (18.46)$$

Hierbei ist α der Drehwinkel eines Querschnittes um die Rotationsachse durch den Schwerpunkt des Querschnittes und dw/ds die Richtungsänderung der Tangente.

Die Rotation φ eines Querschnittes ist jedoch auch von der tangentialen Verschiebung v abhängig. Infolgedessen rotiert ein Querschnitt um einen Winkel v/a. Für die Rotation gilt also:

$$\varphi = \alpha + \frac{v}{a} \qquad (18.47)$$

Durch Eliminieren von α aus den letzten beiden Gleichungen erhält man für den Gleitwinkel:

$$\gamma = \varphi - \frac{v}{a} + \frac{1}{a}\frac{dw}{d\theta} \qquad (18.48)$$

Die zum Biegemoment M gehörende Formänderungsgröße ist die Biegung β. Biegung bedeutet, daß benachbarte Querschnitte gegeneinander rotieren. Die Biegung β wird darum als Zunahme der Rotation φ über einen Abstand ds, geteilt durch diesen Abstand, definiert:

$$\beta = \frac{d\varphi}{ds} = \frac{1}{a}\frac{d\varphi}{d\theta} \qquad (18.49)$$

Damit sind die drei Formänderungsgrößen in den drei Verformungskomponenten ausgedrückt.

Bei schlanken Konstruktionen bzw. Elementen spielt der Schub eine sehr untergeordnete Rolle. Da wir bisher immer angenommen haben, daß die Dicke des Ringes klein gegenüber dem Radius ist, d.h. $t \ll a$, wollen wir die Erscheinung des Schubes im folgenden auch nicht berücksichtigen und setzen daher γ gleich 0.

Dennoch ist – aufgrund der Gleichgewichtsgleichungen – im allgemeinen eine Querkraft vorhanden.

Mit $\gamma = 0$ folgt dann aus der kinematischen Beziehung (18.48) für die Rotation φ:

$$\varphi = \frac{v}{a} - \frac{1}{a}\frac{dw}{d\theta} \qquad (18.50)$$

Die Rotation φ ist dadurch in den Verschiebungskomponenten v und w ausgedrückt und kann somit als unabhängiger Freiheitsgrad wegfallen.

Für die Biegung β folgt dann aus Gleichung (18.49) (mit a = konstant):

$$\beta = \frac{1}{a}\frac{d\varphi}{d\theta} = \frac{1}{a^2}\left(\frac{dv}{d\theta} - \frac{d^2w}{d\theta^2}\right) \tag{18.51}$$

Es bleiben jetzt zwei kinematische Beziehungen übrig, nämlich Gleichung (18.45) und Gleichung (18.51).

Konstitutive Gleichungen

Beim Aufstellen der konstitutiven Gleichungen gehen wir auch wieder vom geraden Stab oder Träger aus. Hierfür gilt, wie bereits bekannt: N = EA ε(0) und M = EI β. Die erste Gleichung wurde bereits in der Einleitung dieses Kapitels behandelt. Dabei zeigte sich jedoch auch, daß beim Ring unter allseitig konstanter Belastung, bei dem zwar eine Extension, aber keine Biegung auftritt, trotzdem ein Moment vorhanden ist, das von der Extension ε(0) abhängt. Wir fanden dann (Formel 18.8): $M = -\frac{1}{a} EI\, \varepsilon(0)$. Das Biegemoment wird also durch die beiden Formänderungsgrößen β und ε(0) bestimmt, und wir formulieren jetzt die konstitutive Gleichung folgendermaßen:

$$M = -\frac{1}{a} EI\, \varepsilon(0) + EI\beta \tag{18.52}$$

Für die Normalkraft können wir erwarten, daß sie nicht allein durch die Extension ε(0), sondern auch durch die Biegung β bestimmt wird. Da die Steifigkeitsmatrix symmetrisch sein muß, können wir die konstitutive Gleichung für N sofort hinschreiben:

$$N = EA\varepsilon(0) - \frac{1}{a} EI\beta \tag{18.53}$$

Wir beschränken uns hier auf diese einfache Behandlung der konstitutiven Gleichungen. In Anhang C werden die Gleichungen auf formelle Weise hergeleitet.

Zu der Reihe möglicher Verformungszustände gehören die beiden Extremfälle: Extension ohne Biegung und Biegung ohne Extension.

Extension ohne Biegung, β = 0:

Diesem Fall begegneten wir bereits in der Einleitung bei dem Ring, der mit einer konstanten, radialen Belastung q_0 belastet wurde. Der Verformungszustand ist axialsymmetrisch, die Querschnitte rotieren nicht, und somit gilt für die Biegung:

$$\beta = \frac{1}{a}\frac{d\varphi}{d\theta} = 0 \tag{18.54}$$

Die konstitutiven Gleichungen gehen dann über in:

$$N = EA \, \varepsilon(0) \qquad\qquad (18.55)$$

und

$$M = -\frac{1}{a} EI \, \varepsilon(0) \qquad\qquad (18.56)$$

Biegung ohne Extension, $\varepsilon(0) = 0$:
Die konstitutiven Gleichungen gehen jetzt über in:

$$N = -\frac{1}{a} EI\beta \qquad\qquad (18.57)$$

und

$$M = EI\beta \qquad\qquad (18.58)$$

Aus diesen beiden Gleichungen erhält man die Beziehung:

$$N + \frac{1}{a} M = 0, \qquad\qquad (18.59)$$

die wir bereits zuvor bei der Fourieranalyse auch erhalten haben (Gleichung 18.29).

Wir gehen hier nicht näher auf die Dehnungs- bzw. die Spannungsverteilung in einem Querschnitt für die beiden Fälle ein. Diese kann einfach aus Gleichung (C6) in Anhang C entnommen werden. Im folgenden wird sich zeigen, daß bei radialer Belastung jeder beliebige Verformungszustand in die beiden hier-dargestellten Extremfälle aufgespalten werden kann.

Kombination aus einer Formänderungsgleichung und einer Gleichgewichtsgleichung:
Eliminiert man aus den beiden Gleichungen (18.52) und (18.53) die Biegung β, dann erhält man für die Extension $\varepsilon(0)$:

$$EA(1 - \frac{i^2}{a^2}) \, \varepsilon(0) = N + \frac{1}{a} M \qquad\qquad (18.60)$$

Dabei ist der Trägheitsradius i durch $i^2 = EI/EA$ definiert. Denkt man daran, daß der Term i^2/a^2 im Rahmen der angewandten Näherung gegenüber 1, vernachlässigt werden darf, folgt die Formänderungsgleichung:

$$EA \, \varepsilon(0) = N + \frac{1}{a} M \qquad\qquad (18.61)$$

Wir schreiben jetzt Gleichung (18.15b), die das Momentengleichgewicht um den Mittelpunkt des Ringes beschreibt, wobei diese durch den Radius a dividiert wurde:

$$N + \frac{1}{a}M = \text{konstant} \tag{18.62}$$

Daraus folgern wir, daß $\varepsilon(0)$ konstant sein muß.

Es gibt nur einen Belastungsfall, bei dem eine konstante Extension auftritt, nämlich beim in der Einleitung behandelten Grundfall der konstanten, radialen Belastung q_0, bei dem Extension ohne Biegung auftritt. Wir lassen physikalische Ursachen wie Temperaturveränderungen, Kriechen des Materiales etc. hier außer Betracht. Wenn also eine Belastungskonfiguration einen mittleren Wert besitzt, anders ausgedrückt, wenn diese eine konstante Komponente q_0 beinhaltet, dann tritt eine konstante Extension entsprechend Formel (18.3) auf:

$$\varepsilon(0) = \frac{q_0 a}{EA} \tag{18.63}$$

Für die Schnittkräfte N und M gilt dann entsprechend Gleichung (18.61) die Beziehung:

$$N + \frac{1}{a}M = q_0 a \tag{18.64}$$

Ist die mittlere Belastung der Belastungskonfiguration gleich Null, dann gilt:

$$\varepsilon(0) = 0, \tag{18.65}$$

und es handelt sich um Biegung ohne Extension.

Zwischen den Schnittkräften N und M besteht dann die folgende Beziehung:

$$N + \frac{1}{a}M = 0, \tag{18.66}$$

was auch mit der bereits angegebenen Beziehung (18.59) übereinstimmt.

Den beiden Beziehungen (18.64) und (18.66) begegneten wir bei den behandelten Beispielen bereits mehrere Male. Es bietet sich jetzt an, den konstanten Belastungsanteil im allgemeinen abzuspalten und getrennt zu behandeln. Bei der Fourieranalyse für die verschiedenen Beispiele geschah dies von selbst. Bei der restlichen Belastung tritt dann Biegung ohne Extension auf, wodurch die Bestimmung der Verschiebungskomponenten einfacher wird.

Ist die Extension $\varepsilon(0)$ gleich Null, dann folgt aus der kinematischen Gleichung (18.45) die folgende Beziehung zwischen den Verschiebungskomponenten v und w:

$$\frac{dv}{d\theta} = -w \tag{18.67}$$

Die Verschiebungskomponente v kann man leicht durch einmaliges Integrieren der Verschiebungskomponente w bestimmen.

Die Verschiebung w kann ihrerseits direkt aus dem Moment abgeleitet werden, wie sich im folgenden zeigen wird.

Kombination einer konstitutiven Gleichung mit den kinematischen Gleichungen

Substitution der kinematischen Gleichungen (18.45) und (18.51) in die konstitutive Gleichung (18.52) für das Biegemoment M führt direkt auf die Beziehung

$$M = -\frac{1}{a^2} EI \left(w + \frac{d^2w}{d\theta^2}\right) \tag{18.68}$$

In diesem Ergebnis zeigt sich, daß die Verschiebungskomponente v verschwunden ist und auf der rechten Seite der Ausdruck für die Krümmung der "elastischen Linie", d.h. die Verschiebungsfunktion w(θ) des Ringes, erscheint. Die Krümmung wird mit κ bezeichnet, und es gilt hierfür, wie bereits bekannt:

$$\kappa = -\frac{1}{a^2} \left(w + \frac{d^2w}{d\theta^2}\right), \tag{18.69}$$

so daß man Formel (18.68) auch in der folgenden Form schreiben kann:

$$M = EI\,\kappa \tag{18.70}$$

Von der Form her ist dies eine konstitutive Gleichung. Die Größe κ ist dann auch als zusammengesetzte Formänderungsgröße aufzufassen. Mit Formel (18.52) folgt:

$$\kappa = -\frac{1}{a}\,\varepsilon(0) + \beta \tag{18.71}$$

Mit dieser Formel lassen sich die beiden zuvor besprochenen Grenzfälle deutlich voneinander unterscheiden:
– Bei Extension ohne Biegung gilt $\beta = 0$, und es folgt:

$$\kappa = -\frac{1}{a}\,\varepsilon(0) \tag{18.72}$$

Substitution hiervon in Gleichung (18.70) führt zu Gleichung (18.56).
– Bei Biegung ohne Extension gilt $\varepsilon(0) = 0$, und es folgt:

$$\kappa = \beta \tag{18.73}$$

Substitution hiervon in Gleichung (18.70) führt zu Gleichung (18.58).
Der Geltungsbereich von Formel (18.70) für das Moment und Formel (18.69) für die Krümmung deckt das ganze Gebiet möglicher Verformungszustände ab. Übrigens kann man natürlich im Fall von extensionsloser Biegung anstelle der Formel (18.68) mit gleicher Genauigkeit für das Moment schreiben (siehe auch (18.51)):

$$M = EI\,\beta = \frac{1}{a^2} EI \left(\frac{dv}{d\theta} - \frac{d^2w}{d\theta^2}\right) \tag{18.74}$$

Wir wollen jetzt noch auf die folgenden Beziehungen zwischen v und w hinweisen:

$$- \text{wenn } \beta = 0: \qquad \frac{dv}{d\theta} = \frac{d^2w}{d\theta^2} \qquad (18.75)$$

$$- \text{wenn } \varepsilon(0) = 0: \qquad \frac{dv}{d\theta} = -w \qquad (18.76)$$

Wenn beide Bedingungen erfüllt sind, gilt entsprechend (18.71):

$$\kappa = 0 \qquad\qquad w + \frac{d^2w}{d\theta^2} = 0 \qquad (18.77)$$

Nur eine Translation und eine Rotation des Ringes als starrer Körper sind dann möglich.

18.5 Berechnung der Verschiebungen mit Hilfe von Fourierreihen

a. Die harmonische Belastung $q(\theta) = q_n \cos n\theta$ mit $n \geq 2$

Bei dieser Belastung erhielt man für das Biegemoment (18.28):

$$M = M_n \cos n\theta, \text{ mit } M_n = \frac{1}{n^2 - 1} q_n a^2 \qquad (18.78)$$

Im allgemeinen besteht auch die Lösung der in Abschnitt 18.4 für die Verschiebung w abgeleiteten Differentialgleichung (18.68) aus der Lösung der reduzierten Gleichung und einer partikulären Lösung der vollständigen Gleichung. Die reduzierte Gleichung drückt jedoch aus, daß die Krümmung κ gleich Null ist, und daher sind, wie bereits zuvor erwähnt, nur Starrkörperverschiebungen möglich. Diese sind in diesem Zusammenhang irrelevant, und wir können uns daher im folgenden auf die partikuläre Lösung beschränken.

Bei dem Moment aus (18.78) lautet diese:

$$w = w_n \cos n\theta \text{ mit } w_n = \frac{1}{n^2 - 1} \frac{a^2}{EI} M_n \qquad (18.79)$$

Da die mittlere Belastung gleich Null ist, handelt es sich um Biegung ohne Extension, und zur Bestimmung der tangentialen Verschiebung v kann man also Formel (18.67) verwenden. Hiermit folgt:

$$v = v_n \sin n\theta \text{ mit } v_n = -\frac{1}{n(n^2 - 1)} \frac{a^2}{EI} M_n \qquad (18.80)$$

In Bild 18.16 ist die Verformungsfigur für den Fall $n = 2$ dargestellt. Es gilt:

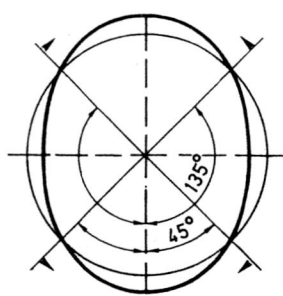

Bild 18.16.

$$w = \frac{1}{9} \frac{q_2 a^4}{EI} \cos 2\theta, \quad v = -\frac{1}{18} \frac{q_2 a^4}{EI} \sin 2\theta$$

Auf den Symmetrieachsen ist die radiale Verschiebung w extrem und die tangentiale Verschiebung v gleich Null, wohingegen für $\theta = \pm 45°$ und $\theta = \pm 135°$ die tangentiale Verschiebung extrem und die radiale Verschiebung gleich Null ist.

b. Die diametral angreifenden, entgegengesetzt gerichteten Kräfte P (Bild 18.11)

Mit der erhaltenen Fourierentwicklung für das Moment (18.33):

$$M = \frac{2}{\pi} Pa(\frac{1}{3} \cos 2\theta + \frac{1}{15} \cos 4\theta + \frac{1}{35} \cos 6\theta + ...)$$

erhält man für die Verschiebung w:

$$w = \frac{2Pa^3}{\pi EI} [(\tfrac{1}{3})^2 \cos 2\theta + (\tfrac{1}{15})^2 \cos 4\theta + (\tfrac{1}{35})^2 \cos 6\theta + ...] \qquad (18.81)$$

Dazu kommt dann noch eine konstante Verschiebung $w_0 = Pa/\pi \, EA$, die jedoch vernachlässigt werden kann.

Einige speziellen Werte sind:

$$\text{für } \theta = 0: \ w = 0{,}0741 \frac{Pa^3}{EI} \qquad (\text{exakt } (\frac{\pi}{8} - \frac{1}{\pi}) \frac{Pa^3}{EI} = 0{,}0744 \frac{Pa^3}{EI}).$$

$$\text{für } \theta = \frac{\pi}{2}: \ w = -0{,}0684 \frac{Pa^3}{EI} \qquad (\text{exakt } (\frac{1}{4} - \frac{1}{\pi}) \frac{Pa^3}{EI} = -0{,}0683 \frac{Pa^3}{EI}).$$

Die Reihe für die Verschiebung w konvergiert schnell. Drei Glieder führen zu einem ausreichend genauen Ergebnis.

c. Der Belastungsfall $q = q_1 \cos \theta$ (Bild 18.12)

Für den Belastungsfall aus Bild 18.12a erhielten wir bereits (18.40):

$$M = q_1 a^2 (\tfrac{1}{3} \cos 2\theta - \tfrac{1}{8} \cos 3\theta + \tfrac{1}{15} \cos 4\theta - \tfrac{1}{24} \cos 5\theta \ ...)$$

Für die Verschiebung w folgt daraus:

$$w = \frac{q_1 a^4}{EI} [(\tfrac{1}{3})^2 \cos 2\theta - (\tfrac{1}{8})^2 \cos 3\theta + (\tfrac{1}{15})^2 \cos 4\theta - (\tfrac{1}{24})^2 \cos 5\theta \ ...) \quad (18.82)$$

Die Verschiebung v kann daraus leicht abgeleitet werden.
Mit den vier Gliedern aus (18.82) erhält man:

$$\text{für } \theta = 0: \quad w = 0{,}098 \ \frac{q_1 a^4}{EI}$$

$$\text{für } \theta = \pi: \quad w = 0{,}133 \ \frac{q_1 a^4}{EI}$$

Da der Aufhängepunkt $\theta = \pi$ ein fester Punkt ist, muß den erhaltenen Ergebnissen eine vertikale Translation der Größe $0{,}133 \ q_1 a^4/EI$ nach unten überlagert werden. Dies führt zu einer totalen vertikalen Verschiebung von $w = 0{,}231 \ q_1 a^4/EI$ an der Stelle $\theta = 0$. Dies stimmt gut mit dem exakten Wert von $0{,}234 \ q_1 a^4/EI$ überein.
Allgemeiner ausgedrückt, bedeutet dies, daß der Formel (18.82) für w ein Term

$$0{,}133 \ \frac{q_1 a^4}{EI} \cos \theta$$

und dem aus (18.82) hergeleiteten Ausdruck für v ein Term

$$-0{,}133 \ \frac{q_1 a^4}{EI} \sin \theta.$$

hinzugefügt werden muß.

Trotz dieser kleinen Inkonvenienz zeigt sich, daß die Fourieranalyse doch sehr viel schneller – und einfacher – als die exakte Analyse zu einem Ergebnis führt. Bei komplizierteren Belastungsfällen und z.B. einer verteilten Reaktionskraft ist dies noch stärker der Fall.

18.6 Exakte Lösungen

Auch in diesem Abschnitt wenden wir uns gleich einigen Beispielen zu, bei denen auf verschiedene Aspekte näher eingegangen wird.
a. Als erstes Beispiel behandeln wir wieder den Ring, der durch *zwei diametral gegenüberliegende, entgegengesetzt gerichtete Kräfte P* belastet wird (Bild 18.11). Ebenso wie bei der Berechnung mit Hilfe von Fourierreihen in Abschnitt 18.3 können wir hier von der Gleichgewichtsgleichung (18.17) ausgehen. Da keine verteilte Belastung vorhanden ist, gibt es keine partikuläre Lösung, und wir haben es nur mit der Lösung der reduzierten Gleichung zu tun:

$$N = C_1 \cos \theta + C_2 \sin \theta \tag{18.83}$$

mit C_1 und C_2 als noch zu bestimmende Integrationskonstanten.

Da die Belastungskonfiguration symmetrisch bezüglich der vertikalen Mittellinie ist, genügt es, eine der beiden Hälften zu betrachten; wir wählen hier die rechte Hälfte. Die Belastungskonfiguration ist darüber hinaus symmetrisch bezüglich der horizontalen Mittellinie, und dies muß dann auch bei Größen wie der Normalkraft oder dem Biegemoment der Fall sein. Der erste Term aus Gleichung (18.83) muß darum wegfallen. Dies ist der Fall, wenn $C_1 = 0$ ist.

Bringt man einen Schnitt entlang der horizontalen Mittellinie an, dann folgt aus dem Gleichgewicht der oberen bzw. unteren Hälfte:

$$\text{für } \theta = \frac{\pi}{2} \text{ gilt: } N = C_2 = \frac{1}{2} P,$$

so daß man für die Normalkraft erhält:

$$N = \frac{1}{2} P \sin \theta \tag{18.84}$$

Für die Querkraft erhält man dann mit (18.14):

$$Q = -\frac{dN}{d\theta} = -\frac{1}{2} P \cos \theta \tag{18.85}$$

Für $\theta = 0$ erhält man damit:

$$Q = -\frac{1}{2} P,$$

was mit der Symmetrie und dem Gleichgewicht an dieser Stelle übereinstimmt.

Für das Moment gilt entsprechend Gleichung (18.15b):

$$M + aN = C$$

Zur Bestimmung der Integrationskonstanten C wäre man auf Formänderungs- oder Verschiebungsbedingungen angewiesen. Der Ring ist dreifach statisch unbestimmt, und es sind drei Gleichungen erforderlich, um die Kräfteverteilung zu bestimmen. Die Symmetrie- und Gleichgewichtsbetrachtungen sind dazu nicht ausreichend. Wir verfügen jedoch auch über die Beziehung (18.64):

$$N + \frac{1}{a} M = q_0 a$$

mit q_0 als mittlerem (d.h. konstantem) Wert für die vorhandene Belastungskonfiguration. Diese Belastung tauchte bereits bei der Fourieranalyse auf (18.30): Mit

$$q_0 = \frac{P}{\pi a}$$

geht die oben angeführte Beziehung über in:

$$N + \frac{1}{a} M = \frac{P}{\pi} \qquad (18.86)$$

Mit (18.84) erhält man dann für das Moment:

$$M = -\frac{1}{2} Pa \left(\frac{2}{\pi} - \sin \theta\right) \qquad (18.87)$$

Hieraus folgen u.a. die zuvor angegebenen Werte für $\theta = 0$ und $\theta = \pi/2$.

Zur Bestimmung der Verschiebungen gehen wir von Gleichung (18.68) aus, die mit dem soeben berechneten Moment übergeht in:

$$\frac{d^2 w}{d\theta^2} + w = -\frac{a^2}{EI} \frac{1}{2} Pa \left(\frac{2}{\pi} - \sin \theta\right) \qquad (18.88)$$

Die vollständige Lösung besteht aus der Lösung der reduzierten Gleichung und einer partikulären Lösung:

$$w = C_4 \cos \theta + C_5 \sin \theta - \frac{Pa^3}{EI} \left(\frac{1}{4}\theta \cos \theta + \frac{1}{\pi}\right) \qquad (18.89)$$

Die partikuläre Lösung ist in diesem Fall eine nichtperiodische Funktion[*]. Die Amplitude der Verschiebung w nimmt mit zunehmendem θ zu. Dieses Phänomen tritt auch bei Resonanzerscheinungen von ungedämpften Schwingungen auf.

Die Lösung der reduzierten Gleichung stammt – wie bereits zuvor erwähnt – von Starrkörperverschiebungen, d.h. einer vertikalen Translation C_4 und einer horizontalen Translation C_5. Die Beziehungen mit den Verschiebungskomponenten w und v sind aus Bild 18.17 abzulesen.

Für die tangentiale Verschiebung v folgt jetzt mit der kinematischen Beziehung (18.67):

$$v = -C_4 \sin \theta + C_5 \cos \theta + \frac{Pa^3}{EI} \left(\frac{1}{4}\theta \sin \theta + \frac{1}{4}\cos \theta + \frac{1}{\pi}\theta\right) + C_6 \qquad (18.90)$$

Die Konstanten C_4 und C_5 folgen aus den Symmetriebedingungen:

$$\text{Für } \theta = 0 \text{ gilt: } \frac{dw}{d\theta} = 0, \text{ d.h. } C_5 = \frac{1}{4} \frac{Pa^3}{EI}$$

---

[*] Zur Bestimmung derartiger partikulärer Lösungen wird auf mathematische Lehrbücher verwiesen. In Anhang B werden einige partikuläre Lösungen angegeben. Durch Einsetzen dieser Lösungen in die betreffende Differentialgleichung kann sich der Leser von der Richtigkeit überzeugen. In diesem Anhang werden auch die Ergebnisse von einigen oft auftretenden Integralen angegeben.

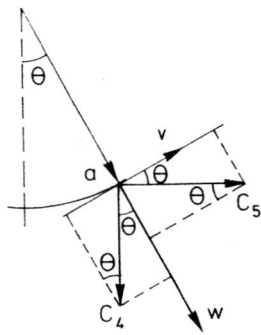

Bild 18.17. Starrkörperverschiebung des Ringes.

Für $\theta = \frac{\pi}{2}$ gilt: $\frac{dw}{d\theta} = 0$, d.h. $C_4 = \frac{\pi}{8} \frac{Pa^3}{EI}$.

Die Lösung für w lautet:

$$w = \frac{Pa^3}{EI} (-\frac{1}{\pi} - \frac{1}{4} \theta \cos\theta + \frac{\pi}{8} \cos\theta + \frac{1}{4} \sin\theta) \qquad (18.91)$$

Mit der Bedingung $v = 0$ für $\theta = 0$ folgt jetzt für v:

$$v = \frac{Pa^3}{EI} (\frac{1}{\pi} \theta + \frac{1}{4} \theta \sin\theta + \frac{1}{2} \cos\theta - \frac{\pi}{8} \sin\theta - \frac{1}{2}) \qquad (18.92)$$

Dies sind keine einfachen Ausdrücke mehr. Einzelne Werte können hieraus jedoch leicht abgeleitet werden.

In diesem Fall war zur Bestimmung der Verschiebungen das Biegemoment bekannt, so daß diese Prozedur noch relativ einfach verlaufen ist.

Wenn die vollständige Lösung des Problemes der Kräfteverteilung und der Verschiebungen nicht auf diese Art und Weise in zwei aufeinanderfolgende Schritte zu unterteilen ist, wird das Verfahren aufwendiger. Wir sehen dies am folgenden Beispiel.

b. *Der Belastungsfall q = q₁ cos θ* wurde bereits ausführlich besprochen. Wir betrachten zuerst wieder den Ring, der an der Oberseite ($\theta = \pi$) aufgehängt ist (siehe Bild 18.12a).

Wir gehen wieder von Gleichung (18.17) aus, die jetzt folgendermaßen lautet:

$$\frac{d^2N}{d\theta^2} + N = q_1 a \cos\theta \qquad (18.93)$$

Die vollständige Lösung dieser Gleichung lautet:

$$N = C_1 \cos\theta + C_2 \sin\theta + \frac{1}{2} q_1 a \theta \sin\theta \qquad (18.94)$$

Für die Querkraft erhält man dann:

$$Q = -\frac{dN}{d\theta} = C_1 \sin\theta - C_2 \cos\theta - \frac{1}{2} q_1 a \sin\theta - \frac{1}{2} q_1 a \theta \cos\theta \qquad (18.95)$$

Die Belastungskonfiguration ist wiederum symmetrisch zur vertikalen Mittellinie, und dies muß dann auch für Größen wie die Normalkraft N, das Biegemoment M und die Verschiebung w der Fall sein. Andere Größen, wie Q und v, sind dann contrasymmetrisch (= antimetrisch) bezüglich der vertikalen Mittellinie. Diese letztere Erkenntnis bedeutet, daß:

für $\theta = 0$: $Q = 0$, und also $C_2 = 0$

Die Überlegung, daß die Normalkraft N symmetrisch bezüglich der vertikalen Mittellinie ist, führt naturgemäß zum gleichen Ergebnis.
Der mittlere (konstante) Belastungsanteil beträgt in diesem Fall (siehe auch Formel (18.37):

$$q_0 = \frac{1}{2} q_1 \qquad (18.96)$$

Die Beziehung (18.64) zwischen N und M lautet in diesem Fall dann:

$$N + \frac{1}{a} M = \frac{1}{2} q_1 a \qquad (18.97)$$

Für das Moment erhält man dann:

$$M = -C_1 a \cos\theta + \frac{1}{2} q_1 a^2 (1 - \theta \sin\theta) \qquad (18.98)$$

Die Konstante C_1 erhält man erst aus der vollständigen Lösung.
Die Differentialgleichung für die Verschiebung w lautet jetzt:

$$\frac{d^2 w}{d\theta^2} + w = \frac{a^3}{EI} C_1 \cos\theta + \frac{q_1 a^4}{2\,EI} (-1 + \theta \sin\theta), \qquad (18.99)$$

wofür die Lösung lautet:

$$w = C_4 \cos\theta + \frac{a^3}{EI} C_1 \frac{1}{2} \theta \sin\theta + \frac{q_1 a^4}{2\,EI} (-1 - \frac{1}{4} \theta^2 \cos\theta + \frac{1}{4} \theta \sin\theta) \qquad (18.100)$$

Aufgrund der Symmetrie bezüglich der vertikalen Mittellinie wurde der Lösungsanteil $C_5 \sin\theta$ gleich weggelassen. Mit (18.67) folgt:

$$v = -C_4 \sin\theta + \frac{a^3}{2\,EI} C_1 (\theta \cos\theta - \sin\theta) +$$

$$\frac{q_1 a^4}{2\,EI} (\theta + \frac{1}{4} \theta^2 \sin\theta + \frac{3}{4} \theta \cos\theta - \frac{3}{4} \sin\theta) + C_6 \qquad (18.101)$$

Mit $v = 0$ für $\theta = 0$ folgt: $C_6 = 0$,

mit $v = 0$ für $\theta = \pi$ folgt: $C_1 = \frac{1}{4} q_1 a$,

mit $w = 0$ für $\theta = \pi$ folgt: $C_4 = \frac{\pi^2 - 4}{4} \frac{q_1 a^4}{2\,EI}$

Die Ergebnisse (für die rechte Hälfte) lauten:

$$N = \frac{1}{4} q_1 a \cos\theta + \frac{1}{2} q_1 a \theta \sin\theta$$

$$Q = -\frac{1}{4} q_1 a \sin\theta - \frac{1}{2} q_1 a \theta \cos\theta$$

$$M = \frac{1}{2} q_1 a^2 (1 - \frac{1}{2}\cos\theta - \theta \sin\theta) \tag{18.102}$$

$$w = \frac{q_1 a^4}{2\,EI}(-1 + \frac{\pi^2 - 4}{4}\cos\theta + \frac{1}{2}\theta \sin\theta - \frac{1}{4}\theta^2 \cos\theta)$$

$$v = \frac{q_1 a^4}{2\,EI}(\theta - \frac{\pi^2}{4}\sin\theta + \theta \cos\theta + \frac{1}{4}\theta^2 \sin\theta).$$

Besondere Werte können hieraus wieder leicht abgeleitet werden, z.B. für $\theta = 0$: $M = \frac{1}{4} q_1 a^2$, für $\theta = \pi$: $M = \frac{3}{4} q_1 a^2$.

Wird der Ring *an der Unterseite* ($\theta = 0$) *unterstützt*, siehe Bild 18.12c, dann können die Lösungen hierfür jetzt ebenfalls aus den Lösungen des vorigen Falles abgeleitet werden. Dazu kann man die Ergebnisse des Belastungsfalles der beiden entgegengesetzt gerichteten Kräfte P den Ergebnissen des vorigen Falles überlagern (superponieren), wobei $P = -R = -\pi\, q_1 a$ gesetzt werden muß.

Die Lösungen können auch auf einem anderen Weg aus dem vorigen Belastungsfall, der noch einmal in Bild 18.18a dargestellt ist, abgeleitet werden. Dazu muß man diesen Belastungsfall zuerst an der horizontalen Mittellinie spiegeln (siehe Bild 18.18b) und dabei den Winkel θ in den Formeln (18.102) durch $\pi - \theta$ ersetzen. Anschließend wechselt man das Vorzeichen der Belastung einschließlich der Reaktionskraft und erhält dann Bild 18.18c. Dadurch verändern die Größen N, M und w ebenfalls ihr Vorzeichen, die Größen Q und v jedoch nicht. Die Ergebnisse (für die rechte Hälfte) lauten dann:

$$N = \frac{1}{4} q_1 a \cos\theta - \frac{1}{2} q_1 a (\pi - \theta) \sin\theta$$

$$Q = -\frac{1}{4} q_1 a \sin\theta + \frac{1}{2} q_1 a (\pi - \theta) \cos\theta$$

$$M = \frac{1}{2} q_1 a^2 (-1 - \frac{1}{2}\cos\theta + (\pi - \theta) \sin\theta) \tag{18.103}$$

$$w = \frac{q_1 a^4}{2\,EI}(1 - \cos\theta - \frac{\pi}{2}\sin\theta + \frac{\pi}{2}\theta \cos\theta + \frac{1}{2}\theta \sin\theta - \frac{1}{4}\theta^2 \cos\theta)$$

$$v = \frac{q_1 a^4}{2\,EI}(\pi - \theta - (\pi - \theta)\cos\theta - \frac{\pi}{2}\theta \sin\theta + \frac{1}{4}\theta^2 \sin\theta)$$

Einige besondere Werte sind: für $\theta = 0$: $M = -\frac{3}{4} q_1 a^2$, für $\theta = \pi$: $M = -\frac{1}{4} q_1 a^2$.

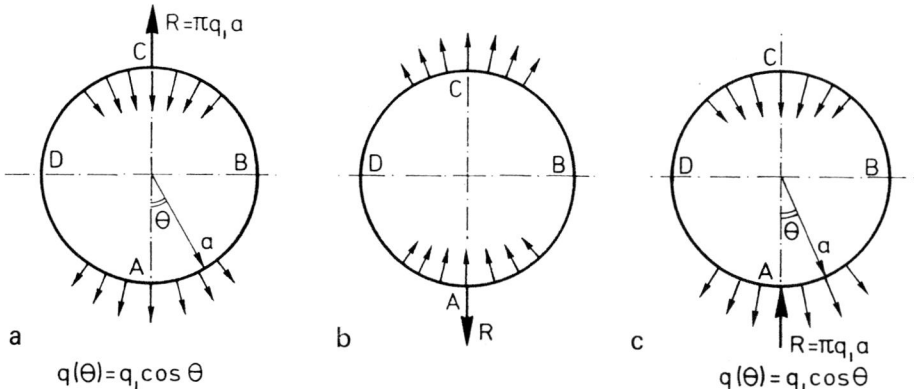

Bild 18.18.

Diese Ergebnisse kann man natürlich auch dadurch erhalten, daß man in diesem Fall das normale Lösungsverfahren anwendet. Die im vorigen Fall verwendete Symmetriebedingung für die Querkraft an der Unterseite muß jetzt durch dieselbe Bedingung an der Oberseite ($\theta = \pi$) ersetzt werden. An der Unterseite tritt eine Singularität in der Belastung auf, und die Größen N und M sind nicht stetig in ihren Ableitungen. Der Verlauf von N und M weist hier einen Knick auf. Ihre Ableitung ist die Querkraft, die links und rechts von der Unterstützung vom Betrag her gleich ist, aber entgegengesetztes Vorzeichen hat.

Zum Abschluß dieses Abschnitts weisen wir noch auf den analogen Aufbau der Gleichgewichtsgleichungen (18.17) bzw. (18.18) und der Verschiebungsgleichung (18.68) hin. Dies führt zu analogen Lösungen der reduzierten Gleichungen. Dieses Bild wird noch deutlicher, wenn wir das statische Problem mit der folgenden Gleichung zusammenfassen:

$$\frac{d}{d\theta} \left(\frac{d^2}{d\theta^2} + 1 \right) M = -a^2 \frac{d}{d\theta} q \qquad (18.104)$$

Man erhält diese Gleichung durch Differenzieren der Gleichung (18.18). Das Verschiebungsproblem kann durch Substitution von (18.67) in (18.68) in eine ähnliche Gleichung zusammengefaßt werden:

$$\frac{d}{d\theta} \left(\frac{d^2}{d\theta^2} + 1 \right) v = \frac{a^2}{EI} M \qquad (18.105)$$

Mit diesen beiden Gleichungen dritter Ordnung wird das gesamte Problem der Kräfteverteilung und der Verschiebungen beschrieben. Die beiden Teilprobleme sind gekoppelt. Oft ist die Anzahl der statischen Rand- bzw. Übergangsbedingungen nicht ausreichend, um Gleichung (18.104) zu lösen, und das Problem muß dann als Ganzes gelöst werden.

Setzt man Gleichung (18.105) in Gleichung (18.104) ein, so erhält man die folgende Differentialgleichung sechster Ordnung für die Verschiebung v, womit das gesamte Problem zusammengefaßt ist:

$$\frac{d^2}{d\theta^2}(\frac{d^2}{d\theta^2} + 1)^2 \, v = -\frac{a^4}{EI}\frac{d}{d\theta}\, q \qquad (18.106)$$

Auch diese Gleichung kann als Ausgangspunkt eines Lösungsverfahrens dienen. Substitution der allgemeinen Lösung $v = e^{r\theta}$ in die reduzierte Gleichung führt zur charakteristischen algebraischen Gleichung:

$$r^2(r^2 + 1)^2 = 0 \qquad (18.107)$$

mit den Wurzellösungen: $r = 0$ (2-fach) und $r = \pm i$ (jede 2-fach), so daß die Lösung der Differentialgleichung folgendermaßen lautet:

$$v = C_1 + C_2\theta + C_3 \cos \theta + C_4 \sin \theta + C_5\theta \cos \theta + C_6\theta \sin \theta \qquad (18.108)$$

Im Fall einer verteilten Belastung müssen noch partikuläre Lösungen hinzugefügt werden.

Aus dieser Lösung kann man durch Ableiten die Ausdrücke für w, M, N,und Q erhalten.

Wenn Symmetrie vorhanden ist, vereinfacht sich der obige Ausdruck für v stark, und auch dieses formellere Verfahren kann einen brauchbaren Weg zur Bestimmung der Kräfteverteilung und der Verschiebungen darstellen.

18.7 Tangential gerichtete Belastung

Die Behandlung verteilter Belastungen wurde gleich zu Beginn auf eine radial gerichtete Belastung $q_r(\theta)$ beschränkt. Verteilte Belastungen können jedoch auch eine tangentiale Komponente $q_t(\theta)$ besitzen (Bild 18.19). Das wichtigste Beispiel dafür ist die Belastung durch das Eigengewicht g (Bild 18.20). Nachdem wir verschiedene

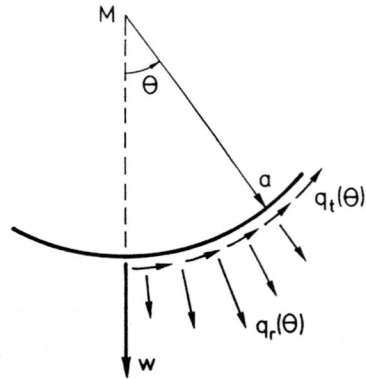

Bild 18.19.   *Bild 18.20.*

Arten von radialen Belastungen ausführlich besprochen haben, wollen wir uns hier kurz fassen und uns auf die Behandlung einer Eigengewichtsbelastung, zu der nachher eine hydro-statische Belastung hinzugefügt wird, beschränken.

Das Miteinbeziehen einer tangentialen Belastung stellt keine besonderen Schwierigkeiten dar. Die Gleichgewichtsgleichung in tangentialer Richtung lautet jetzt:

$$Q \, d\theta + dN + q_t a \, d\theta = 0 \quad \text{oder} \quad Q + \frac{dN}{d\theta} + q_t a = 0 \qquad (18.11')$$

Die beiden anderen Gleichgewichtsgleichungen bleiben unverändert. Wir führen sie hier, mit q_r für q, noch einmal an:

$$\frac{dQ}{d\theta} - N + q_r a = 0 \qquad (18.12')$$

$$\frac{dM}{d\theta} - Qa = 0 \qquad (18.13')$$

Für die Querkraft gilt jetzt:

$$Q = -\frac{dN}{d\theta} - q_t a = \frac{1}{a}\frac{dM}{d\theta}, \qquad (18.14')$$

während die Beziehungen für M und N lauten:

$$\frac{1}{a}\frac{dM}{d\theta} + \frac{dN}{d\theta} = -q_t a \qquad (18.15')$$

$$-\frac{1}{a^2}\frac{d^2M}{d\theta^2} + \frac{1}{a} N = q_r, \qquad (18.16')$$

woraus sich die folgenden Differentialgleichungen für M und N ergeben:

$$\frac{d^2N}{d\theta^2} + N = q_r a - \frac{dq_t}{d\theta} + a \qquad (18.17')$$

$$\frac{d^2M}{d\theta^2} + M = -q_r a^2 - \int q_t a^2 \, d\theta + C \qquad (18.18')$$

Belastung durch Eigengewicht
Die Belastungskomponenten lauten (siehe auch Bild 18.20):

$$q_r(\theta) = g \cos \theta \qquad (18.109)$$

$$q_t(\theta) = -g \sin \theta \qquad (18.110)$$

Die radiale Belastungskomponente wurde bereits zuvor behandelt. Wenn der Ring entsprechend Bild (18.21) an der Oberseite aufgehängt ist, muß die Belastung q_1 aus Formel (18.102) nur durch g ersetzt werden.

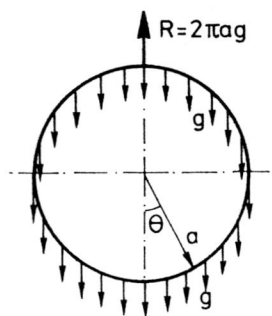

Bild 18.21.

Zur Behandlung der *tangentialen Belastungskomponente* dient uns Gleichung (18.17′) als Ausgangspunkt. Mit $q_t(\theta) = q_{t,1} \sin \theta$ und $q_{t,1} = - g$ geht diese Gleichung über in:

$$\frac{d^2N}{d\theta^2} + N = ga \cos \theta \qquad (18.111)$$

Diese Gleichung ist analog zu Gleichung (18.93) für radiale Belastung. Mit $g = q_1$ sind sie sogar identisch. Im folgenden können wir hiervon Gebrauch machen. Die Lösung von (18.111) lautet:

$$N = C_1 \cos \theta + \frac{1}{2} ga\theta \sin \theta, \qquad (18.112)$$

wobei der Term $C_2 \sin \theta$ aufgrund von Symmetrie bezüglich der vertikalen Mittellinie weggelassen wurde.

Aus der Gleichgewichtsgleichung (18.15′) folgt diesmal:

$$\frac{1}{a} M + N = - \int q_t a \, d\theta + C_3 = - ga \cos \theta + C_3 \qquad (18.113)$$

Der rechte Teil dieser Gleichung ist entsprechend Gleichung (18.61) gleich EA $\varepsilon(0)$. Der konstante Teil hiervon, d.h. die Konstante C_3, wird durch die mittlere radiale Belastung q_0 verursacht. Für diese Belastung q_0 gilt:

$$q_0 = \frac{R}{2\pi a} \qquad (18.114)$$

Für die vertikale Reaktion R im Aufhängepunkt gilt:

$$R = \pi ag, \qquad (18.115)$$

woraus folgt:

$$q_0 = \frac{1}{2}g \qquad (18.116)$$

Für die Konstante C_3 erhält man somit:

$$C_3 = EA\ \varepsilon(0) = q_0 a = \frac{1}{2}ga \qquad (18.117)$$

Für das Moment folgt jetzt:

$$M = \frac{1}{2}ga^2 - (ga^2 + C_1 a)\cos\theta - \frac{1}{2}ga^2\theta\sin\theta \qquad (18.118)$$

Beim Vergleich mit Ausdruck (18.98) für das Moment bei einer radialen Belastung $q_1\cos\theta$ zeigt sich als einziger Unterschied, daß die in (18.98) auftretende Konstante C_1 in $(ga + C_1)$ verändert wurde. Da die Symmetrie- und Übergangsbedingungen für die Verschiebungen w und v in beiden Fällen gleich sind, kann man hier die zuvor erhaltenen Ausdrücke für die Konstanten verwenden. Wir beschränken uns auf C_1 und erhalten mit $q_1 = g$:

$$ga + C_1 = \frac{1}{4}ga$$

Für die Schnittkräfte ergeben sich jetzt die folgenden Ausdrücke:

$$\left.\begin{array}{l} N = -\dfrac{3}{4}\,ga\cos\theta + \dfrac{1}{2}\,ga\theta\sin\theta \\[2mm] Q = -\dfrac{1}{4}\,ga\sin\theta - \dfrac{1}{2}\,ga\theta\cos\theta \\[2mm] M = \dfrac{1}{2}\,ga^2(1 - \dfrac{1}{2}\cos\theta - \theta\sin\theta) \end{array}\right\} \qquad (18.119)$$

Vergleicht man diese Ergebnisse mit den Formeln (18.102) für radiale Belastung, wobei $q_1 = g$ gesetzt wurde, dann zeigt sich, daß die Ausdrücke für M und Q identisch sind, der Ausdruck für N jedoch um einen Term $ga\cos\theta$ vermindert wurde.

Zur Bestimmung der Schnittkräfte bei *Eigengewichtsbelastung* müssen die Ergebnisse für die radiale Belastungskomponente und die Ergebnisse für die tangentiale Belastungskomponente addiert werden. Die Ergebnisse lauten:

$$\left.\begin{array}{l} N = -\dfrac{1}{2}\,ga\cos\theta + ga\theta\sin\theta \\[2mm] Q = -\dfrac{1}{2}\,ga\sin\theta - ga\theta\cos\theta \\[2mm] M = ga^2(1 - \dfrac{1}{2}\cos\theta - \theta\sin\theta) \end{array}\right\} \qquad (18.120)$$

Wird der Ring an der Unterseite ($\theta = 0$) unterstützt (Bild 18.22), dann kann die Kräfteverteilung wieder auf eine der zuvor beschriebenen Weisen aus den vorigen Ergebnissen abgeleitet werden. Man kann jedoch auch in diesem Fall das normale Lösungsverfahren anwenden.
Die Ergebnisse lauten:

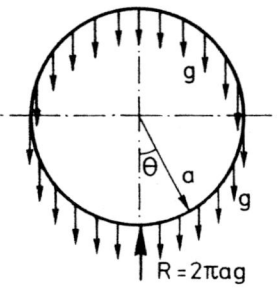

Bild 18.22.

$$N = -\frac{1}{2} ga \cos \theta - ga(\pi - \theta) \sin \theta$$
$$Q = -\frac{1}{2} ga \sin \theta + ga(\pi - \theta) \cos \theta \qquad\qquad (18.121)$$
$$M = ga^2(-1 - \frac{1}{2} \cos \theta + (\pi - \theta) \sin \theta)$$

Die Ausdrücke für die Verschiebungen brauchen für diese beiden Fällen nicht einzeln angegeben zu werden. Sie sind aus (18.102) und (18.103) herzuleiten, wenn man dort q_1 durch g ersetzt. Genau genommen hat die Extension $\varepsilon(0)$ jetzt Einfluß auf die tangentiale Verschiebung v. Dieser Einfluß ist bei dünnen Ringen (t ≪ a) jedoch vernachlässigbar. Dies zeigt sich, wenn man die Verschiebungen v und w aus (18.102) mit der Lösung $\varepsilon(0) = -(1/EA)$ g cos θ für die nichtkonstante Extension in die kinematische Gleichung (18.45) einsetzt.

Ist ein Rohr, das *an der Unterseite unterstützt ist, mit einer Flüssigkeit gefüllt* (Bild 18.23a), dann kann man die Kräfteverteilung infolge Eigengewicht und Flüssigkeitsfüllung erhalten, indem man zu den Ergebnissen aus (18.121) die Ergebnisse entsprechend (18.103) superponiert, wobei, wie bereits zuvor dargestellt wurde, in den Formeln (18.103) q_1 durch γab ersetzt werden muß. Für das Biegemoment erhält man so:

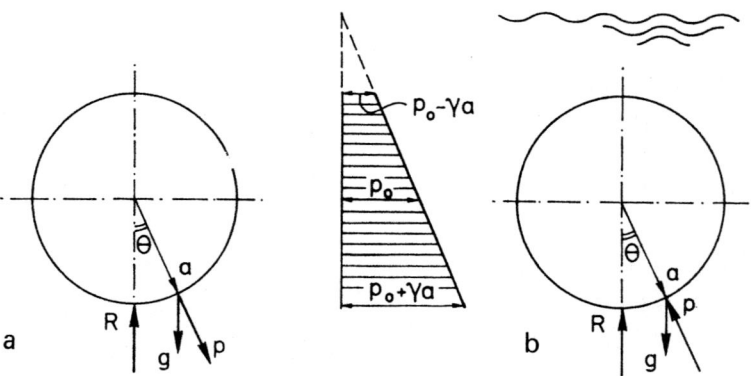

Bild 18.23. a. Eigengewicht und Flüssigkeitsfüllung. b. Rohr unter Wasser.

$$M = (ga^2 + \frac{1}{2} q_1 a^2)(-1 - \frac{1}{2} \cos \theta + (\pi - \theta) \sin \theta) \qquad (18.122)$$

Für die Reaktion gilt:

$$R = 2\pi ga + \pi q_1 a \qquad (18.123)$$

Bei einem *Rohr*, das sich *unter Wasser* befindet, wie z.B. bei einem Tunnel, ist der Wasserdruck an der Außenseite nach innen gerichtet (Bild 18.23b), so daß hierfür gilt:

$$q(\theta) = q_0 + q_1 \cos \theta \qquad \text{mit} \quad q_0 = -p_0 b$$
$$\text{und} \quad q_1 = -\gamma ab$$

Die oben angeführten Formeln (18.122) und (18.123) behalten dabei ihre Gültigkeit. Bei einer nach oben wirkenden Kraft, die größer als das Eigengewicht ist, ist die Reaktion negativ. Das Rohr muß dann am Boden verankert werden.
Ist die Reaktion gleich Null, dann schwebt das Rohr im Wasser. Dieser Fall tritt auf, wenn $2g = -q_1 = \gamma ab$. In diesem Fall ist das Biegemoment M genau gleich Null. Dies gilt dann auch für die Querkraft, jedoch nicht für die Normalkraft. Mit (18.121) und (18.103) erhält man dafür:

$$N = -ga \cos \theta$$

Dazu muß dann noch die Normalkraft $N = -p_0 ab$ infolge des allseitigen Druckes $q_0 = -p_0 b$ addiert werden.
Dieses besondere Ergebnis kann auch direkt aus den Grundgleichungen abgeleitet werden. Die Belastungskomponenten lauten für $q_1 = -2g$:

$$q_r = g \cos \theta + q_1 \cos \theta = -g \cos \theta$$
$$q_t = -g \sin \theta \qquad (18.124)$$

Diese Belastungsfunktionen sind stetige Funktionen. Es treten keine Diskontinuitäten durch die Reaktionskräfte auf. Die Lösungen müssen also aus periodischen Funktionen bestehen, wofür hier nur $\cos \theta$ und $\sin \theta$ in Frage kommen. Wie bereits bekannt bestehen, handelt es sich bei den Verschiebungen, die mit diesen Funktionen beschrieben werden, um Starrkörperverschiebungen, wodurch keine Biegemomente auftreten.
Mit M = 0 folgt aus (18.15'):

$$N = - \int q_t a \, d\theta = - ga \cos \theta + C$$

Da die Belastung antimetrisch bezüglich der horizontalen Mittellinie ist, gilt dies auch für die Größe N, woraus folgt, daß die Konstante gleich Null ist. Damit ist dann auch das oben angeführte Ergebnis für N hergeleitet.

Tangentiale Reaktionskräfte

Die bisher betrachteten Arten der Aufhängung bzw. Unterstützung des Ringes, bei denen radial gerichtete Reaktionskräfte entstehen, sind für den Ring außerordentlich ungünstig. An den Stellen der Reaktionskräfte entstehen große Biegemomente. Die Momente werden bedeutend kleiner, wenn der Ring durch tangential gerichtete Reaktionskräfte im Gleichgewicht gehalten wird. Dies ist in dem Beispiel aus Bild 18.24 dargestellt, in dem der *Ring an den Seiten ($\theta = \pm \frac{\pi}{2}$) unterstützt* wird. Durch diese Art der Unterstützung wird der Ring auch besser "in Form" gehalten.

Dieses System ist nicht nur co-symmetrisch bezüglich der vertikalen Mittellinie, sondern darüber hinaus auch noch contrasymmetrisch (antimetrisch) bezüglich der horizontalen Mittellinie. Es genügt also daher, nur ein Viertel des Ringes, z.B. den Teil $0 < \theta < \frac{\pi}{2}$, zu betrachten. Hierfür gelten die folgenden Übergangsbedingungen:

$$\text{für } \theta = 0: \qquad Q = 0, \quad \frac{dw}{d\theta} = 0, \quad v = 0$$

$$\text{für } \theta = \frac{\pi}{2}: \qquad M = 0, \quad w = 0, \quad v = 0$$

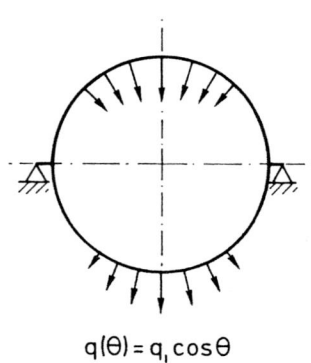

$$q(\theta) = q_1 \cos \theta$$

Bild 18.24.

Die weitere Ausarbeitung wird dem Leser selbst überlassen. Wir geben hier die Lösungen an:

$$\left.\begin{aligned}
N &= \tfrac{3}{4}\, q_1 a \cos \theta + \tfrac{1}{2}\, q_1 a \theta \sin \theta \\[4pt]
Q &= \tfrac{1}{4}\, q_1 a \sin \theta - \tfrac{1}{2}\, q_1 a \theta \cos \theta \\[4pt]
M &= -\tfrac{3}{4}\, q_1 a^2 \cos \theta - \tfrac{1}{2}\, q_1 a^2 \theta \sin \theta + \tfrac{\pi}{4}\, q_1 a^2 \\[4pt]
w &= \frac{q_1 a^4}{2\,EI}\left[\left(\tfrac{5}{16}\, \pi^2 - \tfrac{3}{2}\right) \cos \theta + \theta \sin \theta - \tfrac{1}{4}\, \theta^2 \cos \theta - \tfrac{\pi}{2}\right] \\[4pt]
v &= \frac{q_1 a^4}{2\,EI}\left[-\tfrac{5}{16}\, \pi^2 \sin \theta + \tfrac{3}{4}\, \theta \cos \theta + \tfrac{1}{4}\, \theta^2 \sin \theta + \tfrac{\pi}{2}\, \theta\right])
\end{aligned}\right\} \qquad (18.125)$$

Besondere Werte der Kräfteverteilung sind:

für $\theta = 0$: $N = \frac{3}{4} q_1 a$, $M = \frac{\pi - 3}{4} q_1 a^2 \approx \frac{0{,}14}{4} q_1 a$.

für $\theta = \frac{\pi}{2}$: $N = \frac{\pi}{4} q_1 a$, $Q = \frac{1}{4} q_1 a$.

Es fällt auf, daß der Wert des Biegemomentes für $\theta = 0$ nur einige Prozent des Wertes beträgt, der auftritt, wenn der Ring an der Unterseite aufgelegt wird (Formel 18.103). Mit den angegebenen Werten sind das horizontale, das vertikale und das Momentengleichgewicht des Viertelringes leicht nachzuprüfen.

Teil 5
Interaktion bei Verbindungen und Koppelungen

19

Verbindung von Stäben, die auf Dehnung beansprucht werden

Stäbe können auf verschiedene Weise miteinander verbunden werden. Diese Verbindungen fordern besondere Aufmerksamkeit bei den Konstrukteuren, da sie oft zu Problemen führen. Im folgenden betrachten wir Verbindungen zweier Stäbe, die über eine bestimmte Länge übereinandergreifen. Die Verbindung kann über diese Länge als kontinuierlich betrachtet werden. Das einfachste Beispiel ist eine Flankenlasche zwischen zwei Zugstäben. Dabei gehen wir von einer symmetrischen Anordnung (Bild 19.1) aus, um sekundäre Effekte (Momente) zu vermeiden. In den hier folgenden Bildern ist einfachheitshalber nur die untere Hälfte der Flankenverbindung dargestellt, bei der die Stäbe in vertikaler Richtung etwas auseinandergezogen wurden, um die Interaktion dieser Verbindungsart deutlicher zu zeigen. Es gibt für die Kraftübertragung verschiedene Möglichkeiten:

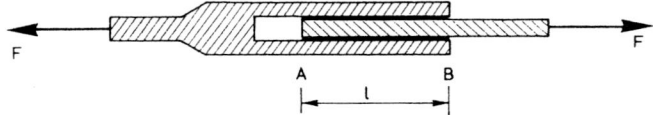

Bild 19.1.

a. Die als starr angenommene Verbindung

Starr bedeutet hier, daß die Lasche keine zusätzliche Verformung erhält. Wenn angenommen werden kann, daß über die Strecke der Lasche $(\overline{AB})$ ebene Querschnitte eben bleiben – was auch für den auf Dehnung beanspruchten Stab angenommen wurde, – dann sind die Normalkräfte N_1 und N_2 in den Stäben 1 und 2 (Bild 19.2) proportional zu den Dehnsteifigkeiten EA_1 und EA_2. Übertragen die beiden Stäbe eine Kraft F, dann gilt:

$$N_1 = \frac{EA_1}{EA_1 + EA_2} F \quad \text{und} \quad N_2 = \frac{EA_2}{EA_1 + EA_2} F \tag{19.1}$$

Diese Kräfte sind dann über die gesamte Länge l der Lasche konstant. Die Kraftübertragung konzentriert sich an den beiden Enden. Die Kraft N_1 wird am linken Ende A übertragen, die Kraft N_2 am rechten Ende B. Die größte Kraftübertragung findet da statt, wo der steifste Stab endet, und dort wird bei zunehmender Belastung die Verbindung am ehesten versagen. Das Modell einer starren Lasche führt also zu einer sehr ungünstigen Kraftübertragung. Es mahnt uns, daran zu denken, daß in der

Nähe der Laschenenden hohe Schubspannungen auftreten können. Das Modell ist jedoch sehr einfach. Es besteht keine Beziehung zwischen der Kraftübertragung und dem Materialverhalten.

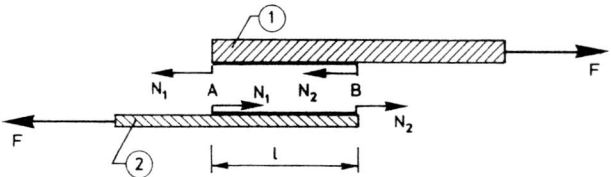

Bild 19.2.

b. Die als starr-plastisch angenommene Verbindung

Bei dieser Verbindung kann die Schubkraft einen bestimmten Grenzwert nicht überschreiten. Die Kraftübertragung findet in der Nähe der Enden statt (Bild 19.3), wo eine gleichmäßig verteilte Schubkraft auftritt. Bei zunehmender Belastung F werden sich diese Bereiche zur Mitte hin ausbreiten, bis schließlich über der gesamten Laschenlänge eine gleichmäßige Schubspannung vorhanden ist. Man kann dies dann eine optimale Kraftübertragung nennen. Über die volle Länge wird das Material auf dieselbe Weise belastet. Mit dem Modell kann man jedoch keine Aussage über die auftretenden Verformungen machen.

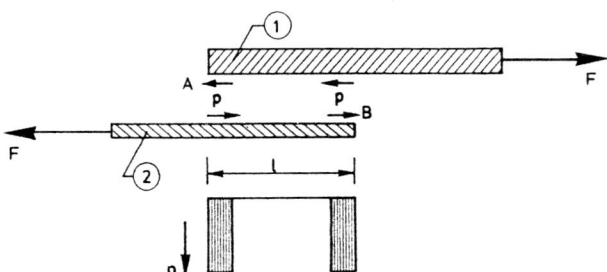

Bild 19.3.

c. Die als linear-elastisch angenommene Verbindung

Bei diesem Modell nimmt man eine lineare Beziehung zwischen den Schubkräften und den Verschiebungen an, die vergleichbar mit der Beziehung zwischen den verteilten Reaktionskräften und den Verschiebungen bei elastisch gebetteten Stäben und Trägern ist. Die verteilten Reaktionskräfte p, die auf die Stäbe ausgeübt werden, werden als proportional zu der unter Belastung auftretenden Differenz der Verschiebungen u_1 und u_2 der Stäbe 1 und 2 angenommen, d.h.:

$$p = k\,(u_1 - u_2) \tag{19.2}$$

mit k als Proportionalitätskonstante, die von Material, Form und Abmessungen der Lasche abhängig ist. Die Reaktionskräfte p wirken, wie in Bild 19.4 dargestellt, auf

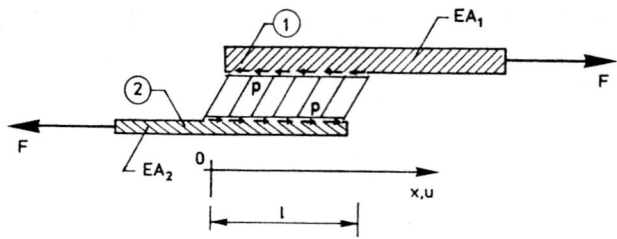

Bild 19.4.

die Stäbe entgegengesetzt zu den Kräften F, die auf die Stäbe ausgeübt werden. Bei dem gewählten Koordinatensystem gelten dann die folgenden Gleichungen:

$$\frac{dN_1}{dx} = p = k\,(u_1 - u_2) \tag{19.3}$$

$$N_1 = EA_1\frac{du_1}{dx} \tag{19.4}$$

$$\frac{dN_2}{dx} = -p = -k\,(u_1 - u_2) \tag{19.5}$$

$$N_2 = EA_2\frac{du_2}{dx} \tag{19.6}$$

Hieraus folgt das System simultaner Gleichungen:

$$EA_1\frac{d^2u_1}{dx^2} - ku_1 + ku_2 = 0 \tag{19.7}$$

$$EA_2\frac{d^2u_2}{dx^2} + ku_1 - ku_2 = 0 \tag{19.8}$$

Das anscheinend einfache Problem stellt sich komplizierter als vielleicht erwartet heraus. Mit

$$\alpha_1{}^2 = \frac{k}{EA_1}$$

und

$$\alpha_2{}^2 = \frac{k}{EA_2}$$

kann das System folgendermaßen geschrieben werden:

$$\frac{d^2u_1}{dx^2} - \alpha_1{}^2u_1 + \alpha_1{}^2u_2 = 0 \tag{19.9}$$

$$\frac{d^2u_2}{dx^2} + \alpha_2{}^2u_1 - \alpha_2{}^2u_2 = 0 \tag{19.10}$$

Setzt man die Lösungen $u_1 = C\,e^{rx}$ und $u_2 = D\,e^{rx}$ ein, so erhält man die algebraischen Gleichungen für die Unbekannten C und D:

$$(r^2 - \alpha_1^2)\,C + \alpha_1^2 D = 0 \qquad (19.11)$$

$$\alpha_2^2 C + (r^2 - \alpha_2^2)D = 0 \qquad (19.12)$$

Dieses homogene System hat nur dann eine Lösung, wenn die Determinante des Systems gleich Null ist, d.h. wenn gilt:

$$(r^2 - \alpha_1^2)(r^2 - \alpha_2^2) - \alpha_1^2 \alpha_2^2 = 0 \qquad (19.13)$$

oder:

$$(r^2)^2 - (\alpha_1^2 + \alpha_2^2)\,r^2 = 0, \qquad (19.14)$$

woraus folgt:

$$r^2 = 0 \quad \text{und} \quad r^2 = \alpha_1^2 + \alpha_2^2,$$

so daß die Wurzeln lauten:

$$r = 0 \quad (2\times) \qquad (19.15)$$

$$r = \pm a, \quad \text{mit } a = \sqrt{\alpha_1^2 + \alpha_2^2} \qquad (19.16)$$

Die Lösungen des Systemes simultaner Gleichungen lauten dann:

$$u_1 = C_1\,e^{ax} + C_2\,e^{-ax} + C_3 + C_4 x \qquad (19.17)$$

$$u_2 = D_1\,e^{ax} + D_2\,e^{-ax} + D_3 + D_4 x \qquad (19.18)$$

Zwischen den Konstanten C und D besteht noch eine Beziehung, die aus einer der beiden Gleichungen (19.11) und (19.12) folgt. Aus (19.11) folgt:

$$\frac{D}{C} = -\frac{(r^2 - \alpha_1^2)}{\alpha_1^2} \qquad (19.19)$$

Für die beiden Wurzeln $r = 0$ folgt hieraus:

$$D = C, \qquad (19.20)$$

und für die Wurzeln $r^2 = \alpha_1^2 + \alpha_2^2$ folgt:

$$D = -\frac{\alpha_2^2}{\alpha_1^2}\,C = -\frac{EA_1}{EA_2}\,C, \qquad (19.21)$$

womit die Lösungen (19.17) und (19.18) übergehen in:

$$u_1 = C_1 e^{ax} + C_2 e^{-ax} + C_3 + C_4 x \qquad (19.22)$$

$$u_2 = -\frac{EA_1}{EA_2}(C_1 e^{ax} + C_2 e^{-ax}) + C_3 + C_4 x \qquad (19.23)$$

Hieraus folgt mit (19.4) und (19.6):

$$N_1 = EA_1 a(C_1 e^{ax} - C_2 e^{-ax}) + EA_1 C_4 \qquad (19.24)$$

$$N_2 = -EA_1 a(C_1 e^{ax} - C_2 e^{-ax}) + EA_2 C_4 \qquad (19.25)$$

An jeder Stelle gilt: $N_1 + N_2 = F$, woraus folgt:

$$C_4 = \frac{F}{EA_1 + EA_2} \qquad (19.26)$$

Die Lösungsanteile

$$N_1 = EA_1 C_4 = \frac{EA_1}{EA_1 + EA_2} F$$

und

$$N_2 = EA_2 C_4 = \frac{EA_2}{EA_1 + EA_2} F$$

sind die zuvor dargestellten Lösungen (19.1) für die starre Verbindung. Die beiden ersten Terme für N_1 und N_2 geben den Effekt der Federung – die Flexibilität – der Lasche wieder. Es gelten jetzt folgende Randbedingungen:

für $x = 0$: $N_1 = 0$ $(N_2 = F)$ $\qquad\qquad$ (19.27)

für $x = l$: $N_1 = F$ $(N_2 = 0)$, $\qquad\qquad$ (19.28)

womit die Kräfteverteilung bestimmt werden kann. Die Verschiebungen liegen dann auch bis auf eine Konstante C_3 fest. Diese Konstante bedeutet eine Translation des ganzen Systemes als fester Körper und ist somit nicht relevant.

Wir überspringen die einzelnen Lösungsschritte und führen einige Ergebnisse an. Man erhält für die beiden Normalkräfte und die verteilte Schubkraft p:

$$N_1 = \frac{EA_1}{EA_1 + EA_2} F\left[1 - \frac{e^{a(l-x)} - e^{-a(l-x)}}{e^{al} - e^{-al}} + \frac{EA_2}{EA_1}\frac{e^{ax} - e^{-ax}}{e^{al} - e^{-al}}\right] \quad (19.29)$$

$$N_2 = \frac{EA_2}{EA_1 + EA_2} F\left[1 + \frac{EA_1}{EA_2}\frac{e^{a(l-x)} - e^{-a(l-x)}}{e^{al} - e^{-al}} - \frac{e^{ax} - e^{-ax}}{e^{al} - e^{-al}}\right] \quad (19.30)$$

$$p = k(u_1 - u_2) = k \frac{EA_1 + EA_2}{EA_2} (C_1 e^{ax} + C_2 e^{-ax}) =$$

$$= k \frac{F}{a(e^{al} - e^{-al})} \left[\frac{1}{EA_1} (e^{ax} + e^{-ax}) + \frac{1}{EA_2}(e^{a(l-x)} + e^{-a(l-x)}) \right]$$

(19.31)

oder bei Verwendung von hyperbolischen Funktionen:

$$N_1 = \frac{1}{EA_1 + EA_2} \left[\frac{EA_1\{\sinh al - \sinh a(l-x)\} + EA_2 \sinh ax}{\sinh al} \right] F \quad (19.32)$$

$$N_2 = \frac{1}{EA_1 + EA_2} \left[\frac{EA_2\{\sinh al - \sinh ax\} + EA_1 \sinh a(l-x)}{\sinh al} \right] F \quad (19.33)$$

$$p = \frac{k}{a} \left[\frac{1}{EA_1} \frac{\cosh ax}{\sinh al} + \frac{1}{EA_2} \frac{\cosh a(l-x)}{\sinh al} \right] F \quad (19.34)$$

Zur Anwendung dieser Formeln betrachten wir einige besondere Fälle:

a. $EA_2 = \infty$. Dieser Fall tritt auf, wenn Stab 1 in einem sehr steifen Medium eingebettet ist, wie z.B. bei dem bereits in Kapitel 8 beschriebenen Ausziehversuch. Es gilt jetzt $\alpha_2 = 0$ und $a = \alpha_1$. Man erhält:

$$N_1 = \frac{\sinh ax}{\sinh al} F \qquad [N] \qquad (19.35)$$

$$p = \frac{\cosh ax}{\sinh al} aF \qquad [Nm^{-1}] \qquad (19.36)$$

Die Verläufe beider Größen werden durch den Parameter $al = \alpha_1 l$ bestimmt. Sie sind für $\alpha_1 l = 2$ in Bild 19.5 dargestellt. Bei zunehmenden Werten für diesen Parameter, d.h. bei zunehmender Federsteifigkeit k, wird sich die Schubkraft p am

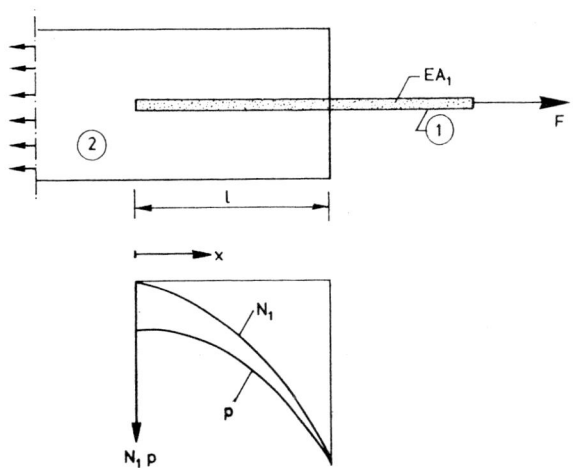

Bild 19.5.

rechten Ende konzentrieren und zu beträchtlichen Spannungsspitzen führen. Mit $\cosh al \approx \sinh al$ gilt hier (siehe auch Formel (8.10)):

$$P_{(x=l)} = a\,F = \sqrt{\frac{k}{EA_1}}\,F \tag{19.37}$$

Mit abnehmenden Werten für al nähert sich die Normalkraft N folgendem linearen Verlauf:

$$N_1 = \frac{x}{l}\,F \tag{19.38}$$

und die Schubkraft p dem konstanten Wert:

$$p = \frac{1}{l}\,F, \tag{19.39}$$

wie sich bei einer Reihenentwicklung der Formeln (19.32) und (19.34) unmittelbar zeigt.

Diesen konstanten Wert für die Schubkraft erhält man auch bei einem endlichen Wert für die Federsteifigkeit k, wenn $EA_1 = EA_2 = \infty$ ist. Dabei kann man auch an zwei steife Blöcke denken, die über eine Fuge miteinander verbunden sind (Bild 19.6).

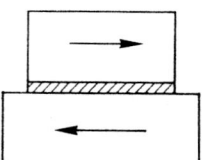

Bild 19.6.

b. $EA_1 = EA_2 = EA$. Die Stäbe haben jetzt dieselbe Dehnsteifigkeit. Es gilt

$$\alpha_1{}^2 = \alpha_2{}^2 = \alpha^2 = \frac{k}{EA}$$

und

$$a^2 = 2\alpha^2, \quad a = \alpha\sqrt{2}.$$

Aus den Formeln (19.32) bis (19.34) folgt jetzt:

$$N_1 = \frac{1}{2}\left[\frac{\sinh al - \sinh a(l-x) + \sinh ax}{\sinh al}\right] F \tag{19.40}$$

$$N_2 = \frac{1}{2}\left[\frac{\sinh al - \sinh ax + \sinh a(l-x)}{\sinh al}\right] F \tag{19.41}$$

$$p = \frac{k}{EA\,a}\left[\frac{\cosh ax}{\sinh al} + \frac{\cosh a(l-x)}{\sinh al}\right] F \tag{19.42}$$

Diese Ausdrücke können entscheidend vereinfacht werden, wenn man den Ursprung in die Mitte der Lasche legt. Für die neue Koordinate $\bar{x}$ gilt dann: $\bar{x} = x - \frac{1}{2}l$. Durch Verwendung von bekannten Formeln für die hyperbolischen Funktionen folgt:

$$N_1 = (1 + \frac{\sinh a\bar{x}}{\sinh al/2}) \frac{1}{2} F \qquad (19.43)$$

$$N_2 = (1 - \frac{\sinh a\bar{x}}{\sinh al/2}) \frac{1}{2} F \qquad (19.44)$$

$$p = \frac{k}{EA\,a} \frac{\cosh a\bar{x}}{\sinh al/2} F \qquad (19.45)$$

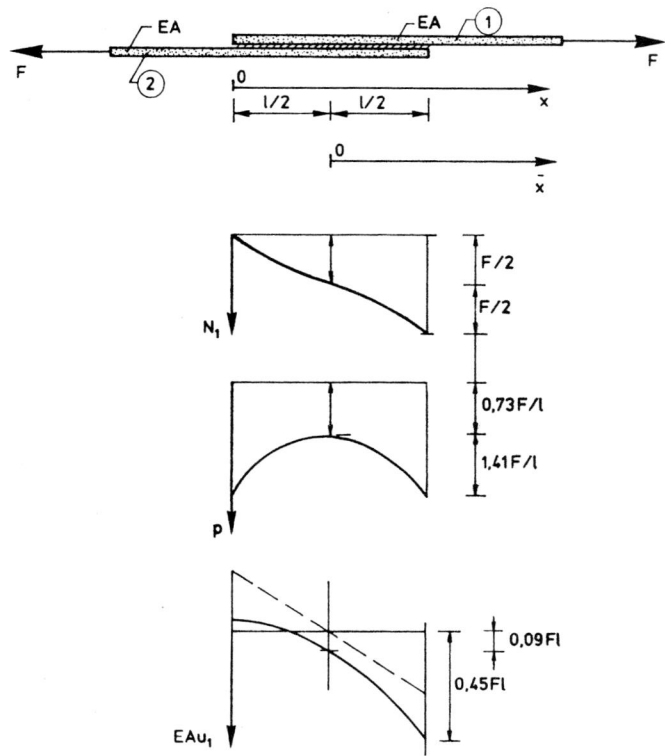

Bild 19.7.

Die Funktionen sind in Bild 19.7 für einen Wert $al = 2$ ($al/2 = 1{,}41$) dargestellt. Der Verlauf von N_2 ist das Spiegelbild des Verlaufes von N_1 bezüglich O. Wir geben noch den Ausdruck für die Verschiebung u_1 an, die leicht durch Integration von (19.43) bestimmt werden kann. Man erhält:

$$EAu_1 = \int N_1 \, dx = \left[\bar{x} + \frac{1}{a} \frac{\cosh a\bar{x}}{\sinh al/2} + C_1\right] \frac{1}{2} F \qquad (19.46)$$

Die Integrationskonstante erhält man mit Hilfe der Bedingung, daß in der Mitte, d.h. für $\bar{x} = 0$, gilt:

$$u_2 = -u_1 \tag{19.47}$$

Mit (19.45) folgt dann:

$$p = k(u_1 - u_2) = 2ku_1 = \frac{k}{EA\,a} \frac{1}{\sinh a l/2}\, F,$$

woraus folgt:

$$EAu_1 = \frac{1}{a \sinh a l/2} \frac{1}{2}\, F$$

Die Integrationskonstante C_1 ist also gleich Null, und der Ausdruck für die Verschiebung lautet:

$$EAu_1 = \left[\bar{x} + \frac{1}{a} \frac{\cosh a\bar{x}}{\sinh a l/2} \right] \frac{1}{2}\, F \tag{19.48}$$

Die Funktion ist ebenfalls in Bild 19.7 dargestellt.

In Hinsicht auf das angewandte Lösungsvorgehen halten wir noch folgendes fest.

1. Das System der simultanen Gleichungen (19.7) und (19.8) kann auch in eine einzige Gleichung für u_1 oder u_2 umgeformt werden. Differenziert man z.B. Gleichung (19.7) zweimal, dann kann man aus den drei erhaltenen Gleichungen u_2 eliminieren und erhält dann die Differentialgleichung vierter Ordnung für u_1:

$$\frac{d^4 u_1}{dx^4} - k\left(\frac{1}{EA_1} + \frac{1}{EA_2}\right) \frac{d^2 u_1}{dx^2} = 0 \tag{19.49}$$

Der zweite Term beeinhaltet die Summe zweier reziproker Steifigkeiten und erinnert uns an ein Reihensystem. Die Analyse eines Reihensystems führt in erster Linie zu einem System simultaner Gleichungen. Die Umformung in eine einzige Gleichung, die dann von höherer Ordnung ist, bietet für die Lösung jedoch keine Vorteile. Das hier angewandte Lösungsvorgehen entspricht genau dem bei einer freien Schwingung eines Zwei-Massen-Federsystems, aber das Problem ist wesentlich anders.

2. Der Charakter eines Reihensystems zeigt sich bei dem folgenden Vorgehen noch deutlicher. Wir führen als neue Variable die Verschiebungsdifferenz $u_1 - u_2$ ein und bezeichnen diese mit Δ:

$$u_1 - u_2 = \Delta \tag{19.50}$$

Die Gleichungen (19.7) und (19.8) gehen dann über in:

$$\frac{d^2u_1}{dx^2} = \frac{k}{EA_1} \Delta$$

und

$$\frac{d^2u_2}{dx^2} = -\frac{k}{EA_2} \Delta \qquad (19.51)$$

Zieht man diese Gleichungen voneinander ab, dann bleibt eine einzige Gleichung mit der neuen Variable Δ übrig:

$$\frac{d^2\Delta}{dx^2} = k\left(\frac{1}{EA_1} + \frac{1}{EA_2}\right) \Delta \qquad (19.52)$$

Wir schreiben, entsprechend der Formel für das Reihensystem, für die resultierende Steifigkeit EA:

$$\frac{1}{EA} = \frac{1}{EA_1} + \frac{1}{EA_2} \qquad (19.53)$$

Damit geht Gleichung (19.52) über in:

$$\frac{d^2\Delta}{dx^2} - \frac{k}{EA} \Delta = 0 \qquad (19.54)$$

Mit $a^2 = k/EA$ lautet die Lösung:

$$\Delta = C_1 e^{ax} + C_2 e^{-ax} \qquad (19.55)$$

und

$$\frac{d\Delta}{dx} = aC_1 e^{ax} - aC_2 e^{-ax} \qquad (19.56)$$

Die Konstanten erhält man aus den folgenden Randbedingungen:

für $x = 0$: $N_1 = 0$, d.h. $\dfrac{du_1}{dx} = 0$

$N_2 = F$, d.h. $\dfrac{du_2}{dx} = \dfrac{F}{EA_2}$ $\qquad \dfrac{du_1}{dx} - \dfrac{du_2}{dx} = \dfrac{d\Delta}{dx} = -\dfrac{F}{EA_2}$ $\quad (19.57)$

für $x = l$: $N_1 = F$, d.h. $\dfrac{du_1}{dx} = \dfrac{F}{EA_1}$

$N_2 = 0$, d.h. $\dfrac{du_2}{dx} = 0$ $\qquad \dfrac{du_1}{dx} - \dfrac{du_2}{dx} = \dfrac{d\Delta}{dx} = \dfrac{F}{EA_1}$ $\quad (19.58)$

Für die Konstanten erhält man somit:

$$C_1 = \frac{EA_1 e^{-al} + EA_2}{a\,EA_1 EA_2(e^{al} - e^{-al})} F, \quad C_2 = \frac{EA_1 e^{al} + EA_2}{a\,EA_1 EA_2(e^{al} - e^{-al})} F, \qquad (19.59)$$

womit die Lösungen für Δ und $d\Delta/dx$ bekannt sind.

Die Kräfte N_1 und N_2 können schließlich mit dem folgenden Gleichungssystem gelöst werden:

$$\frac{N_1}{EA_1} - \frac{N_2}{EA_2} = \frac{du_1}{dx} - \frac{du_2}{dx} = \frac{d\Delta}{dx} \qquad (19.60)$$

$$N_1 + N_2 = F, \qquad (19.61)$$

während für die Schubkraft p gilt:

$$p = k(u_1 - u_2) = k\Delta \qquad (19.62)$$

Eigentlich interessiert uns diese Größe am meisten. Eine weitere Ausarbeitung führt direkt auf Formel (19.34).

20

Koppelung von Trägern, die auf Biegung beansprucht werden

20.1 Einleitung

Von jeher ist bekannt, daß das System, bestehend aus einem Holzbalken, der auf einem anderen Balken liegt und die zusammen eine Belastung aufnehmen sollen, durch Anbringen von Dübeln zwischen diesen beiden Balken, versteift werden kann. Eine moderne Version dieser Konstruktion ist der Verbundträger.

Eine ähnliche Koppelung sieht man oft bei Gebäuden, bei denen, wie in Bild 20.1 dargestellt, vertikale Wände durch horizontale Balken verbunden sind.

Es kommt auch bei Gebäuden oft vor, daß Fertigteilwände über die gesamte Höhe durch eine Fuge miteinander verbunden sind (Bild 20.2).

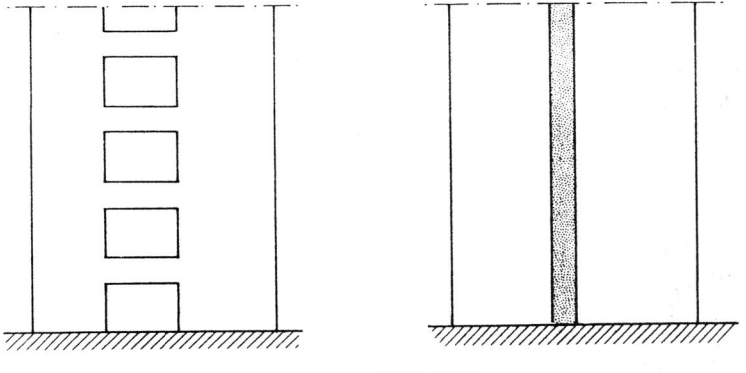

Bild 20.1.   *Bild 20.2.*

In all diesen Fällen üben die auf Biegung beanspruchten Träger bzw. Wände Schubkräfte aufeinander aus, wodurch sie sich bei der Aufnahme der Belastung gegenseitig unterstützen. Es handelt sich um eng verwandte Probleme.

Wir wollen hier insbesondere das Tragverhalten von Wänden, die durch Balken verbunden sind, näher untersuchen. Das System ist in Bild 20.3 schematisch dargestellt.

Das System aus den beiden Wänden wird an der linken Seite durch eine verteilte horizontale Belastung q belastet. Die Belastungsanteile q_1 und q_2 der Wände sind vorerst unbekannt. Es gilt:

$$q_1 + q_2 = q \qquad (20.1)$$

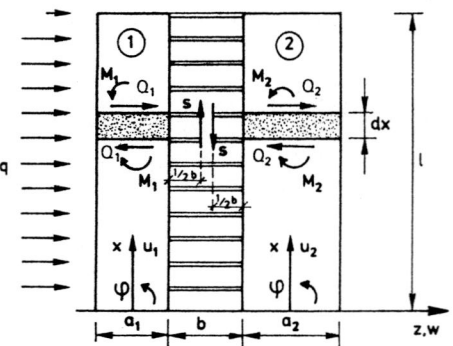

Bild 20.3.

Führte man die Koppelung mit Pendelstäben aus, dann würde die Belastung q proportional zu den jeweiligen Biegesteifigkeiten EI_1 und EI_2 auf die Wände 1 und 2 verteilt werden. Die Schubkräfte s stören diese Vorstellung.

Die verteilt angenommenen Schubkräfte s entstehen, da die Punkte A_1 und A_2, die vor Belastung an den Innenseiten der Wände 1 und 2 in demselben horizontalen Schnitt lagen, sich bei Belastung gegeneinander vertikal verschieben, wie in Bild 20.4 dargestellt ist. Infolgedessen werden die Koppelbalken, so wie in Bild 20.5 näherungsweise dargestellt, verbogen. Dabei entstehen, wie sich später zeigen wird, in der Mitte der Balken Momentennullpunkte. An den Stellen dieser Nullpunkte wird nur eine vertikale Querkraft übertragen.

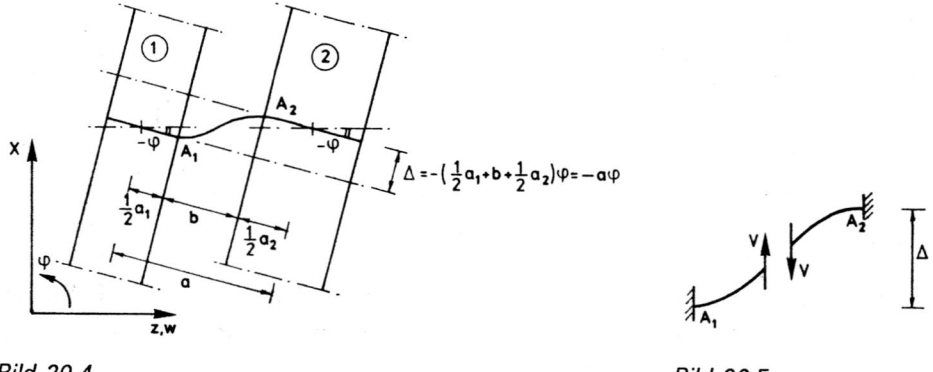

Bild 20.4.   *Bild 20.5.*

Wenn man die gegenseitige Verschiebung der Punkte A_1 und A_2 mit Δ bezeichnet, dann beträgt die vertikale Querkraft V in einem Balken (Bild 20.5):

$$V = \frac{12\,EI}{b^3}\,\Delta, \tag{20.2}$$

wobei EI die Biegesteifigkeit des Koppelbalkens und b der Abstand der Punkte A_1 und A_2 ist. "Verschmiert" man diese Kräfte in vertikaler Richtung, so entsteht eine verteilte

Schubkraft s (positiv wirkend, wie in Bild 20.3 dargestellt).

$$s = \frac{12\,EI}{b^3 h}\,\Delta \tag{20.3}$$

mit h als vertikalem Abstand der Koppelbalken.
Durch Einführen eines Steifigkeitsfaktors

$$k_s = \frac{12\,EI}{b^3 h} \qquad [N/m^2] \tag{20.4}$$

kann man diese Formel kürzer schreiben:

$$s = k_s \Delta \qquad [N/m] \tag{20.5}$$

Die verteilten Schubkräfte s haben zwei Effekte auf die Wände.
In erster Linie üben sie auf die Wände verteilte Momente aus (BIld 20.3):

$$\text{in Wand 1: } \quad m_1 = \frac{1}{2}\,(a_1 + b)\,s \tag{20.6}$$

$$\text{in Wand 2: } \quad m_2 = \frac{1}{2}\,(a_2 + b)\,s \tag{20.7}$$

Darüber hinaus verursachen sie als verteilte axiale Belastung Normalkräfte in den Wänden und dadurch axiale Verschiebungen u der Querschnitte. Dieser letztere Effekt macht die Analyse bedeutend komplizierter. Wir spalten daher unsere Untersuchung in zwei Teile auf. Im ersten Teil wird die Verformung durch die Normalkräfte – die mittlere Dehnung – in den Wänden nicht berücksichtigt, was bei Verwendung von Koppelbalken oft zulässig sein kann. Im zweiten Teil wird diese mittlere Dehnung in die Berechnung miteinbezogen, was insbesondere beim Einsatz von Fugen notwendig sein wird.

20.2 Wände bei Vernachlässigung der mittleren Dehnung

Wir beginnen mit einem Rückblick auf die vier Grundgleichungen für die beiden Wände (Träger) bei Belastung auf Biegung (Kapitel 4). Der Schub kann dabei außer Betracht gelassen werden (GA = ∞).

Wand 1:   Wand 2:

$$q_1 = -\frac{dQ_1}{dx} \qquad\qquad q_2 = -\frac{dQ_2}{dx} \tag{20.8}$$

$$Q_1 = \frac{dM_1}{dx} + m_1 \qquad\qquad Q_2 = \frac{dM_2}{dx} + m_2 \tag{20.9}$$

$$M_1 = EI_1 \frac{d\varphi_1}{dx} \qquad\qquad M_2 = EI_2 \frac{d\varphi_2}{dx} \tag{20.10}$$

$$\varphi_1 = -\frac{dw_1}{dx} \qquad\qquad \varphi_2 = -\frac{dw_2}{dx} \qquad\qquad (20.11)$$

Die Verbindung der beiden Wände führt dazu, daß die Verschiebungen w_1 und w_2 und damit auch die Rotationen φ_1 und φ_2 gleich sind. Wir setzen:

$$w_1 = w_2 = w \qquad\qquad (20.12)$$

$$\varphi_1 = \varphi_2 = \varphi \qquad\qquad (20.13)$$

Aufgrund von (20.11) gilt:

$$\varphi = -\frac{dw}{dx} \qquad\qquad (20.14)$$

Wir dürfen jetzt daraus schließen, daß die zuvor eingeführte Verschiebung Δ der Punkte A_1 und A_2 gegeneinander ausschließlich durch dieselbe Rotation φ der Wände verursacht wird, wodurch also tatsächlich in der Mitte des Koppelbalkens ein Wendepunkt entsteht, an dem nur eine vertikale Querkraft V übertragen wird. Aus Bild 20.4 entnehmen wir für die Verschiebung Δ:

$$\Delta = -(\tfrac{1}{2} a_1 + b + \tfrac{1}{2} a_2)\,\varphi = a\,\frac{dw}{dx} \qquad\qquad (20.15)$$

mit a als Abstand der Wandachsen (Achsen der Biegeträger).
Gleichung (20.5) geht somit über in:

$$s = k_s a\,\frac{dw}{dx} \qquad\qquad (20.16)$$

wodurch die Schubkraft s sowohl in der Neigung der Wand als auch in der Rotation der Querschnitte ausgedrückt wird.

Wir gehen zurück zu den Grundgleichungen. Für die Biegemomente (20.10) gilt jetzt:

$$M_1 = -EI_1\,\frac{d^2w}{dx^2}$$
$$M_2 = -EI_2\,\frac{d^2w}{dx^2} \qquad\qquad (20.17)$$

Wenn man:

$$M_b = M_1 + M_2 \qquad\qquad (20.18)$$

und

$$EI_b = EI_1 + EI_2 \qquad\qquad (20.19)$$

setzt, folgt:

$$M_b = -EI_b\,\frac{d^2w}{dx^2} \qquad\qquad (20.20)$$

Wir setzen auch:

$$Q = Q_1 + Q_2 \qquad (20.21)$$

Mit den Gleichungen (20.9) folgt dann:

$$Q = \frac{dM_b}{dx} + m_1 + m_2 \qquad (20.22)$$

Für die Summe der verteilten Momente m_1 und m_2 folgt aus (20.6) und (20.7):

$$m_1 + m_2 = (\tfrac{1}{2} a_1 + b + \tfrac{1}{2} a_2)\, s = a\, s, \qquad (20.23)$$

womit Gleichung (20.22) übergeht in:

$$Q = \frac{dM_b}{dx} + a\, s \qquad (20.24)$$

Aus dieser Gleichung erkennen wir, wie die Schubkraft s zusätzlich zum Momentengleichgewicht beiträgt.

Addition der Gleichungen (20.8) führt zu:

$$q = -\frac{dQ}{dx} \qquad (20.25)$$

Differenziert man Gleichung (20.24) und setzt sie dann hierin ein, so erhält man:

$$q = -\frac{d^2 M_b}{dx^2} - a\, \frac{ds}{dx} \qquad (20.26)$$

Mit (20.20) und (20.16) ergibt sich dann die Differentialgleichung, die das Tragverhalten der gekoppelten Wände beschreibt, in der Verschiebung w ausgedrückt:

$$EI_b \frac{d^4 w}{dx^4} - k_s a^2 \frac{d^2 w}{dx^2} = q \qquad (20.27)$$

Der erste Term auf der linken Seite stellt die gesamte Tragkraft der ungekoppelten Wände bei Biegung dar. Der zweite Term repräsentiert die Tragkraft, die durch die Schubkraft s in der Verbindung geliefert wird. Diese liefert ein verteiltes, entgegenwirkendes Moment (a s) (20.23), das mit der Neigung der Wand dw/dx zunimmt (20.16).

Man könnte dies auch so interpretieren, daß entlang der Systemachse verteilte, entgegenwirkende Rotationsfedern vorhanden sind. Der zweite Term stimmt daher auch mit dem zweiten Term aus Gleichung (11.6) überein.

Es fällt natürlich gleich auf, daß die Struktur der Gleichung mit der einer Kombination aus Biegeträger und Schubträger übereinstimmt (Kapitel 14). Wir können die Konstante $k_s a^2$ als eine Art Schubsteifigkeit auffassen und mit GA bezeichnen.

Gleichung (20.27) wird dann gleich Gleichung (14.40).

Der Schubträger, der im System enthalten ist, rückt in den Vordergrund, wenn die Biegesteifigkeit EI gleich Null angenommen wird. Dann folgt aus (20.20): $M_b = 0$ und mit (20.22), (20.23) und (20.16) für die Querkraft Q_S in diesem Schubträger:

$$Q_S = m_1 + m_2 = a\,s = k_s a^2 \frac{dw}{dx} = GA\,\frac{dw}{dx} \qquad (20.28)$$

Die Schubsteifigkeit wird ausschließlich durch die Biegesteifigkeit der Koppelbalken geliefert (Bild 20.4). Die Tragwirkung durch dieses "Abscheren", ist von der Tragwirkung der beiden Wände durch Biegung völlig getrennt, so daß beide Tragwirkungen wie bei einem Parallelsystem superponiert werden können.

Die Beiträge der Schubkräfte s an der Tragkraft zeigen sich am deutlichsten bei der partikulären Lösung für eine sinusförmige Belastung der Form $q = q_1 \sin(\pi x/l)$. Setzt man $w = w_1 \sin(\pi x/l)$ in die Differentialgleichung ein, so erhält man die folgende Lösung:

$$w = \frac{1}{\pi^2 EI_b/l^2 + k_s a^2}\; \frac{q_1 l^2}{\pi^2}\sin\frac{\pi x}{l} \qquad (20.29)$$

Mit dieser Formel kann die Wirkung des Steifigkeitsfaktors k_s leicht untersucht werden.

Für den Belastungsfall aus Bild 20.3 kann die Lösung verwendet werden, welche bereits zuvor für die Kombination eines Biegeträgers mit einem Schubträger hergeleitet wurde. Für eine konstante Belastung q_0 galt (14.8):

$$w = C_1\,e^{\alpha x} + C_2\,e^{-\alpha x} + C_3 + C_4 x - \frac{1}{2}\frac{q_0}{GA}x^2, \qquad (20.30)$$

worin der Parameter α jetzt definiert wird als:

$$\alpha^2 = \frac{GA}{EI_b} = \frac{k_s a^2}{EI_b} \qquad (20.31)$$

Die Randbedingungen lauten::

für x = 0: $\quad w = 0$

und $\quad \dfrac{dw}{dx} = 0 \qquad (20.32)$

für x = l: $\quad M_b = M_1 + M_2 = 0 \;\to\; \dfrac{d^2 w}{dx^2} = 0 \qquad (20.33)$

und $\quad Q = \dfrac{dM_b}{dx} + a\,s = 0 \;\to\; -EI_b\,\dfrac{d^3 w}{dx^3} + GA\,\dfrac{dw}{dx} = 0 \quad (20.34)$

Diese Randbedingungen stimmen mit denen des ersten Beispiels in Kapitel 14 (Formeln 14.12 bis 14.19) überein. Die in Kapitel 14 gefundenen Lösungen für die

Konstanten (Formeln 14.20 bis 14.23) können also hier, ebenso wie die Ausdrücke für die Verschiebung w und das Biegemoment (Formeln 14.24 und 14.25), übernommen werden.

Auch die in Bild 14.4 dargestellten Ergebnisse für den Wert $\alpha l = 2$ können herangezogen werden, um einen Einblick in das Tragverhalten von gekoppelten Wänden zu bekommen. Für die Interpretation gilt dann noch folgendes:

$$Q_S = GA \frac{dw}{dx} = m_1 + m_2 = a\,s \quad \text{(siehe auch 20.28)} \tag{20.35}$$

$$M_b = -EI_b \frac{d^2w}{dx^2} = M_1 + M_2 \tag{20.36}$$

Diese Momentensumme wird proportional zu den Biegesteifigkeiten auf die Wände 1 und 2 verteilt:

$$
\begin{aligned}
M_1 &= \frac{EI_1}{EI_1 + EI_2} M_b \\
M_2 &= \frac{EI_2}{EI_1 + EI_2} M_b
\end{aligned}
\tag{20.37}
$$

$$Q_b = -EI_b \frac{d^3w}{dx^3} = \frac{dM_b}{dx} \tag{20.38}$$

Superposition der Funktionen für Q_S und Q_b führt auf den erforderlichen linearen Verlauf der gesamten Querkraft, wie in Bild 14.4 dargestellt. Es gilt:

$$Q_S + Q_b = a\,s + \frac{dM_b}{dx} = Q = Q_1 + Q_2 \tag{20.39}$$

Der Verlauf der Querkräfte in den einzelnen Wänden muß mit den Formeln (20.9) bestimmt werden. Es gilt:

$$
\begin{aligned}
Q_1 &= \frac{dM_1}{dx} + \tfrac{1}{2}(a_1 + b)s \\
Q_2 &= \frac{dM_2}{dx} + \tfrac{1}{2}(a_2 + b)s
\end{aligned}
\tag{20.40}
$$

Wenn die Schubkraft s bei zunehmender Belastung einen Grenzwert s_0 erreicht (elastisch-plastisches Verhalten) und die Schubkraft über die gesamte Höhe konstant ist (zumindest näherungsweise), wird das Problem einfacher. Die Kräfteverteilung ist dann statisch bestimmt und kann durch direkte Integration der Gleichungen (20.25) und (20.24) bestimmt werden. In Bild 20.6 ist der Momentenverlauf schematisch angegeben.

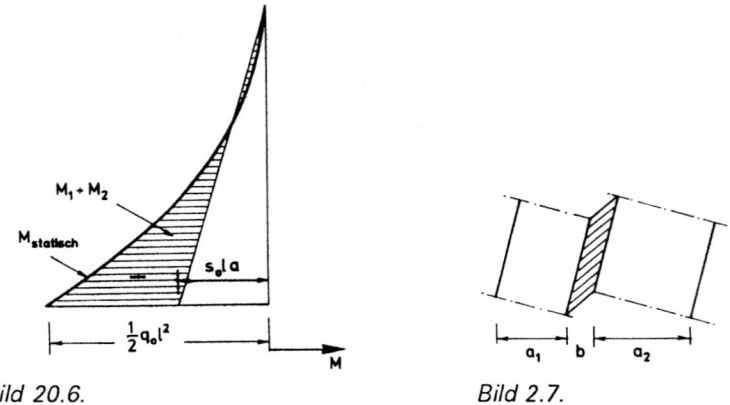

Bild 20.6.   Bild 2.7.

20.3 Wände unter Berücksichtigung der mittleren Dehnung

Bei steifen Koppelbalken und besonders bei durch Fugen gekoppelten Wänden muß die mittlere Dehnung der Wände berücksichtigt werden.

Bei homogenen Fugen, die auf Schub beansprucht werden (Bild 20.7), gilt für den Steifigkeitsfaktor k_s:

$$k_s = \frac{Gt}{b} \quad [N/m^2] \tag{20.41}$$

mit G als Schubmodul des Materiales und t als Fugendicke (senkrecht zur Wandebene).

Die Schubkräfte s verursachen in den Wänden Normalkräfte. Wand 1 wird auf Zug, Wand 2 auf Druck beansprucht. Als Folge davon wird im gemeinsamen Schnitt A_1A_2 (Bild 20.4) der Querschnitt in Wand 1 eine positive Verschiebung u_1 und der Querschnitt in Wand 2 eine negative Verschiebung u_2 erfahren. Die gegenseitige Verschiebung der Punkte A_1 und A_2 wird dadurch kleiner. Es gilt jetzt (siehe auch Formel (20.15)):

$$\Delta = a \frac{dw}{dx} - u_1 + u_2, \tag{20.42}$$

und für die Schubkraft s gilt mit der unveränderten Gleichung (20.5):

$$s = k_s(a \frac{dw}{dx} - u_1 + u_2) \tag{20.43}$$

Die Schubkraft nimmt ab und damit auch das entgegenwirkende Moment, das durch die Schubkraft geliefert wird. Die Verschiebungen w werden größer, die Steifigkeit des Systems nimmt ab. Dies alles wird durch das Hinzufügen einer Verformungsmöglichkeit verursacht. Der Schubträger, der im System enthalten ist, wird sich jetzt auch biegen (siehe Beanspruchung eines Trägers auf Schub und Biegung, Kapitel 4). Diejenigen Größen, die sich auf diesen Biege-Schubträger beziehen, versehen wir, wenn nötig, mit einem Index s. Bedenkt man, daß die Querkraft Q_s in diesem Träger gleich (a s) ist (siehe Formel (20.24) oder (20.28)) und daß man annehmen kann:

$$\frac{u_2 - u_1}{a} = \varphi_s \qquad (20.44)$$

mit φ_s als der Rotation der Querschnitte dieses Trägers, dann folgt aus Gleichung (20.43):

$$a\,s = k_s a^2 \left(\frac{dw}{dx} + \varphi_s\right) \qquad (20.45)$$

und somit:

$$Q_s = GA\left(\frac{dw}{dx} + \varphi_s\right) \qquad (20.46)$$

Diese Gleichung stimmt mit Gleichung (4.8) überein. Für den Belastungsanteil q_s dieses Trägers gilt:

$$q_s = -\frac{dQ_s}{dx} = -GA\left(\frac{d^2w}{dx^2} + \frac{d\varphi_s}{dx}\right) \qquad (20.47)$$

Diese Gleichung stimmt mit (4.22) überein.

Schaltet man diesen Biege-Schubträger parallel mit den zwei Biegeträgern (Wänden), die eine gemeinsame Biegesteifigkeit EI_b besitzen, dann lautet somit die Differentialgleichung für das gesamte System:

$$q \cdot = EI_b \frac{d^4w}{dx^4} - GA\left(\frac{d^2w}{dx^2} + \frac{d\varphi_s}{dx}\right) \qquad (20.48)$$

Man erkennt darin Gleichung (20.27) wieder, aber die Gleichung beinhaltet jetzt außer der Verschiebungskomponente w noch die Rotation φ_s.

Für eine zweite Gleichung werden die Gleichungen für den auf Dehnung beanspruchten Stab in die Betrachtung miteinbezogen. Für die Wände 1 und 2 gilt:

$$\frac{dN_1}{dx} = -s$$
$$\frac{dN_2}{dx} = s \qquad (20.49)$$

$$N_1 = EA_1 \frac{du_1}{dx}$$
$$N_2 = EA_2 \frac{du_2}{dx}, \qquad (20.50)$$

woraus folgt:

$$\frac{d^2u_1}{dx^2} = -\frac{1}{EA_1} s$$

$$\frac{d^2u_2}{dx^2} = \frac{1}{EA_2} s \tag{20.51}$$

Aus Gleichung (20.44) ergibt sich jetzt:

$$\frac{d^2\varphi_s}{dx^2} = \frac{1}{a}\left(\frac{1}{EA_1} + \frac{1}{EA_2}\right) s \tag{20.52}$$

Mit den Formeln für ein Reihensystem kann man schreiben:

$$\frac{1}{EA_1} + \frac{1}{EA_2} = \frac{1}{EA_s} \tag{20.53}$$

Dann ist

$$EI_s = EA_s a^2 \tag{20.54}$$

die Biegesteifigkeit des Biege-Schubträgers. Aus (20.52) erhält man dann:

$$EI_s \frac{d^2\varphi_s}{dx^2} = a\,s = Q_s \tag{20.55}$$

und somit mit (20.46):

$$EI_s \frac{d^2\varphi_s}{dx^2} = GA\left(\frac{dw}{dx} + \varphi_s\right) \tag{20.56}$$

Diese Gleichung stimmt mit (4.23) überein.

Das Problem ist jetzt durch die beiden simultanen Gleichungen (20.48) und (20.56) und die dazugehörigen sechs Randbedingungen beschrieben.

Die Struktur der Gleichungen ist so aufgebaut, daß die Verschiebungskomponente w leicht eliminiert werden kann, indem man Gleichung (20.56) nacheinander einmal bzw. dreimal differenziert und die erhaltenen Ausdrücke dann in (20.48) einsetzt. Es folgt:

$$q = \frac{EI_b EI_s}{GA} \frac{d^5\varphi_s}{dx^5} - (EI_b + EI_s)\frac{d^3\varphi_s}{dx^3} \tag{20.57}$$

Mit (20.55) kann diese Gleichung einmal in eine Gleichung für die Querkraft Q_s umgeformt werden, zum anderen in eine Gleichung für das durch die Schubkraft s ausgeübte, verteilte Moment $a\,s = m_1 + m_2$, wodurch die Ordnung der Gleichung um zwei erniedrigt wird. Es folgt:

$$\frac{EI_b}{GA} \frac{d^3 as}{dx^3} - \frac{EI_b + EI_s}{EI_s} \frac{d\,as}{dx} = q \tag{20.58}$$

Außer dem Parameter α, der definiert ist durch $\alpha^2 = GA/EI_b$, führen wir noch den Parameter μ ein, der wie folgt definiert ist:

$$\mu^2 = \frac{EI_b + EI_s}{EI_s} \qquad (20.59)$$

Die Gleichung (20.58) geht hiermit über in:

$$\frac{d^3 as}{dx^3} - \mu^2 \alpha^2 \frac{d\,as}{dx} = \alpha^2 q, \qquad (20.60)$$

wofür die Lösung im Falle einer konstanten Belastung q_0 lautet:

$$a s = C_1 e^{\mu\alpha x} + C_2 e^{-\mu\alpha x} + C_3 - \frac{q_0 x}{\mu^2} \qquad (20.61)$$

Für die Ableitungen ergibt sich:

$$\frac{d\,as}{dx} = \mu\alpha C_1 e^{\mu\alpha x} - \mu\alpha C_2 e^{-\mu\alpha x} - \frac{q_0}{\mu^2} \qquad (20.62)$$

$$\frac{d^2 as}{dx^2} = (\mu\alpha)^2 C_1 e^{\mu\alpha x} + (\mu\alpha)^2 C_2 e^{-\mu\alpha x} \qquad (20.63)$$

Zur Bestimmung der Konstanten müssen drei Randbedingungen, bezogen auf die Schubkraft s und/oder ihre Ableitungen, aufgestellt werden. Wir betrachten denselben Fall wie im vorigen Abschnitt.

An der Unterseite, für $x = 0$, gilt: $u_1 = 0$, $u_2 = 0$ und $dw/dx = 0$, und somit gilt hier entsprechend Gleichung (20.43):

$$a s = 0 \qquad (20.64)$$

An der Oberseite, für $x = l$, gilt: $M = 0$, d.h. $d^2 w/dx^2 = 0$. Außerdem gilt hier $N_1 = 0$ und $N_2 = 0$, d.h. auch $du_1/dx = 0$ und $du_2/dx = 0$. Mit (20.43) gilt dann an der Oberseite:

$$\frac{d\,as}{dx} = 0 \qquad (20.65)$$

An der Oberseite gilt auch $Q = 0$. Entsprechend (20.24) gilt dann: $dM_b/dx + a\,s = 0$ bzw. $-EI_b\, d^3 w/dx^3 + a\,s = 0$. Die dritte Ableitung von w kann mit Hilfe von (20.55) und (20.56) in (a s) ausgedrückt werden. Man erhält dann:

$$\frac{d^3 w}{dx^3} = \frac{1}{GA} \frac{d^2 as}{dx^2} - \frac{1}{EI_b} (a\,s) \qquad (20.66)$$

Die Randbedingung lautet jetzt:

$$-\frac{EI_b}{GA}\frac{d^2as}{dx^2} + \frac{EI_b + EI_s}{EI_s}(a\,s) = 0$$

oder auch:

$$\frac{d^2as}{dx^2} - \mu^2\alpha^2(a\,s) = 0 \tag{20.67}$$

Für die Konstanten erhält man jetzt:

$$C_1 = \frac{1 - \mu\alpha l\,e^{-\mu\alpha l}}{\mu\alpha l(e^{\mu\alpha l} + e^{-\mu\alpha l})}\frac{q_0 l}{\mu^2} \tag{20.68}$$

$$C_2 = -\frac{1 + \mu\alpha l\,e^{\mu\alpha l}}{\mu\alpha l(e^{\mu\alpha l} + e^{-\mu\alpha l})}\frac{q_0 l}{\mu^2} \tag{20.69}$$

$$C_3 = \frac{q_0 l}{\mu^2}, \tag{20.70}$$

womit die Lösungen (20.61) bis (20.63) bekannt sind.

Mit der Lösung für die Schubkraft s bzw. für das Moment (a s) ist das Problem im wesentlichen gelöst. Die Kräfteverteilung ist dann statisch bestimmt geworden.

Die Querkraft Q erhält man durch direkte Integration von (20.25):

$$\frac{dQ}{dx} = -q \tag{20.71}$$

Das Biegemoment M_b folgt danach durch direkte Integration von (20.24):

$$\frac{dM_b}{dx} = Q - a\,s \tag{20.72}$$

Die Momente M_1 und M_2 und die Querkräfte Q_1 und Q_2 in den Wänden können mit den Gleichungen (20.37) und (20.40) bestimmt werden. Auch die Ausdrücke für die übrigen Größen können leicht bestimmt werden .

Für den Anteil der Schubkraft s an der Tragkraft gilt mit (20.47) und (20.55):

$$q_s = -\frac{dQ_s}{dx} = -\frac{d\,as}{dx} \tag{20.73}$$

Dieser ist also mit (20.62) zu bestimmen.

Für die Tragkraft der beiden Wände gilt dann:

$$q_b = q - q_s \tag{20.74}$$

Wir betrachten noch zwei Fälle.

Bringt man *an der Oberseite eine steife Koppelung* an, so daß die Querschnitte der beiden Wände in einer Ebene bleiben ($\varphi_s = \varphi = -dw/dx$), dann muß die erste Randbedingung an der Oberseite ersetzt werden durch (siehe auch (20.45)):

$$a s = 0 \tag{20.75}$$

Als Folge davon kann die zweite Bedingung an der Oberseite (20.67) wie folgt vereinfacht werden:

$$\frac{d^2 as}{dx^2} = 0 \tag{20.76}$$

Mit diesen Bedingungen erhält man:

$$C_1 = \frac{1}{e^{2\mu\alpha l} - 1} \frac{q_0 l}{\mu^2} \tag{20.77}$$

$$C_2 = -\frac{e^{2\mu\alpha l}}{e^{2\mu\alpha l} - 1} \frac{q_0 l}{\mu^2} \tag{20.78}$$

$$C_3 = \frac{q_0 l}{\mu^2} \tag{20.79}$$

Diese Ergebnisse werden nicht weiter ausgearbeitet. Für Werte $\mu\alpha l \gg 1$ vereinfachen sich die Ergebnisse stark.

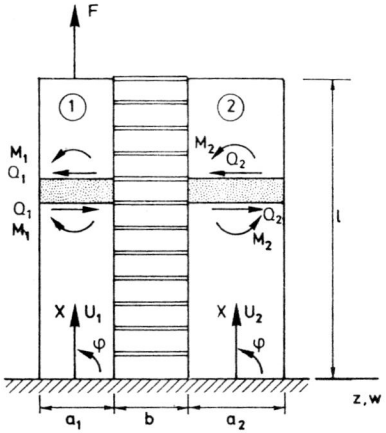

Bild 20.8.

Im folgenden Fall ist *an der Oberseite von Wand 1 eine Normalkraft F* angebracht (Bild 20.8). Die Belastung q wird außer Betracht gelassen. An der Oberseite gilt jetzt:

$$\frac{d u_1}{dx} = \frac{F}{EA_1} \quad \text{und} \quad \frac{d u_2}{dx} = 0, \tag{20.80}$$

so daß man mit (20.43) die folgende Randbedingung für $x = l$: findet:

$$\frac{d as}{dx} = -k_s a \frac{d u_1}{dx} = -k_s a \frac{F}{EA_1} \tag{20.81}$$

Mit den unveränderten Randbedingungen (20.64) und (20.67) erhält man jetzt für die Konstanten:

$$C_1 = -\frac{1}{\mu\alpha(e^{\mu\alpha l} + e^{-\mu\alpha l})}\, k_s a\, \frac{F}{EA_1} \tag{20.82}$$

$$C_2 = -C_1 \quad \text{und } C_3 = 0 \tag{20.83}$$

Hiermit erhält man für (a s) folgendes Ergebnis:

$$a s = \frac{e^{\mu\alpha x} - e^{-\mu\alpha x}}{e^{\mu\alpha l} + e^{-\mu\alpha l}}\, \frac{-k_s a}{\mu\alpha}\, \frac{F}{EA_1} \tag{20.84}$$

und somit

$$s = \frac{-k_s}{\mu\alpha}\, \frac{\sinh \mu\alpha x}{\cosh \mu\alpha l}\, \frac{F}{EA_1} \tag{20.85}$$

Für Werte $\mu\alpha l > 2$ gilt $\sinh \mu\alpha l \approx \cosh \mu\alpha l$, und somit gilt dann für die extreme Schubkraft bei $x = l$, wo die Kraft F angreift, näherungsweise:

$$s = \frac{-k_s}{\mu\alpha}\, \frac{F}{EA_1} \tag{20.86}$$

Wenn man den Ursprung des Koordinatensystems in die obere Ebene legt und eine $\bar{x}$-Achse anbringt, die nach unten zeigt, so daß $\bar{x} = l - x$ gilt, kann man den Verlauf der Schubkraft s in der Nähe der oberen Ebene näherungsweise durch folgende exponentielle Funktion wiedergeben:

$$s = \frac{-k_s}{\mu\alpha}\, \frac{F}{EA_1}\, e^{-\mu\alpha\bar{x}} \tag{20.87}$$

Mit dieser Formel kann man einen Eindruck von Spitzenspannungen bekommen, die unter verschiedenen Umständen auftreten können. Es kann sich dabei z.B. um eine diskontinuierlich verteilte Belastung oder auch um eine Diskontinuität (ein Sprung) im Querschnitt oder eine Diskontinuität in der Temperaturverteilung handeln.

Teil 6
Störungsprobleme

21

Randstörungen bei zylindrischen Schalen und Membranen

21.1 Das Randstörungsproblem bei zylindrischen Schalen, Einleitung

Die Randstörungen bei axialsymmetrisch belasteten Konstruktionen wie z.B. Rohren, Reservoirs, Tanks, Silos usw. stellen ein wichtiges Problem dar. Um deutlich zu machen, warum es sich dabei handelt, betrachten wir ein kreisförmiges Rohr mit Radius a und Wanddicke t, das in regelmäßigen Abständen durch Ringe an der Außenseite versteift ist (Bild 21.1) und in dem ein Überdruck vorhanden ist. Infolge des Überdruckes will sich das Rohr ausdehnen. In der Umgebung der Versteifungsringe wird diese Ausdehnung jedoch behindert, wodurch die Rohrwand dort gebogen wird. Es handelt sich hier um ein Randstörungsproblem, das mit der Theorie für den elastisch gebetteten Träger leicht gelöst werden kann.

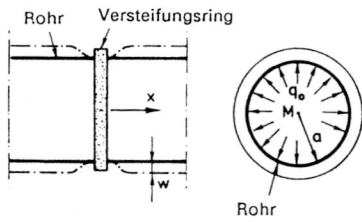

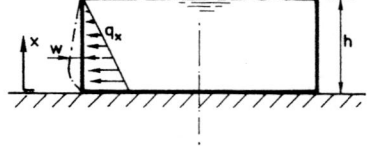

Bild 21.1.   *Bild 21.2.*

Auch bei einem Reservoir mit kreisförmigem Querschnitt, in dem sich eine Flüssigkeit (Wasser, Öl, usw.) befindet (Bild 21.2), taucht dieses Problem auf. Die Flüssigkeit übt auf die Wand einen Druck aus, der von oben nach unten linear zunimmt, wodurch sich die Wand ausdehnen wird. Am Boden wird diese Ausdehnung jedoch behindert, und die Wand wird wieder zurückgebogen. Auch in diesem Fall handelt es sich um ein Randstörungsproblem.

21.2 Differentialgleichung und Federkonstante

Wir zeigen jetzt, daß diese Randstörungsprobleme mit der Theorie des elastisch gebetteten Trägers gelöst werden können. Dazu betrachten wir eine zylindrische Schale mit Radius a und konstanter Wanddicke t (Bilder 21.3a und 21.3b), die unbegrenzt

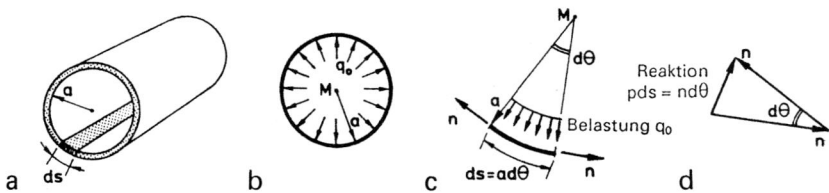

Bild 21.3.

lang ist und durch einen inneren Überdruck, d.h. eine Gleichlast q_0 (Kraft/Fläche), axialsymmetrisch belastet wird.

Diese Belastung verursacht eine radiale Verschiebung w und infolgedessen eine Dehnung ε in Umfangsrichtung. Da in Längsrichtung keinerlei Veränderungen auftreten, kann der Zylinder gedanklich in viele schmale, kreisförmige Ringe aufgeteilt werden. Jeder Ring erfährt dieselbe Verformung. Bei der Behandlung von Ringen (Kapitel 18) wurde bereits der Zusammenhang zwischen der Dehnung ε in Umfangsrichtung und der radialen Verschiebung w hergeleitet:

$$\varepsilon = \frac{w}{a} \tag{21.1}$$

Es ist interessant zu bemerken, daß die Dehnung in Umfangsrichtung gleich der fiktiven Dehnung in radialer Richtung ist.

Wenn in Längsrichtung keine Normalspannungen vorhanden sind, gehört zu der Dehnung in Umfangsrichtung eine Spannung σ = Eε. Dies führt bei der Zylinderschale zu einer verteilten Kraft (Kraft /Länge) in Umfangsrichtung:

$$n = \sigma t = E\varepsilon t = \frac{Et}{a} w \tag{21.2}$$

Wir schneiden jetzt aus der Zylinderschale in Längsrichtung einen Streifen der Breite ds = a dθ heraus (Bilder 21.3a und 21.3c).

Dieser Streifen, den wir folglich als einen Träger betrachten, wird also durch eine in Längsrichtung gleichmäßig verteilte Belastung q_0 ds (Kraft/Länge) belastet.

Außerdem wirken auf die Seitenflächen die verteilten Kräfte n die, wie bekannt ist (siehe auch Bild 21.3d), eine radiale, nach innen gerichtete Resultierende p ds haben, wobei p ds gleich n dθ = n ds/a ist, was im Gleichgewicht zu der verteilten Belastung q_0 ds steht. Unter Anwendung von Gleichung (21.2) kann man für diese verteilte Reaktionskraft p ds (Kraft/Länge) schreiben:

$$p \, ds = \frac{Et}{a^2} w \, ds \tag{21.3}$$

Diese verteilte Reaktionskraft ist proportional zur Verschiebung w, und dies war der Ausgangspunkt für die Theorie des elastisch gebetteten Trägers. Der Träger (der Streifen) wird durch die schmalen, nebeneinanderliegenden Ringe federnd gestützt.

Variiert die Belastung q(x) in Längsrichtung, dann wird nicht an jeder Stelle Gleichgewicht zwischen der Belastung q ds und der Reaktion p ds vorhanden sein, so daß im Träger Biegung auftreten wird. Beim Aufstellen der Differentialgleichung für diesen Träger muß noch darauf geachtet werden, daß bei Biegung die Querkontraktion behindert wird, so daß die Biegesteifigkeit EI durch die Plattenbiegesteifigkeit K ersetzt werden muß:

$$K = \frac{Et^3}{12(1 - v^2)} \tag{21.4}$$

mit v als der Querkontraktionszahl.

Die Plattenbiegesteifigkeit ist eine Steifigkeit/Länge, so daß sie für einen Träger der Breite ds noch mit ds multipliziert werden muß.

Es ist jetzt leicht einzusehen, daß die Differentialgleichung für den Träger wie folgt lautet:

$$K \, ds \, \frac{d^4w}{dx^4} = q(x) \, ds - p(x) \, ds \tag{21.5}$$

Setzt man hierin Formel (21.3) ein und dividiert das Ganze durch ds, so erhält man:

$$K \frac{d^4w}{dx^4} + \frac{Et}{a^2} w = q(x) \tag{21.6}$$

Diese Gleichung ist vom Aufbau her der des elastisch gebetteten Trägers analog. Nur die Biegesteifigkeit EI wurde durch die Plattenbiegesteifigkeit K ersetzt, und die Federsteifigkeit k ist gleich:

$$k = \frac{Et}{a^2} \tag{21.7}$$

Diese Übereinstimmung führt dazu, daß bei vielen Problemen von den zuvor erhaltenen Lösungen für den elastisch gebetteten Träger Gebrauch gemacht werden kann (Kapitel 11). Dies gilt sowohl für die partikulären Lösungen der Differentialgleichung, für die Lösungen (11.21), (11.22) und (11.33), für die reduzierte Gleichung als auch für die Ausarbeitungen der verschiedenen Grundfälle und der anderen behandelten Beispiele. Der in diesen Lösungen vorkommende Parameter β ist jetzt folgendermaßen definiert:

$$4\beta^4 = \frac{Et/a^2}{K} = \frac{12(1 - v^2)}{a^2t^2} \tag{21.8}$$

Wir werden im folgenden noch einige Anwendungen behandeln.

21.3 Anwendungen

Ein mit Ringen versteiftes Rohr unter innerem Überdruck (Bild 21.1)
Zu Beginn von Kapitel 21 wurde dieses Beispiel bereits eingeführt. Nimmt man an, daß die Ringe unendlich steif sind, so daß sie keine radiale Verschiebung zulassen, dann erkennt man unmittelbar den vergleichbaren Fall im Kapitel über den elastisch gebetteten Träger (Bild 11.26). Wir können daraus entnehmen, daß im ungestörten Bereich die radiale Verschiebung w gleich

$$w = \frac{q_0}{k} = \frac{q_0 a^2}{Et} \tag{21.9}$$

ist. Naturgemäß ist dies auch die partikuläre Lösung von Gleichung (21.6).
Das extreme Biegemoment tritt unmittelbar neben dem Versteifungsring, wo x = 0 ist, auf. Entsprechend den Formeln (11.67) und (11.68) lautet dieses Moment:

$$m_{(x = 0)} = -\frac{q_0}{2\beta^2} = -\frac{1}{2}q_0 b^2, \tag{21.10}$$

wobei b = 1/β die sogenannte mitwirkende Breite ist.
Dieses Biegemoment ist ein über den Umfang des Rohres verteiltes Biegemoment und besitzt daher die Einheit Nm/m. Bei der Berechnung der extremen Biegespannungen muß es dann auch durch das verteilte Widerstandsmoment $t^2/6$ (Widerstandsmoment/Länge) dividiert werden.
Mit der Definition für β aus (21.8) ergibt sich bei der Zylinderschale die mitwirkende Breite zu:

$$b = \frac{\sqrt{at}}{\sqrt[4]{3(1 - v^2)}} \tag{21.11}$$

Für eine Querkontraktionszahl von v = 0 erhält man:

$$b = 0{,}76\sqrt{at} \tag{21.12}$$

Unter der Wurzel steht in beiden Formeln das Produkt aus Radius und Wanddicke. Bei dünnwandigen Rohren, für die t ≪ a gilt, ist die mitwirkende Breite und somit auch die Randstörungszone klein gegenüber dem Radius des Rohres.
Im allgemeinen liegen die Versteifungsringe so weit voneinander entfernt, daß die dadurch verursachten Randstörungen sich gegenseitig nicht beeinflussen. Dies rechtfertigt die Verwendung der Lösungen für den einseitig unendlich langen Träger. Obwohl die Randstörungszone also klein ist, kann das Biegemoment entsprechend (21.10) jedoch einen beträchtlichen Wert besitzen, so daß hiermit trotzdem gerechnet werden muß.
Das Rohr übt entsprechend Formel (11.66) auf den Versteifungsring von beiden Seiten her eine radiale Linienbelastung (Kraft/Länge) aus (Bild 21.4):

Bild 21.4.

$$r = 2\frac{q_0}{\beta} \tag{21.13}$$

Der Ring wird dadurch auf Dehnung beansprucht, mit folgender Normalkraft:

$$N = ra = 2\frac{q_0 a}{\beta} \tag{21.14}$$

Ist der Ring nicht unendlich steif, sondern läßt eine gewisse Verschiebung nach außen zu, dann nimmt das Biegemoment in der Rohrwand ab. Die Verschiebung w entsprechend Formel (21.9) wird jetzt durch eine im Gegensatz zu vorher kleinere Einschnürung des Rohres und eine Verschiebung des Ringes nach außen überbrückt. Mit dieser Bedingung kann – unter Anwendung bekannter Formeln – die Reaktionskraft r bestimmt werden, mit der dann die Randstörung im Rohr bekannt ist.

Reservoirs und Tanks für Flüssigkeiten

Auf das Randstörungsproblem am Fuß der Wände von Reservoirs und Tanks zur Lagerung von flüssigen Stoffen wurde bereits zu Beginn dieses Kapitels hingewiesen (Bild 21.2).

Im allgemeinen ist die Bodenplatte in ihrer Ebene sehr steif, so daß an der Anschlußstelle zwischen Wand und Bodenplatte keine seitliche Verschiebung w auftreten kann. Ist auch die Rotationssteifigkeit der Platte groß, so daß es sich für die Wand hier um eine Einspannung handelt, dann entsprechen die Randbedingungen der Wand jetzt denen des vorigen Beispieles.

Ein Unterschied zum vorangegangenen Beispiel ist jedoch, daß die Belastung auf die Wand nicht konstant ist, sondern von oben nach unten linear zunimmt. Diese Belastung lautet:

$$q(x) = \gamma(h - x) \tag{21.15}$$

mit γ als dem spezifischen Gewicht der Flüssigkeit.

Die partikuläre Lösung der Differentialgleichung verändert sich dadurch und lautet dann:

$$w = \frac{1}{k}\gamma(h - x) \tag{21.16}$$

Die vollständige Lösung besteht jetzt aus dieser partikulären Lösung zusammen mit der Lösung der reduzierten Gleichung in der Form von (11.22) oder (11.33). Die Integrationskonstanten können wieder mit Hilfe der Randbedingungen bestimmt werden. Anschließend können aus den erhaltenen Lösungen die Biegemomente und die Querkräfte abgeleitet werden.

Im vorangegangenen Beispiel wurde bereits gezeigt, daß die Randstörungszone schmal ist. Über diese schmale Zone wird sich die Belastung (der Flüssigkeitsdruck) nur wenig verändern. Nimmt man den Flüssigkeitsdruck im Randstörungsgebiet als konstant an – gleich dem Druck am Boden – dann kann man die Ergebnisse des vorangegangenen Beispieles, des unter Überdruck stehenden Rohres, verwenden. Dies stellt im allgemeinen eine ausreichend genaue Näherung dar.

Ist die Plattenbiegesteifigkeit nicht unendlich groß, sondern läßt eine gewisse Rotation zu, dann nimmt das Biegemoment in der Wand ab. Auch dieses Problem läßt sich einfach analysieren.

Der Effekt einer Vorspannung

Beim dritten Beispiel handelt es sich um den Effekt einer Vorspannung von Rohren und Reservoirs aus Beton. Dieses Vorspannen wird oft angewandt um die Zugspannungen auszugleichen, die durch die Belastung – den inneren Druck – entstehen. Man muß jedoch daran denken, daß während des Vorspannungsprozesses Biegung in der Wand auftritt. Dies zeigt sich in Bild 21.5, in dem ein Vorspanndraht von rechts nach links um ein Rohr gewickelt wird. Bezeichnen wir die Zugkraft im Draht mit T und den gegenseitigen Abstand der Windungen des Vorspanndrahtes mit s, so wird auf das Rohr eine verteilte Belastung

$$q_0 = -\frac{T}{as} \qquad (21.17)$$

ausgeübt, was wiederum zu einer verteilten Kraft n in Umfangsrichtung führt:

$$n = q_0 a = -\frac{T}{s} \qquad (21.18)$$

Damit ist eine radiale Verschiebung w nach innen verbunden (siehe auch Formel 21.2). Diese lautet:

$$w = -\frac{a}{Et}\frac{T}{s} \qquad (21.19)$$

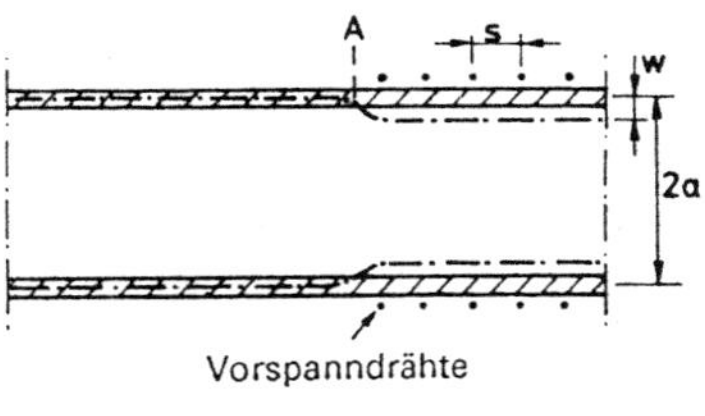

Bild 21.5.

Am Beginn der Umwicklung (Punkt A in Bild 21.5) ist jetzt eine Übergangszone vorhanden, in der die Rohrwand gebogen wird. Während des Vorspannprozesses wird diese Übergangszone von rechts nach links mitverschoben. Die Figur stimmt mit der Figur aus Bild 11.30 überein.

Durch Substitution von q_0 in die betreffenden Formeln (11.72) und (11.73) erhält man auch für diesen Fall die Extremwerte für Querkraft und Biegemoment. Das extreme Biegemoment, das an beiden Seiten von Punkt A auftritt, ist:

$$m_{Extr} = \pm\, 0{,}322\, \frac{q_0}{4\beta^2} = \mp\, 0{,}322\, \frac{1}{4\beta^2}\, \frac{T}{as} \qquad (21.20)$$

Temperaturspannungen

Dieselbe Verformungsfigur entsteht, wenn ein Reservoir bis zu einer bestimmten Höhe mit einer kalten oder warmen Flüssigkeit (liquid natural gas bzw. Öl) gefüllt wird (Bild 21.6).

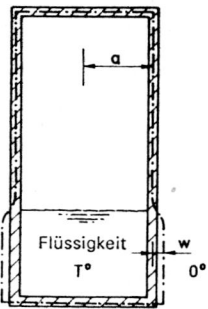

Bild 21.6.

Bei der Behandlung von Temperatureinflüssen zeigte sich (Bild 4.23), daß bei Füllung eines Reservoirs mit einer warmen Flüssigkeit die Reservoirwand sich nicht nur ausdehnen will, sondern daß auch eine zusätzliche Krümmung auftritt, wodurch in Umfangsrichtung beträchtliche Biegespannungen entstehen können. Auf der Höhe des Flüssigkeitsspiegels ensteht jedoch eine Übergangszone, in der die Wand des Reservoirs auch in Längsrichtung gebogen wird. Ist die Temperaturdifferenz zwischen der Flüssigkeit und dem das Reservoir umgebenden Medium (Luft, Boden oder Wasser) gleich T, dann ist der Temperaturunterschied für die Mitte der Wand $\frac{1}{2}T$, wodurch die folgende mittlere Dehnung ε in Umfangsrichtung ensteht:

$$\varepsilon = \alpha\, \tfrac{1}{2}T \qquad (21.21)$$

mit α als linearem Ausdehnungskoeffizienten des Materiales der Wand.

Hiermit ist eine radiale Verschiebung w verbunden:

$$w = a\,\varepsilon = a\,\alpha\, \tfrac{1}{2}T \qquad (21.22)$$

Wie bereits bekannt (siehe auch Formel 21.9), versursacht eine Gleichlast q_0 eine radiale Verschiebung w:

$$w = \frac{q_0 a^2}{Et}$$

Die Verschiebung entsprechend Formel (21.22) könnte also auch durch die folgende Gleichlast q_0 zustande gebracht werden.

$$q_0 = \frac{Et}{a^2} w = \frac{Et}{a} \alpha \frac{1}{2} T \qquad (21.23)$$

Diese fiktive Belastung kann jetzt z.b. in den ersten Teil der Formel (21.20) eingesetzt werden.

Für das extreme Biegemoment erhält man dann:

$$m_{Extr} = \pm 0{,}322 \frac{1}{4\beta^2} \frac{Et}{a} \alpha \frac{1}{2} T \qquad (21.24)$$

Die Reihe der möglichen Beispiele für Randstörungsprobleme bei axialsymmetrisch belasteten Zylinderschalen ist mit den angegebenen Beispielen nicht erschöpft. Es ist klar, daß Randstörungen überall dort entstehen, wo das Auftreten von radialen Verschiebungen infolge Belastungen oder Temperaturveränderungen behindert wird. Dies kann die Folge von Randbedingungen an einem Ende der Schale sein. Es kann auch die Folge einer Diskontinuität (eines Sprunges) in der Belastung oder z.B. in der Wanddicke sein. Nach den vorangegangenen Ausführungen sollte man jedoch mögliche Randstörungen erkennen und dadurch verursachte Biegemomente mit den hier angegebenen Formeln für die Theorie des elastisch gebetteten Trägers berechnen können.

21.4 Das Randstörungsproblem bei einer zylindrischen Membran

Dieses Problem erhält man z.B. bei der Analyse einer aufblasbaren Konstruktion aus flexiblem Material, wie z.B eines Kunststofftuchs, in der Form eines Zylinders mit einem ursprünglichen Radius a, das durch einen geringen inneren Überdruck q_0 in Form gehalten wird. Der Zylinder wird an beiden Seiten mit Hilfe von Endschotten abgeschlossen. In Umfangsrichtung entsteht wiederum eine verteilte Kraft (Bild 21.7a):

$$n = q_0 a \qquad (21.25)$$

Darüber hinaus ist jetzt in Längsrichtung eine verteilte Kraft h vorhanden. Diese ergibt sich aus einer Gleichgewichtsbetrachtung in einem Schnitt A–A (Bild 21.7b). Auf eine Endschotte wirkt eine resultierende Kraft $q_0 \pi a^2$, die im Gleichgewicht zu der entlang des Umfanges des Schnittes verteilten Kraft h steht. Es gilt also:

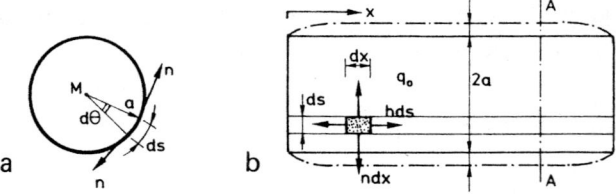

Bild 21.7.

$$2\pi ah = q_0\pi a^2,$$

woraus folgt:

$$h = \frac{1}{2} q_0 a \qquad\qquad (21.26)$$

Die Kräfte, die an einem kleinen Element dxds angreifen, sind in Bild 21.7b dargestellt. In der Wand ist ein homogener ebener Spannungszustand vorhanden. Einfachheitshalber nehmen wir bei der Bestimmung von Verformungen an, daß die Querkontraktionszahl gleich Null ist.

Infolge des Überdruckes will sich der Zylinder ausdehnen, wobei die Verschiebung der Wand nach außen gleich

$$w = \frac{q_0 a^2}{Et} \qquad\qquad (21.27)$$

ist. Wenn die Endschotten in ihrer Ebene steif sind, wird diese Verschiebung dort behindert. Die Verformungsfigur, die dadurch entsteht, ist der des zuvor behandelten elastisch unterstützten Seiles, das mit einer Einzellast belastet wird, analog. Um dies aufzuzeigen, schneiden wir aus dem Zylinder in Längsrichtung einen Streifen der Breite ds = a dθ heraus. Dieser flexible Streifen, in dem eine Längskraft H = h ds wirkt, wird als Seil betrachtet, das durch den restlichen Teil des Zylinders elastisch unterstützt wird. Die Reaktionskraft ist wieder gleich:

$$p \, ds = \frac{Et}{a^2} \, w \, ds$$

Die Differentialgleichung für den Streifen lautet somit:

$$-h \, ds \, \frac{d^2 w}{dx^2} = q_0 \, ds - p \, ds$$

Setzt man den Ausdruck für p ds ein und dividiert das Ganze durch ds, dann erhält man:

$$h \frac{d^2 w}{dx^2} - \frac{Et}{a^2} \, w = -q_0 \qquad\qquad (21.28)$$

Diese Differentialgleichung für die Verschiebung w der Zylinderwand ist analog Gleichung (10.3) für das elastisch unterstützte Seil.

Da die Randstörungen auf eine schmale Zone beschränkt bleiben, kann man für die Lösung in der Nähe des linken Endes schreiben:

$$w = C_1 e^{-\alpha x} + \frac{q_0 a^2}{Et} \qquad (21.29)$$

Hier ist α definiert als:

$$\alpha = \sqrt{\frac{Et}{ha^2}} \qquad (21.30)$$

Die Integrationskonstante C_1 folgt aus der Randbedingung für $x = 0 : w = 0$ und lautet dann:

$$C_1 = -\frac{q_0 a^2}{Et}$$

Der Ausdruck für die Verschiebung der zylindrischen Wand lautet somit:

$$w = \frac{q_0 a^2}{Et}(1 - e^{-\alpha x}) \qquad (21.31)$$

Die Verschiebung nähert sich asymptotisch dem in Formel (21.27) angegebenen Wert. Eine Besonderheit in dieser Lösung ist jedoch, daß der Parameter α nicht konstant ist. Dieser Parameter beinhaltet die verteilte Kraft h, die folglich Formel (11.26) von der Belastung abhängig ist. Dies bedeutet, daß es sich hier um eine nichtlineare Erscheinung handelt. Die Randstörungszone, die durch den Kehrwert des Parameters α charakterisiert werden kann, breitet sich also mit zunehmender Belastung aus!

Die vertikale Komponente der in Längsrichtung wirkenden Membrankraft ist:

$$v = h \frac{dw}{dx}$$

Mit Hilfe von Formel (21.31) erhält man hier:

$$v = h\alpha \frac{q_0 a^2}{Et} e^{-\alpha x} \qquad (21.32)$$

Am linken Endschott, wo $x = 0$ ist, erhält man dafür (Bild 21.8):

$$v = h\alpha \frac{q_0 a^2}{Et} \qquad (21.33)$$

Der Zylindermantel übt also auf das Endschott eine gleich große, radiale, nach außen gerichtete, verteilte Linienbelastung r aus (Bild 21.9):

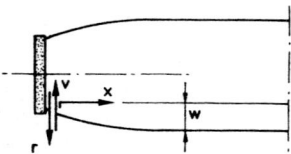

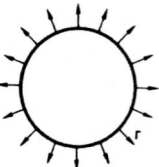

Bild 21.8.   Bild 21.9.

$$r = h \alpha \frac{q_0 a^2}{Et} \qquad (21.34)$$

Setzt man in diese Formel Ausdruck (21.26) für die verteilte Kraft h und Ausdruck (21.30) für α ein, so erhält man:

$$r = \sqrt{\frac{q_0^3 a^3}{2Et}} \qquad (21.35)$$

Auch aus dieser Formel ist der nichtlineare Charakter des Problemes zu erkennen. Die radiale Belastung auf das Endschott nimmt überproportional zur Belastung q_0 zu.

Flexible, aufblasbare Konstruktionen werden mit zunehmendem Maße z.B. als pneumatische Hallen für unterschiedliche Zwecke, als Notwasserwehre für Abflußkanäle usw. eingesetzt.

22
Torsion bei Trägern mit verformbaren Querschnitten

22.1 Verformung eines Querschnittes, Herleitung der Differentialgleichung

Bei der Behandlung von Hohlträgern in Kapitel 3 wurde angenommen, daß die Querschnitte sich in ihren Ebenen nicht verformen. Bei einem hohen Gebäude wird diese Bedingung erfüllt, da die Geschoßdecken in ihren Ebenen sehr steif sind. Bei Brücken, die als Hohlträger ausgeführt werden, kann dieser Bedingung entsprochen werden, indem man in regelmäßigen Abständen Querschotten oder Querverbände anbringt. Beim Bau von Hohlbrücken stellte sich dies bald als arbeitsaufwendig heraus, und man ging dazu über, die Querverbände wegzulassen. Die Querschnitte können sich dann jedoch in ihren Ebenen verformen, und unter Belastung kann z.B. ein Rechteckquerschnitt in ein Parallelogramm verformt werden. Parallele Seitenflächen erfahren eine Translation gegeneinander (Bild 22.1).

Dieser Begriff der Gleitung ist eine globale Beschreibung des Verformungsbildes. Die Wände werden sich, sowie in Bild 22.2 schematisch dargestellt ist und in Kapitel 2 bereits für ein Rahmentragwerk beschrieben wurde, darüber hinaus noch verbiegen.

Durch diese Verformung der Querschnitte nimmt die Steifigkeit des Hohlträgers ab, und es ist wichtig, diese Erscheinung zu untersuchen. Wir zeigen dies anhand des Hohlträgers, der in Bild 22.6a räumlich dargestellt ist.

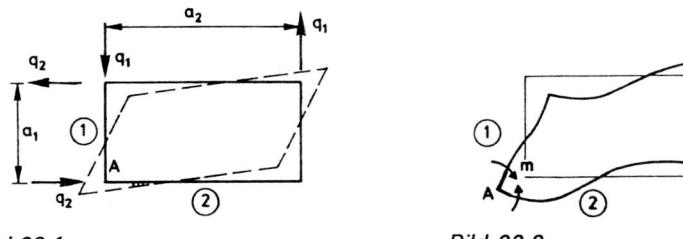

Bild 22.1   *Bild 22.2.*

Unter dem Einfluß von verteilten Belastungen q_1 und q_2 (vgl. Bild 22.1) erfahren die Wände 1 und 2, die getrennt noch einmal in Bild 22.4 dargestellt sind, die Verschiebungen w_1 und w_2. Da sich der Querschnitt dabei verformen muß, widersetzt er sich dagegen, wodurch verteilte Reaktionskräfte p_1 und p_2 geweckt werden (vgl. Bild 22.4).

Um diese Reaktionskräfte zu bestimmen, betrachten wir die in Bild 22.3a und 22.3b dargestellten Rahmentragwerke, an denen Verformungen angebracht werden und bestimmen die hierfür erforderlichen Kräfte und Kräftepaare.

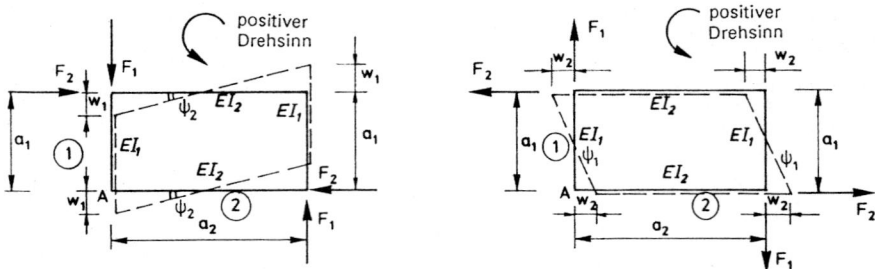

Bild 22.3.

Bei dem Rahmentragwerk aus Bild 22.3a erfahren die Stäbe 1 eine gleich große, aber entgegengesetzt gerichtete Verschiebung w_1. Aus einer elementaren Berechnung folgt, daß dafür Kräfte F_1 entlang der Stabachsen 1 erforderlich sind (siehe auch Formel 2.12):

$$F_1 = \frac{24}{a_2^2} \frac{1}{a_1/EJ_1 + a_2/EJ_2} 2w_1 = \frac{48}{a_2^2} \frac{EJ_1 EJ_2}{EJ_1 a_2 + EJ_2 a_1} w_1 \qquad (22.1)$$

mit EJ_1 und EJ_2 als Biegesteifigkeiten der Stäbe 1 bzw. 2. Um Verwirrung zu vermeiden, wird hier der Buchstabe J anstelle von I benützt. Wir führen das Zweibuchstabensymbol GR ein, das definiert ist durch:

$$GR = \frac{48\,EJ_1 EJ_2}{EJ_1 a_2 + EJ_2 a_1}, \qquad (22.2)$$

womit Gleichung (22.1) übergeht in:

$$F_1 = \frac{GR}{a_2^2} w_1 \qquad (22.3)$$

Das Zweibuchstabensymbol hat die Dimension Kraft mal Länge. Der Anfangs-buchstabe wurde gewählt, da es sich um Gleitung handelt, das ist eine Art Abscheren oder Schub; der zweite Buchstabe R wurde gewählt, da sich das Symbol auf ein Rahmentragwerk bezieht, womit wir uns eine senkrecht zur Hohlträgerachse heraus-geschnittene Scheibe vorstellen.

Für das Gleichgewicht des Rahmentragwerkes sind auch Kräfte F_2 entlang der Stabachsen 2 erforderlich, die wie in Bild 22.3a dargestellt wirken.

Die Kräftepaare F_1 und F_2 haben positives Vorzeichen, wenn sie ein linksdrehendes Moment (gegen den Uhrzeigersinn) bilden. Es gilt somit:

$$F_1 a_2 + F_2 a_1 = 0 \qquad (22.4)$$

Zur Verformungsfigur aus 22.3a gehören also auch die folgenden Kräfte F_2:

$$F_2 = -\frac{a_2}{a_1} F_1 = -\frac{GR}{a_1 a_2} w_1 \qquad (22.5)$$

Als nächstes wird am Rahmentragwerk aus Bild 22.3b eine Verformung angebracht, durch welche die Stäbe 2 eine gleich große, aber entgegengesetzt gerichtete Verschiebung w_2 erhalten. Dafür sind Kräfte F_2 erforderlich, die entlang der Stabachsen der Stäbe 2 wirken:

$$F_2 = \frac{GR}{a_1^2} w_2, \qquad (22.6)$$

während aus dem Gleichgewicht am Rahmentragwerk für die ebenso erforderlichen Kräfte F_1 folgt:

$$F_1 = -\frac{a_1}{a_2} F_2 = -\frac{GR}{a_1 a_2} w_2 \qquad (22.7)$$

Bringt man gleichzeitig die Verschiebungen w_1 und w_2 am Rahmentragwerk an, so sind also folgende Kräfte erforderlich:

$$F_1 = \frac{GR}{a_2} \left(\frac{w_1}{a_2} - \frac{w_2}{a_1} \right) \qquad (22.8)$$

$$F_2 = -\frac{GR}{a_1} \left(\frac{w_1}{a_2} - \frac{w_2}{a_1} \right) \qquad (22.9)$$

Das Rahmentragwerk, welches ein Stück aus dem Hohlträger darstellt, übt seinerseits entgegengesetzt gerichtete Reaktionen auf die Wände des Hohlträgers (das sind vier Träger) aus, und wir können daher annehmen, daß bei Verformung des Querschnittes der Querschnitt selbst verteilte Reaktionen p_1 und p_2 auf die Wände ausübt. Diese lauten dann:

$$p_1 = \frac{GR}{a_2} \left(\frac{w_1}{a_2} - \frac{w_2}{a_1} \right) \qquad (22.10)$$

$$p_2 = -\frac{GR}{a_1} \left(\frac{w_1}{a_2} - \frac{w_2}{a_1} \right) \qquad (22.11)$$

Diese Reaktionen haben positives Vorzeichen, wenn sie entgegengesetzt den Verschiebungen, wie in Bild 22.4 dargestellt, wirken. In diesen Formeln ist jetzt der Steifigkeitsfaktor GR auf die Länge verteilt, so daß er die Dimension einer Kraft hat. Wir bemerken noch, daß natürlich auch das Moment aus diesen Reaktionen um die Achse des Hohlträgers gleich Null ist:

$$p_1 a_2 + p_2 a_1 = 0 \qquad (22.12)$$

Wir führen jetzt die Rotationen ψ_1 und ψ_2 der Wände (Stäbe) 1 bzw. 2 ein (siehe auch Bild 22.3a und 22.3b):

$$\psi_1 = 2 \frac{w_2}{a_1} \qquad (22.13)$$

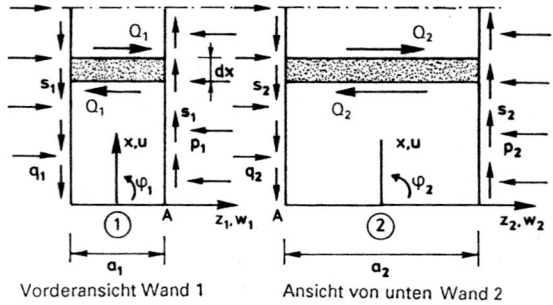

Vorderansicht Wand 1   Ansicht von unten Wand 2

Bild 22.4.

$$\psi_2 = 2 \frac{w_1}{a_2} \tag{22.14}$$

Von jetzt ab bezeichnen wir den Mittelwert dieser Rotationen als Rotation ψ des Querschnittes und die Differenz dieser Rotationen als Schubverzerrung oder Gleitwinkel γ_R des Querschnittes:

$$\psi = \frac{1}{2}(\psi_1 + \psi_2) = (\frac{w_1}{a_2} + \frac{w_2}{a_1}) \tag{22.15}$$

$$\gamma_R = \psi_1 - \psi_2 = 2 \, (-\frac{w_1}{a_2} + \frac{w_2}{a_1}) \tag{22.16}$$

Der Gleitwinkel γ_R ist also die Veränderung der rechten Winkel des Querschnittes. Ein positiver Wert für γ_R bedeutet eine Zunahme des rechten Winkels im Eckpunkt A (siehe Bilder 22.3a bis 22.3b).

Für die verteilten Reaktionen erhält man jetzt:

$$p_1 = -\frac{1}{2} \, \frac{GR}{a_2} \, \gamma_R \tag{22.17}$$

$$p_2 = \frac{1}{2} \, \frac{GR}{a_1} \, \gamma_R \tag{22.18}$$

Nach dieser Vorarbeit kann das Tragverhalten des Hohlträgers in Längsrichtung analysiert werden. Wir beginnen mit dem vollständigen System der Gleichungen für die beiden Wände (siehe auch Bild 22.4):

Wand 1:   Wand 2:

$$-\frac{dQ_1}{dx} = q_1 - p_1 \qquad\qquad -\frac{dQ_2}{dx} = q_2 - p_2 \tag{22.19}$$

$$\frac{dM_1}{dx} = Q_1 - m_1 \qquad\qquad \frac{dM_2}{dx} = Q_2 - m_2 \tag{22.20}$$

$$Q_1 \quad = GA_1(\frac{dw_1}{dx} + \varphi_1) \quad Q_2 \quad = GA_2(\frac{dw_2}{dx} + \varphi_2) \qquad (22.21)$$

$$M_1 \quad = EI_1 \frac{d\varphi_1}{dx} \qquad M_2 \quad = EI_2 \frac{d\varphi_2}{dx} \qquad (22.22)$$

Außer diesen Gleichungen können noch zwei Übergangsbedingungen aufgestellt werden, und es gibt noch die Gleichungen, die sich auf das Torsionsmoment im Hohlträger beziehen. Bereits zuvor (Abschnitt 3.2) stellten wir fest, daß für das Torsionsmoment in einem Querschnitt gilt:

$$M_t = Q_1 a_2 + Q_2 a_1 \qquad (22.23)$$

Nach Differentiation und anschließendem Einsetzen der Gleichungen (22.19) erhält man:

$$\frac{dM_t}{dx} = -(q_1 - p_1)a_2 - (q_2 - p_2)a_1 \qquad (22.24)$$

Da die verteilten Reaktionskräfte p_1 und p_2 ein Gleichgewichtssystem bilden (siehe Formel (22.12)), folgt hieraus:

$$m_x = -\frac{dM_t}{dx} = q_1 a_2 + q_2 a_1 \qquad (22.25)$$

Der rechte Teil dieser Gleichung ist tatsächlich gleich dem verteilten Moment m_x, das durch die verteilten Belastungen q_1 und q_2, die in den Seitenflächen 1 und 2 angreifen, verursacht wird.

Die beiden Übergangsbedingungen zwischen den Wänden 1 und 2 wurden bereits in Abschnitt 3.2 hergeleitet.

Die erste bezog sich auf die verteilten Schubkräfte s_1 und s_2, für die galt:

$$s_1 = s_2 = s \qquad (22.26)$$

Auf die Wände 1 und 2 wirken also verteilte Momente der Größe:

$$m_1 = s\, a_1 \qquad und \quad m_2 = s\, a_2 \qquad (22.27)$$

Die Gleichungen (22.20) gehen hiermit über in:

$$\frac{dM_1}{dx} = Q_1 - s\, a_1 \qquad und \quad \frac{dM_2}{dx} = Q_2 - s\, a_2 \qquad (22.28)$$

Eliminiert man s aus diesen beiden Gleichungen, so erhält man folgende Beziehung:

$$a_2 \frac{dM_1}{dx} - a_1 \frac{dM_2}{dx} = a_2 Q_1 - a_1 Q_2 \qquad (22.29)$$

Mit den beiden Gleichungen (22.22) geht dies über in:

$$a_2 EI_1 \frac{d^2\varphi_1}{dx^2} - a_1 EI_2 \frac{d^2\varphi_2}{dx^2} = a_2 Q_1 - a_1 Q_2 \qquad (22.30)$$

Die zweite Übergangsbedingung bezieht sich auf die in axialer Richtung wirkende Verschiebung u_A eines gemeinsamen Eckpunktes der Wände 1 und 2. Ist die mittlere (normale) Dehnung in den Wänden gleich Null, so gilt hierfür (siehe auch Formel 3.37):

$$u_A = \frac{1}{2} a_1 \varphi_1 = -\frac{1}{2} a_2 \varphi_2 \qquad (22.31)$$

Um das Wesentliche des Störungsproblems, das wir behandeln wollen, deutlich hervorzuheben und auch um das Problem zugänglicher zu machen, vernachlässigen wir hier den Schub in den Wänden, wodurch die Ergebnisse der Untersuchung, wie sich später zeigen wird, nicht wesentlich beeinflußt werden (siehe Schluß von Abschnitt 22.3).
Mit $GA = \infty$ folgen dann aus den Gleichungen (22.21) die bekannten Beziehungen:

$$\varphi_1 = -\frac{dw_1}{dx} \qquad \text{und} \quad \varphi_2 = -\frac{dw_2}{dx} \qquad (22.32)$$

Setzt man dies in Gleichung (22.30) ein, so erhält man:

$$-a_2 EI_1 \frac{d^3 w_1}{dx^3} + a_1 EI_2 \frac{d^3 w_2}{dx^3} = a_2 Q_1 - a_1 Q_2 \qquad (22.33)$$

Einsetzen von (22.32) in die Übergangsbedingung (22.31) führt zu:

$$-a_1 \frac{dw_1}{dx} = a_2 \frac{dw_2}{dx} \text{ *} \qquad (22.34)$$

Aus dieser letzten Beziehung folgt in erster Linie mit (22.15):

$$\frac{d\psi}{dx} = 0, \qquad (22.35)$$

so daß nur eine konstante Rotation des Hohlträgers möglich ist. Die Größe dieser Rotation ist in diesem Zusammenhang nicht relevant.
Aus Gleichung (22.15) folgt auch:

$$\frac{d\psi_1}{dx} = -\frac{d\psi_2}{dx} \qquad (22.36)$$

Bei der Verformung des Querschnittes bleiben die vier Eckpunkte, wie in Bild 22.5 dargestellt, auf den Diagonalen des Rechteckes liegen.

---

* Man achte darauf, daß hier das Entgegengesetzte von dem steht, was aus den Formeln (3.13) und (3.14) für einen starren Querschnitt folgt.

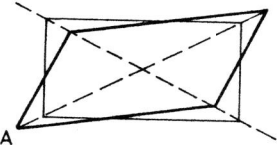

Bild 22.5.

Aus (22.16) folgt mit (22.36):

$$\frac{d\gamma_R}{dx} = \frac{d\psi_1}{dx} - \frac{d\psi_2}{dx} = 2\frac{d\psi_1}{dx} = -2\frac{d\psi_2}{dx} \qquad (22.37)$$

und mit (22.34):

$$\frac{d\gamma_R}{dx} = 2\left(-\frac{1}{a_2}\frac{dw_1}{dx} + \frac{1}{a_1}\frac{dw_2}{dx}\right) = -\frac{4}{a_2}\frac{dw_1}{dx} \qquad (22.38)$$

bzw.:

$$\frac{d\gamma_R}{dx} = \frac{4}{a_1}\frac{dw_2}{dx} \qquad (22.39)$$

Mit diesen beiden letzten Ausdrücken geht Gleichung (22.33) über in:

$$\frac{1}{2}\left(\frac{1}{2}EI_1a_2{}^2 + \frac{1}{2}EI_2a_1{}^2\right)\frac{d^3\gamma_R}{dx^3} = a_2Q_1 - a_1Q_2 \qquad (22.40)$$

In Abschnitt 3.2 wurden bereits die quadratischen Momente der Schubsteifigkeiten der Wände eingeführt. Mit den Termen $\frac{1}{2}EI_1a_2{}^2$ und $\frac{1}{2}EI_2a_1{}^2$ lernen wir die quadratischen Momente der Biegesteifigkeiten der parallelen Wände 1 und der parallelen Wände 2 bezüglich des Rotationszentrums der Querschnitte (hier dem Mittelpunkt) kennen. Diese Größen haben die Dimension Kraft mal Länge hoch vier. Die Summe der beiden Größen bezeichnen wir mit dem Zweibuchstabensymbol EB:

$$EB = \frac{1}{2}EI_1a_2{}^2 + \frac{1}{2}EI_2a_1{}^2, \qquad (22.41)$$

so daß Gleichung (22.40) wie folgt geschrieben werden kann:

$$\frac{1}{2}EB\frac{d^3\gamma_R}{dx^3} = a_2Q_1 - a_1Q_2 \qquad (22.42)$$

Wir wollen jetzt den rechten Teil dieser Gleichung weiter bearbeiten. Aus den Gleichungen (22.19) folgt mit (22.17) und (22.18):

$$a_2\frac{dQ_1}{dx} = -a_2q_1 + a_2p_1 = -a_2q_1 - \frac{1}{2}GR\,\gamma_R \qquad (22.43)$$

$$a_1\frac{dQ_2}{dx} = -a_1q_2 + a_1p_2 = -a_1q_2 + \frac{1}{2}GR\,\gamma_R, \qquad (22.44)$$

woraus folgt:

$$a_2 \frac{dQ_1}{dx} - a_1 \frac{dQ_2}{dx} = -a_2q_1 + a_1q_2 - GR\,\gamma_R \tag{22.45}$$

Differenziert man jetzt Gleichung (22.42) und setzt anschließend Ausdruck (22.45) in die rechte Seite ein, dann erhält man die folgende Gleichung für den Gleitwinkel γ_R des Querschnittes:

$$\frac{1}{2}EB \frac{d^4\gamma_R}{dx^4} + GR\,\gamma_R = -a_2q_1 + a_1q_2 \tag{22.46}$$

Wir sehen, daß die Gleitung, d.h. das Abscheren des Querschnittes, durch die Differenz der beiden verteilten Kräftepaare a_2q_1 und a_1q_2 verursacht wird. Wir erkennen außerdem, daß die Gleitung nicht nur durch die Schubsteifigkeit GR des Querschnittes, sondern auch durch den Steifigkeitsfaktor EB, der die Summe der quadratischen Momente der Biegesteifigkeiten der Wände darstellt, bestimmt wird. Der betreffende Term beschreibt, wie die Wände auf eine Gleitung der Hohlträgerquerschnitte reagieren.

Im Grenzfall EB = 0 wird die Gleitung der Querschnitte ausschließlich durch die Steifigkeit GR bestimmt. Es folgt:

$$GR\,\gamma_R = -a_2q_1 + a_1q_2 \tag{22.47}$$

Im Grenzfall GR = 0 hat der Querschnitt keine Schubsteifigkeit. Man kann dabei an Liniengelenke in den Ecken des Hohlträgers denken, in denen trotzdem eine Schubkraft s übertragen wird. Die Wände werden also auf Biegung beansprucht und sie wirken zusammen als Hohlträger, was durch den ersten Term zum Ausdruck gebracht wird.

Die Rolle, welche die beiden Steifigkeiten spielen, zeigt sich deutlich bei einer sinusförmigen Belastung. Wir setzen:

$$q_1 = q_{1,1} \sin \frac{\pi x}{l}, \qquad q_2 = q_{2,1} \sin \frac{\pi x}{l} \tag{22.48}$$

Diese Gleichung wird durch die partikuläre Lösung der Form

$$\gamma_R = \gamma_{R,1} \sin \frac{\pi x}{l} \tag{22.49}$$

erfüllt. Einsetzen in die Differentialgleichung führt zu:

$$(\frac{1}{2}\frac{\pi^4}{l^4}EB + GR)\,\gamma_{R,1} = -a_2q_{1,1} + a_1q_{2,1}, \tag{22.50}$$

so daß die Lösung lautet:

$$\gamma_R = \frac{- a_2 q_{1,1} + a_1 q_{2,1}}{\frac{1}{2}(\pi/l)^4 \, EB + GR} \sin \frac{\pi x}{l} \qquad (22.51)$$

Bei zunehmender Wellenlänge l nimmt die Bedeutung des Steifigkeitsfaktors EB schnell ab.

Die Differentialgleichung (22.46) ist vom Aufbau her analog der Differentialgleichung für den elastisch gebetteten Biegeträger, und von den in Kapitel 11 erhaltenen Lösungen wird im folgenden dankend Gebrauch gemacht. Wir setzen:

$$4\beta^4 = 2\frac{GR}{EB} \qquad (22.52)$$

Die reduzierte Gleichung lautet jetzt:

$$\frac{d^4 \gamma_R}{dx^4} + 4\beta^4 \, \gamma_R = 0 \qquad (22.53)$$

Für andere Größen, wie z.B. die Verschiebungen w_1 und w_2, gelten analoge Gleichungen. Für das verteilte Biegemoment in den Ecken des Querschnittes kann man z.B. leicht ableiten:

$$m = \pm \frac{1}{4} \, GR \left(\frac{w_1}{a_2} - \frac{w_2}{a_1}\right) = \pm \frac{1}{8} \, GR \, \gamma_R \qquad (22.54)$$

22.2 Die Einleitung einer konzentrierten Belastung

Wir wollen den Fall eines an beiden Enden aufgelegten, horizontalen Hohlträgers behandeln (siehe Bild 22.6a), auf den in der Mitte ein Moment 2T ausgeübt wird. Es wird gebildet durch zwei gleich große, aber entgegengesetzt gerichtete, vertikale Kräfte $2P_1$, die an den vertikalen Wänden 1 angreifen und zwei gleich große, aber entgegengesetzt gerichtete, horizontale Kräfte $2P_2$, die an den horizontalen Wänden 2 angreifen. Das Torsionsmoment lautet somit:

$$2T = 2P_1 a_2 + 2P_2 a_1 \qquad (22.55)$$

Das Torsionsmoment M_t ist in beiden Trägerhälften konstant. Für die rechte Hälfte $(x > 0)$ gilt:

$$M_t = -T = -P_1 a_2 - P_2 a_1 \qquad (22.56)$$

Bei der Behandlung der Torsion in Kapitel 3 wurde stillschweigend angenommen, daß ein Torsionsmoment problemlos in den Hohlträger eingeleitet werden kann. Dies trifft zu, wenn an der Einleitungsstelle ein Querschott oder eine Querversteifung vorhanden ist. Wenn keine Querversteifung vorhanden ist, kann der Querschnitt des Hohlträgers sich in seiner Ebene verformen, und es tritt eine Störung des mit der elementaren Theorie berechneten Kräfteverlaufes auf.

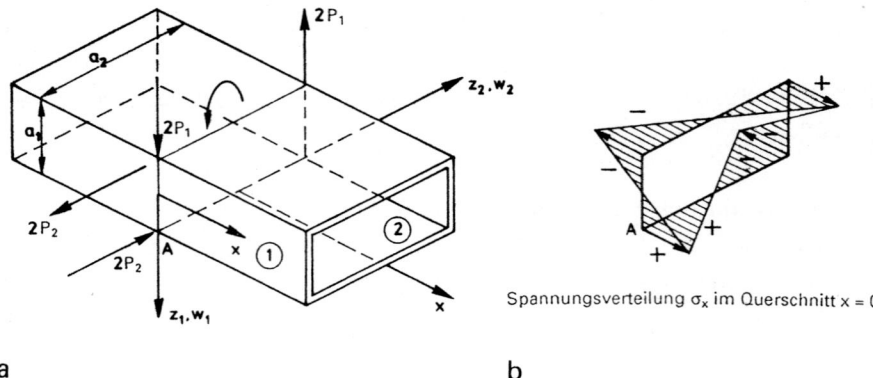

Spannungsverteilung σ_x im Querschnitt $x = 0$

a   b

Bild 22.6.

Zur Berechnung dieser Störung kann man von der reduzierten Gleichung (22.53) ausgehen, wofür die Lösungen in Kapitel 11 angegeben sind. Wir legen den Ursprung des Koordinatensystems in die belastete Querschnittsebene, und es ist dann ausreichend, die rechte Hälfte des Hohlträgers ($x \geq 0$) zu betrachten. Falls der Abstand vom Auflager genügend groß gegenüber der zu erwartenden Störungslänge ist, kann man die bereits bekannte Lösung (Formel 11.33) verwenden:

$$\gamma_R = A\, e^{-\beta x} \sin(\beta x + \omega) \tag{22.57}$$

Aus Symmetriegründen gilt für $x = 0$:

$$\frac{d\gamma_R}{dx} = 0, \tag{22.58}$$

woraus folgt:

$$\omega = \frac{\pi}{4} \tag{22.59}$$

Das Problem ist mit dem Grundfall A aus Abschnitt 11.5 vergleichbar.

Die Kräfte $2P_1$ werden in die vertikalen Wände eingeleitet, so daß für $x = 0$ für Wand 1 gilt:

$$Q_1 = -P_1 \tag{22.60}$$

Die Kräfte $2P_2$ werden in die horizontalen Wände eingeleitet, so daß für $x = 0$ für Wand 2 gilt:

$$Q_2 = -P_2 \tag{22.61}$$

Mit (22.42) gilt dann als zweite Übergangsbedingung für $x = 0$:

$$\frac{1}{2} EB \frac{d^3\gamma_R}{dx^3} = -a_2P_1 + a_1P_2 \qquad (22.62)$$

Mit

$$\frac{d^3\gamma_R}{dx^3} = -2\beta^3\sqrt{2} \, A \, e^{-\beta x} \sin(\beta x - \frac{\pi}{2}) \; {}^*$$

folgt:

$$A = \frac{-a_2P_1 + a_1P_2}{EB \; \beta^3\sqrt{2}} = \beta\sqrt{2} \; \frac{-a_2P_1 + a_1P_2}{GR}, \qquad (22.63)$$

und die Lösung lautet:

$$\gamma_R = \beta\sqrt{2} \; \frac{-a_2P_1 + a_1P_2}{GR} \, e^{-\beta x} \sin(\beta x + \frac{\pi}{4}) \qquad (22.64)$$

Wir sehen jetzt auch, daß die Gleitung durch die Differenz der beiden Kräftepaare a_2P_1 und a_1P_2 verursacht wird.

Für $x = 0$ liegt ein Extremwert vor. Man erhält:

$$\gamma_R = \beta \; \frac{-a_2P_1 + a_1P_2}{GR} \qquad (22.65)$$

Wenn $a_2P_1 > a_1P_2$, ist γ_R negativ, d.h. der rechte Winkel bei Punkt A wird kleiner (wie in Bild 22.1 angegeben ist).

Andere Größen können aus Lösung (22.64) abgeleitet werden. Wir geben nacheinander die wichtigsten Größen an. Die Verläufe dieser Größen sind in Bild 22.7 dargestellt.

– Die Verschiebungen. Aus den Formeln (22.38) und (22.39) kann man ableiten:

$$w_1 = -\frac{1}{4} a_2\gamma_R \quad \text{und} \quad w_2 = \frac{1}{4} a_1\gamma_R, \qquad (22.66)$$

wobei die Integrationskonstanten gleich Null gesetzt werden dürfen.

– Die Biegemomente in der Ebene der Wände 1 bzw. 2. Es ergibt sich:

$$M_1 = -EI_1 \frac{d^2w_1}{dx^2} = \frac{\frac{1}{2} EI_1a_2{}^2}{EB} \, \frac{1}{2}\sqrt{2} \; \frac{-a_2P_1 + a_1P_2}{\beta a_2} \, e^{-\beta x} \sin(\beta x - \frac{\pi}{4}) \quad (22.67)$$

$$M_2 = -EI_2 \frac{d^2w_2}{dx^2} = -\frac{\frac{1}{2} EI_2a_1{}^2}{EB} \, \frac{1}{2}\sqrt{2} \; \frac{-a_2P_1 + a_1P_2}{\beta a_1} \, e^{-\beta x} \sin(\beta x - \frac{\pi}{4}) \quad (22.68)$$

mit folgenden Extremwerten für $x = 0$:

---

* Siehe Differentiationsregel in Abschnitt 11.5.

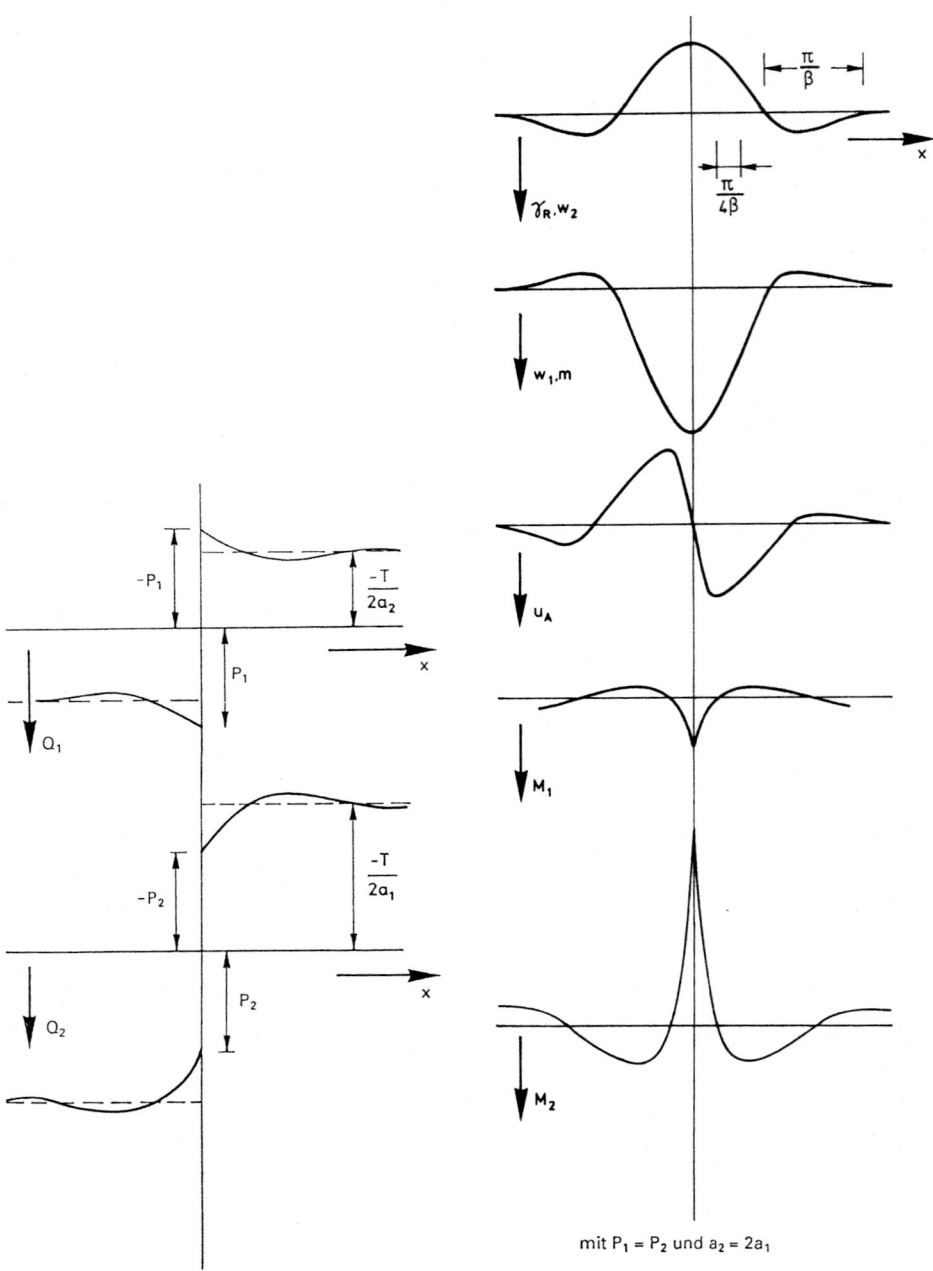

mit $P_1 = P_2$ und $a_2 = 2a_1$

Bild 22.7.

$$M_1 = -\frac{\frac{1}{2} EI_1 a_2{}^2}{EB} \frac{-a_2 P_1 + a_1 P_2}{2\beta a_2} \tag{22.69}$$

$$M_2 = \frac{\frac{1}{2} EI_2 a_1{}^2}{EB} \frac{-a_2 P_1 + a_1 P_2}{2\beta a_1} \tag{22.70}$$

Diese Formeln sind das Äquivalent zur Formel $M = P/2\beta$ beim elastisch gebetteten Biegeträger (22.42). Darüber hinaus wird die Differenz der beiden Kräftepaare $-a_2 P_1 + a_1 P_2$ proportional zu den Steifigkeitsfaktoren $\frac{1}{2} EI_1 a_2{}^2$ und $\frac{1}{2} EI_2 a_1{}^2$ und umgekehrt proportional zu den unterschiedlichen Abständen a_2 und a_1 der Wände 1 bzw. 2 verteilt.

Der Verlauf der durch diese Momente verursachten Normalspannungen σ ist in Bild 22.6b dargestellt, wobei $a_2 P_1 > a_1 P_2$ angenommen wurde. Dieser Verlauf erinnert uns an die Wölbung. Aus der Übergangsbedingung (22.31) erhalten wir:

$$u_A = \frac{1}{2} a_1 \varphi_1 = -\frac{1}{2} a_1 \frac{dw_1}{dx} = \frac{1}{8} a_1 a_2 \frac{d\gamma_R}{dx}, \tag{22.71}$$

so daß wir für u_A erhalten:

$$u_A = -\frac{1}{4} a_1 a_2 \beta^2 \frac{-a_2 P_1 + a_1 P_2}{GR} e^{-\beta x} \sin \beta x, \tag{22.72}$$

womit die Wölbungsfunktion bestimmt ist.

Für $x = 0$ ist $u_A = 0$. Ist $a_2 P_1 > a_1 P_2$, dann ist mit zunehmendem Wert für x die Verschiebung u_A anfangs positiv, was mit der positiven Normalspannung σ im Eckpunkt A übereinstimmt.

– Die Querkräfte in der Ebene der Wände 1 und 2. Bei einem Hohlträger kann man die Querkräfte nicht durch Differentiation der Biegemomente erhalten. In den Beziehungen (22.20) zwischen den Querkräften und den Biegemomenten spielt auch noch die unbekannte Schubkraft s eine Rolle. Wir gehen einen anderen Weg über die Gleichungen (22.19), in denen die Querkräfte in den Reaktionskräften p_1 und p_2 ausgedrückt sind. Ersetzt man diese durch die Ausdrücke (22.17) und (22.18), so erhält man:

$$\frac{dQ_1}{dx} = -\frac{1}{2} \frac{GR}{a_2} \gamma_R = -\frac{1}{2} \beta \sqrt{2} \frac{-a_2 P_1 + a_1 P_2}{a_2} e^{-\beta x} \sin(\beta x + \frac{\pi}{4}) \tag{22.73}$$

$$\frac{dQ_2}{dx} = \frac{1}{2} \frac{GR}{a_1} \gamma_R = \frac{1}{2} \beta \sqrt{2} \frac{-a_2 P_1 + a_1 P_2}{a_1} e^{-\beta x} \sin(\beta x + \frac{\pi}{4}) \tag{22.74}$$

Durch Integration erhält man daraus:

$$Q_1 = \frac{-a_2 P_1 + a_1 P_2}{2a_2} e^{-\beta x} \sin(\beta x + \frac{\pi}{2}) + C_1 \tag{22.75}$$

$$Q_2 = -\frac{-a_2P_1 + a_1P_2}{2a_1} e^{-\beta x} \sin(\beta x + \tfrac{\pi}{2}) + C_2 \tag{22.76}$$

Mit $Q_1 = -P_1$ und $Q_2 = -P_2$ für $x = 0$ folgt:

$$C_1 = -\frac{1}{2a_2}(a_2P_1 + a_1P_2) = -\frac{T}{2a_2} \tag{22.77}$$

$$C_2 = -\frac{1}{2a_1}(a_2P_1 + a_1P_2) = -\frac{T}{2a_1}, \tag{22.78}$$

somit erhält man für die Querkräfte:

$$Q_1 = \frac{-a_2P_1 + a_1P_2}{2a_2} e^{-\beta x} \sin(\beta x + \tfrac{\pi}{2}) - \frac{T}{2a_2} \tag{22.79}$$

$$Q_2 = -\frac{-a_2P_1 + a_1P_2}{2a_1} e^{-\beta x} \sin(\beta x + \tfrac{\pi}{2}) - \frac{T}{2a_1} \tag{22.80}$$

Mit zunehmendem x nehmen die ersten Terme auf den rechten Seiten der Gleichungen (22.79) und (22.80), welche als Störungsterme bezeichnet werden, ab, und die Querkräfte nähern sich den bereits in Abschnitt 3.2 berechneten Werten (3.31) und (3.32) für unverformbare Querschnitte:

$$Q_1 = \frac{M_t}{2a_2} = -\frac{T}{2a_2} \quad \text{und} \quad Q_2 = \frac{M_t}{2a_1} = -\frac{T}{2a_1} \tag{22.81}$$

– Die Schubkraft s zwischen den Wänden. Mit den bekannten Querkräften kann die Schubkraft s jetzt leicht berechnet werden. Wir gehen dazu von der ersten Gleichung (22.28) aus:

$$a_1 s = Q_1 - \frac{dM_1}{dx} \tag{22.82}$$

Mit den Formeln (22.67) und (22.79) folgt dann:

$$s = \frac{-\tfrac{1}{2}EI_1 a_2^2 + \tfrac{1}{2}EI_2 a_1^2}{EB} \frac{-a_2P_1 + a_1P_2}{2a_1a_2} e^{-\beta x} \sin(\beta x + \tfrac{\pi}{2}) - \frac{T}{2a_1a_2} \tag{22.83}$$

– Das verteilte Moment in den Ecken des Querschnittes. Für den Punkt A erhält man mit (22.54):

$$m_A = -\tfrac{1}{8} GR \, \gamma_R = -\tfrac{1}{8}\beta\sqrt{2}(-a_2P_1 + a_1P_2) e^{-\beta x} \sin(\beta x + \tfrac{\pi}{4}) \tag{22.84}$$

Zur weitergehenden Interpretation der erhaltenen Ergebnisse geben wir noch für den Fall nur vertikaler Belastungen $2P_1$ einige wichtige Werte für den belasteten Querschnitt an ($x = 0$):

$$w_1 = \frac{1}{4} \beta a_2^2 \frac{P_1}{GR} \tag{22.85}$$

$$M_1 = \frac{\frac{1}{2} EI_1 a_2^2}{EB} \frac{P_1}{2\beta} \tag{22.86}$$

$$m_A = \frac{1}{8} \beta a_2 P_1 \tag{22.87}$$

Zur *numerischen Ausarbeitung* der erhaltenen Ausdrücke wählen wir einen Querschnitt mit homogenen Wänden.

Mit $t_1 = 0,4$ m, $t_2 = 0,2$ m, $a_1 = 5,0$ m und $a_2 = 10,0$ m folgt:

$$EI_1 = \frac{1}{12} Et_1 a_1^3 = 4,17 \text{ m}^4 \text{ E} \qquad EI_2 = \frac{1}{12} Et_2 a_2^3 = 16,67 \text{ m}^4 \text{ E}$$

$$\frac{1}{2} EI_1 a_2^2 = 208 \text{ m}^6 \text{ E} \qquad \frac{1}{2} EI_2 a_1^2 = 208 \text{ m}^6 \text{ E}$$

$$EB = \frac{1}{2} EI_1 a_2^2 + \frac{1}{2} EI_2 a_1^2 = 416 \text{ m}^6 \text{ E}$$

$$EJ_1 = \frac{1}{12} Et_1^3 = 5,33 \times 10^{-3} \text{ m}^3 \text{ E} \qquad EJ_2 = \frac{1}{12} Et_2^3 = 0,67 \times 10^{-3} \text{ m}^3 \text{ E}$$

$$GR = \frac{48 \, EJ_1 EJ_2}{EJ_1 a_2 + EJ_2 a_1} = 3,02 \times 10^{-3} \text{ m}^2 \text{ E}$$

$$\beta^4 = \frac{GR}{2EB} = 363 \times 10^{-8} \text{ m}^{-4} \qquad \beta = 4,36 \times 10^{-2} \text{ m}^{-1}$$

Die halbe Wellenlänge der einzelnen Lösungen ist $\pi/\beta = 72$ m, d.h. sehr groß. Die Steifigkeit der federnden Unterstützung ist gering, da die Wände des Hohlträgers ziemlich dünn sind. Dies kann zu großen Verschiebungen und Biegemomenten führen.

Wenn die Wellenlänge der unterschiedlichen Funktionen in der Größenordnung der Spannweite des Hohlträgers liegt, gehen die Randbedingungen an den Auflagern in die Lösungen ein, und es kann somit nicht von den hier verwendeten Lösungen (22.57) ausgegangen werden. Die Lösung wird aufwendiger. In Kapitel 11 sind dafür Lösungswege angegeben.

Es ist jedoch auch möglich, daß die Konstruktion in solch einem Fall nicht ausreicht, d.h. nicht genügend steif ist, und daß andere Querschnittsformen bzw. eine andere Bemessung erforderlich ist. Mit einer ausführlicheren Berechnung schlägt man dann den falschen Weg ein.

Die Schlußfolgerung aus dem oben Erwähnten ist jedenfalls, daß große Kräfte, die einen Hohlträger auf Torsion belasten, über eine Queraussteifung eingeleitet werden müssen.

22.3 Gleitung und Verwölbung der Querschnitte und Schub in den Wänden

Bei der Herleitung von Gleichung (22.46) wurde der Schub in den Wänden vernachlässigt, so daß man die einfachen Beziehungen (22.32) zwischen den Rotationen φ und den Verschiebungen w verwenden konnte. Wir wollen jetzt den Schub in die Herleitung mit einbeziehen, wodurch diese Beziehungen ihre Gültigkeit verlieren und die darauffolgende Herleitung verfällt.

Wir behandeln den allgemeinen Fall von Torsion , bei der die Querschnitte abscheren und sich verwölben können, und es ist somit zu erwarten, daß die Herleitung kompliziert wird.

Bei der Untersuchung der Gleitung des Querschnittes im vorigen Abschnitt kam die Wölbung als eine Art Nebenprodukt zum Vorschein. Mit Gleichung (22.71) zeigte sich, daß eine einfache Beziehung zwischen der Verschiebung u_A eines gemeinsamen Eckpunktes A der Wände 1 und 2 und dem Gleitwinkel γ_R der Querschnitte bestand. Dies ist auffallend, da Wölbung im allgemeinen mit Torsion in Verbindung gebracht wird (siehe Abschnitt 3.2) und in dem betrachteten Fall jedoch keine Torsion auftrat. Die Rotation der Querschnitte war Null oder konstant. Es wird sich zeigen, daß in der folgenden Herleitung die Wölbung – in diesem Fall die Verschiebung u_A – eine entscheidende Rolle spielt.

Für diese Herleitung beginnen wir bei Gleichung (22.30), die wir hier noch einmal anschreiben:

$$a_2 EI_1 \frac{d^2\varphi_1}{dx^2} - a_1 EI_2 \frac{d^2\varphi_2}{dx^2} = a_2 Q_1 - a_1 Q_2 \tag{22.88}$$

Wir drücken die Rotationen mit Hilfe von (22.31) in der Verschiebung u_A aus:

$$\varphi_1 = \frac{2}{a_1} u_A$$

$$\varphi_2 = -\frac{2}{a_2} u_A \tag{22.89}$$

und setzen diese in die vorhergehende Gleichung ein. Damit erhalten wir:

$$EB \frac{4}{a_1 a_2} \frac{d^2 u_A}{dx^2} = a_2 Q_1 - a_1 Q_2 \tag{22.90}$$

Differenziert man diese Gleichung und setzt anschließend Ausdruck (22.45) in die rechte Seite ein, dann erhält man die folgende Gleichung:

$$EB \frac{4}{a_1 a_2} \frac{d^3 u_A}{dx^3} + GR\, \gamma_R = -a_2 q_1 + a_1 q_2 \tag{22.91}$$

Diese Gleichung tritt also an die Stelle von Gleichung (22.46). Es gibt jetzt jedoch zwei Variablen. Außer γ_R tritt auch u_A auf.

Wir führen die Herleitung mit den Gleichungen (22.21) fort. Setzt man hierin die Ausdrücke (22.89) ein, so folgt:

$$Q_1 = GA_1(\frac{dw_1}{dx} + \frac{2}{a_1} u_A)$$

$$Q_2 = GA_2(\frac{dw_2}{dx} - \frac{2}{a_2} u_A)$$

(22.92)

Aus den Beziehungen (22.15) und (22.16) leiten wir ab:

$$w_1 = \frac{1}{2} a_2 \psi - \frac{1}{4} a_2 \gamma_R$$

$$w_2 = \frac{1}{2} a_1 \psi + \frac{1}{4} a_1 \gamma_R$$

(22.93)

Substitution dieser Ausdrücke in (22.92) führt zu:

$$Q_1 = GA_1(\frac{1}{2} a_2 \frac{d\psi}{dx} - \frac{1}{4} a_2 \frac{d\gamma_R}{dx} + \frac{2}{a_1} u_A)$$

(22.94)

$$Q_2 = GA_2(\frac{1}{2} a_1 \frac{d\psi}{dx} + \frac{1}{4} a_1 \frac{d\gamma_R}{dx} - \frac{2}{a_2} u_A)$$

(22.95)

Wir gehen jetzt nacheinander zwei verschiedene Wege.

Zuerst bestimmen wir $a_2 Q_1 - a_1 Q_2$, was mit (22.90) in der Verschiebung u_A ausgedrückt werden kann. Als zweites bestimmen wir die Summe $a_2 Q_1 + a_1 Q_2$, die gleich dem Torsionsmoment in einem Querschnitt ist (Formel (22.23)).

Nacheinander erhält man:

$$(\frac{1}{2} GA_1 a_2{}^2 - \frac{1}{2} GA_2 a_1{}^2) \frac{d\psi}{dx} - \frac{1}{2}(\frac{1}{2} GA_1 a_2{}^2 + \frac{1}{2} GA_2 a_1{}^2) \frac{d\gamma_R}{dx} +$$

$$+ (\frac{1}{2} GA_1 a_2{}^2 + \frac{1}{2} GA_2 a_1{}^2) \frac{4}{a_1 a_2} u_A = EB \frac{4}{a_1 a_2} \frac{d^2 u_A}{dx^2}$$

(22.96)

und

$$(\frac{1}{2} GA_1 a_2{}^2 + \frac{1}{2} GA_2 a_1{}^2) \frac{d\psi}{dx} - \frac{1}{2}(\frac{1}{2} GA_1 a_2{}^2 - \frac{1}{2} GA_2 a_1{}^2) \frac{d\gamma_R}{dx} +$$

$$+ (\frac{1}{2} GA_1 a_2{}^2 - \frac{1}{2} GA_2 a_1{}^2) \frac{4}{a_1 a_2} u_A = M_t$$

(22.97)

Zur Vereinfachung führen wir die folgenden Symbole ein:

$$\frac{1}{2} GA_1 a_2{}^2 + \frac{1}{2} GA_2 a_1{}^2 = GI_w = \quad \text{die Torsionssteifigkeit bei behinderter}$$

$$\text{Wölbung (siehe auch Formel (3.19))}$$

$$\tfrac{1}{2} GA_1 a_2{}^2 - \tfrac{1}{2} GA_2 a_1{}^2 = GW = \quad \text{Steifigkeitsfaktor, der eine wesentliche}$$

Rolle bei der Wölbung spielt (siehe Formel (3.42))

Mit diesen Symbolen fassen wir das erhaltene System von Gleichungen noch einmal zusammen:

$$GR\, \gamma_R + EB\, \frac{4}{a_1 a_2}\, \frac{d^3 u_A}{dx^3} = -a_2 q_1 + a_1 q_2 \tag{22.91}$$

$$GW\, \frac{d\psi}{dx} - \frac{1}{2}\, GI_w\, \frac{d\gamma_R}{dx} - EB\, \frac{4}{a_1 a_2}\, \frac{d^2 u_A}{dx^2} + GI_w \frac{4}{a_1 a_2}\, u_A = 0 \tag{22.98}$$

$$GI_w\, \frac{d\psi}{dx} - \frac{1}{2}\, GW\, \frac{d\gamma_R}{dx} + GW\, \frac{4}{a_1 a_2}\, u_A = M_t \tag{22.99}$$

oder, wenn die letzte Gleichung noch einmal differenziert wird:

$$-GI_w\, \frac{d^2\psi}{dx^2} + \frac{1}{2}\, GW\, \frac{d^2\gamma_R}{dx^2} - GW\, \frac{4}{a_1 a_2}\, \frac{du_A}{dx} = m_x = a_2 q_1 + a_1 q_2 \tag{22.100}$$

Mit diesen drei simultanen Gleichungen für die drei Variablen ψ, γ_R und u_A und den erforderlichen Randbedingungen ist die Torsion, die Gleitung und die Verwölbung der Querschnitte eines Hohlträgers vollständig beschrieben.

Als Belastungsfunktion fungiert in der ersten Gleichung die Differenz, und in der letzten Gleichung die Summe der beiden verteilten Kräftepaare $a_2 q_1$ und $a_1 q_2$.

Der Term $(4/a_1 a_2)u_A$, der in allen drei Gleichungen vorkommt (differenziert oder nicht), ist die Verwindung des Querschnittes. Sie drückt den Neigungsunterschied zwischen zwei parallelen Seiten, dividiert durch ihren Abstand, aus. Man spricht besser von Verwindung als von Wölbung, womit ein stetiger Verlauf assoziiert wird.

Die Gleichungen sind nicht so unübersichtlich, wie es vielleicht auf den ersten Blick erscheint, und bilden den Ausgangspunkt zur Untersuchung der genannten Erscheinungen. Eine derartige Untersuchung würde jedoch den Rahmen dieses Buch sprengen.

Um einen Einblick in die Materie zu bekommen, betrachten wir einige Extremfälle.

– Für $GI_w = \infty$ folgt aus (22.99):

$$\frac{d\psi}{dx} = 0, \tag{22.101}$$

was bereits durch (22.35) ausgedrückt wurde.
Aus (22.98) folgt dann:

$$\frac{d\gamma_R}{dx} = \frac{8}{a_1 a_2}\, u_A \tag{22.102}$$

Dies ist die bereits zuvor erhaltene Beziehung (22.71).

Setzt man diese Beziehung in (22.91) ein, so erhält man Gleichung (22.46), die unter der Bedingung $GA_1 = \infty$ und $GA_2 = \infty$, d.h. auch $GI_w = \infty$, hergeleitet wurde.

– Für $GW = 0$ folgt aus (22.99):

$$GI_w \frac{d\psi}{dx} = M_t \qquad\qquad (22.103)$$

In diesem Fall ist entsprechend (3.40) $GI_w = GI_t$.

– Für $GR = \infty$ folgt aus (22.91):

$$\gamma_R = 0 \qquad\qquad (22.104)$$

Aus (22.98) und (22.99) erhält man dann:

$$GW \frac{d\psi}{dx} - EB \frac{4}{a_1 a_2} \frac{d^2 u_A}{dx^2} + GI_w \frac{4}{a_1 a_2} u_A = 0 \qquad\qquad (22.105)$$

bzw.

$$GI_w \frac{d\psi}{dx} + GW \frac{4}{a_1 a_2} u_A = M_t \qquad\qquad (22.106)$$

Eliminieren von $\dfrac{d\psi}{dx}$ führt zu:

$$\frac{EB}{GW} \frac{4}{a_1 a_2} \frac{d^2 u_A}{dx^2} + \left(\frac{GW}{GI_w} - \frac{GI_w}{GW}\right) \frac{4}{a_1 a_2} u_A = \frac{M_t}{GI_w}, \qquad\qquad (22.107)$$

was nach Ausarbeitung übergeht in:

$$EB \frac{4}{a_1 a_2} \frac{d^2 u_A}{dx^2} - \frac{GA_1 a_2^2 \times GA_2 a_1^2}{GI_w} \frac{4}{a_1 a_2} u_A = \frac{GW}{GI_w} M_t \qquad\qquad (22.108)$$

Es gilt:

$$\frac{GA_1 a_2^2 \times GA_2 a_1^2}{GI_w} = GI_t$$

Dies ist die Torsionssteifigkeit bei zugelassener Wölbung (Formel (3.40)). Die obige Gleichung lautet schließlich:

$$EB \frac{4}{a_1 a_2} \frac{d^2 u_A}{dx^2} - GI_t \frac{4}{a_1 a_2} u_A = \frac{GW}{GI_w} M_t \qquad\qquad (22.109)$$

Mit dieser Gleichung kann die Wölbung, die durch ein Torsionsmoment verursacht wird, und anschließend mit (22.106) die Verwindung $\frac{d\psi}{dx}$ des Trägers berechnet werden.

— Für EB = ∞ folgt aus (22.98):

$$\frac{d^2u_A}{dx^2} = 0 \tag{22.110}$$

Der Verlauf von u_A ist linear. Es kann nur eine konstante Normalspannung auftreten, die durch eine Randbedingung bestimmt wird.
Wenn $u_A = 0$ ist, folgt aus (22.99):

$$GI_w \frac{d\psi}{dx} - \frac{1}{2} GW \frac{d\gamma_R}{dx} = M_t \tag{22.111}$$

Wenn auch $\gamma_R = 0$ ist (GR = ∞), erhält man (22.103).

— Für EB = 0 folgt aus (22.91):

$$GR\,\gamma_R = -a_2q_1 + a_1q_2 \tag{22.112}$$

Ist darüber hinaus GR = ∞, d.h. $\gamma_R = 0$, dann folgt aus (22.98):

$$GW \frac{d\psi}{dx} + GI_w \frac{4}{a_1a_2} u_A = 0 \tag{22.113}$$

und aus (22.99):

$$GI_w \frac{d\psi}{dx} + GW \frac{4}{a_1a_2} u_A = M_t \tag{22.114}$$

Eliminiert man u_A aus diesen beiden Gleichungen, so erhält man:

$$\frac{d\psi}{dx} = \frac{GI_w}{GA_1a_2{}^2 \times GA_2a_1{}^2} M_t = \frac{M_t}{GI_t} \tag{22.115}$$

Elimination von ψ führt zu:

$$\frac{4}{a_1a_2} u_A = - \frac{GW}{GA_1a_2{}^2 \times GA_2a_1{}^2} M_t \tag{22.116}$$

Der Querschnitt kann sich ungehindert verwölben. Die Formeln stimmen mit (3.39) und (3.42) überein. Ausdruck (22.116) ist die partikuläre Lösung für Gleichung (22.109).

Wir folgern noch einmal daß die Verwindung $\frac{d\psi}{dx}$ des Trägers, die Gleitung γ_R des

Querschnittes und die Verwölbung (Verwindung) $\frac{4}{a_1a_2}u_A$ des Querschittes in komplizierter Weise mit einander zusammenhängen, wobei unterschiedliche Steifigkeitsfaktoren eine Rolle spielen. Verursacher dieser Erscheinungen ist sowohl das Torsionsmoment $a_2q_1 + a_1q_2$ als auch die Differenz der beiden verteilte Kräftepaare $-a_2q_1 + a_1q_2$.

Um die allgemeinen Gleichungen (22.91) und (22.98) bis (22.100) weiter auszuarbeiten, eliminieren wir zunächst $d\psi/dx$ aus den Gleichungen (22.98) und (22.99). Man erhält dann mit

und

$$\frac{GW}{GI_w} - \frac{GI_w}{GW} = -\frac{GA_1a_2^2 \times GA_2a_1^2}{GI_wGW}$$

$$\frac{GA_1a_2^2 \times GA_2a_1^2}{GI_w} = GI_t$$

$$-\frac{1}{2}\frac{GI_t}{GW}\frac{d\gamma_R}{dx} - \frac{EB}{GW}\frac{4}{a_1a_2}\frac{d^2u_A}{dx^2} + \frac{GI_t}{GW}\frac{4}{a_1a_2}u_A = -\frac{1}{GI_w}M_t \qquad (22.117)$$

Eliminiert man γ_R aus dieser Gleichung und aus Gleichung (22.91), so erhält man:

$$\frac{1}{2}EB\frac{4}{a_1a_2}\frac{d^4u_A}{dx^4} - \frac{EB\ GR}{GI_t}\frac{4}{a_1a_2}\frac{d^2u_A}{dx^2} + GR\frac{4}{a_1a_2}u_A =$$

$$= -\frac{GW\ GR}{GA_1a_2^2 \times GA_2a_1^2}M_t + \frac{1}{2}(-a_2\frac{dq_1}{dx} + a_1\frac{dq_2}{dx}) \qquad (22.118)$$

Für γ_R erhält man eine Gleichung, deren linke Seite vom Aufbau her gleich der linken Seite der Gleichung (22.118) ist:

$$\frac{1}{2}EB\frac{d^4\gamma_R}{dx^4} - \frac{EB\ GR}{GI_t}\frac{d^2\gamma_R}{dx^2} + GR\ \gamma_R = \text{“Belastungsterme”} \qquad (22.119)$$

Vergleichen wir die linke Seite dieser Gleichung mit Gleichung (22.46), dann sehen wir, daß der mittlere Term hinzugefügt wurde, wodurch der Einfluß der Torsionssteifigkeit GI_t und damit der Schubsteifigkeiten GA_1 und GA_2 in die Rechnung miteinbezogen wird. Um den Einfluß dieses Termes zu bestimmen, setzen wir die Lösung

$$\gamma_R = e^{rx} \qquad (22.120)$$

in die reduzierte Gleichung ein.
Daraus erhält man die charakteristische Gleichung:

$$\tfrac{1}{2} EB \, r^4 - \frac{EB \, GR}{GI_t} r^2 + GR = 0, \tag{22.121}$$

wofür die Wurzellösungen lauten:

$$r = \pm \sqrt{\frac{GR}{GI_t} \pm \sqrt{\left(\frac{GR}{GI_t}\right)^2 - 4\beta^4}} \tag{22.122}$$

Für das Zahlenbeispiel aus Abschnitt 22.2 galt:
$GR = 3{,}02 \times 10^{-3} \, m^2 \, E$, $EB = 416 \, m^6 \, E$, während für GI_t folgt:

$$GI_t = 2G \, \frac{t_1 t_2 a_1 a_2}{t_1/a_1 + t_2/a_2} = 40 \, m^4 \, E \qquad (G = \tfrac{1}{2} E)$$

Weiterhin gilt: $4\beta^4 = 1452 \times 10^{-8} \, m^{-4}$ und $2\beta^2 = 38 \times 10^{-4} \, m^{-2}$.
Mit diesen Werten ist:

$$\frac{GR}{GI_t} = 0{,}75 \times 10^{-4} \, m^{-2} \ll 2\beta^2$$

und

$$\left(\frac{GR}{GI_t}\right)^2 = 0{,}57 \times 10^{-8} \, m^{-4} \ll 4\beta^4,$$

so daß man mit guter Näherung

$$r = \sqrt[4]{-4\beta^4} \tag{22.123}$$

setzen darf, und man erhält damit die bekannte Lösung (22.57) und die daraus abgeleiteten Formeln.

Die Vernachlässigung des Schubes (durch die Annahme $GA = \infty$) für das behandelte Störungsproblem ist somit gerechtfertigt.

Anhang

Anhang **A**
Die Anwendung von Fourierreihen

Für den Leser, der nicht mit Fourierreihen vertraut ist, folgt hier eine kurze Erläuterung der Theorie*, und danach werden verschiedene Belastungsfunktionen in eine Fourierreihe entwickelt. Anschließend wird die Bedeutung von Fourierreihen zur Lösung von Differentialgleichungen anhand eines frei aufliegenden Biegeträgers, der gleichmäßig belastet ist, aufgezeigt. Für das Biegemoment und die Durchbiegung werden die Lösungen in Reihenform hergeleitet.

Gegeben ist f(z) (siehe Bild a.1), eine Funktion einer reellen Variablen z, über das Intervall von 0 bis 2π. Die Funktion ist endlich, darf aber in einigen Punkten unstetig sein.

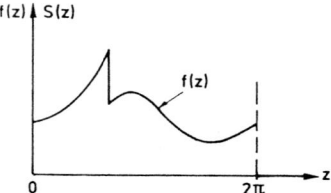

Bild a.1.

Wir betrachten jetzt eine Reihe mit Cosinus- und Sinustermen:

$$S(z) = \sum_{n=0}^{p} a_n \cos nz + \sum_{n=1}^{p} b_n \sin nz \tag{a.1}$$

und fragen, ob die Konstanten a_n und b_n dieser Reihe so bestimmt werden können, daß im gegebenen Fall die Summe der Reihe die gegebene Funktion so gut wie möglich annähert. Oder auch: Wir fragen, ob die gegebene Funktion in eine unendliche Reihe entwickelt werden kann:

$$f(z) = a_0 + \sum_{n=1}^{\infty} (a_n \cos nz + b_n \sin nz) \tag{a.2}$$

Nehmen wir an, daß diese Reihenentwicklung der Funktion möglich ist und daß die Reihe, mit Ausnahme der Diskontinuitätspunkte und eventuell der Endpunkte, in

---

* Für diejenigen, die sich für die Fourierreihen interessieren, verweisen wir auf die zahlreichen mathematischen Bücher. Wir wollen hierbei noch das besonders lesenswerte Buch "Mathematical methods in engineering" von Th. v. Kármán und M.A. Biot erwähnen.

jedem Punkt des Intervalls konvergiert, dann können die Koeffizienten a_0, a_n und b_n, die sogenannten Fourierkoeffizienten, auf einfache Weise bestimmt werden.

Dazu werden z.B. beide Terme aus Gleichung (a.2) mit $\cos mz$ ($m \neq 0$) multipliziert und anschließend über dem Bereich zwischen 0 und 2π integriert

$$\int_0^{2\pi} f(z) \cos mz \, dz = \int_0^{2\pi} \left(a_0 + \sum_{n=1}^{\infty} (a_n \cos nz + b_n \sin nz) \right) \cos mz \, dz$$

Aufgrund der angenommenen gleichmäßigen Konvergenz dürfen wir jeden Term einzeln integrieren (mit anderen Worten: Das Integral der Summe = der Summe der Integrale). Dies führt zu:

$$\int_0^{2\pi} f(z) \cos mz \, dz =$$

$$= \int_0^{2\pi} a_0 \cos mz \, dz + \sum_{n=1}^{\infty} \left[\int_0^{2\pi} a_n \cos nz \cos mz \, dz + \int_0^{2\pi} b_n \sin nz \cos mz \, dz \right]$$

Auf der rechten Seite dieser Gleichung ist das erste Integral gleich Null. Aufgrund der Orthogonalitätsbeziehungen

$$\int_0^{2\pi} \sin mz \sin nz \, dz \quad \begin{aligned} &= 0 \text{ wenn } m \neq n \\ &= \pi \text{ wenn } m = n \end{aligned}$$

$$\int_0^{2\pi} \sin mz \cos nz \, dz \quad \begin{aligned} &= 0 \text{ wenn } m \neq n \\ &= 0 \text{ wenn } m = n \end{aligned}$$

$$\int_0^{2\pi} \cos mz \cos nz \, dz \quad \begin{aligned} &= 0 \text{ wenn } m \neq n \\ &= \pi \text{ wenn } m = n \end{aligned}$$

bleibt von der rechten Seite nur das Integral

$$\int_0^{2\pi} \cos nz \cos mz \, dz \quad \text{für } n = m$$

übrig. Die rechte Seite vereinfacht sich zu:

$$a_m \int_0^{2\pi} \cos mz \cos mz \, dz = a_m \pi$$

Wir erhalten also:

$$\int_0^{2\pi} f(z) \cos mz \, dz = a_m \pi,$$

woraus für den Koeffizienten a_m folgt:

$$a_m = \frac{1}{\pi} \int_0^{2\pi} f(z) \cos mz \, dz$$

An diesem Ergebnis zeigt sich der große Vorteil der Orthogonalitätsbeziehungen zwischen den goniometrischen Funktionen. Dadurch ist es möglich, die Koeffizienten a_m explizit in der gegebenen Funktion $f(z)$ auszudrücken.

Zur Bestimmung der Koeffizienten b_n werden die beiden Terme aus Gleichung (a.2) mit sin mz multipliziert und anschließend über den Bereich von 0 bis 2π integriert. Auf diese Weise erhält man dann:

$$b_m = \frac{1}{\pi} \int_0^{2\pi} f(z) \sin mz \, dz$$

Zur Bestimmung von a_0 werden beide Teile aus Gleichung (a.2) über dem Bereich von 0 bis 2π integriert. Man erhält dann:

$$\int_0^{2\pi} f(z) \, dz = a_0 \int_0^{2\pi} dz = a_0 2\pi$$

und somit:

$$a_0 = \frac{1}{2\pi} \int_0^{2\pi} f(z) \, dz$$

Dies ist der mittlere Funktionswert im Bereich von 0 bis 2π.

Die Fourierkoeffizienten kann man also auf einfache Weise in der gegebenen Funktion ausdrücken. Bei nicht allzu komplizierten Funktionen sind die Integrale analytisch lösbar. Für kompliziertere Funktionen oder Funktionen, die nur numerisch oder graphisch gegeben sind, wurden numerische, graphische und auch mechanische Methoden entwickelt, um die Fourierkoeffizienten zu bestimmen.

Ein wichtiges Anwendungsgebiet für die Fourierentwicklung sind Funktionen, die periodisch mit der Zeit variieren.

Fourierreihen werden jedoch auch bei nichtperiodischen Funktionen, wie z.B. für die Belastung eines Trägers (Bild a.2), verwendet. Wir müssen dann die gegebene Funktion in Gedanken über den gegebenen Bereich hinaus fortsetzen, so daß eine periodische Funktion entsteht.

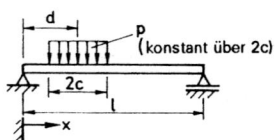

Bild a.2.

Bei der Fortsetzung gibt es verschiedene Möglichkeiten, und für eine Belastung sind daher auch verschiedene Reihenentwicklungen möglich. Im allgemeinen wird man die Entwicklung wählen, bei der die Randbedingungen für $x = 0$ und $x = l$ erfüllt werden. Die unabhängige Veränderliche ist jetzt die Koordinate x.

Bezeichnet man die Länge des Intervalls mit L, dann lauten die Formeln:

$$f(x) = a_0 + \sum_{n=1}^{\infty} \left(a_n \cos \frac{2n\pi}{L} x + b_n \sin \frac{2n\pi}{L} x \right)$$

und

$$a_0 = \frac{1}{L} \int_0^L f(x)\, dx$$

$$a_n = \frac{2}{L} \int_0^L f(x) \cos \frac{2n\pi}{L} x\, dx$$

$$b_n = \frac{2}{L} \int_0^L f(x) \sin \frac{2n\pi}{L} x\, dx$$

Es gibt folgende Möglichkeiten, um die obige Belastung in eine Reihe zu entwickeln:

1. Die Periodizität erhält man, indem man $f(x + l) = f(x)$ setzt. Das Intervall L wird somit der Spannweite l gleichgesetzt. In dem Beispiel ist $f(x)$ eine Belastung p, die über einen Bereich der Länge 2c, dessen Mitte bei $x = d$ liegt, konstant ist (Bild a.3). Die Reihenentwicklung lautet:

$$f(x) = \frac{2p}{l} \left[c + \frac{l}{\pi} \sum_{n=1}^{\infty} \frac{1}{n} \sin \frac{2n\pi c}{l} \cos \frac{2n\pi}{l} (x - d) \right]$$

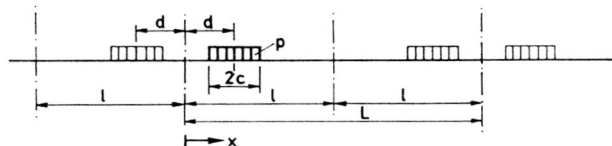

Bild a.3.

2. Das Intervall L wird gleich 2mal der Länge der Spannweite l gesetzt. Die Funktion wird als co-symmetrische Funktion bezüglich $x = 0$ fortgesetzt, d.h. als eine gerade Funktion, für die gilt: $f(-x) = f(x)$ (Bild a.4).

Bild a.4

Die Reihenentwicklung wird keine Sinusterme (ungerade Funktionen) enthalten. Sie lautet:

$$f(x) = \frac{2pc}{l} + \frac{4p}{\pi} \sum_{n=1}^{\infty} \frac{1}{n} \sin \frac{n\pi c}{l} \cos \frac{n\pi d}{l} \cos \frac{n\pi}{l} x$$

3. Das Intervall L wird wieder gleich 2mal der Länge der Spannweite *l* gesetzt. Die Funktion wird als eine Funktion fortgesetzt, die contrasymmetrisch (antimetrisch) bezüglich x = 0 ist, d.h. sie wird fortgesetzt als eine ungerade Funktion, für die gilt: f(–x) = –f(x) (Bild a.5).

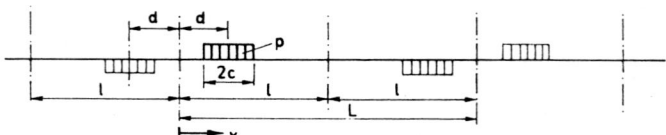

Bild a.5.

Die Reihenentwicklung enthält jetzt keine Cosinusterme (gerade Funktionen). Sie lautet:

$$f(x) = \frac{4p}{\pi} \sum_{n=1}^{\infty} \frac{1}{n} \sin \frac{n\pi d}{l} \sin \frac{n\pi c}{l} \sin \frac{n\pi}{l} x$$

Diese letzte Reihenentwicklung erfüllt die Randbedingungen des frei aufliegenden Trägers:

w = 0 und M = 0 für x = 0

w = 0 und M = 0 für x = *l*

und wird daher oft angewendet. Wir leiten hieraus einige besondere Fälle ab:

a. Gleichlast p über die gesamte Länge l (Bild a.6)

Hier ist c = d = $\frac{1}{2}l$, womit die Reihe übergeht in:

$$f(x) = \frac{4p}{\pi} \sum_{n=1}^{\infty} \frac{1}{n} \sin^2 \left(\frac{n\pi}{2}\right) \sin \frac{n\pi}{l} x$$

Bild a.6.

Jetzt gilt für gerade n: $\sin \frac{n\pi}{2} = 0,$

für gerade n: $\sin \frac{n\pi}{2} = \pm 1 \rightarrow \sin^2 \left(\frac{n\pi}{2}\right) = +1,$

und somit lautet die Reihenentwicklung:

$$f(x) = \frac{4p}{\pi} \sum_{n=1,3,5,\dots}^{\infty} \frac{1}{n} \sin \frac{n\pi}{l} x =$$

$$= \frac{4p}{\pi} (\sin \frac{\pi}{l}x + \frac{1}{3} \sin \frac{3\pi}{l}x + \frac{1}{5} \sin \frac{5\pi}{l}x + \dots)$$

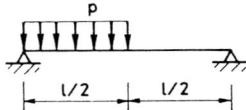

Bild a.7. Das erste, dritte und fünfte harmonische Glied der Reihenentwicklung für eine konstante Belastung p und deren Summe (gestrichelte Linie).

b. Gleichlast p über der linken Hälfte (Bild a.8)

Hier ist $c = d = \frac{1}{4}l$, womit die Reihe übergeht in:

$$f(x) = \frac{4p}{\pi} \sum_{n=1}^{\infty} \frac{1}{n} \sin^2 (\frac{n\pi}{4}) \sin \frac{n\pi}{l} x$$

Bild a.8.

Jetzt gilt :

n	1	2	3	4	5	6	7	8
$\frac{1}{n} \sin^2 (\frac{n\pi}{4})$	$\frac{1}{2}$	$\frac{1}{2}$	$\frac{1}{6}$	0	$\frac{1}{10}$	$\frac{1}{6}$	$\frac{1}{14}$	0

und die Reihenentwicklung lautet somit:

$$f(x) = \frac{4p}{\pi} (\frac{1}{2} \sin \frac{\pi}{l}x + \frac{1}{2} \sin \frac{2\pi}{l}x + \frac{1}{6} \sin \frac{3\pi}{l}x + \dots)$$

c. Gleichlast p über ein Viertel der Länge (Bild a.9)

In diesem Fall ist $c = \frac{1}{8}l$ und $d = \frac{3}{8}l$, womit die Reihe übergeht in:

$$f(x) = \frac{4p}{\pi} \sum_{n=1}^{\infty} \frac{1}{n} \sin \frac{3n\pi}{8} \sin \frac{n\pi}{8} \sin \frac{n\pi}{l} x$$

Bild a.9.

Jetzt gilt:

n		1	2	3	4	5	6	7	8
$\frac{1}{n}\sin\frac{3n\pi}{8}\sin\frac{n\pi}{8}$		$\frac{1}{4}\sqrt{2}$	$\frac{1}{4}$	$-\frac{1}{12}\sqrt{2}$	$-\frac{1}{4}$	$-\frac{1}{20}\sqrt{2}$	$\frac{1}{12}$	$\frac{1}{28}\sqrt{2}$	0

und die Reihenentwicklung lautet:

$$f(x) = \frac{4p}{\pi}\left(\frac{1}{4}\sqrt{2}\sin\frac{\pi}{l}x + \frac{1}{4}\sin\frac{2\pi}{l}x - \frac{1}{12}\sqrt{2}\sin\frac{3\pi}{l}x + \dots\right)$$

d. Einzellast P an der Stelle x = d (Bild a.10)

Bild a.10.

Wir setzen in der Reihenentwicklung von Fall 3 die gesamte Belastung 2cp = P und multiplizieren Zähler und Nenner in der Reihenentwicklung mit dem Faktor πc/l:

$$f(x) = \frac{4p}{\pi}\frac{\pi c}{l}\sum_{n=1,2,..}^{\infty}\frac{\sin(n\pi c/l)}{n\pi c/l}\sin\frac{n\pi d}{l}\sin\frac{n\pi}{l}x$$

Lassen wir jetzt c → 0 streben, dann müssen wir darauf achten, daß 4pc gleich 2 mal der gesamten Belastung 2P ist und daher konstant bleibt. Außerdem gilt:

$$\lim_{\alpha\to 0}\frac{\sin\alpha}{\alpha} = 1.$$

Die Reihe geht dann über in:

$$f(x) = \frac{2P}{l}\sum_{n=1,2,..}^{\infty}\sin\frac{n\pi d}{l}\sin\frac{n\pi}{l}x$$

Diese Reihe stellt eine Funktion dar, die bis auf die Lastangriffsstelle, bei der der Funktionswert gleich unendlich ist, überall gleich Null ist. Die Reihe ist jedoch nicht konvergent (es kommen keine Faktoren $\frac{1}{n}$ darin vor!) und ist nicht dazu da, die

Funktion zu berechnen.

Sie ist jedoch zur Herleitung eines Momentenverlaufes oder einer Durchbiegungslinie durch Integration, sehr gut geeignet. Die Reihen, die man daraus erhält, konvergieren.

e. Gleichmäßig verteilte, contrasymmetrische (antimetrische) Belastung p über die halbe Länge (Bild a.11)

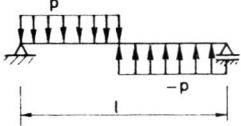

Bild a.11

Die Reihenentwicklung erhält man aus dem Fall a, indem man darin l durch $\frac{1}{2}l$ ersetzt. Dies führt zu:

$$f(x) = \frac{4p}{\pi} \left(\sin \frac{2\pi}{l}x + \frac{1}{3}\sin \frac{6\pi}{l}x + \frac{1}{5}\sin \frac{10\pi}{l}x + ... \right)$$

Anwendung

Die Verwendung von Fourierreihen zur Lösung von Differentialgleichungen führen wir anhand des an beiden Enden frei aufliegenden Biegeträgers vor. Wie bereits bekannt, gelten dafür die folgenden Differentialgleichungen:

$$\frac{d^2M}{dx^2} = -q$$

$$\frac{d^2w}{dx^2} = -\frac{M}{EI}$$

Eine sinusförmige Belastung der Form

$$q = q_n \sin \frac{n\pi x}{l} \qquad \text{(für alle n)}$$

führt zu folgenden Lösungen dieser Gleichungen:

$$M = \frac{q_n l^2}{n^2\pi^2} \sin \frac{n\pi x}{l}$$

$$w = \frac{q_n l^4}{n^4\pi^4 \, EI} \sin \frac{n\pi x}{l}$$

Für die Randbedingungen

$$w = 0 \text{ und } M = 0 \text{ für } x = 0$$

$$w = 0 \text{ und } M = 0 \text{ für } x = l$$

sind die Integrationskonstanten alle gleich Null.

Momentenverlauf und Durchbiegungsverlauf sind von der gleichen Form wie die Belastung.

Die Einfachheit der oben angeführten Lösungen führt dazu, jede beliebige Belastung in eine Fourierreihe zu entwickeln. Bei den gewählten Randbedingungen muß dies dann eine Entwicklung wie die unter 3. angegebene Sinusreihe sein.

Als Beispiel wählen wir die Gleichlast q_0, für die gilt:

$$q_0 = \sum_{n=1,3,5,..}^{\infty} q_n \sin \frac{n\pi x}{l} \quad \text{mit } q_n = \frac{4}{n\pi} q_0$$

Für den allgemeinen Term $q_n \sin(n\pi x/l)$ aus dieser Reihe gelten dann für M und w die oben angeführten Lösungen. Für die Summe der Glieder der Belastungsreihe ist die Lösung gleich der Summe dieser Teillösungen:

$$M = \sum_{n=1,3,5,..}^{\infty} M_n \sin \frac{n\pi x}{l} \quad \text{mit } M_n = \frac{q_n l^2}{n^2 \pi^2}$$

$$w = \sum_{n=1,3,5,..}^{\infty} w_n \sin \frac{n\pi x}{l} \quad \text{mit } w_n = \frac{q_n l^4}{n^4 \pi^4\, EI}$$

Ausgeschrieben lauten diese Lösungen:

$$M = \frac{4}{\pi^3} q_0 l^2 \left(\sin \frac{\pi}{l} x + \frac{1}{3^3} \sin \frac{3\pi}{l} x + \frac{1}{5^3} \sin \frac{5\pi}{l} x + ... \right)$$

$$w = \frac{4}{\pi^5} \frac{q_0 l^4}{EI} \left(\sin \frac{\pi}{l} x + \frac{1}{3^5} \sin \frac{3\pi}{l} x + \frac{1}{5^5} \sin \frac{5\pi}{l} x + ... \right)$$

Die Reihen konvergieren mit n^{-3} bzw. n^{-5}. Es sind nur wenige Glieder nötig, um ein ausreichend genaues Ergebnis zu erhalten. So erhält man mit dem ersten Glied der beiden Reihen für die Mitte der Spannweite ($x = l/2$) die folgenden Ergebnisse:

$$M_1 = 0{,}129\, q_0 l^2 \quad \text{(exakt: } 0{,}125\, q_0 l^2\text{; der Fehler beträgt } 3{,}2\%)$$

$$w_1 = 0{,}013071\, \frac{q_0 l^4}{EI} \quad \text{(exakt: } 0{,}013021\, \frac{q_0 l^4}{EI}\text{; der Fehler beträgt } 0{,}38\%)$$

Da durch Integration die Konvergenz der Reihen zunimmt, kann auch eine etwas globalere Beschreibung der Belastung mit nur wenigen Gliedern trotzdem zu akzeptablen Ergebnissen für das Moment und die Verschiebung führen. Für eine Verschiebung kann man im allgemeinen mit weniger Gliedern als für das Biegemoment auskommen. Oft ist der Einfluß des ersten Gliedes so dominant, daß eine Berechnung des Biegemomentes und der Verschiebung mit nur dem ersten Glied bereits einen guten Einblick bietet. Mit den Fourierreihen verfügt man also über ein hervorragendes Hilfsmittel, um bei einer beliebigen Belastung auf einen frei aufliegenden Träger die Momente und Verschiebungen bzw. die Querkräfte und Rotationen zu bestimmen. In den einzelnen Kapiteln zeigt sich, daß dies auch für andere Konstruktionen zutrifft.

Anhang **B**
Einige partikuläre Lösungen und Integrale bei der Behandlung von Ringen (Kapitel 18)

Differentialgleichung: Partikuläre Lösung:

$$\frac{d^2w}{d\theta^2} + w = \cos\theta \qquad\qquad w = \frac{1}{2}\,\theta\,\sin\theta$$

$$\frac{d^2w}{d\theta^2} + w = \sin\theta \qquad\qquad w = -\frac{1}{2}\,\theta\,\cos\theta$$

$$\frac{d^2w}{d\theta^2} + w = \theta\cos\theta \qquad\qquad w = \frac{1}{4}\,\theta^2\sin\theta + \frac{1}{4}\,\theta\,\cos\theta$$

$$\frac{d^2w}{d\theta^2} + w = \theta\sin\theta \qquad\qquad w = -\frac{1}{4}\,\theta^2\cos\theta + \frac{1}{4}\,\theta\,\sin\theta$$

Integrale (ohne Integrationskonstanten):

$$\int \theta\cos\theta\,d\theta = \theta\sin\theta + \cos\theta$$

$$\int \theta\sin\theta\,d\theta = -\theta\cos\theta + \sin\theta$$

$$\int \theta^2\cos\theta\,d\theta = \theta^2\sin\theta + 2\theta\cos\theta - 2\sin\theta$$

$$\int \theta^2\sin\theta\,d\theta = -\theta^2\cos\theta + 2\theta\sin\theta + 2\cos\theta$$

Anhang **C**
Die konstitutiven Gleichungen bei Ringen

Zum Aufstellen der konstitutiven Gleichungen, welche die Beziehungen zwischen den Formänderungsgrößen und den Schnittkräften angeben, muß die auftretende Dehnung als Funktion des Abstandes z von der Rotationsachse durch den Querschnittsschwerpunkt dargestellt werden.

Eine Zunahme der Translation v um dv über eine Strecke ds verursacht in einem Abstand z von der Rotationsachse die folgende Dehnung (Bild c.1):

$$\epsilon(z) = \frac{dv}{(a+z)d\theta} = \frac{1}{a+z}\frac{dv}{d\theta} \tag{c.1}$$

Eine radiale Verschiebung w verursacht eine Dehnung:

$$\epsilon(z) = \frac{1}{(a+z)}\, w \tag{c.2}$$

Die durch die Verschiebungskomponenten v und w verursachte Dehnung lautet somit:

$$\epsilon(z) = \frac{1}{a+z}(\frac{dv}{d\theta} + w) = \frac{a}{a+z}\,\epsilon(0) \tag{c.3}$$

Eine Zunahme der Rotation φ um dφ über einen Abstand ds verursacht in einem Abstand z von der Rotationsachse eine Verlängerung z dφ (Bild c.2) und somit eine Dehnung:

$$\epsilon(z) = \frac{z\,d\varphi}{(a+z)\,d\theta} = \frac{a}{a+z}\,z\beta \tag{c.4}$$

Die Dehnung ε(z) in einem Abstand z von der Rotationsachse ist die Summe der Ausdrücke (c.3) und (c.4):

$$\epsilon(z) = \frac{a}{a+z}\,\{\epsilon(0) + \beta z\} \tag{c.5}$$

oder, in einer Reihe entwickelt:

$$\epsilon(z) = \{\epsilon(0) + \beta z\}\,[1 - \frac{z}{a} + (\frac{z}{a})^2 - \ldots] \tag{c.6}$$

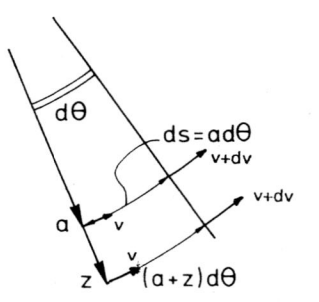

Bild c.1.   *Bild c.2*

Für die Schnittkräfte N und M gelten die folgenden Flächenintegrale (A ist die Querschnittsfläche):

$$N = \int_A \sigma(z)\, dA \tag{c.7}$$

$$M = \int_A \sigma(z) z\, dA \tag{c.8}$$

Mit dem Hookeschen Gesetz in seiner einfachsten Form, $\sigma(z) = E\,\varepsilon(z)$, folgt für homogene Querschnitte, bei denen der Elastizitätsmodul E konstant ist:

$$N = E\,\varepsilon(0) \int_A [1 - \tfrac{z}{a} + (\tfrac{z}{a})^2 - \ldots]\, dA + E\,\beta \int_A z\,[1 - \tfrac{z}{a} + (\tfrac{z}{a})^2 - \ldots]\, dA \tag{c.9}$$

$$M = E\,\varepsilon(0) \int_A z\,[1 - \tfrac{z}{a} + (\tfrac{z}{a})^2 - \ldots]\, dA + E\,\beta \int_A z^2\,[1 - \tfrac{z}{a} + (\tfrac{z}{a})^2 - \ldots]\, dA \tag{c.10}$$

Wir nahmen bereits an, daß der Ring dünn ist, d.h. $t/a \ll 1$ bzw. $|z|/a \ll 1$. Nach Integration dieser Reihen ist also jedes Glied von der Größenordnung t/a mal sein Vorgänger.

Wir brechen jetzt die Reihen nach dem zweiten Glied ab. Eine weitergehende Näherung hat im Rahmen dieser Theorie keinen Sinn.

Da $\int_A z\, dA = 0$ (dies ist die Definition des Querschnittsschwerpunktes), werden die Formeln weiter vereinfacht. Wird darüber hinaus angenommen, daß die Querschnitte symmetrisch bezüglich der Rotationsachse durch den Schwerpunkt sind, dann gilt außerdem $\int_A z^3\, dA = 0$.

Man erhält dann:

$$N = E\,\varepsilon(0) \int_A dA + E\,\beta \int_A z\,[-\tfrac{z}{a}]\, dA \tag{c.11}$$

$$M = E\,\varepsilon(0) \int_A z\,[-\tfrac{z}{a}]\, dA + E\,\beta \int_A z^2\, dA \tag{c.12}$$

Bezüglich der Genauigkeit dieser beiden Formeln zeigt sich, daß die relative Genauigkeit dieser vier Integrale in der Größenordnung von $(t/a)^2$ liegt.
Mit den bekannten Symbolen kann man für die Formeln (c.11) und (c.12) schreiben:

$$N = EA\, \varepsilon(0) - \frac{1}{a}\, EI\, \beta \qquad\qquad (c.13)$$

$$M = -\frac{1}{a}\, EI\, \varepsilon(0) + EI\, \beta, \qquad\qquad (c.14)$$

wobei I das Flächenträgheitsmoment eines Querschnittes ist: $I = \int_A z^2\, dA$.
Es handelt sich um ein System gekoppelter Gleichungen. Die Biegung β beeinflußt die Normalkraft N, und die Extension $\varepsilon(0)$ beeinflußt das Biegemoment.
Allgemeiner kann man sagen, daß bei nichthomogenen Querschnitten die Formeln (c.13) und (c.14) gültig bleiben, wenn EA und EI als Zweibuchstabensymbole für die Dehnsteifigkeit bzw. die Biegesteifigkeit aufgefaßt werden. Diese sind dann folgendermaßen definiert:

$$EA = \int_A E(z)\, dA \qquad\qquad (c.15)$$

$$EI = \int_A E(z)\, z^2\, dA \qquad\qquad (c.16)$$

Für den Schwerpunkt des Querschnittes gilt in diesem Fall:

$$\int_A E(z)\, z\, dA = 0 \qquad\qquad (c.17)$$

Anhang **D**
Symbole

A	Fläche [m^2]
	auch: Amplitude
C_1, C_2, ...	Integrationskonstanten
D_1, D_2, ...	Integrationskonstanten
E	Elastizitätsmodul[N/m^2]
F	Kraft [N]
G	Schubmodul [N/m^2]
H	x-Komponente der Kraft in einem Seil oder in einem Bogen (meistens horizontal)
I	quadratisches Flächenmoment (Trägheitsmoment) [m^4]
I_p	polares Trägheitsmoment [m^4]
J	quadratisches Flächenmoment [m^4]
K	Biegesteifigkeit einer Platte [Nm]
L	Länge [m]
M	Biegemoment in einem Querschnitt [Nm]
	auch: Kräftepaar
M_t	Torsionsmoment in einem Querschnitt [Nm]
N	Normalkraft in einem Querschnitt [N]
O	Ursprung eines Koordinatensystems
P	Einzellast (konzentrierte Belastung) [N]
Q	Querkraft in einem Querschnitt [N]
R	Reaktionskraft [N]
T	Kraft in einem Seil oder Draht [N]
	auch: Kräftepaar (Belastung) [Nm]
	auch: Temperaturveränderung [°C]
V	z-Komponente der Kraft in einem Seil (meistens vertikal) [N]

Zweibuchstabensymbole

EA	Dehnsteifigkeit eines Stabes oder Trägers [N]
EI	Biegesteifigkeit eines Trägers [Nm^2]
GA	Schubsteifigkeit eines Trägers [N]
GI_t	Torsionssteifigkeit eines Stabes im allgemeinen [Nm^2], insbesondere die Torsionssteifigkeit bei zugelassener Wölbung

GI_w	Summe der quadratischen Momente der Schubsteifigkeiten der Wände eines Hohlträgers, d.h. die Torsionssteifigkeit bei behinderter Wölbung
GW	Differenz der quadratischen Momente der Schubsteifigkeiten der Wände eines Hohlträgers, bestimmend für die Wölbung [Nm^2]
GR	Schubsteifigkeit des Querschnittes eines Hohlträgers[N]
EB	Summe der quadratischen Momente der Biegesteifigkeiten der Wände eines Hohlträgers. Spielt bei Wölbung und Gleitung eine Rolle [Nm^4]

a	Kreisradius
a,b,d,h,l, t	Längen-, Breiten- und Dickenmaße
b	Mitwirkende Breite bei Randstörungen
c	Bettungskonstante [N/m^3]
e	Grundzahl des natürlichen Logarithmussystems
f	Stich eines Seiles oder Bogens (im allgemeinen bei einer Parabel) auch: Reduktionsfaktor
g	Eigengewicht [N/m]
h	verteilte Normalkraft [N/m]
i	$\sqrt{-1}$
k	Federkonstante bei einer Verschiebung [N/m] und einer Rotation [Nm] auch: Bettungskonstante [N/m^2]
m	natürliche Zahl auch: Verteiltes Moment [Nm/m]
n	natürliche Zahl auch: verteilte Normalkraft [N/m]
p	verteilte (bewegliche) Belastung [N/m] auch: verteilte Reaktion und Interaktion [N/m]
q	verteilte Belastung [N/m]
r	verteiltes Moment (Reaktionsmoment) [N] auch: Radius eines Kreises auch: Koeffizient
s	verteilte Schubkraft (Interaktion) [N/m] auch: Koordinate entlang eines Seiles oder Bogens
u, v, w	Verschiebungskomponenten in x-, y- bzw. z-Richtung
v	auch: tangentiale Verschiebung bei Verwendung von Polarkoordinaten
w	auch: radiale Verschiebung bei Verwendung von Polarkoordinaten
x,y,z	Achsen eines rechtsdrehenden Koordinatensystems

Δ	Längenunterschied oder Verlängerung auch: Verschiebung

als voranstehende Beifügung bedeutet dies eine – meistens kleine –
Zunahme der betreffenden Größe

θ Polarwinkel bei Verwendung von Polarkoordinaten

Σ Summenzeichen

α Steigungs bzw. Neigungswinkel
auch: linearer Ausdehnungskoeffizient
auch: Parameter in Differentialgleichungen

β Biegung (= Formänderung) bei Trägern
auch: Parameter in Differentialgleichungen

γ Gleitwinkel (= Formänderung) bei Trägern
auch: Gleitung des Querschnittes eines Hohlträgers
auch: spezifisches Gewicht $[N/m^3]$
auch: Parameter (Quotient von Steifigkeiten)

δ kleiner Abstand

ε Dehnung oder Extension (= Formänderung) eines Stabes oder Trägers

η dimensionsloser Faktor, speziell Vergrößerungsfaktor

κ Krümmung (Kehrwert des Krümmungsradius) einer Funktion

λ natürliche Wellenlänge (Wellenlänge eines Verformungsmodelles)
auch: Belastungsfaktor

μ Parameter in Differentialgleichungen

ν Querkontraktionszahl

σ Normalspannung $[N/m^2]$

τ Schubspannung $[N/m^2]$

φ Rotation eines Querschnittes um eine Achse, die in seiner Ebene liegt

χ Verwindung (= Formänderung) eines Stabes oder Trägers

ψ Rotation eines Querschnittes in seiner Ebene

ω Phasenwinkel

Stichwortverzeichnis

Abscheren 38, 40, 348, 354
Allgemeiner Belastungsterm 127
Anteil der Belastung 231, 260
Antimetrie 152, 200, 279, 174
antimetrische Belastung 202, 203, 207, 211, 222, 226, 227
Aufblasbare Konstruktion 343
Auflager 25
Aussteifungsträger 194, 246
Aussteifungswand 193
Ausziehversuch 106
Axialsymmetrisch 272, 336

Belastungsanteil 126, 164, 170, 186, 222, 231, 260, 267, 271, 277, 280, 281, 321, 329
Belastungskombinationen 210
Bernoulli-Hypothese 67, 285
Betonbalken 109
Bettungskonstante 121, 122
Biege-Schubträger 329
Biegemoment 66, 70, 71, 101, 287
Biegesteife Rippen 218
Biegesteife Träger 218
Biegesteifigkeit 41, 69, 71, 78, 261, 268, 269, 326, 348, 353
Biegeträger 70, 71, 74, 104, 184
Biegung 66, 67, 68, 69, 70, 101, 285, 286, 287
Biegung und Schub 69, 72, 75, 101
Biot 370
Billington 270
Bögen 250, 267

Co-symmetrische Funktion 279
Contra-symmetrische Funktion 174, 279

Dämpfender Charakter 134
Dehnsteifigkeit 18, 41, 310
Dehnung 16, 17, 20, 34, 67, 68, 85, 101, 106, 245, 285, 310, 337
Dehnungsgradient 68, 85, 274
Den Hartog 53
Diskontinuität 26, 334, 343
Divergente Reihen 283
Drittes Gesetz von Newton 26
Drucklinie 250, 253, 254, 261
Dübel 321
Dynamische Erscheinungen 72

Einflußlinie 138, 143, 236, 238, 239, 241

Einspannmoment 73, 242
Einspannung 73
Eisenbahnschiene 110
Elastisch gebetteter Biegeträger 120, 355
Elastisch gebetteter Schubträger 112
Elastisch gebetteter Träger 336
Elastisch unterstützte Seile 117
Elastisch-plastisches Verhalten 327
Elastizitätsmodul 18
Erforderliche Seillänge 198, 199
Eulersche Knicklast 164
Extension 285, 287
Extension ohne Biegung 290

Fachwerkträger 80
Feder 27
Federkonstante 27, 74, 108, 157, 336
Federmodell 156, 158
Federnde Unterstützung 28, 74, 110, 115
Feldgleichungen 18, 25
Festhaltepunkt 25
Flächenträgheitsmoment 53, 69
Flankenlasche 310
Flexibilität 200, 314
Flexibilitätskoeffizient 77, 158, 244, 245
Flüssigkeitsfüllung 304
Formänderung 16, 40, 67, 101
Formänderungsgleichung 252, 288
Formänderungsgrößen 17, 67, 69, 285, 286
Fourieranalyse 124, 203, 208, 231, 293
Fourierentwicklung 127, 164, 264
Fourierkoeffizienten 372
Fourierreihen 277, 370

Gedämpfte Welle 129, 132
Gekrümmtes Seil 196
Geometrische Betrachtungen 16
Giedion 268
Gleichgewichtsbedingung 35, 53, 75, 92
Gleichgewichtsbelastung 272
Gleichgewichtsbetrachtung 16, 39, 94
Gleichgewichtsgleichung 17, 71, 100, 101, 106, 112, 117, 275, 286
Gleichgewichtssystem 58, 74, 89, 277, 351
Gleitung 347, 348, 354, 357, 362, 364, 366
Gleitwinkel 43, 46, 56, 60, 64, 79, 101, 285, 286, 350, 354
Goodier 53
Grundgleichungen 323, 324

Hängebrücken 218, 225
Hängedach 201, 218, 219
Harmonische Belastung 291
Hartog, den 53
Hohlkastenplatte 115
Hohlträger 55, 160, 347, 349, 350, 354
Homogener Querschnitt 69
Hookesches Gesetz 16, 18, 40, 67, 69, 100
Hyparschale 21

Inhomogener Querschnitt 18, 40
Innere Kräfte 16
Interaktion 156, 310

Kármán, Von 370
Kesselformel 273
Kettenlinie 95, 220
Kinematische Bedingungen 72
Kinematische Beziehung 53, 68, 286, 287
Kinematische Gleichung 18, 35, 40, 100, 101, 285, 289
Kinematisch-konstitutive Gleichung 71, 117
Knicklast 265
Koiter 246
Kombinierte Tragwirkung 178
Kompatibel 185
Kompatibilitätsbedingung 26
Konstitutive Gleichung 16, 35, 40, 43, 53, 68, 69, 93, 100, 101, 110, 287, 288, 290
Kontrasymmetrie 200
Konzentrierte Belastung 355
Koppelbalken 322, 328
Kraftübertragung bei Laschen 310
Kriecherscheinungen 84
Krümmung 70, 290, 291
Krümmungsradius 173

Lasche 310
Linear-elastische Feder 27
Linear-elastisches Verhalten 16
Linear-elastisches Material 40, 53
Linearer Ausdehnungskoeffizient 110
Linearer Spannungszustand 18

Maillart 268, 269, 270
Maxwell, Gesetz von 138
Menn 270
Methode des Freimachens 148, 149
Mitwirkende Breite 151, 339
Momentengleichgewicht 59, 67, 288
Mörsch 269

Nadaiplatte 84
Natürliche Wellenlänge 144
Navier-Hypothese 67

Nichtlineare Effekte 203, 209, 244
Nichtlineare Erscheinung 345, 346
Nichtperiodische Funktion 295, 372
Normalkraft 18, 20, 21, 26-28, 34, 101, 287
Normalkraftzentrum 18, 69, 85
Normalspannung 18, 280, 281

Offshore-Technik 178
Orthogonalitätsbeziehungen 209, 371

Parallelsystem 44, 57, 157, 158, 160, 161, 184, 326
Partikuläre Lösung 112, 113, 124, 127, 295
Phasenwinkel 132
Plattenbiegesteifigkeit 338
Polares Trägheitsmoment 53
Pull-out test 106
Pylon 245

Quadratisches Moment 353
Quellerscheinungen 34, 84
Querkontraktionszahl 338, 344
Querkraft 38-44, 46, 48, 56, 60, 71, 101
Querversteifung 355

Rahmentragwerk 41, 43, 46, 80, 184, 348, 349
Randbedingungen 19, 20, 25, 26, 45, 47, 72, 73, 74, 94, 96
Randstörung 149, 151, 236, 241, 336, 343, 345
Randstörungszone 339, 341, 345
Reduktionsfaktoren 126, 163, 164, 224, 226
Referenzlast 138
Reihensystem 157, 158, 245, 318, 330
Reservoire 272, 336, 340
Reziprozität 138
Ringe 272
Riser 178, 180
Rißbildung 110
Rohr 304, 272, 336, 339
Rotation 53, 54, 55, 61, 67, 68, 69, 70, 72, 73, 74, 203, 285, 286, 291, 349, 350
Rotationsachse 69
Rotationsfedern 325
Rotationszentrum 64

Sandwichträger 79
Schalen 336
Schalentheorie 272, 276
Schnittkraft 16, 18, 19, 39, 69, 73, 275
Schrägseile 92, 243, 244
Schub 38, 40, 42, 44, 50, 59, 66, 101, 348, 362
Schubfluß 60
Schubkraft 323, 324, 325, 327, 328
Schubmodul 40, 53

Schubspannung 40
Schubsteifigkeit 40, 41, 43, 56, 70, 78, 79, 325, 354
Schubträger 42, 43, 47, 69, 184
Schubverzerrung 79, 350
Schwerpunkt 18
Schwinderscheinungen 34, 35
Seil 92, 101
Seil mit Biegesteifigkeit 171
Seilkraft 101
Seillänge 197
Sekundäre Effekte 249
Silos 336
Skelette 41
Spannbandbrücke 167
Spannseil 206, 208
Spezifisches Gewicht 95
Spitzenspannungen 334
Starr-plastisch 311
Starre Lasche 310
Starrkörperverformungen 74
Starrkörperverschiebungen 291, 295, 305
Statisch bestimmt 75, 327, 332
Statisch bestimmtes Grundsystem 253
Statisch unbestimmt 75, 251, 294
Statische Gleichungen 100, 101
Statische Bedingungen 72
Steifigkeitsfaktor 18, 43, 53, 125, 157, 158, 159, 164, 243, 244, 245, 326, 349, 354
Stich 196, 197, 198
Störung 147, 356
Störungslänge 108, 356
Störungsterme 360
Strecken eines Seiles 245
Superposition 209, 245, 280
Symmetriebedingungen 278
Symmetriebetrachtungen 256

Tanks 272, 336, 340
Temperaturdehnungskoeffizient 35, 36
Temperatureinflüsse 34, 84
Temperaturgradient 86
Temperaturspannungen 87, 342
Tension-stiffening 109
Timoshenko 53, 84
Tonnenschale 22
Torsion 52, 101, 160, 347, 364
Torsionsmoment 52, 54, 55, 57, 60, 101
Torsionssteifigkeit 53, 57, 61, 62, 64, 363
Trägheitsradius 288

Tragkraft 218, 271, 332
Tragseil 92, 243, 246
Tragsysteme 156
Tragverhalten 71, 350
Tragwirkung 163, 167, 253, 260, 265, 277, 326
Translation 17, 18, 40, 67, 74, 203, 285, 291
Tunnel 272, 305

Übergangsbedingungen 19, 25, 26, 28, 60, 61, 72, 279, 351

Veränderung der Horizontalkraft eines Seiles 200, 208
Verbindungen 310
Verbund 109
Verformbarer Querschnitt 347
Verformungskomponenten 67, 69, 72, 73, 75, 285, 286
Vergrößerungsfaktoren 265
Verlängerung eines Seiles 199, 242
Verlegen von Rohren 178
Verschiebung 17, 18, 20, 21, 26, 27, 28, 38, 40, 41, 42, 46, 48, 60, 61, 75, 93, 285, 286, 291
Verschiebungsfunktion 40, 70, 71, 74, 76, 94, 113, 115, 118, 290
Verschiebungskomponenten 287, 289
Verteilte Belastung 17
Verteiltes Moment 81
Verteilte Reaktion 104, 106, 112, 117, 311, 337, 347, 349
Verwindung 53, 57, 62, 101, 364, 366
Vierendeelträger 47
Vorspannung 23, 341

Wasserdruck 305
Wendepunkt 41
Winkler 112, 120
Woinowsky-Krieger 84
Wölbung 59, 62, 359, 364, 367
Wölbungsfunktion 62, 359

Zimmermann 120
Zugbandes 256
Zugstab 171, 174
Zusammendrückung 254
Zusätzliche Belastung 200, 225
Zweibuchstabensymbole 18, 40, 53, 69, 348, 353
Zylinderschale 22, 337

W. B. Krätzig, U. Wittek

Tragwerke 1

Theorie und Berechnungsmethoden statisch bestimmter Stabtragwerke

1990. XIII, 278 S. 126 Abb. 58 Tafeln.
Brosch. DM 58,– ISBN 3-540-52619-6

Unter intensiver Rückorientierung auf die Grundlagen der Technischen Mechanik werden die überwiegend anschaulichen, konzeptionellen, tragwerksspezifischen Problemlösungen dargestellt; für spätere numerische Berechnungsmethoden werden vorbereitend diskretisierte Tragstrukturen eingeführt. Erläutert werden die fundamentalen Abstraktions- und Arbeitsmethoden der Strukturberechnung der Tragwerke ebenso wie die wesentlichen analytischen Berechnungsmethoden anhand exemplarischer, ausführlich dokumentierter Beispiele. Das Buch wendet sich an Studenten und Ingenieure in der Praxis.

Preisänderung vorbehalten

Springer-Lehrbuch

W. B. Krätzig

Tragwerke 2

Theorie und Berechnungsmethoden statisch unbestimmter Stabtragwerke

1990. XVIII, 323 S. 139 Abb. 58 Tafeln.
Brosch. DM 58,– ISBN 3-540-52827-X

Das Kraftgrößenverfahren wird in klassischer und in matrizieller Form erläutert. Es folgen Festigkeitsanalysen diskretisierter Tragwerke. Ausgehend von den verschiedenen Varianten des Weggrößenverfahrens wird der Leser an die Methoden der Finiten Elemente herangeführt und mit den computerbasierten Tragwerksanalysen vertraut gemacht. Das Buch umfaßt sowohl klassische Konzepte als auch computerorientierte Methoden; es verbindet deren Anschaulichkeit mit der Leistungsfähigkeit moderner numerischer Methoden.

Diese integrierende Betrachtungsweise wendet sich sowohl an Studenten von Hoch- und Fachhochschulen als auch an Ingenieure der Baupraxis.

Preisänderung vorbehalten

Springer-Lehrbuch